中国重型机械研究院股份公司
China National Heavy Machinery Research Institute Co.,Ltd.

国机集团 | 中国重研

中国重型机械研究院股份公司（原西安重型机械研究所）创建于1956年，系我国装备工业较早建立的国家级应用技术研究与开发科研院所。1999年转制为科技型企业，2009年在西安重型机械研究所的基础上组建了中国重型机械研究院有限公司，月中国重型机械研究院有限公司整体变更设立为中国重型机械研究院股份公司。

专门从事流体净化，金属连续液态、固态成型，大型高端金属成型数控装备，生产管控一体化网络工程，操作智能化与精细控制系统，能量回收与工业烟气治理工程，资源回收绿色化工程，低碳保温建材等未来前沿技术、领先技术、产业核心技术、协同技术、智能化技术，以及产业规划与解决方案、技术标准与服务等，并具有钢铁、建筑行业建筑工程设计及冶金行业工程咨询甲级资质，还承担标准、规划、检测等行业共性技术工作。设有"金属挤压、锻造装备技术国家重点实验室"、"博士后工作站"、"全国冶金设备标准化技术委员会"和"国家冶金重型机械质量监督检验中心"。

拥有：50多年的发展史，16个国家、行业、地方专业创新平台，研制200余项国内首套重大技术装备投入应用，300余项重大科研获奖成果，600余项专利技术，1100人的研发团队，自主创新、研制开发的技术与装备每年为国家产出超过数千亿元产值的产品。

提供：黑色金属、有色金属材料成型过程中高、新、专、特、精的成套装备。

承担：工厂设计、工艺设计、解决方案、工程总承包及工业规划。

成果应用领域：

- 大型船舶、汽车、钢结构用钢板、不锈钢板生产线
- 家电用彩涂、贴塑、不锈钢板带生产线
- 铁路提速用重轨坯料、高速列车车厢用轻合金型材生产线
- 国防用大型管、板、棒等专用型材生产装备
- 石油行业用管淬火生产线，非开挖钻杆加厚，压力管道用管高压检验生产线
- 大型电站、锅炉、核电、风电国产化部件专用锻造生产线
- 航空航天用拉伸、锻压、轧环、矫直等特殊材料成型专用技术装备
- 工业窑炉有害气体除尘、脱硫、脱氮、脱硝，重金属净化及能量回收技术装备
- 液压油回收及油气输送装备
- 工厂设计、工艺设计、解决方案、管控一体化系统及数字化车间

工业烟气脱硫、脱硝、除尘系统

RH真空精炼装备

两机两流大板坯连铸机

全国无机架冷连轧机组

Founded in 1956,China National Heavy Machinery Research Institute Co.,Ltd.(formerly known as Xi'an Heavy Machinery Research Institute)is one of the earliest state-level scientific research institutes in equipment manufacturing industry in China,which turned into a scientific and technological enterprise in 1999,renamed as China National Heavy Machinery Research Institute in 2009,and restructured into China National Heavy Machinery Research Institute Co.,Ltd.in June 2012.

We are specialized in fluid purification,continuous liquid-solid metal forming,CNC equipment of large-scale and high-end metal forming,integrated network engineering of production management and control,intelligent operation and control system,energy recovery and industrial flue gas treatment works,recycling and green engineering,low-carbon thermal insulation materials and other cutting-edge and leading technology,the industry's core technology,collaborative technology and intelligent technology,and also provide services and solutions in industry planning and technical standards etc with Class-A Qualification Certificates of construction engineering design and metallurgical engineering consulting in iron and steel industry and construction industry.Moreover,we provide industrial generic technological services in standard setting,planning,equipment testing and other industries.We have a State Key Laboratory of metal extrusion and forging equipment technology,post-doctoral research center,National Metallurgical Equipment Standardization Technical Committee and National Metallurgical Heavy Machinery Quality Supervision and Inspection Center.

With 50 years of development,we have established professional innovation platforms in 16 countries and industries,developed more than 200 sets of China's first major technical equipments,obtained over 300 significant research achievements and awards and more than 600 authorized patents.We have 1100 employees forming our excellent R&D team,which produce hundreds of billion yuan of national output value annually based on our self-developed technology and equipment.

We supply large complete set of equipment used in ferrous and non-ferrous metal material formation.

We provide services in plant design,technological design,solutions,general contracting and industrial planning.

Application Fields:

- Production line of steel sheet and stainless steel plate used in large ship,auto and steel structure.
- Production line of stainless steel plate and strip used in household appliance coating.
- Production line of slab used in heavy rail of railway and aluminum profile used in wagon box of high-speed train.
- Equipment to produce special profiles of large pipes,plates and bars used in national defense.
- Quenching production line of steel pipes used in petroleum industry;upsetting production line of drilling pipes;steel pipe pressure testing line.
- Forging production line of special parts used in power station,boiler,nuclear power station.
- Equipment to produce special material of stretching,forging,straightening in aviation and aerospace industry.
- Harmful gas and dust removal,desulfurization,denitrification,denitrification for industrial kiln and furnace,heavy metal purification and energy recovery technical equipment.
- Shale oil recovery and oil and gas conveying equipment.
- Plant design,technological design,solutions,integrated management and control system and digital workshop.

U0342729

我国第一套马口铁基材生产线

国内最大口径冷轧管机

高档汽车外板重卷拉矫机组

120MN轻合金板拉伸机组

世界最大吨位165MN自由锻造油压机

地址：陕西西安东元路209号 电话：029-86322329 029-86322362 网址：www.sino-heavymach.com

南宁广发重工集团

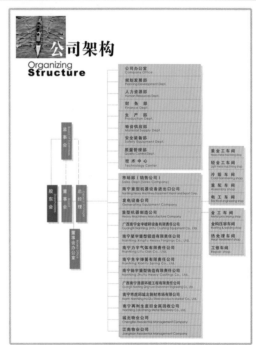

公司架构
Organizing Structure

公司概况

南宁广发重工集团有限公司于2005年12月1日成立，集团公司总部位于南宁市秀安路15号，企业占地面积72.8万平方米，资产总额10亿元，员工总数2300余人。集团公司主导产品包括冶金、矿山、水泥、制糖、电力化工、建材等行业的成套机器设备以及水电站成套设备，工业汽轮机等，具有年产55000吨机械产品总装机，容量200万千瓦的年发电机组，40000吨电钢炉和15000吨铸锻件的生产能力，产品畅销中国各地，并出口东南亚、非洲、欧洲、美洲等国家和地区。

整体搬迁技术改造项目情况：

2010年2月8日，广发重工与邕宁区人民政府正式签订协议，项目总投资350000万元，确定广发重工整体搬迁技术项目入住邕宁区八鲤机械加工制造产业园，为广发重工打造了区域性加工制造基地，全面提升企业的核心竞争力，力争将公司建设成为国内一流的重机设备、水力发电设备、大型铸锻件的生产基地，打造"广发重机"、"广发发电"、"广发铸锻"三大系列产品品牌。

资质与荣誉
Qualification and Honor

电话：+86 0771-3932172　传真：+86 0771-3940860
网址：www.GFHI.com.cn　邮箱：yanghe322@163.com

唐山陆凯科技有限公司

企业简介 INTRODUCTION

唐山陆凯科技有限公司建于1997年，坐落在唐山国家高新区火炬路208号，占地面积45800m²。注册资本1000万元，是一家专业从事各种筛机、筛网及选矿、选煤设备的研制与推广科技型民营企业。产品广泛应用于选矿、选煤、建材、化工和食品等行业企业细粒物料干、湿法筛分、分级及脱水作业。

公司拥有各种先进的信息化与数字化生产、检测和试验设备450多台（套）。企业成立由研究员作为学科带头人在内业界知名专家组成的河北省认定企业技术中心，围绕企业4大核心技术体系，进行高频细筛分振动机械的基础理论研究与推广应用。经过十几年不断技术创新、自主创新，拥有50项授权专利（含发明专利1项），通过省级以上科技成果鉴定、验收11项，其中达国际先进水平3项。

2003年，作为一种行业革命性技术的"陆凯牌MVS电磁振动高频振网筛"的诞生迅速替代了尼龙筛片固定筛，彻底改变国内冶金选矿原有的工艺模式。国内黑色冶金选矿细粒物料筛分行业"细筛再磨新工艺"由此形成。

公司通过ISO9001：2008质量管理体系和河北省安全生产标准化二级企业认证。拥有河北省著名商标"陆凯"、"landsky"和唐山市知名商标"△"。

在未来发展道路上，陆凯人践行以人为本，回馈社会，关爱生态的价值观，继续以市场为导向，将领先的一流技术与现代化管理智慧相结合，不断超越自我，沿着"寻求技术最新发展，造就卓越中国企业"创新发展战略目标征途，迎接新挑战，创造新未来！竭诚欢迎广大朋友莅临指导。

客服热线：
Customer Hotline
400-6125-600

唐山公司
地　址：河北省唐山市高新技术开发区火炬路208号
邮　编：063020
电　话：0315-3853380/3853381/3852870/3852871
传　真：0315-3851098
手　机：13903156926 13931539268
网　址：www.LK-t.com.cn
电子邮箱：landsky@lk-t.com.cn

北京公司
地　址：北京市海淀区中关村苏州街长远天地B2座12A07
邮　编：100080
电　话：010-82610633/82618600
传　真：010-82613002
手　机：13910683219
电子邮箱：BJLandsky_xs@126.com

太原通泽重工有限公司

公司简介

太原通泽重工有限公司成立于2001年8月，注册资本4700万元，属装备制造业。公司开发研制无缝钢管热轧、挤压成套设备以及特种工艺装备和精密模具，具有工程总承包、系统集成、国际贸易业务的科技型民营企业。

公司总部及研发中心位于太原经济技术开发区，其生产总装基地位于无锡新区。通泽重工投资成立机械设备制造总装基地，公司通过了ISO9001：2008质量管理体系认证。公司是高新技术企业、国家技术创新示范企业、第四批全国企事业知识产权试点单位、山西省工业转型发展"百强潜力企业"、中国机械工程学会、中国重型机械协会常务理事单位，是中国冶金设备标准起草单位之一。

通泽重工坚持"人才为本、创新为魂、崇尚奉献"的人才战略，培养和造就了大批创新型复合人才，拥有来自中国、德国、印度等多国员工组成的研发团队200余人，建有院士工作站和博士后创新实践基地。

通泽重工坚持高起点持续创新，形成了具有自主知识产权的核心技术和关键技术。截至2012年末，已获国家授权的专利112项，其中发明专利37项。拥有注册商标9项，山西省名牌产品3项，承担了9项冶金设备行业标准的制定。

经过十二年的自主创新、艰苦创业，通泽重工率先实现了无缝钢管热连轧重大成套技术装备的国产化和产业化，公司开发研制的二辊和三辊连轧管成套装备达到国际先进水平。φ250mm二辊连轧管生产线获山西省科技进步一等奖，φ114mm二辊连轧管生产线获太原市科技进步一等奖、中国机械工程学会第二届绿色制造科学技术进步三等奖，φ366mm三辊连轧管生产线已通过省级科技成果鉴定和新产品新技术鉴定，被认定为2012年国家重点新产品。向印度出口了φ180mm连轧管机组，率先实现了国产无缝钢管重大技术装备"零"出口的突破。研制成功我国第一条生产不锈钢、耐热合金无缝钢管的36MN挤压管生产线，2011年承担了国家重大科技专项12500kN/3500kN组合式油压机研制。

通泽重工产品覆盖面大，市场占有率高。产品已遍布我国无缝钢管大型骨干企业，如天津管集团、宝钢、包钢、新冶钢、西姆莱斯等，并已出口日本、美国、印度等多个国家。

经过十二年的发展，通泽重工在国内同行业中率先实现从中国制造迈向中国创造，对我国从无缝钢管生产大国迈向无缝钢管及其装备制造强国发挥了积极作用，成为了我国无缝钢管热轧装备制造业最具创新活力和国际竞争实力的企业。

通 泽

振兴民族工业

创建世界名企

产品展示

36MN 双动钢挤压机

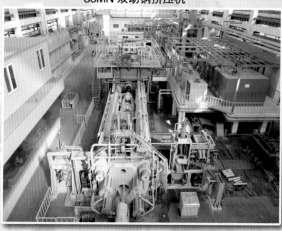

国产先进36MN不锈钢挤压生产线

12.5-3.5MN组合压机

地　　址：山西省太原经济技术开发区电子街9号　　邮　编：030032

电　话：0086-351-6285558　7852107　传　真：0086-351-7852098　7852106

网　　址：http://www.tzce.cn　E-mail：tongze@163.com

中国长江航运集团电机厂

集团概况

中国长江航运集团电机厂成立于1970年，隶属于国资委管辖的中国外运长航集团。地处湖北省武汉市江夏区藏龙岛科技园，是湖北省的高新技术企业，也是省唯一生产冶金起重电机的专业厂家。新厂占地面积124亩，其中建筑面积33359平方米，拥有各种先进的生产设备350多台（套），年生产特种电机120万千瓦。产品广泛运用于冶金、起重、建筑、港口、水利水电和化工等领域。

我们热忱欢迎广大客户朋友垂询洽谈！莅临指导！

高速棒线材辊道输送变频调速电动机

高速棒线材辊道输送变频调速电动机

YZPSL水冷系列变频调速电动机

YGYGP系列辊道用电动机

YZR系列绕线转子电动机

YZP系列变频调速电动机

热轧中厚板矫直机主电机

结晶器电磁搅拌器

联系方式

厂址：湖北省武汉市江夏区藏龙岛科技园　　邮编：430205　　电话：027-87801306　81977358

传真：027-87405067　87801306　　网址：www.chmoto.com　　E-mail：info@chmoto.com

IYJ系列克令吊组合式绞车

IYJ系列船用起重绞车

IYJP系列液压绞盘

IYJ-C系列系泊绞车

IYM系列起锚绞车

IDJ系列电动绞车

INM、IPM系列液压马达

IGT、IKY系列静液压壳转驱动装置

IGH、IYH系列液压回转装置

ini ®

www.china-ini.com

公司建筑面积150000㎡, 员工650人, 拥有最新的先进加工设备300余台(套), 其中进口设备占50%以上, 数控设备占90%以上, 拥有三坐标测量仪、齿轮测量中心、万能齿轮测量仪、光谱分析仪、全数字超声波探伤仪、数字万能工具显微镜、颗粒计数器、内窥镜等检测仪器63台(套)。

主要产品:

INM、IPM、IHM系列大转矩液压马达、IK3V系列变量泵;

IYJ系列液压绞车, ISYJ车用液压绞车, IYJ-L自由下放液压绞车, IDJ型电动绞车;

IGH系列高速静液压回转装置, IGT系列壳转静液压驱动装置, IGY-T履带驱动用静液压驱动装置, IKY系列液压传动装置; IGC系列高速壳转减速机, IGD系列回转减速机, 液压绞盘。

意宁液压股份有限公司

地址: 浙江宁波北仑坝西路288号
电话: 0574-86300164   86115076   传真: 0574-86115082   86115071
邮箱: ini@china-ini.com   网址: www.china-ini.com

江苏鼎力重工集团
Jiangsu Dingli industry group

江苏鼎力重工集团成立于1996年5月10日，企业集团由江阴市工商行政管理局登记注册，注册总资金人民币5320万元。企业集团登记证编号：000024。

江苏鼎力重工集团总部，坐落在江苏省江阴市新城东开发区，北临浩瀚长江、南靠京沪铁路，沪宁、锡澄高速公路，交通便利、气候宜人、风景秀丽。

江苏鼎力重工集团占地面积71000余平方米，生产厂房47600平方米。员工总数800余人，其中专业工程技术人员占总人数的24%，具备完整的起重机制造技术、生产设备和检测设备。产品主要应用于汽车制造、机械制造、冶金、家电、轻纺等行业的起重输送领域，是国内多家大型集团企业定点生产和战略合作伙伴。产品出口多个国家。

地址（Add）：江阴市山观镇金山路300、303号　　邮编（P.C）: 214437
电话（Tel）：+86-510-86130000　86132710　　http://www.dingligroup.cn
传真（Fax）：+86-510-86996666　　E-mail: info@dingligroup.cn

江苏双菱链传动有限公司
JIANGSU SHUANGLING CHAIN TRANSMISSION CO.,LTD.

公司简介

　　江苏双菱链传动有限公司前身为武进链条厂（始建于1952年），位于江苏省常州市西郊，交通便捷。公司占地130亩，拥有精良设备近千台（套）。主要产品有传动链、输送链、牵引链、专用链等4大系列3000余种规格。

　　公司始终信奉"用户满意是我们最终的目标"，以科技创新为先导，以名、优、特产品为经营理念，凭借雄厚的技术力量、精良的加工设备、齐全的检测手段，完善的ISO9000质量体系和ISO14001环境管理体系保障，不断加快新产品开发步伐，提高产品的科技含量，长期形成了高品位、多品种、大批量的生产经营规模。

　　公司持续获得省AAA级"重合同守信用"企业荣誉称号，并相继获得多项国家专利。"双菱"为省著名商标、省名牌产品。公司享有进出口经营权，系国内最大的异形、非标、输送链专业生产企业和重大规格链条出口基地，产品遍布28个国家（地区）和国内30个省、市、自治区，市场占有率和覆盖率位居行业前茅。双菱人真诚欢迎中外新老客户携手共进，共创灿烂辉煌的明天！

　　Jiangsu Shuangling Chain Transmission Co.,Ltd. is called as Wujin Chain Plant before system reforming (the factory was founded in June 1952 and the company was founded in April 2000). The company has license to import and export and is one of the largest special enterprises in producing shaped and non-standard conveyor chains and the export base of chains with middle and large specifications.

　　With scientific and technological creation as lead and the famous, qualified and special local products as business idea and relying on powerful technical force and superior process equipment and complete test measures and perfect quality assurance system of ISO9001 and environmental management system of ISO14001, we has sped up the step of new product development and raised the scientific and technological content of product continuously and formed the business scale of varieties, high quality, large batch. The company has won wide market with the first rate brand and excellent service. The share of market is at the leading place in the same industry.

生产设备

生产产品

地址 Add：江苏省常州市武进区湟里镇
Huangli Town，Wujin District，Changzhou City，Jiangsu Province，China
电话：外销（Foreign Dept.）0086-519-83345617
　　　内销（Domestic Dept.）0519-83341135，83341270
传真：外销（Foreign Dept.）0086-519-83341270
　　　内销（Domestic Dept.）0519-83341270
邮编 Post Code：213151
网址 Web Code：www.jsslchain.com
电子邮箱 E-mail：jssl@jsslchain.com

企业宗旨：用户满意是我们最终的目标
管理理念：人性化管理，市场化运作（以人为本，科学管理）
企业精神：务实 高效 开拓 创新
产品理念：创造特色 品质卓越
经营理念：诚实守信 竞合双赢
发展理念：做精品链条，树一流品牌

www.jsslchain.com

正通®

WHZT®

武汉正通传动技术有限公司

公司成立于1998年8月，占地面积34900平方米，固定资产7000万元，现有员工180人，专业从事联轴器、胀紧联结套、安全离合器、湿式多片制动器、扭矩限制器、阻尼器等高新动力传动件的设计、生产及销售，公司产品广泛应用于港口、造船、起重、能源、冶金、矿山、电力、环保、轻工和建材等行业。

公司参与起草联轴器国标八项已颁布实施，同时拥有专利证书六项。

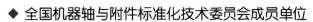

◆ 全国机器轴与附件标准化技术委员会成员单位

◆ 国家高新技术企业

◆ 2003年首次通过ISO9000：2000质量管理体系认证

◆ 安全离合器（扭力限制器）获中国机械通用零部件行业优秀新产品奖

◆ "正通"牌商标为武汉市著名商标

◆ 2010年度武汉市十佳创业企业

◆ 2010-2011年度湖北省守合同重信用企业

◆ "正通"牌膜片联轴器获得2011年度武汉市名牌产品称号

◆ 2012年度武汉市工业企业创新名优产品

欢迎实地考察指导！

手机：13377854477　传真：027-61761122　　61768899

营销部热线：4006881477　027-61768888　　61767777

http://www.ptc.cn　E-mail:49332@qq.com　　QQ:49332

地址：武汉市黄陂区横店街正通大道99号　邮编：430301

中国重型机械选型手册

（冶金及重型锻压设备）

中国重型机械工业协会　编

北　京

冶金工业出版社

2015

内 容 提 要

《中国重型机械选型手册》以介绍产品性能、结构特点、工作原理、技术参数、外形和安装尺寸以及应用案例等内容为主，按冶金及重型锻压设备、矿山机械、物料搬运机械、重型基础零部件四个分册分别出版。手册全面反映我国重型机械行业在产品转型升级、科技创新、信息化等方面的科研成果，满足电力、钢铁、冶金、煤炭、交通、石化、国防、机械、港口及水利等业主及工程设计单位对先进技术及装备采购的需要，为产业链企业所需重型机械在投资、采购、招标、建设中提供方便、完善、详实的产品信息。

本分册为冶金及重型锻压设备，共4章。第1章冶金设备；第2章连铸设备；第3章轧制设备；第4章重型锻压及金属挤压成型设备。

本分册介绍了各种冶金及重型锻压设备的工作原理、技术特征、适用范围等，收集了国内主要生产企业产品的技术性能和参数，为使用单位提供了部分产品选型计算方法。

本分册可供大型钢铁、有色金属生产企业，电力、煤炭、交通、石化、国防、机械、港口、水利等行业的业主及工程设计单位的学者、研究人员、采购人员、工程技术人员和相关专业的高校学生参考阅读。

图书在版编目(CIP)数据

中国重型机械选型手册. 冶金及重型锻压设备/中国重型机械工业协会编. —北京：冶金工业出版社，2015.3
ISBN 978-7-5024-6828-6

Ⅰ.①中… Ⅱ.①中… Ⅲ.①机械—重型—选型—中国—手册 ②冶金设备—选型—中国—手册 ③锻压设备—重型—选型—中国—手册 Ⅳ.①TH-62 ②TF3-62 ③TG315-62

中国版本图书馆 CIP 数据核字(2014) 第 295444 号

出 版 人　谭学余
地　　址　北京市东城区嵩祝院北巷 39 号　邮编　100009　电话　(010)64027926
网　　址　www.cnmip.com.cn　电子信箱　yjcbs@cnmip.com.cn
责任编辑　杨盈园　美术编辑　彭子赫　版式设计　孙跃红
责任校对　李　娜　责任印制　牛晓波
ISBN 978-7-5024-6828-6

冶金工业出版社出版发行；各地新华书店经销；北京百善印刷厂印刷
2015 年 3 月第 1 版，2015 年 3 月第 1 次印刷
210mm×297mm；17.75 印张；5 彩页；603 千字；271 页
128.00 元
冶金工业出版社　投稿电话　(010)64027932　投稿信箱　tougao@cnmip.com.cn
冶金工业出版社营销中心　电话　(010)64044283　传真　(010)64027893
冶金书店　地址　北京市东四西大街 46 号(100010)　电话　(010)65289081(兼传真)
冶金工业出版社天猫旗舰店　yjgy.tmall.com
(本书如有印装质量问题，本社营销中心负责退换)

编 委 会

主 任　李　镜　中国重型机械工业协会

副主任　杨建辉　中国第二重型机械集团公司

　　　　吴生富　中国第一重型机械集团公司

　　　　王创民　太原重型机械集团有限公司

　　　　宋甲晶　大连重工·起重集团有限公司

　　　　耿洪臣　北方重工集团有限公司

　　　　任沁新　中信重工机械股份有限公司

　　　　宋海良　上海振华重工（集团）股份有限公司

　　　　陆文俊　中国重型机械有限公司

　　　　肖卫华　上海重型机器厂有限公司

　　　　韩红安　卫华集团有限公司

　　　　谢东钢　中国重型机械研究院股份公司

　　　　陆大明　北京起重运输机械设计研究院

　　　　戚天明　洛阳矿山机械工程设计研究院有限责任公司

　　　　张亚红　上海电气临港重型机械装备有限公司

　　　　陆鹏程　中钢设备股份有限公司

　　　　宋寿顺　中材装备集团有限公司

　　　　王汝贵　华电重工股份有限公司

　　　　崔培军　河南省矿山起重机有限公司

　　　　彭　勇　云南冶金昆明重工有限公司

　　　　岳建忠　中国重型机械工业协会

　　　　张维新　中国重型机械工业协会

　　　　徐善继　中国重型机械工业协会

特约编委

马昭喜　山东山矿机械有限公司

张　勇　泰富重装集团有限公司

孟凡波　焦作市科瑞森机械制造有限公司

周其忠　江阴市鼎力起重机械有限公司

姚长杰　山西东杰智能物流装备股份有限公司

编　委（按姓氏笔画排列）

马　宏	王　瑀	王光儒	王继生	王祥元	孙吉泽
吕英凡	李　静	杨　军	杨国庆	肖立群	邹　胜
张　敏	李　志	张志德	张荣建	邵龙成	周　云
明艳华	赵玉良	段京丽	郝尚清	夏海兵	朱　庆
晁春雷	徐郁琳	陶庆华	黄旭苗	龚建平	魏国生

前　言

21 世纪以来，在社会主义市场经济的新形势下，重型机械行业取得了迅猛的发展与长足的进步。我国现已成为重型机械领域的制造大国。特别是近年来，重型机械行业在加强科技创新能力建设、推动产业升级方面取得了可喜的成绩，涌现出一批接近或达到国际先进水平的新产品和新技术。应行业广大读者的要求，中国重型机械工业协会组织有关单位，编写了《中国重型机械选型手册》（以下简称《手册》）。《手册》共分为四个分册：冶金及重型锻压设备、矿山机械、物料搬运机械、重型基础零部件。《手册》在内容编排上主要包含产品概述、分类、工作原理、结构特点、主要技术性能与应用、选型原则与方法和生产厂商等。供广大读者在各类工程项目中为重型机械产品的选型、订货时参考。

《中国重型机械选型手册 冶金及重型锻压设备》主要包括冶金设备、连铸设备、轧制设备、重型锻压及金属挤压成型设备。

本《手册》由北方中冶（北京）工程咨询有限公司进行资料的收集和整理，同时得到了行业相关单位的大力支持，在此表示衷心的感谢！由于编写时间短，收集的产品资料覆盖不够全面，向广大读者表示歉意。

《中国重型机械选型手册》编委会

2015 年 1 月

目　录

1 冶金设备

冶金设备是指生产钢铁和有色金属产品的专用设备。

钢铁和有色金属工业是国民经济的基础工业和原材料工业，它的产品用于工业、农业、交通运输、国防建设以及人民生活等各个方面，用途极为广泛。因此，各国都把发展钢铁和有色金属工业作为国民经济的重点。

钢铁和有色金属工业生产，具有流程长、工序多、涉及面广和工艺复杂等特点。从精矿及燃料制备到还原成生铁（或氧化铝、粗铜），精炼成钢（或铝、铜），再经过铸造（包括连续铸造）、热冷压力加工，最后制成各种各样的产品，要经过许多道工序，涉及化学、物理、热工、力学等学科，且每道工序中各参数间的关系及各工序间的相互衔接、匹配也十分复杂。

有色金属包括的范围广、产品多。铝、铜的冶炼方法很多，设备各异，其压力加工部分除某些工艺要求不同外，基本设备大多与钢铁类似，有的甚至可以通用。因此，本章主要介绍用于钢铁工业的冶金机械设备。

钢铁生产基本可分为三大部分：

（1）炼铁生产。将铁矿粉造块成精料，煤干馏成焦炭，在高炉中还原脱氧，并在其后进行脱硫、脱磷、脱硅处理。

（2）炼钢生产。在炼钢炉中将铁水脱碳，并在二次精炼中进行真空处理，达到合金成分微调，改善夹杂物形态及提高钢水纯洁度，最后浇铸成坯。

（3）压力加工成型。包括热、冷轧制及一系列后续工序、弯曲成型和拉拔生产。

1.1 焦炉机械设备

1.1.1 设备简介

焦炭广泛用于高炉炼铁、冲天炉熔铁、铁合金冶炼和有色金属冶炼等生产，作为还原剂、能源和供碳剂，也应用于电石生产、气化和合成化学等领域。据统计，世界焦炭产量的90%以上用于高炉炼铁，冶金焦炭已经成为现代高炉炼铁技术的必备原料之一。根据熄焦工艺不同，又分为湿法熄焦和干熄焦。

焦炉机械是为冶金、化工和煤制气等企业的焦炉生产工艺服务的专用设备，主要包括四车一机，装煤车、推焦车、拦焦车、熄焦车和液压交换机等。焦炉移动机械设备是根据焦炉的炉型及规格，即顶装煤焦炉和侧装煤焦炉相应配置，目前已形成系列化配套服务。

1.1.2 焦炉机械的工作程序

1.1.2.1 顶装煤焦炉机械

顶装煤焦炉机械的工作程序如图 1-1-1 所示，装煤车从煤塔受煤，然后将煤从炉顶送入炭化室，待焦炭成熟后，推焦机将焦炭推出，拦焦机将焦炭导入由电机车牵引的熄焦车或焦罐车内，电机车拖动焦罐车至熄焦塔进行熄焦。

1.1.2.2 侧装煤捣固焦炉机械

侧装煤捣固焦炉机械的工作程序如图 1-1-2 所示，侧装煤不同于顶装煤的是装煤过程，煤经摇动给料器进入煤槽，经捣固机将煤捣成煤饼，装煤车将煤饼从炉体侧面装入炭化室，U 形管导烟车将装煤过程中溢出的烟尘收集处理。推焦机、拦焦机、电机车、熄焦车和液压交换机工作原理与顶装煤原理相同。

1.1.3 焦炉机械的性能特点

（1）顶装煤焦炉机械。在大型高炉炼铁中，其焦炭在高温状态下的流动性较好，所以一直为大型钢

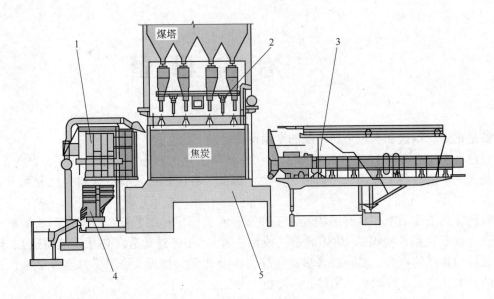

图 1-1-1 顶装煤焦炉机械布置

1—拦焦机；2—装煤车；3—推焦机；4—电机车和熄焦车；5—液压交换机

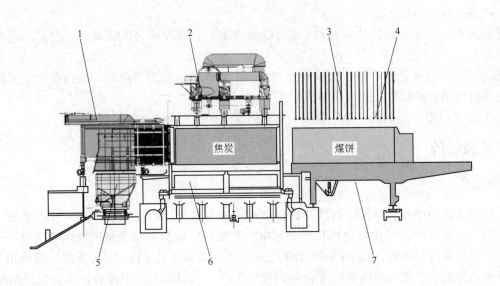

图 1-1-2 侧装煤捣固焦炉机械布置

1—拦焦机；2—U 形管导烟车；3—捣固机；4—摇动给料器；5—电机车和熄焦车；6—液压交换机；7—装煤车和推焦机

铁厂沿用至今。顶装煤工艺炼焦，环保技术成熟，焦炉和设备的整体环保性能高、污染小，符合环保要求。但顶装煤炼焦时，煤粉的配比中优质煤成分较多，其主要缺点是生产成本较高。随着我国优质煤源储量日益减少，顶装煤工艺炼焦将受到生产成本的制约。

（2）侧装煤捣固焦炉机械。可以采用一定比例的劣质煤作为原材料，生产成本低，焦炭强度高，整体质量较好，是未来的发展方向。捣固焦炭在大型高炉中高温时的流动性不如顶装煤焦炭，出现炉料流动不顺畅现象，现阶段不能全部应用在大型高炉中。

1.1.4 焦炉机械的主要构成及工作原理

1.1.4.1 顶装煤焦炉机械

装煤车工作在焦炉顶部，其功能是揭开焦炉炉顶炉盖，落下导套，然后开动螺旋给料器进行装煤，并在装煤的同时进行炉顶落煤清理及烟尘处理；装煤完成后按逆顺序操作，使各机构恢复到原始位置，接着又去煤塔受煤，再按规定顺序进行下一炉的操作。推焦机主要功能是开闭焦炉侧炉门，将成熟的焦炭推出，并将前一炭化室的煤峰拉平；推焦机为一次对位操作，即在一次对位中，完成一炉的所有操作。拦焦机主要功能是开闭焦侧炭化室炉门，将推焦机推出的炽热焦炭，通过导焦栅导入熄焦车（或焦罐车）内。导焦栅设在拦焦机的中部，面对焦炉，炉框清扫装置与取门装置分别设在导焦栅的左右两侧，拦焦机为一次对位操作。电机车和熄焦车主要功能是：电机车拖动熄焦车接受从拦焦机导焦栅导出的焦炭，并拖动装满焦炭的熄焦车进入熄焦塔进行熄焦，然后再拖动熄焦车将熄灭的焦炭排放到卸焦台，熄焦车所有的动作均是由电机车操作完成的。液压交换机主要功能是用于驱动交换拉条，牵引各阀门按照一定程序和时间进行换向，以实现炉体煤气、废气等的交换。

1.1.4.2 侧装煤捣固焦炉机械

侧装煤捣固焦炉机械的焦侧和顶装煤基本相同，装煤则有分体式和SCP一体式。

分体式：捣固机布置在煤塔底部，将装煤车煤槽壁中的煤粉捣实，形成煤饼。装煤车布置在机侧，将煤塔接入的煤粉装入煤槽壁中，由捣固机捣固成煤饼，并将煤饼从机侧炉门装入炭化室内部。推焦机基本与顶装煤的相同，但没有平煤装置。SCP一体式：即捣固、装煤、推焦于一体，设计开发的SCP一体机增加了焦炉机械新品种，其本身具有良好的节能环保性、自动化水平高、可靠性好等特点。在设计开发过程中，对传统捣固焦炉机械进行了升级、优化；SCP机布置在机侧，车载上料皮带和地面皮带相接连续不断地将煤粉装入煤槽壁中由车载捣固机捣固成煤饼，并将煤饼从机侧炉门装入炭化室内部。U形管导烟车：其主要功能是将捣固装煤过程中所产生的烟尘导入相邻炭化室内，降低污染环境的烟尘外溢，可以实现全过程无可视烟尘操作，通过采用人机界面操作，操作者可以按照手动、单元自动等方式进行操作。

由于湿熄焦污染大、热能资源浪费，干熄焦法应运而生。干法熄焦：将红热的焦炭从干熄炉顶部装入，低温惰性气体由循环风机鼓入干熄炉内吸收红焦热量，冷却后的焦炭由干熄炉底部排出；从烟道出来的高温惰性气体经干熄焦锅炉进行热交换冷却后的部分惰性气体由循环风机重新鼓入干熄炉，干熄焦锅炉内的水被高温气体加热后产生水蒸气，可送入汽轮发电机组进行发电。

1.1.5 焦炉机械设备的主要技术参数

焦炉机械设备的主要技术参数见表1-1-1。

表1-1-1 焦炉机械设备的技术参数（大连华锐重工集团股份有限公司 www.dhidcw.com）

焦炉种类	顶 装 焦 炉				侧 装 焦 炉			
焦炉规格/m	7.63	7		6	6.25	6	5.5	
炭化室尺寸（长×宽×高）/m×m×m	18×0.61×7.63	16.96×6.98×0.45	17.64×6.98×0.5	15.98×0.45×6	17×6.25×0.53	15.98×6.078×0.49	15.98×5.55×0.5	15.98×5.55×0.55
炭化室有效容积/m³	79	48	55.6	38.5	51.2	38.9	36.7	40.6
结焦时间/h	25	19	22	19	24.5	24	22.5	25.5
每孔装煤量/t	67	36	41.7	28.5	50.2	42.8	36.6	40.6
每孔推焦量/t	48.7（46）	27	33	21.5	34.2	29	27.5	29.3
每孔年产量/t·a⁻¹	16666	12656	13265	10000	12065	10585	10516	10321
生产规模 t·a⁻¹	200×10⁴	150×10⁴	170×10⁴	220×10⁴	220×10⁴	130×10⁴	220×10⁴	220×10⁴
炉孔数	2×60=120	2×60=120	2×64=128	4×55=220	4×46=184	2×60=120	4×55=220	4×55=220

1.1.6 焦炉机械设备的典型应用

1.1.6.1 顶装煤焦炉机械

顶装煤焦炉机械的典型应用见表1-1-2。

表 1-1-2　顶装煤焦炉机械典型应用（大连华锐重工集团股份有限公司　www.dhidcw.com）

炭化室高度/m	用户企业	炭化室高度/m	用户企业
7.63	太原钢铁公司 山东兖矿集团有限公司 马鞍山钢铁公司 武汉钢铁公司 沙钢集团有限公司 首钢曹妃甸钢铁公司	6	宝钢钢铁公司 韶钢松山股份有限公司 鞍钢集团公司 凌钢集团公司 巴西 USIMINAS 钢厂 开滦精煤股份公司 山西焦化股份有限公司 鄂钢集团公司 重庆钢铁（集团）有限公司 攀煤联合焦化有限公司 临涣焦化股份有限公司 迁安中化煤化工有限公司 山西安泰集团有限公司 贵州华能煤气化公司 昆钢钢铁公司 包钢钢铁公司 靖江众达炭材有限公司 本钢钢铁公司 沈阳炼焦煤气有限公司
7	邯郸钢铁公司 鞍山钢铁公司（鲅鱼圈） 本溪钢铁公司 金牛天铁煤焦化有限公司 宝钢集团上海梅山钢铁股份公司 冀中能源峰峰集团公司 武汉钢铁（集团）公司 鞍钢化工总厂 安阳钢铁（集团）股份有限公司 攀钢集团西昌新钢业有限公司 唐钢美锦（唐山）煤化工有限公司 内蒙古包钢钢联股份有限公司 宝钢钢铁公司 台塑越南河静钢厂		

1.1.6.2　侧装煤焦炉机械

侧装煤焦炉机械的典型应用见表 1-1-3。

表 1-1-3　侧装煤焦炉机械典型应用（大连华锐重工集团股份有限公司　www.dhidcw.com）

炭化室高度/m	用户企业	炭化室高度/m	用户企业
6.25	唐山佳华焦化有限公司 攀钢集团西昌新钢业有限公司 河北中煤旭阳焦化有限公司 孝义鹏飞实业有限公司 联峰钢铁（张家港）有限公司	5.5	平顶山泓利煤化工有限公司 青海盐湖集团有限公司 汝州天瑞煤焦化有限公司 山东广富集团有限公司 山东浩宇能源有限公司 山东荣信煤化有限责任公司 山西焦煤集团公司西山煤气化公司 山西金地煤焦有限公司 山西永鑫煤化有限责任公司 陕西府谷县镁业集团有限责任公司 陕西龙门煤化工有限责任公司 神华集团巴彦淖尔能源有限公司 神华乌海煤焦化有限责任公司 四川达兴能源股份有限公司 唐山达丰焦化有限公司 唐山东海钢铁集团特钢有限公司 唐山市汇丰炼焦制气有限公司 滕州盛隆煤焦化有限责任公司 乌海市广纳煤焦化有限公司 乌海市榕鑫能源实业有限责任公司 新疆伊力特煤化工有限责任公司 新疆兆丰能源有限公司 徐州东兴焦化有限公司 徐州华裕煤气有限公司 徐州腾达焦化有限公司 徐州天安化工有限公司 徐州沂州煤焦化有限公司 优派能源（阜康）煤焦化有限公司 豫港（济源）焦化集团有限公司 攀钢钢铁公司
6	河南京宝焦化有限公司 山西潞安环能煤焦化有限公司		
5.5	鞍山盛盟煤气化有限公司筹备处 宝丰县洁石煤化有限公司 宝钢集团新疆八一钢铁公司 鄂托克旗红缨煤化工有限公司 广西盛隆冶金有限公司 河北华丰煤化电力有限公司 河北济源金马焦化有限公司 河北旭阳焦化有限公司 河北裕隆煤化有限公司 河北中煤旭阳焦化有限公司 河南利源燃气有限公司 湖南煤化新能源有限公司 济源市金马焦化有限公司 江苏沂州煤焦化有限公司 内蒙古包头钢铁公司 内蒙古黄河工贸集团千里山煤焦化 内蒙古庆华集团有限公司 宁夏宝丰能源集团有限公司 宁夏通达煤业集团有限公司		

1.2 造块设备

铁矿粉造块用于处理贫铁矿和多种金属共生复合铁矿，除去大部分有害元素，获得粒度均匀、成分稳定、含铁量高，尤其是冶炼特性良好的人造富矿，为高炉准备"精料"。这种冶炼前进行原料准备的方法是高炉高产、优质、低耗的重要保证。

造块方法可分为烧结法和球团法两种。

烧结法是将不能直接送入高炉的贫铁矿经过选矿得到的铁精矿粉，富铁矿在破碎和筛分过程中得到的粉矿，在生产过程中回收的含铁粉料以及熔剂和燃料等，按一定比例混合，借燃料燃烧的高温，使烧结料的成分熔化并发生化学反应，冷却后粘结成块，再经破碎、筛分使之适于高炉冶炼的一种方法。

球团法是在粒度小于 0.043mm（325 目）的达 60% 以上或小于 0.074mm（200 目）的达 90% 以上的铁精矿粉中加入一定的黏结剂，经过混合、造球、干燥、预热等环节，最后焙烧成具有足够强度、还原性好的直径为 8~15mm 小球的方法。

1.2.1 润磨机

1.2.1.1 概述

润磨机是球团工艺中处理含水量在 8%~13% 的物料，使物料充分混合和细化，增大物料颗粒的表面积，提高球团矿质量和金属回收率。润磨机在球磨机的基础上有三个主要特点：强制给料、周边排矿、橡胶衬板。

1.2.1.2 润磨机工作原理

润磨机的筒体由周边大齿轮带动旋转时，物料受到研磨介质钢球的冲击，以及在球与球之间和球与筒体衬板之间的粉磨，使物料充分暴露出新鲜表面，从而得到充分混合，最后经排料孔排出磨机，进入下道工序。润磨机可有效地降低膨润土添加量，提高生球强度。

1.2.1.3 润磨机的技术参数

SKMQR 系列润磨机技术参数和 RM 系列润磨机选型配置见表 1-2-1 和表 1-2-2。

表 1-2-1 SKMQR 系列润磨机技术参数（北方重工集团有限公司 www.nhi.com.cn）

规 格		单位	SKMQR2745	SKMQR3254	SKMQR3562
筒体内径		mm	2700	3200	3500
筒体工作长度		mm	4500	5400	6200
筒体有效容量		m³	23.5	39.5	55.6
最大装载量	物料	t	3.8	6	8.7
	钢球	t	27.30	44	64
筒体工作转数		r/min	17.86	16.5	15.47
主电动机	型号		YR4503-8	YR45003-8	Ytm5602-6
	功率	kW	400	630	1000
	转速	r/min	735	740	993
	电压	V	6000	6000	6000
主减速成器	速比		4.5	4.96	6.74
	输入转速	r/min	735	740	993
慢速驱动装置	电机参数		Y160M2-8 5.5kW，380V，730r/min	Y160L-8，11kW，380V，970r/min	Y180L-8，11kW，380V，730r/min
	减速机速比		400	500	355
	输出转速	r/min	1.8	1.94	2.056

续表 1-2-1

规　格		单位	SKMQR2745	SKMQR3254	SKMQR3562
螺旋输料装置	电机功率	kW	11	18.5	18.5
	电机电压	V	380	380	380
	电机转速	r/min	1500	1000	1000
	减速机输出转速	r/min	25.4	23.25	23.25
	速比		59	43	43
机器外形尺寸		mm	—	13400×7250×5700	15473×7707×6280
机器重量 (不含主电机、电控)		t	65	122	
产　量		t/h	30	50	

表 1-2-2　RM 系列润磨机选型配置表（唐山重型装备集团有限公司　www.typlant.com）

型　号	磨机直径/m	磨机筒长/m	处理量/t·h^{-1}	转速/r·min^{-1}	介　质
RM3255	3.2	5.5	44	16.5	钢球
RM3562	3.5	6.2	64	15.6	钢球
RM3870	3.8	7.0	83	14.3	钢球

1.2.2　圆筒混料机

1.2.2.1　概述

黑色冶金烧结厂在烧结原料造球前将配好的原料进行充分混合，达到各组成成分分布均匀，以保证烧结矿的物理、化学特性一致。圆筒混料机主要包括筒体、搅拌装置和传动装置。

1.2.2.2　圆筒混料机的技术参数

YH 系列圆筒混料机选型配置和圆筒混料机的技术参数见表 1-2-3 和表 1-2-4。

表 1-2-3　YH 系列圆筒混料机选型配置表（唐山重型装备集团有限公司　www.typlant.com）

型　号	圆筒直径/m	圆筒长度/m	处理量/t·h^{-1}	倾角/(°)	转速/r·min^{-1}	混合时间/min
YH3009	3.0	9	210	2.0	6	2.26
YH3213	3.2	13	270	1.3	7.5	4.32
YH3616	3.6	16	400	1.5	7	3.85
YH3818	3.8	18	730	2.3	6	3.23
YH4020	4.0	20	710	1.5	7	4.23
YH4220	4.2	20	730	1.6	7	4.2
YH4424	4.4	24	918	1.8	7	4.4

表 1-2-4　圆筒混料机技术参数（湖南长重机器股份有限公司　www.czmc.com）

规格/m	生产能力/t·h^{-1}	电 动 机		减 速 机		设备总量/t
		型号	功率/kW	型号	速比	
φ3.2×13	580~660	YJS500-6	400	SQASD800	27.1	170
φ3.5×13	556~645	YKK5001-6	560	YNS1560	36.1	175
φ3.5×14	620~740	YKK5001-6	560	YNS1560	31.68	178
φ3.6×8	540~640	YKK4005-6	280	YNS1250	32	148
φ3.6×14	660~800	YKK5001-6	560	YNS1560	31.56	179
φ3.6×16	610~710	YKK5001-6	560	YNS1560	31.56	183
φ3.6×14	320~380	YKK4505-6	500	YNS1440	31.56	182

规格/m	生产能力/t·h⁻¹	电 动 机		减 速 机		设备总量/t
		型号	功率/kW	型号	速比	
φ3.8×15	330~390	YJS500-6	560	SQASD900	22.6	217
φ3.8×16	580~650	YKK4505-6	500	YNS1440	31.76	185
φ3.8×20	568~652	YKK5003-6	710	YNS1560	36.042	241.5
φ4×16	720~900	YJS560-8	710	YNS1760	22.48	251
φ4×18	740~920	YKK5003-6	710	JHC710-306W	32.34	258
φ4×20	750~950	YJS560-8	800	YNS1760	22.48	265
φ4.3×11	720~900	YJS560-8	710	YNS1560	3656	221
φ4.4×18	1050~1250	YKK5004-6	800	YNS800-03-32	32	249
φ4.4×20	1100~1200	YKK5004-6	800	YNS800-03-32	32	256
φ4.4×21	1120~1250	YKK5004-6	800	YNS800-03-32	32	258
φ4.8×23.5	1050~1105	YKK630-6W	1250	YNS800-03-34	34	286
φ5.1×13	930~1100	YKK5003-6	710	JHC710-306W	32.34	231
φ5.1×24.5	1250~1400	YKK630-6W	1250	YNS1850	31.76	289
φ5.1×25	1250~1400	YKK630-6W	1250	YNS1850	31.76	290
φ5.1×26	1250~1450	YKK630-6W	1250	YNS1850	31.76	292
φ5.1×28	1100~1250	Y560-3-6	1400	YNS1960	32.73	343

注：1. 筒体转速一般为0~7r/min；

2. 填充率为0~19.5%；

3. 混合时间为90~220s；

4. 安装角度对于一次混合为1.8°~4°，对于二次混合为1°~2°。

1.2.3 圆盘造球机

1.2.3.1 概述

造球机是将混合的原料造成球，以改善烧结料层的透气性，提高烧结质量。造球机有圆盘式和圆筒式两种，圆盘造球机为普遍采用的机型。圆盘造球机由圆盘、齿圈、主轴、传动装置、机座、刮刀装置、洒水喷嘴和溜料板等组成。圆盘造球机采用旋转刮刀，提高成球率及强度，并且粒度均匀，球团质量稳定，盘面倾角和运转转速可根据制粒工艺要求进行调节。整机具有质量轻，电机功率小，节约能源，工作效率高，设备运转可靠，使用寿命长等特点。

1.2.3.2 圆盘造球机的技术参数

TYQ系列圆盘造球机选型配置和KZP系列圆盘造球机技术参数见表1-2-5和表1-2-6。

表1-2-5 TYQ系列圆盘造球机选型配置表（唐山重型装备集团有限公司 www.typlant.com）

型 号	圆盘直径/m	圆盘边高/mm	处理量/t·h⁻¹	倾角/(°)	转速/r·min⁻¹
TYQ42	4.2	300~450	28~32	40~55	7~9
TYQ50	5.0	450~600	35~45	40~55	7~9
TYQ55	5.5	500~650	40~50	40~55	6~8.5
TYQ60	6.0	550~700	55~60	40~55	6~8.5
TYQ70	7.0	600~750	60~75	40~55	6~8
TYQ75	7.5	650~850	70~80	40~55	6~8

表 1-2-6 **KZP 系列圆盘造球机技术参数**（朝阳仁泽冶金机械制造有限公司 www.cyrzyj.com）

规格型号		KZP5500	KZP6000	KZP7500
直径/mm		5500	6000	7500
圆盘高度/mm		600	700	750
倾斜度/（°）		40～50	43～53	45～50
转数/r·min⁻¹		6、7、8	6.23、6.85、7.02	6.0
产量/t		30～36	50～56	70～80
主电机	型号	Y280S-4	Y280M-4	
	功率/kW	75	90	110
	转数/r·min⁻¹	1480	1490	1490
	电压/V	380	380	380
机器外形尺寸	长/m	6.63	7.13	8.630
	宽/m	6	6	6.6
	高/m	6.5	6.5	
质量/t		42.9	49.4	58.7

1.2.4 圆筒干燥设备

1.2.4.1 概述

圆筒干燥设备是对物料进行干燥的设备。圆筒干燥机由窑体、窑体内抄料板、传动装置、支撑托轮装置、挡轮和端头密封装置等组成。当湿料从进料端进入窑体后经导流板流入抄料区，由组合抄料板作抛洒运动，与高温烟气进行充分的热交换，使其水分不断挥发，同时料流向出料端移动，完成烘干过程。

1.2.4.2 圆筒干燥设备的主要技术参数

HG 系列圆筒烘干机选型配置见表 1-2-7。

表 1-2-7 **HG 系列圆筒烘干机选型配置表**（唐山重型装备集团有限公司 www.typlant.com）

型 号	圆筒直径/m	圆筒长度/m	处理量/t·h⁻¹	倾角/（°）	转速/r·min⁻¹	筒体容积/m³
HG1818	1.8	18	17～34	3～5	3～6	45.8
HG2422	2.4	22	36～70	3～5	3～6	99.5
HG3020	3.0	20	52～100	3～5	3～6	141.4
HG3420	3.4	20	66～130	3～5	3～6	181.6
HG3620	3.6	20	74～150	3～5	3～6	203.6
HG4024	4.0	24	110～230	3～5	3～6	301.6

1.2.5 带式焙烧机

1.2.5.1 概述

带式焙烧机将整个球团工艺过程：干燥、预热、焙烧、冷却在一个设备上完成，布置紧凑，设备的吨位轻，工厂占地面积小，产量高，是一项十分成熟的工艺设备。产品最大规格已达到 750m²，年产量达 500 万吨以上。对原料的适应性强，同时由于热系统的合理布置，能耗低，是球团生产的主力设备。

1.2.5.2 带式焙烧机的技术参数

带式焙烧机的技术参数见表 1-2-8。

表 1-2-8 带式焙烧机技术参数（北方重工集团有限公司 www.china-sz.com.cn）

名　称	388.5m² 带式焙烧机
传动形式	左式
产量/t·h⁻¹	336
有效长度/m	111
有效面积/m²	388.5
台车规格（长×宽）/m×m	1.5×3.5
栏板高度/mm	400
台车运行速度/m·min⁻¹	1.9~3.9
头尾轮节圆直径/mm	φ4136
主驱动电机功率/kW	2×37

1.2.5.3　带式焙烧机的业绩表

带式焙烧机的业绩表见表 1-2-9。

表 1-2-9 带式焙烧机业绩表（北方重工集团有限公司 www.china-sz.com.cn）

序号	用户企业	项目名称	台数	制造时间	台车宽度/m
1	伊朗球团厂	388.5m² 带式焙烧机	1	2013	3.5

1.2.6　带式烧结机

1.2.6.1　概述

带式烧结机适用于大型黑色冶金烧结厂的烧结作业，是抽风烧结过程中的主体设备。它可将不同成分、不同粒度的精矿粉、富矿粉烧结成块，并部分消除矿石中所含的硫、磷、砷等有害杂质。

1.2.6.2　相关企业产品

A　北方重工集团有限公司

带式烧结机的技术参数见表 1-2-10。

表 1-2-10 SD 系列带式烧结机技术参数（北方重工集团有限公司 www.nhi.com.cn）

规　格	SD-180	SD-240	SD-360	SD-430	SD-500	SD-660
有效烧结面积/m²	180	240	360	430	500	660
产量/t·h⁻¹	490	800	1000	1100	1220	1550
有效烧结长度/m	60	69	90	96	100	120
头尾节圆直径/mm	φ3098.52	φ4136	φ4136	φ4136	φ4136	φ4136
台车规格（宽×长）/m×m	3×1	3.5×1.5	4×1.5	4.5×1.5	5.0×1.5	5.5×1.5
台车运行速度/m·min⁻¹	1~3.3	1.5~4.5	1.3~3.9	1.5~4.5	1.3~3.9	1.6~4.8
主驱动功率/kW	2×18.5	2×18.5	2×22	2×30	2×37	90

带式烧结机的应用业绩见表 1-2-11。

表 1-2-11 带式烧结机业绩表（北方重工集团有限公司 www.nhi.com.cn）

序　号	用户企业	项目名称	数　量	制造时间
1	攀钢	130m² 烧结机	5	1960~1973
2	鞍钢	265m² 烧结机	2	1985
3	宝钢	450m² 烧结机	2	1991、1995
4	印度	180m² 烧结机	1	1998
5	鞍钢	360m² 烧结机	2	2000

序 号	用户企业	项目名称	数 量	制造时间
6	本钢	265m² 烧结机	1	2000
7	武钢	360m² 烧结机	1	2002
8	宁波建龙	435m² 烧结机	1	2003
9	武钢	435m² 烧结机	1	2004
10	安阳钢厂	360m² 烧结机	1	2004
11	太钢	450m² 烧结机	1	2004
12	巴西	198m² 烧结机	1	2005
13	包钢	265m² 烧结机	2	2005
14	湘钢	360m² 烧结机	1	2005
15	邯钢	360m² 烧结机	2	2006
16	宣化	360m² 烧结机	1	2007
17	首钢曹妃店	500m² 烧结机	2	2007
18	韶钢	360m² 烧结机	1	2007
19	日照钢铁	360m² 烧结机	2	2008
20	天铁	400m² 烧结机	1	2008
21	邯钢	450m² 烧结机	1	2008
22	承德建龙	265m² 烧结机	1	2008
23	韩国三星	508m² 烧结机	2	2008
24	太钢	660m² 烧结机	1	2008
25	莱钢	480m² 烧结机	1	2008
26	湘钢	360m² 烧结机	1	2009
27	龙钢	400m² 烧结机	1	2009
28	柳钢 2 期	360m² 烧结机	1	2010
29	廊坊胜宝	180m² 烧结机	1	2010
30	南钢	180m² 烧结机	1	2010
31	安阳钢铁	500m² 烧结机	1	2010
32	凌钢	180m² 烧结机	1	2010
33	中天钢铁	550m² 烧结机	1	2010
34	南疆八钢	430m² 烧结机	1	2011
35	包钢	360m² 烧结机	1	2011
36	宁钢	430m² 烧结机	1	2011
37	张家港宏昌	400m² 烧结机	1	2012
38	包钢	500m² 烧结机	2	2012
39	廊坊洮远	240m² 烧结机	2	2013
40	日照	600m² 烧结机	1	2013

B 唐山重型装备集团有限公司

带式烧结机的主要特点是：烧结机采用全悬挂柔性传动，头尾轮齿板为数控加工而成；头尾密封装置采用新型的全金属仿形密封和全金属柔性仿形密封装置（专利技术），台车密封装置采用双护板多簧密封结构（专利技术）；台车的上下栏板的止口能有效减少漏风；润滑系统采用干油集中润滑系统或干油集中智能润滑系统；设计结构合理，制造工艺先进，设备性能优良，使用寿命长。

SD 系列烧结机的选型配置见表 1-2-12。

表 1-2-12　SD 系列烧结机选型配置表（唐山重型装备集团有限公司　www.typlant.com）

型号	烧结面积/m²	原料处理量/t·h⁻¹	有效烧结长度/m	头尾轮中心距/m	台车规格/m×m×m	运行速度/m·min⁻¹
SD75	75	200	30	42.7	0.65×1×2.5	0.8~2.5
SD90	90	260	36	48.7	0.7×1×2.5	0.9~2.5
SD132	132	340	44	56.7	0.7×1×3	0.8~2.4
SD180	180	480	60	72.7	0.7×1×3	1.1~3.3
SD265	265	600	76	89.6	0.7×1.5×3.5	1.5~4.5
SD300	300	700	75	88.1	0.7×1.5×4	1.5~4.5
SD360	360	900	90	103.1	0.75×1.5×4	1.5~4.5
SD400	400	1100	89	103.1	0.72×1.5×4.5	1.5~4.5
SD450	450	1200	100	115.1	0.72×1.5×5	1.5~4.5
SD500	500	1350	100	115.1	0.75×1.5×5	1.5~4.5

1.2.7　球团环冷机

1.2.7.1　概述

球团环冷机是链算机—回转窑式球团工艺流程中的主要设备之一，它与回转窑配套使用，用于冷却从回转窑中排出的小于1250℃的热球团矿，最终冷却温度小于150℃，以达到适合输送的要求。冷却物料的粒度为8~16mm，具体的方法是：热球团矿经过给矿漏斗落在回转部的台车上，在传动装置驱动下使回转部在水平轨道上缓慢的旋转，其下部用鼓风机冷却。旋转一周后台车通过一段曲轨时在卸矿漏斗处翻转卸料，完成一次冷却过程。同时作为整个系统热平衡的重要环节，将高温球团中的热量回送到回转窑中，从而降低整个系统的燃料消耗。

1.2.7.2　相关企业产品

A　北方重工集团有限公司

球团环冷机的技术特点如下：

(1) 传动双机设计保证运动平稳性。

(2) 环冷机卸料区采用电液动给矿闸门控制均匀卸料，采用移动小车收集散料。

(3) 采用智能集中润滑系统。

(4) 采用水封形式代替老式沙封结构。

球团环式冷却机性能的技术参数见表 1-2-13。

表 1-2-13　HLQ 型球团环式冷却机性能技术参数（北方重工集团有限公司　www.nhi.com.cn）

序号	参数	单位	型号规格				
			HLQ-50	HLQ-69	HLQ-121	HLQ-150	HLQ-248
1	有效冷却面积	m²	50	69	121	150	248
2	台车回转直径	m	φ12.5	φ12.5	φ18.5	φ22	φ25
3	台车宽度	m	1.8	2.2	2.5	2.5	3.75
4	料层厚度	mm	680	762	760	800	850
5	生产能力	t/h	120	134~304	270~304	310~385	630~700
6	正常冷却时间	min	45	45	45	48	50

球团环式冷却机的应用实例见表 1-2-14。

表 1-2-14 球团环式冷却机应用实例（北方重工集团有限公司 www.nhi.com.cn）

序号	名 称	数量	用 户 企 业	日 期
1	69m² 环冷机	1	首钢迁安矿	1996 年
2	121m² 环冷机	1	太钢矿业分公司	1999 年
3	150m² 环冷机	2	弓长岭球团厂	2000 年
4	150m² 环冷机	2	张家港宏昌球团公司	2005 年
5	150m² 环冷机	1	本钢球团厂	2005 年
6	248m² 环冷机	2	中冶北方（湛江龙腾）	2008 年
7	69m² 环冷机	1	莱钢银山型钢有限公司	2008 年

B 唐山重型装备集团有限公司

QHL 系列球团环冷机的选型配置见表 1-2-15。

表 1-2-15 QHL 系列球团环冷机选型配置表（唐山重型装备集团有限公司 www.typlant.com）

型 号	冷却面积/m²	正常处理能力 /t·h⁻¹	最大处理能力 /t·h⁻¹	环冷机中径/m	台车宽度/m	栏板高度/m
QHL50	50	105	120	12.5	1.7	1.08
QHL69	69	152	175	12.5	2.2	1.08
QHL128	128	270	300	18.5	2.5	1.08
QHL150	150	310	385	22	2.5	1.13

1.2.8 鼓风环式冷却机

1.2.8.1 概述

鼓风环式冷却机是烧结工程设计中的主要设备之一。它与烧结机、单辊破碎机配套使用，用于冷却热烧结矿以达到适合输送的要求。热烧结矿的粒度为 0~150mm，给料温度为 700~850℃，冷却后温度小于 120℃。物料冷却过程是：热烧结矿经过单辊破碎机破碎后，通过给矿漏斗落在回转部的台车上，在传动装置的作用下使回转部在水平轨道上缓慢的旋转，其下部用鼓风机冷却，台车通过曲轨在卸矿漏斗处翻转卸料，最后冷却后的烧结矿落在板式给矿机上被送到下部工序。

1.2.8.2 相关企业产品

A 北方重工集团有限公司

鼓风环式冷却机的技术特点如下：

（1）采用双传动系统，传动形式采用电动机—减速器—摩擦轮的传动形式。

（2）采用独立称重技术，精确测量卸料漏斗内烧结矿质量，卸料漏斗与板式给矿机联锁控制，确保卸料漏斗内存料适中，确保生产正常进行。

（3）台车的铰接点采用自润滑轴承，防止由于润滑管路钙化堵塞造成的故障，解决了该处维修难的问题。

（4）水平轨道、卸料区曲轨安装在回转体框架上。其中，曲轨安装在卸料区的列柱之间，使台车只能在卸料区的卸料曲轨处翻转、卸料和复位。

（5）台车下部设散料收集装置，减少环冷机的散料量，减轻散料处理装置负荷。

（6）采用双层卸灰阀和自动运灰小车，实现了散料处理系统的自动化。

（7）密封装置采用两道（动、静）橡胶件密封，提高了密封效果，并对台车车轮处的密封进行改进，使该处的密封更合理，寿命更长，密封效果更好。

（8）采用集中润滑方式，保证润滑效果。

（9）可根据用户要求设计各种规格的环冷机。

鼓风环式冷却机的技术参数见表 1-2-16。

表 1-2-16 鼓风环式冷却机技术参数（北方重工集团有限公司 www.nhi.com.cn）

序　号	项　目	单　位	数　　　值			
1	有效冷却面积	m²	235	360	415	580
2	正常处理能力	t/h	380	620	785	1200
3	台车回转直径	m	30	38	44	53
4	台车宽度	m	3	3.5	3.5	3.5
5	料层厚度	m	1.4	1.5	1.5	1.4
6	正常冷却时间	min	80	73	80	66

鼓风环式冷却机的典型实例见表 1-2-17。

表 1-2-17 鼓风环式冷却机典型实例（北方重工集团有限公司 www.nhi.com.cn）

序　号	名　　称	数　量	用户企业	日　期
1	430m² 鼓风环式冷却机	2	韩国现代	2009 年
2	235m² 鼓风环式冷却机	1	廊坊市洸远金属制品有限公司	2010 年
3	235m² 鼓风环式冷却机	1	凌源钢铁集团公司	2011 年
4	280m² 鼓风环式冷却机	2	唐山国丰钢铁有限公司	2011 年
5	145m² 鼓风环式冷却机	2	唐山国丰钢铁有限公司	2011 年

B　唐山重型装备集团有限公司

鼓风环式冷却机的主要特点如下：

环冷机的冷密封装置为三道金属与非金属复合密封，热密封为介质重力补偿密封，有效解决了生产过程中的漏风问题。其传动装置具有柔性补偿功能。

HL 系列环冷机、取热发电型环冷机的选型配置见表 1-2-18 和表 1-2-19。

表 1-2-18 HL 系列环冷机选型配置表（唐山重型装备集团有限公司 www.typlant.com）

型　号	冷却面积/m²	正常处理能力/t·h⁻¹	最大处理能力/t·h⁻¹	环冷机直径/m	台车宽度/m	栏板高度/m
HL140	140	302	403	22	2.6	1.5
HL170	170	330	420	24.5	2.8	1.5
HL190	190	380	470	24.5	3	1.6
HL235	235	480	580	30	3	1.5
HL300	300	670	780	35	3.2	1.6
HL360	360	780	900	38	3.5	1.6
HL415	415	870	1000	44	3.5	1.6
HL490	490	1000	1100	51	3.5	1.5
HL580	580	1200	1320	53	3.5	1.5

表 1-2-19 取热发电型环冷机选型配置表（唐山重型装备集团有限公司 www.typlant.com）

型　号	冷却面积/m²	正常处理能力/t·h⁻¹	最大处理能力/t·h⁻¹	环冷机直径/m	台车宽度/m	栏板高度/m
FDHL170	180	355	435	24.5	3	1.6
FDHL240	240	450	550	30	3.1	1.6
FDHL300	300	560	650	33.4	3.2	1.6
FDHL360	360	610	750	38	3.5	1.6
FDHL415	420	785	900	44	3.5	1.6
FDHL500	500	900	1000	53	3.5	1.6
FDHL690	690	1000	1100	62	3.9	1.7

1.2.9　带式冷却机

1.2.9.1　概述

带式冷却机是将从烧结机中烧成的烧结矿进行冷却的设备。按冷却方式将其分为抽风式和鼓风式，国内以鼓风式为主。设备由台车、链条、链轮、传动装置、风机和密封罩等组成。带式冷却机冷却效果好、便于铺料，作业率高，易于解决密封问题，但是台车面积小，空行程多，能耗和投资高。

1.2.9.2　带式冷却机的技术参数

LD 系列带冷机的选型配置见表 1-2-20。

表 1-2-20　LD 系列带冷机选型配置表（唐山重型装备集团有限公司　www.typlant.com）

型　号	冷却面积/m²	正常处理能力/t·h⁻¹	最大处理能力/t·h⁻¹	台车宽度/m	栏板高度/m	头尾轮中心距/m
LD75	75.6	133	172	1.8	1.25	48
LD90	90	150	180	2.5	1.25	45.5
LD120	120	250	300	3	1.4	50.2
LD168	168	270	330	3	1.6	64.615
LD336	336	780	820	4	1.5	93.75

1.2.10　新型氨法烟气脱硫成套设备

1.2.10.1　概述

新型氨法烟气脱硫成套设备用于烧结烟气的脱硫。第一代单塔和第二代双塔氨法脱硫系统，如图 1-2-1 和图 1-2-2 所示。

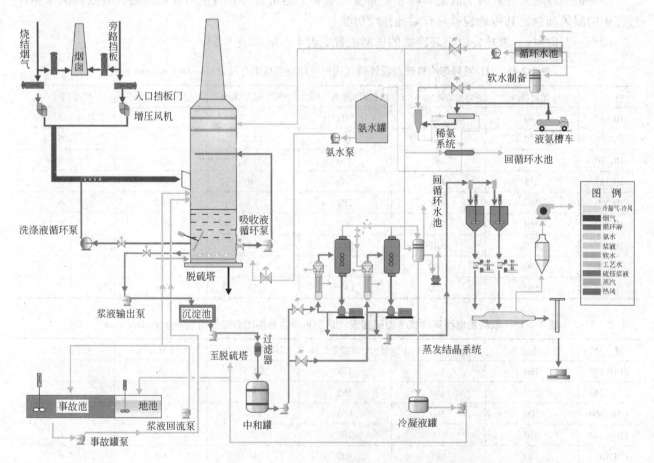

图 1-2-1　单塔氨法脱硫系统流程示意图

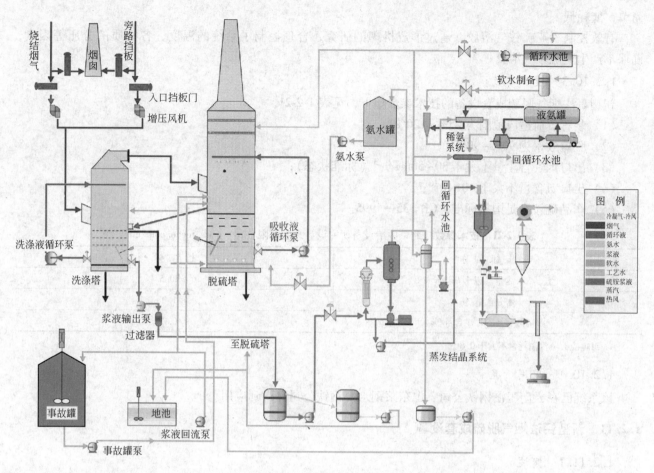

图 1-2-2　双塔氨法脱硫系统流程示意图

1.2.10.2　技术特点

脱硫塔根据具体的情况可以推荐逆流脱硫塔和并流脱硫塔。并流脱硫塔的设计气速可以高于逆流塔，配置的除雾器可以水平布置在出口烟道上，使设备更紧凑。逆流脱硫塔可以在脱硫塔上加烟囱直接排放脱硫净烟气，省去了烟气回原烟囱的烟道，减少了占地，同时也不会对原烟囱产生腐蚀，省去了对原烟囱的防腐措施。脱硫塔整体采用 FRP，现场采用机械缠绕机，制作施工快，可确保在 2 个月内整体就位，使用寿命确保 20 年以上，几乎不用维护。对于出口烟道和干湿交接烟道，采用防水和防腐蚀性能优良的高温 FRP，也可以确保 20 年以上的使用寿命。

在氨逸出损失的控制方面，创新设计了多段吸收塔以及并流吸收塔，解决了氨的易挥发损失，在理论上确保离开脱硫塔的尾气氨含量为零。如图 1-2-3 所示。

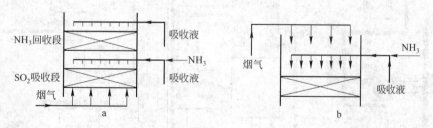

图 1-2-3　氨逸出损失的控制技术
a—多段吸收技术；b—并流吸收技术

解决了亚硫酸铵氧化的困难问题。从理论上，确定了亚硫铵氧化等同于 O_2 的化学吸收，据此提出的氧化反应器，可以确保氧化率大于 95%~99%。

在硫铵结晶方面，完善了硫铵结晶系统，确定了杂质影响、细晶消除、晶粒分级的反应结晶方法，提出的结晶器兼有反应器的特点，称为反应结晶技术，形成了大颗粒的硫铵结晶体，结晶温度低，工艺简单，能耗低。

有效控制了亚硫铵气溶胶。通过形成机理的研究，合理控制了系统的温度、各物质的分压等因素，确保不产生亚硫铵气溶胶。

1.2.10.3 技术参数

新型氨法烟气脱硫成套设备的技术参数如下，见表1-2-21。

（1）装置负荷适应范围为25%~120%；

（2）脱硫效率为90%~99%；

（3）出口烟气含尘量不大于30~50mg/m³（标准状态）；

（4）出口氨含量不大于10×10⁻⁶；

（5）产品硫铵满足国家标准：GB 535—1995。

表 1-2-21 技术参数（北京中冶设备研究设计总院有限公司 www.mcce.com.cn）

指 标 名 称	指 标
氮（N）含量（以干基计）/%	≥20.5
水分含量/%	≤1.0
游离酸（H₂SO₄）含量/%	≤0.2

注：每吨硫铵蒸汽消耗量不大于0.6t。

1.2.10.4 应用情况

该系统已在云南玉溪钢铁公司、山东莱钢永峰钢铁公司等得到应用。

1.2.11 新型钙法烟气脱硫成套设备

1.2.11.1 概述

新型钙法烟气脱硫成套设备针对烧结烟气的特点，提高了对烟气量、温度、含硫量的一系列烟气条件波动大、变化频繁的适应性，其系统流程如图1-2-4所示。此外，该系统还解决了原有电厂运行中出现的结垢、堵塞的问题。

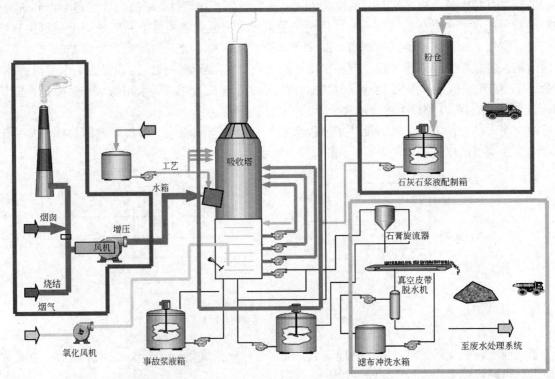

图 1-2-4 钙法烟气脱硫系统流程示意图

1.2.11.2 技术特点

采用完全空塔喷淋，系统阻力小于1000Pa，无结垢、无堵塞。

采用新型塔入口及塔内烟气分布，保证气液完全接触，大大降低气液比，是行业12~15L/m³（标准状态）的一半，为6L/m³（标准状态）。

采用计算机模拟喷嘴布置，保证每层喷淋浆液200%的覆盖率，无死区。

对气体流量和进口SO₂含量的急剧变化，具有很好的适应能力，脱硫效率稳定，不小于95%。

针对烧结机烟气量波动较大的情况，研发了一套烟气量同步监控调节技术，随时跟踪主抽风机排出的烟气流量，使脱硫装置增压风机吸进的烟气量与烧结装置主抽风机排出的烟气量保持同步协调，完全消除了脱硫装置设置对烧结工艺带来的附加影响，烧结、脱硫装置完全协调适配。该技术解决了"大马拉小车"问题，可使增压风机轴功率随流量的下降而大幅度降低，节省电能27%~70%。

针对脱硫塔不同部位、系统不同介质条件的烟道及管道采用合适的防腐技术，确保系统长期稳定运行。

为了解决塔内结垢问题，研发了一套浆池结晶生成物控制方法，不但很好地消除了吸收塔内壁结垢和管道堵塞问题，而且该控制方法下生成的石膏晶体大，有利于石膏脱水，能有效保证副产物石膏的含水量在10%以下。

1.2.11.3 技术参数（北京中冶设备研究设计总院有限公司 www.mcce.com.cn）

新型钙法烟气脱硫成套设备的技术参数如下：

（1）装置设计使用年限为20年以上，年运行小时不小于8000h；

（2）装置负荷适应范围为25%~120%；

（3）脱硫效率为90%~99%；

（4）出口烟气含尘量不大于30~50 mg/m³（标准状态）；

（5）石膏产品满足国家标准。

1.2.11.4 应用情况

该系统已在河北钢铁承德分公司等得到应用。

1.2.12 密相塔烟气脱硫成套设备

1.2.12.1 概述

密相塔烟气脱硫技术是在喷雾干燥烟气脱硫技术基础上发展起来的。它对烧结烟气量、含硫量波动适应性强，耐烟气量变化冲击。其设备采用"积木式"设计，投资费用低、占地面积小；其工艺不仅脱硫效率高、无废水产生，而且流程简单，运行可靠。

1.2.12.2 技术特点

对含硫量波动的适应性强。充分考虑了SO₂含量的波动，通过安装在入口烟道上的SO₂在线监测系统的数据，可以调整循环倍率和加湿机加水量来稳定出口SO₂含量。

充分利用脱硫灰的活性，最大限度地发挥系统的潜能，使脱硫灰与烟气充分接触，控制出口SO₂浓度。

为保证脱硫装置连续运行，在设备选型和管路设计时充分考虑最恶劣工况。

对烧结烟气量短时间内大幅度的波动适应性强。设计中充分考虑了反应时间，留有足够的余量，可以适应30×10⁴~110×10⁴m³/h烟气量的工况。

对烧结烟气温度变化的适应性强。增加塔入口烟气降温喷淋装置，强化降温作用。增大工艺水用量，也可以在一定程度上缓解温度剧烈波动。

对脱硫剂变化的适应性强。对脱硫灰的粒度没有太严格的要求，在设计中充分考虑了加大颗粒的影响。

耐烟气量变化冲击。耐含硫量冲击可从400mg/m³达到4000mg/m³。

1.2.12.3 技术参数（北京中冶设备研究设计总院有限公司 www.mcce.com.cn）

密相塔烟气脱硫成套设备的技术参数如下：

（1）装置设计使用年限为 20 年以上，年运行小时不小于 8000h；

（2）装置负荷适应范围为 25%~120%；

（3）脱硫效率为 90%~99%；

（4）出口烟气含尘量不大于 30~50mg/m³（标准状态）。

1.3 炼铁设备

由铁矿石冶炼成生铁的方法可分为高炉铁和非高炉铁两大类。前者是现代炼铁最主要的方法，因其技术经济指标先进，工艺简单，产量大，效率高，故世界上 95% 以上的生铁都由高炉生产；后者是用气体或固体为燃料和还原剂在竖炉、回转窑或熔融还原炉中生产低碳低硅的海绵铁、铁粉或液态的生铁，按其产品形态又可分为直接还原法（固态海绵铁或铁粉）和熔融还原法（液态生铁）。

1.3.1 高炉煤气取样机

1.3.1.1 概述

高炉炉身煤气取样机能以高速度、高精度和高自动化的采样和分析代替人工采样和分析，及时、可靠地探测炉身上部径向方向上煤气（CO、CO_2、H_2）成分和温度分布状况，正确判断炉况，稳定冶炼过程、提高生产率、降低能耗等；可以随时对炉内温度，特别是炉墙附近的温度进行检测，能够及时地发现和防止炉温过热现象，有效地避免了炉墙耐火砖的烧损，延长了高炉的使用寿命。

1.3.1.2 设备构成

本机主要由取样机械、气体分析系统、液压系统、稀油润滑站、干油润滑站、气控阀站和电控系统等组成。取样机械、液压系统、气控阀站、稀油润滑系统、干油润滑系统、现场操作台设置在高炉第五层平台，电气柜和 PC 系统设置在高炉控制室内，中央操作台设置在高炉中控室内。正常工作时可在中控室内遥控运行，检修操作时使用现场操作台控制运行。

1.3.1.3 技术参数

北京中冶设备研究设计总院有限公司制造的高炉煤气取样机的技术参数见表 1-3-1，并可为不同容积的高炉设计制造各种形式的取样设备。

表 1-3-1 高炉煤气取样机技术参数（北京中冶设备研究设计总院有限公司 www.mcce.com.cn）

	项　目	单　位	1200m³BF	4063m³BF
工艺条件	测量截面炉内压力	MPa	>0.12	>0.25
	测量截面炉内温度	℃	220~600	500~800
	测量点数		5	9
	每班检测次数		1~2	1~2
技术参数	探杆截面尺寸	mm	圆形 φ240	长圆形 210×550
	探杆最大行程	mm	6200	8800
	探杆测量行程	mm	3400	5600
	探杆维护行程	mm	2800	3200
	探杆推进速度	m/min	2	2.6
	运转方式		自动运转	自动运转
			手动运转	手动运转
			现场运转（不取样）	现场运转（不取样）

1.3.1.4 应用情况

已先后为攀钢一号高炉（1200m³）、宝钢二号高炉（4063m³）、宝钢三号高炉（4350m³）和唐钢二期高炉（1260m³）设计制造了取样机系统，投入使用后，运行良好，得到用户的好评。

1.3.2 炉前起重机

1.3.2.1 概述

悬臂起重机主要有气动、电动、手动三种驱动方式，安装在厂房立柱上。气动悬臂起重机主要用于高炉炉前吊运出铁沟盖和炉前设备的检修，特别适合在高温、粉尘的恶劣环境下工作；电动、手动悬臂起重机主要用于出铁场。

电动桥悬起重机是由电动桥式起重机和悬臂起重机组合成的复合式起重机，主要用于中小型高炉出铁场。其中桥式起重机主要用于泥炮、开口机及出铁场除尘设备的维修更换，还用于沟盖、生产工具、材料、备品备件的搬运；悬臂起重机主要用于吊运出铁场主沟前部预制件、泥炮旋转机构部分部件及风口设备的转运。

1.3.2.2 设备结构及特点

A 气动悬臂起重机

气动悬臂起重机是全气动设备。以压缩空气为动力源，气动马达为执行元件，通过操纵台上的手动气控阀可以远距离控制起重机的起升及行走等运动，在高温、粉尘大的环境中具有良好的可靠性和防爆性能。设备还设有气动限位装置及气动过载、过卷安全保护装置。铁口气动悬臂起重机位于高炉出铁口的上方，主要用于铁沟盖和炉前材料的吊运及炉前设备的维修。

气动悬臂起重机主要由悬臂梁主体、上下轴承座、旋转装置、气动吊、检修平台、轴承座支架、气路系统和润滑系统等组成。

悬臂梁主体是由悬臂梁与旋转轴筒焊接而成，是悬臂起重机主要承载构件。通过轴承座支架、上下轴承座及旋转轴筒的上下半轴将悬臂梁主体固定在安装立柱上，并在旋转装置的驱动下，悬臂梁绕旋转中心转动。

旋转装置由气动马达、气动制动器、摆线减速机、小链轮、套筒滚子链及缓冲制动装置等组成，套筒滚子链安装在旋转轴筒上，由气动马达将转动通过减速机传给小链轮，小链轮与安装固定在旋转轴筒上的套筒滚子链啮合带动悬臂梁旋转。

气动吊是气动悬臂起重机的重要部件，实现起重机沿悬臂梁的行走及重物的升降，主要由行走机构、起升机构和气动制动器等组成。气动吊有两套制动器，一个是气动制动器，一个是机械制动器，确保作业安全。

气路系统包括气动操纵台及配管。控制起重机的起升、行走、旋转、制动及限位。

润滑系统主要是对上下轴承座内的轴承用手动润滑泵进行集中润滑。

B 电动悬臂起重机

电动悬臂起重机主要由悬臂梁主体、上下轴承座、轴承座支架、检修平台、旋转装置、电动葫芦、电气控制系统及润滑系统组成。

悬臂梁是由工字钢与钢板焊接成的箱形变截面梁，与带有上下半轴的转柱圆筒组焊成悬臂梁主体。通过上下轴承座、轴承座支架及检修平台将悬臂梁主体固定在安装立柱上，通过旋转装置使悬臂梁围绕旋转中心转动，由电动葫芦实现起重机沿臂架行走和提升重物。旋转装置是由制动电机直联减速机、小齿轮、大齿圈组成，大齿圈与转柱以法兰连接。在旋转的极限位置安装有限位块和行程开关。

1.3.2.3 技术参数

炉前起重机的技术参数见表1-3-2。

1.3.2.4 应用情况

电动、手动悬臂起重机用于出铁场，该系列悬臂起重机已用于宝钢二号、三号高炉及上海一钢公司2500m³高炉。出铁场电动桥悬起重机已用于上海一钢750m³高炉。

表 1-3-2 炉前起重机的技术参数 （北京中冶设备研究设计总院有限公司 www.mcce.com.cn）

项 目	气动悬臂起重机	电动悬臂起重机	手动悬臂起重机	电动桥悬起重机
额定起重量/t	12，13.5	2	2	20/5+5 悬臂吊
最大悬臂长/m	10	9	6.6	5
起升高度/m	5	6，12	6	6
起升速度/m·min⁻¹	3	4		8
行走速度/m·min⁻¹	10	20		20
回转速度/r·min⁻¹	0.5	0.5		0.5
回转角度/(°)	max225	max180	max180	max180
起重葫芦	自行式气动吊	电动小车式环链电动葫芦	手拉小车 手拉葫芦	钢丝绳电动葫芦，环链电动葫芦
旋转驱动	气马达直联摆线减速机	制动电机直联摆线减速机	手拉滑轮带动直角减速箱	制动电机直联 摆线减速机
操作方式	手动气控阀远距离控制	电动	手动	电动
气源或电源	0.5~0.7MPa	动力 AC 380V50Hz 控制 AC220V		动力 AC380V50Hz 控制 AC220V
耗气量	起重 7.5m³/min 行走 1.7m³/min 旋转 4.8m³/min 冷却 2.0m³/min			
自重/t	约25	8	6	38

1.3.3 高炉开铁口机

开铁口机是高炉重要的炉前设备之一，用于高炉出铁水时打开铁口使铁水从高炉内流出。

1.3.3.1 气液复合开铁口机

气液复合开铁口机具有回转、压下、进给、钻打和吹扫等功能，其回转、压下、进给、转钎机构为液压驱动，打击机正反冲击为气动。该开口机具有顺序控制功能（通过 PLC 控制），并具有检测和记录铁口深度、开口进程和扭矩值等参数的功能。

（1）技术特点和优势。气液复合开铁口机具有以下特点：

1）综合了气动打击的可靠、液压转钎扭矩大、开口速度快的优点。

2）液压驱动四连杆机构的机架回转稳定可靠，回转位置和极限位置在操作室内显示；压下机构同时具有调角功能，其挂钩装置可以使开口时导向架更稳定。

3）液压驱动的推力和推进速度分级可调，最大推力为4000kg，推力和速度的调整和设定可在操作室内进行；推进液压驱动可以设定为恒推力和推进速度自适应进给模式；液压转钎的速度和扭矩分级可调。

4）打击机气动正、反打击冲击能量高，稳定性、安全性好，其中正打击冲击能量分级可调。

5）调角机构可以在4°~15°范围内调整开口角度；可通过调整轨梁（钻杆）的角度（-10°）实现事故铁口开口。

6）开口机具有水雾冷却吹扫系统，可以实现正常吹扫和加水冷却吹扫，显著提高开口速度和降低钻杆消耗量。

7）开口进程和铁口深度在操作室内显示；开口机可以按照事先设定的程序自动完成开口，并能实现与其他设备的衔接和联锁；在手动模式下，可以人工单独控制开口机各动作。

气动、气液开铁口机打击机具有如下优势：

1）气动、气液驱动系统可靠性高，对炉前高温粉尘环境适应性好。

2）具备正打和逆打功能，可满足高炉一次开孔和使用无水炮泥的要求。

3）正打和逆打机构一体化，结构简单，维护方便。

4）打击轴和钎杆螺纹连接，冲击功传递效率高。

5）钎杆自动装卸，使用劳动强度低。

（2）技术参数。气液复合开铁口机、开铁口机打击机的主要技术参数见表1-3-3和表1-3-4。

表1-3-3 气液复合开铁口机主要技术参数（北京中冶设备研究设计总院有限公司 www.mcce.com.cn）

序 号	名 称		单 位	参 数 值
1	开铁口机行程		m	1.9~6
2	开口深度		m	1.5~5.5
3	钻头直径		mm	60、45
4	钻进机构送进速度		m/min	≤1
5	钻进机构退回速度		m/s	1
6	钻进机构退回时间		s	≤3.5
7	打击机参数 型号 THD120R， THD150R， THD150RY	正打冲击功	kg·m	37~54
8		冲击频率	次/min	1650
9		逆打冲击功	kg·m	28~32
10		冲击频率	次/min	1750
11		转钎扭矩	N·m	max850
12		转钎速度	r/min	150~450
13	回转油缸直径		mm	$\phi180/\phi125$
14	送进液压马达型号			6K-490
15	额定空气压力		MPa	0.5
16	空气压力适应范围		MPa	0.4~0.7
17	空气消耗量		m^3/min	12~20
18	回转机构送进/退回时间		s	≤15，≤10
19	液压系统压力		MPa	14
20	供水压力/供水耗量		MPa，L/min	0.5~0.8，20
21	开口机角度在±4°，连续可调			

表1-3-4 开铁口机打击机主要技术参数（北京中冶设备研究设计总院有限公司 www.mcce.com.cn）

型号 参数	THD150R	THD120R
正打冲击功/kg·m	54	30
正打冲击频率/次·min^{-1}	1550	1550
逆打冲击功/kg·m	34	25
逆打冲击频率/次·min^{-1}	1550	1550
转钎速度/r·min^{-1}	150~450	150~450
转钎扭矩/N·m	850	850
适用炉容/m^3	2500~4000	2000以下

（3）应用情况。该产品已在浦钢等钢厂使用。

1.3.3.2 液压开铁口机

液压开铁口机专门用于高炉出铁，它使用专业钻头打通高炉的出铁口通道，实现顺利出铁水。由于高炉大型化和高压操作以及炉前操作自动化的要求，目前国内外高炉主要使用全液压的开铁口机。

A 工作原理

液压开铁口机设备由钻机进给装置、吊挂机构、调整机构、回转机构、立柱装配、管路系统和基础架等组成。在待机位置时装上新钻杆及钻头，让钻杆夹紧油缸有杆腔进油夹紧钻杆，工作时旋转液压缸无杆腔供油，至钻机轨梁旋转到主铁沟上方停止。倾斜油缸无杆腔进油，钻机轨梁倾斜，钻头对准出铁口（有的型号开铁口机无倾斜机构）。送进马达带动小车前进，振打机构的钻削、冲击器工作，直至铁口通道打开；打开后，送进马达快速反向旋转，使小车迅速回退，倾斜油缸有杆腔进油，锚钩脱开，旋转液压缸有杆腔供油，使悬臂快速回到待机位置，等待下次开孔。

B　结构形式及特点

液压开铁口机的结构形式如图 1-3-1 所示。

（1）YKK（KD）型液压开铁口机。由北京科技大学设计并与中钢集团西安重机有限公司合作设计制造；采用矮式平底座或矮式斜底座，外置回转机构；可与 YPK 型液压泥炮同侧或异侧，在泥炮下方运行；结构简单、调节方便，易维修。其不同型号可适用于炉容为 $300 \sim 2500 m^3$ 的高炉。

（2）YKT/X 型液压开铁口机。采用高式立柱，油缸直接驱动悬臂；可与 YPE 型液压泥炮布置于铁沟同侧，在泥炮上方运行。其不同型号可适用于炉容为 $300 \sim 5800 m^3$ 的高炉。

（3）YKF 型液压开铁口机。采用侧斜矮圆底座，油缸直接驱动悬臂；可与 YPF 型液压泥炮布置于铁沟同侧，在泥炮下方运行。其不同型号可适用于炉容为 $1000 \sim 3200 m^3$ 的高炉。

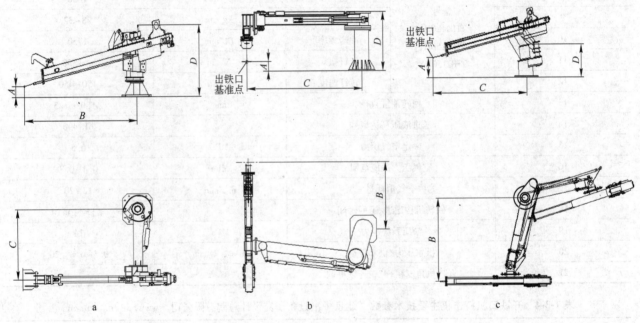

图 1-3-1　液压开铁口机的结构形式
a—YKK 型；b—YKT/X 型；c—YKF 型

C　规格型号

液压开铁口机的规格型号及其含义如图 1-3-2 所示。

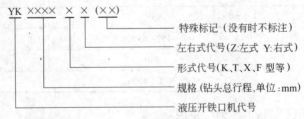

图 1-3-2　液压开铁口机规格型号及其含义

说明：背对铁口，设备在铁沟左侧为左式，设备在铁沟右侧为右式。

示例：YK3000KZ 液压开铁口机，代表钻头总行程为 3000mm 的 YKK 型左式液压开铁口机。

D　技术参数

YKK 型液压开铁口机、YKT/X 型液压开铁口机、YKF 型液压开铁口机的技术参数及安装尺寸见表 1-3-5、表 1-3-6 和表 1-3-7。

表 1-3-5　YKK 型液压开铁口机技术参数及安装尺寸（中钢集团西安重机有限公司　www.xamm.com）

型　号	钻头总行程 /mm	开口角度及可调角度/(°)	振打能量 /J	回转半径 /mm	参考质量 /t	适用炉容 /m³	配套使用液压泥炮	安装尺寸/mm			
								A	B	C	D
KJ2500K	2500	10 (8~16)	250~350	2600	5.3	<380	YP750K YP1000K	240	3900	2600	1750
KJ3000K	3000	10 (8~16)	250~350	3000	6	380~1000	YP1600K YP2000K YP2400K	293	4420	3000	1800
KJ3500K	3500	10 (8~16)	350	3000	6.2	1000~1500	YP3200K	300	4920	3000	2000
KJ4000K	4000	10 (8~16)	350	3000	6.6	1500~2500	YP3200K YP4000K	305	4920	3000	2020

表 1-3-6　YKT/X 型液压开铁口机技术参数及安装尺寸（中钢集团西安重机有限公司　www.xamm.com）

型　号	钻头总行程 /mm	开口角度及可调角度/(°)	振打能量 /J	回转半径 /mm	参考质量 /t	适用炉容 /m³	配套使用液压泥炮	安装尺寸/mm			
								A	B	C	D
KJ3500T	3500	10 (7~13)	300~350	3820	15	1000~1500	YP3080E YP3500E	485	2490	5000	2710
KJ4000T	4000	10 (7~13)	350	4050	18	1500~2500	YP3500E YP4000E	0	2226	5534	2200
KJ4500T	4500	10 (7~13)	400	5150	20	2500~3200	YP4000E YP4500E	400	3657	6383	2565
KJ5000T	5000	10 (7~13)	500	5300	22	3200~4000	YP5000E YP6000E YP6000E	-200	1757	6383	2100
KJ5500T	5500	10 (7~13)	500	5300	23	>4000	YP6000E YP6000F	0	1555	6485	2300
KJ4000X	4000	10 (8~14)	350	3820	19	1500~2500	YP3500E YP4000E	0	2226	5534	2200
KJ4500X	4500	10 (8~14)	400	4050	22	2500~3200	YP4000E YP4500E	400	3657	6383	2565
KJ5000X	5000	10 (8~14)	500	5150	24	3200~4000	YP5000E YP6000E YP6000F	164	1583	6344	2400
KJ5500X	5500	10 (8~14)	500	5300	26	3200~5800	YP6000E YP6000F	-442	1028	6401	2000

表 1-3-7　YKF 型液压开铁口机的技术参数及安装尺寸（中钢集团西安重机有限公司　www.xamm.com）

型　号	钻头总行程 /mm	开口角度及可调角度/(°)	振打能量 /J	回转半径 /mm	参考质量 /t	适用炉容 /m³	配套使用液压泥炮	安装尺寸/mm			
								A	B	C	D
KJ3500F	3500	10 (7~15)	300~350	3740	11.2	1000~1500	YP3000F YP3080F	500	3600	4000	1350
KJ4000F	4000	10 (7~15)	350	3740	12.5	1500~2500	YP3500F YP4000F	732	4215	5200	1350
KJ4500F	4500	10 (7~15)	400	4000	13.5	2500~3200	YP4500F YP5000F	732	4215	5200	1350

注：各个型号的液压开铁口机安装尺寸、回转半径及布置情况可根据用户现场要求进行变动，具体可与开铁口机生产厂家联系。

1.3.4　移盖机

1.3.4.1　概述

高炉在出铁过程中铁口区域和铁沟会产生强烈喷溅，由于蓄铁式铁沟的采用，高温铁水将产生很大的辐射热，造成铁口周围的环境温度很高，直接影响开口机和泥炮的使用寿命和可靠性，并使得周围的工作环境恶劣。严重时铁水喷溅会烧坏开口机和泥炮，以及对周围的工作人员造成安全威胁。目前，国内外高炉为了防止高温铁水流动时产生的辐射热，在铁沟上大都设置了沟盖，这样能有效地减少高温铁水流动时产生的辐射热，但在开、堵铁口时，沟盖会影响开口机和泥炮的使用。因此，在开、堵铁口时需将沟盖（A 盖）移到不与开口机和泥炮发生干涉的位置。移盖机就是用于移动主铁沟上的主沟沟盖（A盖）的专用设备。移盖机分为悬挂式和座地摆动式两种。

1.3.4.2　技术特点

移盖机的技术特点如下：

（1）沟盖提升和移动是由两个油缸分别完成。

（2）提升和摆动油缸都装有安全保护的平衡阀。

（3）移盖机的极限位置和沟盖提升的极限位置在操作室显示。

1.3.4.3　技术参数

移盖机的技术参数见表 1-3-8。

表 1-3-8　移盖机技术参数（北京中冶设备研究设计总院有限公司　www.mcce.com.cn）

额定提升质量	16t	走行驱动	液压缸推拉/摆动
最大提升质量	20t	提升方式	液压缸驱动四连杆
提升高度	≤492mm	操作方式	操作室液压阀远距离控制
移动行程	≤3600mm	润滑方式	手动给脂
走行速度	0.15m/min	液压系统压力	20MPa

1.3.5　高炉炉顶点火装置

1.3.5.1　概述

高炉炉顶点火装置是为代替人工点火而开发的炉顶半自动点火装置。设备主要由点火装置本体（包括喷吹管、移动小车、小车轨道、支架和传动机构等）、气控阀座、引火燃烧器和电控柜等组成。点火执行元件——喷吹管是一根双层的无缝钢管，点火时可以沿炉中心线倾斜45°的方向插入炉内。压缩空气、氧气和煤气从喷吹管尾部引入内外套管，在前端燃烧，点燃炉内煤气。

设备以压缩空气或动力电作为动力源（主要根据选用的驱动装置而定），在高炉炉顶平台上进行操作。

1.3.5.2　技术参数

高炉炉顶点火装置的技术参数见表 1-3-9。

表 1-3-9　高炉炉顶点火装置技术参数（北京中冶设备研究设计总院有限公司　www.mcce.com.cn）

喷吹管移动速度	约 10m/min
喷吹管移动行程	10800mm（对于 4063m³ 的高炉）
使用气体压力	（1）压缩空气：0.7~0.85MPa； （2）煤气：0.072~0.079MPa； （3）氧气：0.9MPa
驱动装置	（1）电机功率：4kW； （2）电源电压：380V

1.3.6 高炉炉顶测温装置

1.3.6.1 概述

高炉炉顶测温装置安装在高炉炉喉部,用以检测炉内的煤气温度分布情况。装置长期在炉内恶劣的环境中工作,为延长使用寿命进行通水冷却,断水时采用氮气冷却。

1.3.6.2 技术参数

高炉炉顶测温装置的技术参数见表1-3-10。

表1-3-10 高炉炉顶测温装置技术参数(北京中冶设备研究设计总院有限公司 www.mcce.com.cn)

安装形式	十字水平式	悬臂倾斜式
结构说明	该装置有高、低探测器各一根,安装成"十"字水平式,每根探测器两端分别固定在炉皮上	该装置由4根分别安装在不同半径方向上的探测器组成,其中有1根稍长,炉内的安装角度为10°~30°(根据工艺设计而定);探测器为悬臂式结构,一端固定在炉皮上,一端悬在炉内
探测器的全长	根据用户炉体直径而定	最长的一根比用户炉体的半径稍长
探测器的水平位置	无论哪种形式的测温装置,其安装的水平位置均由用户根据高炉总体设计而提供,但其基本位置是在炉喉部	
最多测定点数(供用户参考)	高探测器:9点 低探测器:8点 总计:17点	长探测器:6点 短探测器:5点 总计:11点
其他说明	材质:特殊堆焊材料、耐热不锈钢; 冷却方式:水冷(断水时用氮气)	

1.3.7 炉顶机械料面探尺

1.3.7.1 概述

炉顶探尺用于探测高炉炉内料面变化情况,一般每台高炉配置24m(21m)炉顶探尺一台,8m(6m)炉顶探尺一台。

探尺电气控制系统以PLC为核心,以编码器为传感器,自动测量和显示高炉料位,进而控制探尺下降、提升的速度,按设定料位来自动控制探尺。对高炉生产中出现的亏料、挂料和塌料进行监视、报警和控制。具有钢丝绳断点记忆、钢丝绳伸长率修正功能。该电气控制系统可同时控制2~3台探尺设备。

1.3.7.2 技术参数

炉顶机械料面探尺的技术参数见表1-3-11。

表1-3-11 炉顶机械料面探尺技术参数(北京中冶设备研究设计总院有限公司 www.mcce.com.cn)

炉顶探尺规格	24m(21m)炉顶探尺	8m(6m)炉顶探尺
提升总高度/m	30	11.87
工作提升高度/m	26.62	8.97
提升重量/N	≤2220	
提升速度/m·s⁻¹	0.6	
下降速度/m·s⁻¹	0.3	
电机功率/kW	2.2	
卷筒直径/mm	652	
全行程转数	12.4	5.08
钢绳规格	6×37+7×7-10-1400-特-光-右交	
链条规格	GB5802—86	

1.3.8 铁沟残铁开口机

1.3.8.1 概述

铁沟残铁开口机是高炉炉前的主要辅助设备之一。

1.3.8.2 技术参数

铁沟残铁开口机的技术参数见表 1-3-12。

表 1-3-12 铁沟残铁开口机技术参数（北京中冶设备研究设计总院有限公司 www.mcce.com.cn）

整机全长/mm	4200	冲击功/N·m	370	进退钻装置	
整机全宽/mm	880（中），830（前）	打击频率/次·min^{-1}	1600	进钻推力/N	6860
整机质量/kg	4500	冲击耗气量/m^3·min^{-1}	9	前进速度（调定值）/m·s^{-1}	0.2
吹扫排渣耗气量/m^3·min^{-1}	2.5	回转扭矩/N·m	650	后退速度（调定值）/m·s^{-1}	0.46
压缩空气工作压力/MPa	0.4~0.6	转速/r·min^{-1}	0~270	耗气量/m^3·min^{-1}	2.8
风钻钻进行程/mm	1700	旋转耗气量/m^3·min^{-1}	2.5（在150r/min时）		

1.3.9 摆动流嘴装置

1.3.9.1 概述

摆动流嘴是大型高炉出铁场主要设备之一。

1.3.9.2 设备结构

摆动流嘴装置主要由铁水嘴、传动机构和耳轴曲梁机构等系统组成，如图 1-3-3 所示。

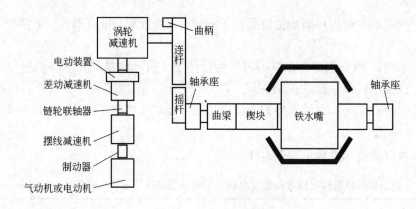

图 1-3-3 摆动流嘴装置构成图

1.3.9.3 技术参数（北京中冶设备研究设计总院有限公司 www.mcce.com.cn）

摆动流嘴装置的技术参数如下：

（1）传动方式：主传动为气动传动，备用传动为电动。

（2）倾动角度：常用±10°，最大±18°。

（3）倾动时间：转动30°时，≤18s。

（4）铁水沟贮铁量：初期 4.6 t，侵蚀后 7.6t。

（5）活塞式气动机：型号 HS-10，功率 7.35kW。

（6）转速：800r/min；空气消耗量：9m^3/min。

（7）备用传动减速机电机：型号 XWD-3-8511-6，功率 4kW。

（8）制动器型号：YWZ-200/25，制动轮直径：$D=200$mm，制动力矩：$M=196$N·m。

（9）摆线针轮减速机：型号 XW7.5-8-1/11，传动比 $i=11$；输出扭矩：$M=573$N·m。

（10）差动器：动力传动比 $i=1.108$，手动传动比 $i=10.7$；输出扭矩：$M=573N \cdot m$。

（11）蜗轮减速器：中心距 $A=355mm$；传动比 $i=50$；输出扭矩：$M=19600N \cdot m$。

（12）摇杆：输出力矩：$M_{max}=117600N \cdot m$，$M_{min}=62720N \cdot m$。

1.3.10　风口及直吹管更换机

1.3.10.1　概述

风口及直吹管更换机是高炉的炉周围辅助设备，主要用于直吹管的更换和风口小套的拆装。由于炉周围空间的限制和环境的恶劣，要求该设备灵活可靠、操作简便、转位迅速、结构紧凑、力量大、耐高温及蒸汽浸蚀。

1.3.10.2　技术特点

风口及直吹管更换机的技术特点如下：

（1）以 3t 叉车为设备的基础平台，由叉车完成设备的行走和转位，并由它提供动力。

（2）直吹管更换和风口小套的拆装分别由直吹管更换组件、风口拆装组件等两个组件完成，各组件在叉车架的安装接口一致，各组件的上下和水平横移均由叉车架完成。

（3）风口更换机的动力由气锤和液压缸产生，其气源由高炉现场提供，液压源由叉车提供。

（4）直吹管更换机能够将拆下的直吹管放置于风口平台上的指定位置，并可以从存放处取出新直吹管安装于相应位置，此过程无需其他辅助设备（如电动葫芦）。

（5）风口小套拆下后能直接放在风口平台上，不需进行二次吊装。

（6）风口小套拆卸的打击力以测试人工拆卸的测试数据为基础，根据冲击设备的特点进行配置。

（7）为保证拆装的打击效率，拆装机应尽可能靠近风口。

（8）风口安装机能直接将风口小套从风口平台上抬起并平稳可靠的安装于风口，且保证风口安装机组件退出后，风口不脱落。

1.3.10.3　技术参数

风口及直吹管更换机设备的结构和性能参数如下（北京中冶设备研究设计总院有限公司www.mcce.com.cn）：

（1）叉车性能。

1）叉车额定承载能力：3t；

2）门架：矮门架（特殊制作）、带横移装置；

3）轮胎：实心胎；

4）机具工作油压：20MPa；

5）叉车架可以完成以下动作：上升、下降，左右横移各 100mm，前倾6°，后倾5°（12°）。

（2）安装机。

1）额定空气压力：0.5MPa；

2）耗气量：$12m^3/min$。

（3）拆卸机。

1）额定空气压力：0.5MPa；

2）耗气量：$12m^3/min$。

1.3.11　冷水底滤法水冲渣成套设备

1.3.11.1　概述

该系统的工艺流程（如图 1-3-4 所示）如下：

（1）高炉炉渣经熔渣沟流入粒化池（或冲渣沟），被从粒化器喷出的高速水流击碎、淬冷、粒化并在粒化池内进一步浸泡、淬化。

（2）淬化后的渣水混合物经出口装置（冲渣沟）、出口阀门流入工作过滤池，过滤池内的过滤层实现渣水分离，水渣停留在过滤层上，冲渣水穿过过滤层，进入过滤管。

（3）通过桥式抓斗起重机将水渣抓走，根据生产需要，可以采用汽车、火车、胶带机外运水渣。

（4）冲渣水蒸气的处理措施。冲渣时，在粒化池内产生大量蒸汽，在粒化池内向上经烟囱高空排放。为了减少外排蒸汽量，用生产补充水向粒化池内（烟囱）喷淋。过滤池过滤时，进出过滤池的水量相同，过滤池内水位低于过滤层，几乎没有冲渣水，避免传统过滤池大量蒸汽外逸。

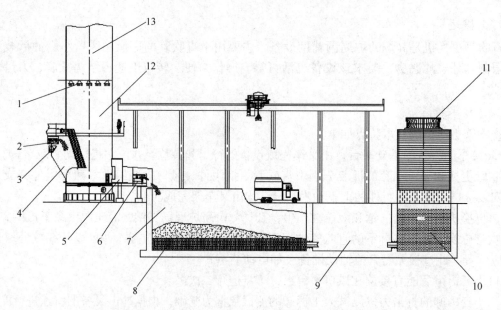

图 1-3-4 冷水底滤法水冲渣系统工艺流程示意图

1—粒化池冷凝喷淋装置；2—熔渣沟；3—粒化器；4—粒化池入口装置；5—粒化池出口装置；
6—出口阀门；7—过滤池；8—过滤管；9—水泵房；10—储水池；11—冷却塔；12—水渣粒化池；13—烟囱

1.3.11.2 技术参数

以 1000m³ 高炉为例，采用冷水底滤法水冲渣工艺的技术参数如下（北京中冶设备研究设计总院有限公司 www.mcce.com.cn）：

（1）工程投资（万元）　　　　1000

（2）占地面积（m²）　　　　　1600

（3）冲渣水水质（mg/L）　　　5~30

（4）电耗（kW/t）　　　　　　渣 7

（5）水耗（m³/t）　　　　　　渣 1

（6）维修费用（万元/年）　　　10

1.3.11.3 应用情况

该系统已在津西钢铁、天津钢铁、天津无缝钢管等得到应用。

1.3.12 矿热炉炉前机械设备开堵眼机

1.3.12.1 概述

开堵眼机用于电炉出铁口和电炉出渣口的开口和堵口，按照驱动方式不同，开堵眼机可分为电动悬挂式、地轨式和固定底座旋转式。开堵眼机为固定底座旋转式时，采用分体式结构，由开眼机和堵眼机组成。该开堵眼机具有设计合理、性能稳定可靠、对位准确、结构简单、运行平稳、效率高、操作方便、工作安全可靠以及维护方便等优点。它克服了人工开堵口时劳动强度大、耗时长，炉口经常发生对位不准、安全性差等缺点，解决了电动悬挂式或地轨式的开堵口设备存在的工作不稳定，工作时有回退现象以及故障率较高等问题。

开堵眼机布置在电炉出铁、出渣口中心线一侧（根据炉前空间情况可选择左式或右式），每个铁口或渣口布置一套开堵眼机。图 1-3-5 为开堵眼机右式炉前布置图（左式与之对称）。

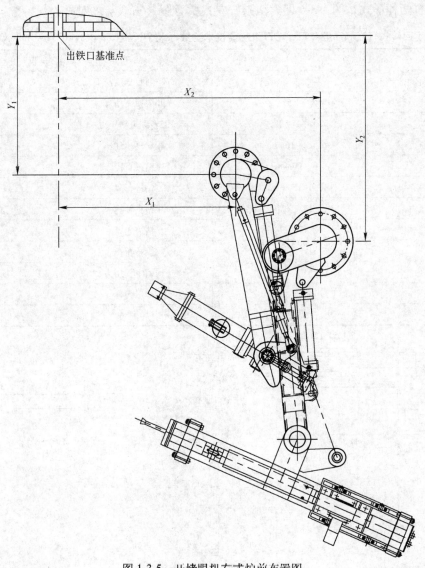

出铁口基准点

图 1-3-5 开堵眼机右式炉前布置图

1.3.12.2 技术特点

固定底座旋转式开堵眼机的技术特点如下：

（1）减少了工人数量，减轻了工人劳动强度，冲击力、扭矩大，钻孔速度和堵泥速度可调节，大大缩短了开孔、堵孔的时间。

（2）适时开、堵孔使炉内温度不至降得太低，平均每出一炉铁水可缩短开炉时间近一小时，改善了电炉冶炼的工艺性能。

（3）自动化程度高，可手动操作，也可遥控操作。

（4）使用钻头为圆锥钻，代替了十字钻头。

（5）开口、堵口机机架都是固定立柱悬臂支撑，其占用空间小，操作方便，使用灵活。

1.3.12.3 技术参数

固定回转式气液联动型开口、堵口机的主要技术参数见表1-3-13。

1.3.13 堵眼机

1.3.13.1 概述

堵眼机是金属冶炼行业必备的炉前设备，专门用于出铁后用耐火泥料堵塞出铁口、出渣口的冶金设备，所用的耐火泥料不仅应填满出铁口孔道，而且还应修补出铁口、出渣口周围损坏了的炉缸内壁。堵眼机把泥料压进出铁口，其压力应大于炉缸内压力，并能顶开放渣、铁后填满铁口内侧的焦炭。每一类型堵眼机分左、右两种形式，图 1-3-6 即为堵眼机左式示意图（右式与之对称）。

表 1-3-13 固定回转式气液联动型开口、堵口机主要技术参数（北金恒机械有限公司 www.bjhyjxzz.cn.china.cn）

堵 口 机		开 口 机	
泥炮臂转动角度	根据实际情况	回转角度	根据实际情况
泥炮微调角度	±5°	开眼微调角度	±5°
泥缸容积	30~50L	回转缸工作压力	12~16MPa
打泥缸工作压力	12~16MPa	驱动马达油压	12~16MPa
泥炮口径	90mm	钻头直径	45~50mm
回转半径	≤1300mm	钻进行程	≥1400mm
回转缸工作压力	12~16MPa	钻头转速	0~400r/min
打泥推力	380kN	钻进速度	2~3cm/s
		旋转扭矩	550N·m
		压缩空气压力	0.5MPa
		冲击频率	40~50Hz
		冲击功	300J

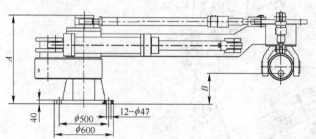
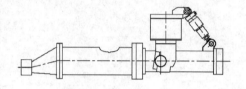

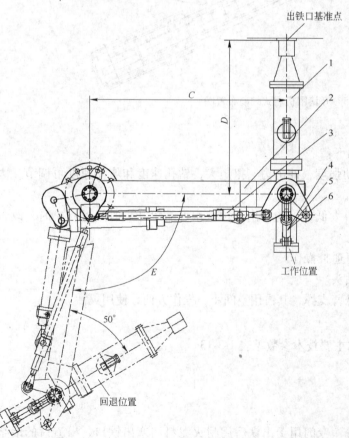

图 1-3-6 堵眼机左式示意图（右式与之对称）

1—打泥机构；2—回转机构（左）；3—控制连杆；4—缓冲器；5—润滑管路；6—液压管路

不同类型堵眼机左式的结构参数见表1-3-14。

表1-3-14 不同类型堵眼机左式的结构参数（中钢集团西安重机有限公司 www.xamm.com）

序 号	类 型	A/mm	B/mm	C/mm	D/mm	E/ (°)
1	Ⅰ型	880	305	2000	1500	100
2	Ⅱ型	880	370	2000	1500	100
3	Ⅲ型	880	305	1880	736	77
4	Ⅳ型	849	370	2000	1500	100

1.3.13.2 堵眼机的性能要求

对堵眼机的性能要求如下：

（1）堵眼机的泥缸应具有足够的容量，保证供应足够的泥料，能一次堵住出铁口。

（2）打泥活塞应具有足够的推力，以克服比较密实的泥料的运动阻力，并将泥料分布在泥缸内壁上。

（3）炮嘴应具有一定的运动轨迹，并能使炮嘴在进入出铁口泥套时，沿直线运动，以免损伤泥套，同时工作应可靠，并能进行远距离操作。

1.3.13.3 堵眼机结构及工作原理

堵眼机由打泥机构、回转机构、控制连杆、缓冲器、集中润滑和液压配管等组成。

堵眼机采用全液压驱动，设备的运行由两个液压缸驱动完成。工作前（即待机时）打泥油缸缩到最短位置，将泥缸内塞满炮泥（泥料）。当泥炮工作时，回转液压缸通过连杆机构驱动回转旋臂对准出铁口，由于回转油缸行程有富余量完成对准铁口的同时担负起压炮功能，打泥油缸推动泥缸中的炮泥从炮口打出，完成堵口作业。

在打泥油缸工作的同时，回转油缸继续供油，防止打泥时产生的反作用力使打泥机构后退。完成打泥后，回转油缸需继续保压10~20min，进行闷炮。闷炮过程完成后，回转油缸通过连杆机构驱动悬臂从工作位置退回到待机位置，在待机位置打泥油缸使泥塞回到装炮泥位置，重新装入炮泥，以便下次工作。

1.3.13.4 主要性能特点

堵眼机的主要性能特点如下：

（1）堵眼机分为左式和右式，可同侧布置，也可两侧布置，能够满足炉前布置的不同要求。

（2）泥塞在往复运动过程中与泥缸紧密贴合，防止了泥塞的返泥现象，有效地保护内表面不被坚硬的泥渣划伤，延长了打泥机构的使用寿命，而且使有效容积最大化，并且减少了泥塞推泥时的返泥量及维护工作量。

（3）泥塞采用浮动涨圈式的铜环，能自动补偿泥塞与泥缸间的磨损量，而且降低了泥塞与泥缸间的刚性研伤，延长了泥缸的使用寿命。

（4）缓冲器采用自制轴承碟簧缓冲式，结构紧凑。

（5）堵眼机的10个润滑点全部采用集中润滑，对各点的润滑油量进行了合理分配，减少了现场的日常维护次数。

（6）堵眼机的堵嘴可上下、左右、水平偏转调整，对位功能齐全。

1.3.13.5 技术参数

堵眼机的技术参数见表1-3-15。

表1-3-15 堵眼机技术参数（中钢集团西安重机有限公司 www.xamm.com）

参 数 名 称		型　　号		
		Ⅰ、Ⅱ型	Ⅲ型	Ⅳ型
泥缸	直径 /mm	240	240	240
	有效容积/L	27	24.75	27
	压强/MPa	7.1	7.1	7.1

参 数 名 称		型 号		
		Ⅰ、Ⅱ型	Ⅲ型	Ⅳ型
回转油缸	规格/mm	125/90-610	125/90-500	125/90-610
	工作压力/MPa	16	16	16
	回转时间/s	10~13	10~13	10~13
推泥油缸	规格/mm	160/100-600	160/100-550	160/100-600
	工作压力/MPa	16	16	16
	推泥时间/s	30	30	30
回转半径/mm		2000	2107	2000
回转角度 /(°)		100±3	77±3	100±3
炮口直径/mm		80	80	140
对口调整量/mm		上下 100，左右 120		

1.3.14 开眼机

1.3.14.1 概述

电炉的出铁操作是铁合金生产中的一个重要环节。用手工打通出铁口，劳动强度大，时间长，设备事故多。用开眼机可使出铁口开通的形状规则整齐，铁流稳定。开眼机的钻打机构具有旋转与冲击两项功能，其动作可分可合，它的前端有一个可更换的合金钻头，利用它将出铁口钻通，使铁水流出。为避免铁水烧坏钻头，开眼时当钻头即将将炉壁钻通时，送进机构驱动装置驱动链条带动小车将钻打机构快速退出。图 1-3-7 即为开眼机左式示意图（右式与之对称）。

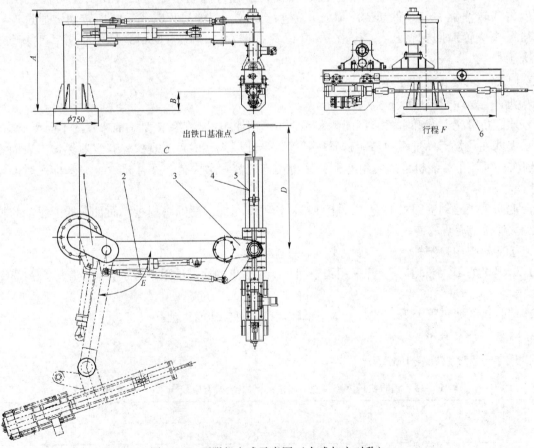

图 1-3-7 开眼机左式示意图（右式与之对称）

1—立柱及回转机构（左）；2—控制连杆；3—调整装置（左）；4—钻打机构；5—机上管路；6—钻具

每一类型开眼机分左、右两种形式，不同类型的开眼机左式的结构参数见表 1-3-16。

表1-3-16　不同类型的开眼机左式的结构参数（中钢集团西安重机有限公司　www.xamm.com）

序号	类型	钻打动力形式	A/mm	B/mm	C/mm	D/mm	E/(°)	F/mm
1	Ⅰ型	气动	1644	305	2959	2232	100±3	1700
2	Ⅱ型	气动	1274	305	2959	2232	100±3	1700
3	Ⅲ型	气动	1563	305	2558	2258	77±3	2000
4	Ⅳ型	气动	1187	370	2959	2232	100±3	1700
5	Ⅴ型	液压	1644	305	2959	2232	100±3	2500

1.3.14.2　工作原理

开眼机由立柱及回转装置、控制连杆、垂直调整装置、钻进装置、机上管路和钻具等组成。由旋转油缸驱动回转机构及钻进装置旋转到工作位置或待机位置。由钻进装置的送进液压马达驱动链条传动装置带动钻进小车前后移动，由钻进装置钻打机构的旋转马达带动钻杆旋转，由动力源驱动振打杆冲锤钻杆进行振打，完成开口工作。

1.3.14.3　性能特点

开眼机的性能特点如下：

（1）开眼机分为左式和右式，可同侧布置，也可两侧布置，满足不同炉前布置要求。

（2）气动振打技术先进，结构简单，皮实耐用，维护方便。

（3）钻头可以上下、左右、水平偏转调整，能有效地延长出口衬套的寿命。

（4）开眼机的钻具更换采用了二级快速更换结构，满足现场作业要求。

1.3.14.4　选型原则

开眼机的选型原则如下：

（1）堵眼机、开眼机适用于包括镍铁炉、锰铁炉、铬铁炉和电石炉等矿热炉的炉前操作。

（2）堵眼机与开眼机应配对使用，Ⅰ型堵眼机与Ⅰ型、Ⅴ型开眼机配对使用，Ⅱ型堵眼机与Ⅱ型开眼机，Ⅲ型堵眼机与Ⅲ型开眼机，Ⅳ型堵眼机与Ⅳ型开眼机配对使用。

（3）选型应根据炉前实际情况而定，在开、堵眼机的运动范围内不应受现场平台上的立柱、出铁沟及顶部横梁等干涉。具体方案应与生产厂家的技术人员协商选定。

1.3.14.5　技术参数

气动开眼机、液压开眼机的技术参数见表1-3-17和表1-3-18。

表1-3-17　气动开眼机技术参数（中钢集团西安重机有限公司　www.xamm.com）

参数名称		单位	型号		
			Ⅰ、Ⅱ型	Ⅲ型	Ⅳ型
回转油缸	规格	mm	125/90-610	125/90-500	
	工作油压	MPa	16		
	动作时间	s	10~13		
钻机行走马达	工作油压	MPa	16		
	流量	L/min	115		
	扭矩	N·m	500		
钻削马达	工作气压	MPa	0.5		
	转速	r/min	200		
	冲击功	J	400		
振打机构	工作气压	MPa	0.5		
	频率	Hz	30		
	钻头直径	mm	38~50		70
钻机吹扫	工作气压	MPa	0.5		
	流量	m³/min	5		
	小车行程	mm	1700	2000	1700

表 1-3-18 液压开眼机技术参数（中钢集团西安重机有限公司 www.xamm.com）

开眼机 （V型）					
回转油缸	规格 125/90-500		工作油压 16MPa		动作时间 10~13s
钻机行走马达	工作油压 16MPa		流量 115L/min		转速 0~400r/min
钻削马达	工作油压 10MPa		旋转流量 70~90L/min		扭矩 320~540N·m
振打机构	工作油压 10MPa		冲击流量 75L/min		冲击功 350J
	冲击频率 40~50Hz		钻头直径 70mm		小车行程 2500mm
钻机吹扫	工作气压 0.5MPa		流量 5m³/min		
回转半径	2107mm		回转角度		77°±3°
对口调整量		上下 60mm，左右 120mm			

1.3.14.6 应用案例

开眼机的应用实例见表 1-3-19。

表 1-3-19 开眼机的应用实例（中钢集团西安重机有限公司 www.xamm.com）

序 号	企 业 名 称	堵眼机使用数量	开眼机使用数量
1	福建鼎信实业公司	26 台	22 台
2	广东广青金属科技有限公司	28 台	28 台
3	阳江世纪青山镍业有限公司	8 台	8 台
4	江苏德龙镍业有限公司	36 台	4 台
5	朝阳北鑫、立鑫镍业公司	16 台	16 台
6	广西金源镍业有限公司	8 台	8 台
7	中钢滨海实业有限公司	9 台	9 台
8	西乌珠穆沁旗昊融有色金属有限公司	8 台	8 台
9	内蒙古硕丰实业有限公司	4 台	4 台
10	中钢吉电津巴布韦	2 台	2 台
11	山东炜烨镍业有限公司	4 台	4 台
12	中钢吉电福建联德	16 台	16 台
13	内蒙古和谊镍铬公司	8 台	8 台

1.3.15 液压泥炮设备

1.3.15.1 概述

泥炮是专门用于高炉出铁后，采用耐火泥料堵塞炼铁高炉出铁口的冶金设备。由于高炉大型化和高压操作以及炉前操作自动化的要求，目前国内外高炉主要使用液压式泥炮。液压泥炮以液压油或性能相当于液压油的矿物质作为液压动力介质。

1.3.15.2 工作原理

液压泥炮设备由打泥机构、吊挂机构、调整机构、回转机构、斜立柱、管路系统和基础架等组成。当泥炮工作时，回转液压缸无杆腔进油，通过连杆机构驱动回转旋臂完成回转动作，此时打泥油缸无杆腔进油驱动打泥活塞完成打泥动作，并进行闷炮，闷炮过程完成后，回转油缸有杆腔进油，通过连杆机构驱动悬臂退回到待机位置，在待机位置打泥油缸无杆腔进油将泥缸内残留的炮泥打出，有杆腔进油使泥塞回到装炮泥位置，方便重新装入炮泥，等待下次工作。

1.3.15.3 结构形式及特点

液压泥炮设备的结构形式及特点如下，如图 1-3-8 所示。

（1）YPK（KD）型液压泥炮。由北京科技大学设计并与中钢集团西安重机有限公司合作设计制造；该机型采用侧斜方底座、外置回转机构；同侧布置时，在开铁口机上方工作；结构简单、调节方便，易维修。其不同型号可适用于炉容为 300~5800m³ 的高炉。

（2）YPE/T 型液压泥炮。该机型采用侧斜圆底座，封闭或半封闭箱形转臂，使用回转支撑，内置回转机构；同侧布置时，在开铁口机下方工作。其不同型号可适用于炉容为 1000~5800m³ 的高炉。

（3）YPF 型液压泥炮。该机型采用正斜方底座，外置回转机构，回转机构下方带有支撑轮；同侧布置时，在开铁口机上方工作。其不同型号可适用于炉容为 1000~5800m³ 的高炉。

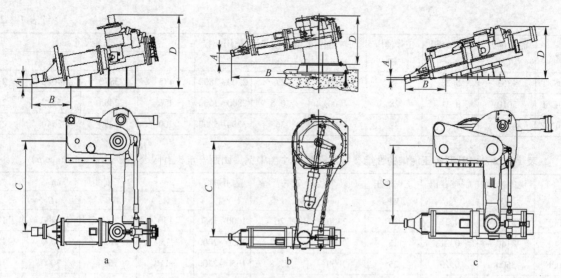

图 1-3-8 液压泥炮设备的结构形式

a—YPK 型；b—YPE/T 型；c—YPF 型

1.3.15.4 规格型号

液压泥炮设备的规格型号及其含义如图 1-3-9 所示。

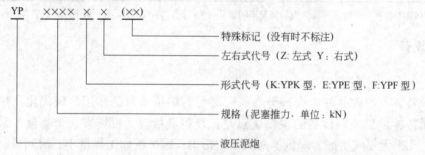

图 1-3-9 液压泥炮设备的规格型号及其含义

说明：背对铁口，设备在铁沟左侧为左式，设备在铁沟右侧为右式。

示例：YP1000KZ 液压泥炮，代表泥塞推力为 1000kN 级的 YPK 型左式液压泥炮。

1.3.15.5 技术参数

YPK 型、YPE/T 型、YPF 型液压泥炮的性能参数及安装尺寸见表 1-3-20、表 1-3-21 和表 1-3-22。

表 1-3-20　YPK 型液压泥炮的性能参数及安装尺寸（中钢集团西安重机有限公司　www.xamm.com）

型 号	泥塞推力 /kN	泥缸容积 /m³	工作油压 /MPa	回转半径 /mm	参考质量 /t	适用炉容 /m³	安装尺寸/mm			
							A	B	C	D
YP750K	750	0.13	16	2100	9.7	300	250	1520	2140	1950
YP1000K	1130	0.17	16	2162	11	380~550	200	1070	2200	2100
YP1600K	1655	0.23	21	2270	14.7	380~750	250	1400	2300	2075
YP2000K	2020	0.23	21	2270	15.2	750~900	235	1400	2300	2075
YP2400K	2430	0.23	25	2270	15.8	750~1000	235	1400	2300	2075
YP3200K	3465	0.25	25	2400	23.1	1000~1800	420	1490	2430	2200
YP4000K	3980	0.27	25	2400	24.6	1800~2500	33	1430	2350	1900
YP7000K	6872	0.32	35	3745	29.3	4000~5800	360	1608	3500	2350

表 1-3-21　YPE/T 型液压泥炮的性能参数及安装尺寸（中钢集团西安重机有限公司　www.xamm.com）

型 号	泥塞推力 /kN	泥缸容积 /m³	工作油压 /MPa	回转半径 /mm	参考质量 /t	适用炉容 /m³	安装尺寸/mm			
							A	B	C	D
YP3080E/T	3080	0.21	25	3000	22.8	1000~2000	500	3725	4026	2025
YP3500E/T	3500	0.23	25	4150	23.2	1650~2200	500	3725	4026	2025
YP4000E/T	4000	0.26	25	4150	26.3	2000~2500	430	3775	4026	2100

型　号	泥塞推力 /kN	泥缸容积 /m³	工作油压 /MPa	回转半径 /mm	参考质量 /t	适用炉容 /m³	安装尺寸/mm			
							A	B	C	D
YP4500E/T	4365	0.28	28	4150	27	2200~2800	475	3870	4026	2175
YP5000E/T	5010	0.31	28	4000	30.5	2800~3600	456	2485	3828	2300
YP6000E/T	6177	0.32	32	3600	36	3200~5800	200	3250	3540	2100

表 1-3-22　YPF 型液压泥炮的性能参数及安装尺寸（中钢集团西安重机有限公司　www.xamm.com）

型　号	泥塞推力 /kN	泥缸容积 /m³	工作油压 /MPa	回转半径 /mm	参考质量 /t	适用炉容 /m³	安装尺寸/mm			
							A	B	C	D
YP3000F	3140	0.21	25	2400	26	1000~1650	150	2000	2400	1750
YP3080F	3140	0.21	25	3000	26.3	1350~2000	75	1630	3000	1750
YP3500F	3500	0.23	25	3000	27.8	1650~2200	−110	1640	3000	1820
YP4000F	3976	0.26	25	3100	28.5	2000~2500	−35	1855	3100	1900
YP4500F	4450	0.28	28	3100	30.8	2200~2800	60	1890	3100	1920
YP5000F	5010	0.31	28	3600	32	2800~3600	100	1950	3600	1940
YP6000F	6177	0.32	32	3600	35	3200~5800	100	1950	3600	1960

注：各个型号的液压泥炮安装尺寸、回转半径和布置情况因高炉现场情况不同而有可能不同，具体情况应与泥炮生产厂家联系。

1.3.16　高炉无料钟炉顶装料设备

1.3.16.1　概述

高炉炉顶装料设备用于将炉料装入炉内并使之合理分布，同时起到炉顶密封的作用。现代化高炉普遍使用无料钟炉顶装料设备，无料钟炉顶装料设备的主要优点是：设备重量轻，投资省；全套设备采用封闭箱体结构，密封性能良好，几乎无煤气泄漏，降低了对大气的污染；维护维修工作量小，时间短。

国内的无料钟炉顶装料设备从 1987 年开始生产。20 多年来，全国 50 多家大中型钢铁公司的 140 余座炉容为 1350~5000m³ 的高炉配套使用了无料钟炉顶装料设备，全国 100 余家中小型钢铁公司的 170 余座炉容为 380~1080m³ 的高炉配套使用了小型无料钟炉顶装料设备。

1.3.16.2　工作原理

高炉无料钟炉顶装料设备采用上、下密封阀进行炉顶密封，利用料流调节阀控制排料速度和排料时间，通过既可旋转同时又能倾动的溜槽布料器进行高炉炉喉布料的炉顶装料设备。正常生产时，炉顶布料均在炉喉段。

1.3.16.3　设备的结构形式

高炉无料钟炉顶装料设备按照料罐布置形式可分为串罐式、并罐式和多罐式 3 种形式，如图 1-3-10 所示。

（1）串罐式无料钟炉顶装料设备（如图 1-3-10a 所示）。

1）头轮罩——将皮带运送的炼铁原料导入受料罐内；

2）受料罐——炉料到称量料罐之前的存储仓；

3）上料闸——控制受料罐或受料斗放料口的开和闭；

4）上密封阀——对料罐进行密封；

5）称量料罐——储存、转运和称量炉料，实现带压上料；

6）下部阀箱——调节控制炉料的流量及密封炉气；

7）波纹补偿器——缓冲变形吸收位移，克服变形影响；

8）眼镜阀——检修更换下密封阀、料流、料罐衬板等部件；

过渡法兰——代替眼镜阀，作用同上；

9）水冷传动齿轮箱——驱使布料溜槽作旋转和倾动；

图 1-3-10　高炉无料钟炉顶装料设备料罐布置形式
a—串罐式；b—并罐式；c—多罐式

10）炉顶钢圈——高炉炉顶设备和高炉炉喉联系纽带；

11）布料溜槽——为实现各种布料方式的辅助设备；

12）溜槽更换装置——用于溜槽更换时的拆卸辅助工具。

（2）并罐式无料钟炉顶装料设备（如图 1-3-10b 所示）。

1）头轮罩——将皮带运送的炼铁原料导入上部溜槽内；

2）上部溜槽——将炉料分别导入两个称量料罐；

3）上密封阀——保证称量料罐的密封性；

4）称量料罐——储存、转运和称量炉料，实现带压上料；

5）料流调节阀——调节和控制通过炉料的流量、排料速度和排料时间；

6）上波纹管——补偿炉顶不同支撑点之间的相对运动；

7）下密封阀——该阀组件装在下密封阀箱体内，带有可更换的阀座和硅橡胶密封圈的阀板；

8）下波纹管——为补偿炉顶不同支撑点之间的相对运动；

9）传动齿轮箱——通过布料溜槽的旋转和倾动动作以实现布料；

10）顶钢圈——是炉顶设备安装的基础、高炉炉顶设备和高炉炉喉联系的纽带；

11）布料溜槽——实现各种布料方式的设备；

12）溜槽更换装置——用于溜槽更换的拆卸辅助工具。

（3）多罐式无料钟炉顶装料设备（如图 1-3-10c 所示）。

1）头轮罩——将皮带运送的炼铁原料导入上部溜槽内；

2）上部旋转给料装置——将炉料分别导入两个称量料罐；

3）上密封阀——保证称量料罐的密封性；

4）称量料罐——储存、转运和称量炉料，实现带压上料；

5）料流调节阀——调节和控制通过炉料的流量、排料速度和排料时间；

6）上波纹管——补偿炉顶不同支撑点之间的相对运动；

7）下密封阀——下密封阀组件装在下密封阀箱体内，带有可更换的阀座和硅橡胶密封圈的阀板；

8）下波纹管——补偿炉顶不同支撑点之间的相对运动；

9）传动齿轮箱——通过布料溜槽的旋转和倾动动作实现布料；

10）顶钢圈——是炉顶设备安装的基础，高炉炉顶设备和高炉炉喉联系的纽带；

11）布料溜槽——实现各种布料方式的设备；

12）溜槽更换装置——用于溜槽更换的拆卸辅助工具。

1.3.16.4　规格型号

高炉无料钟炉顶装料设备的规格型号及其含义如图1-3-11所示。

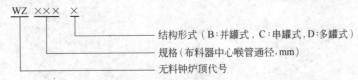

图1-3-11　高炉无料钟炉顶装料设备的规格型号及其含义

示例：高炉有效容积为1200m³，布料器中心喉管通径为DN600的串罐式无料钟炉顶装料设备的型号为：WZ600C。

1.3.16.5　技术参数

高炉无料钟炉顶装料设备的技术参数见表1-3-23。

表1-3-23　无料钟炉顶装料设备技术参数（中钢集团西安重机有限公司　www.xamm.com）

序号	炉容级别/m³	1000以下		1000	2000	3000	4000	5000
	高炉有效容积/m³	450~750	750~1000	1000~1500	1500~2000	2000~3000	3000~4000	5000以上
	规格型号	WZ450□	WZ500□	WZ600□	WZ650□	WZ700□	WZ750□	WZ800□
1	中心喉管通径 DN/mm	450	500	600	650	700	750	800
2	下密封阀通径 DN/mm	550~700	700	700	800	900	900	900~1000
3	料流调节阀通径 DN/mm	550	600	650	700	750	750	800
4	承压料罐有效容积/m³	10~20		20~50		45~80		80以上
5	受料罐（斗）有效容积/m³	10~20		20~50		45~80		80以上
6	上密封阀通径 DN/mm	700	800	900	1000 1100~1200※	1200	1400	1400~1600
7	上料闸通径 DN/mm	600	700	800	900	1000	1000~1200	1200~1400
8	布料溜槽长度/mm	1600~2200		2200~3500		3500~4250		4250~5000
9	β角旋转速度/r·min⁻¹	0~11，正常转速：8						
10	α角倾动角度/（°）	0~75						
11	α角倾动速度/（°）·s⁻¹	正常：0~1.6						
12	α角定位精度/（°）	±0.1						
13	γ角定位精度/（°）	±0.1						
14	布料器冷却水量/t·h⁻¹	4~25						
15	布料器氮气耗量/m³·h⁻¹ （标准状态）	200~500				500~2000		
16	最高工作压力/MPa	0.15~0.3						
17	上部溜槽装置倾动角度/（°）	±50※						

注：1. 除特别说明外，表中上、下密封阀，料罐，料流调节阀，波纹补偿器和布料器的特性参数在串罐式、并罐式及多罐式高炉炉顶装料设备中可以通用。

　　2. 表中序号4、5、8、14、15对应的数值范围，其大小随高炉有效容积的大小而变化。

　　3. 表中带※的参数仅适用于并罐式和多罐式无料钟炉顶装料设备。

1.3.17　铁水预脱硫站

1.3.17.1　概述

单喷颗粒镁铁水预脱硫站是采用气力输送的方法，将脱硫剂颗粒镁喷入铁水中，并依靠输送介质的搅拌作用，加强铁水与脱硫剂的混合反应，达到铁水脱硫的目的。

复合喷吹铁水预脱硫站是将镁粉和石灰粉在管路输送中混合，然后经过喷枪喷入到铁水中，在气体的搅拌作用下，铁水与脱硫剂发生反应，达到脱硫目的。

搅拌法铁水预脱硫站采用"十字形"搅拌头使铁水搅动，然后将脱硫剂加入铁水中，使铁水在机械搅拌的作用下，获得良好的动力学条件并与脱硫剂充分地混合、反应，从而达到铁水脱硫的目的。

1.3.17.2 主要设备组成

（1）单喷颗粒镁铁水预脱硫站和复合喷吹铁水预脱硫站的设备基本相同，脱硫站主要系统和设备如下：

1）高位储镁仓装置及其附件；

2）喷吹罐装置及其附件；

3）带气化室的专用喷枪及耐磨损软管；

4）喷枪在线维修用内面清理机、喷补机，离线维修用燃气烘烤器、保温罩；

5）喷枪夹钳装置；

6）测温枪、取样枪装置；

7）自动控制及专家系统；

8）监测、计量、报警系统；

9）集尘系统——脱硫站内的烟气集尘罩及烟道；

10）喷枪库及离线维修用枪架；

11）能源（电、氮气、燃气、压缩空气）介质供给管路阀门系统；

12）各设施检修、维护用钢架平台、人梯等；

13）脱硫、扒渣平台（钢筋混凝土结构）；

14）脱硫操作室（需方提供）；

15）快速硫分析室、配电室、休息室；

16）铁水罐、渣罐（需方提供）；

17）液压铁水罐倾翻车、渣罐车；

18）液压扒渣机。

（2）搅拌法铁水预脱硫站的主要系统和设备：脱硫剂制备系统，脱硫剂计量及输送系统，铁水计量、运送及定位系统，测温取样系统，铁水脱硫搅拌系统，搅拌装置升降系统，铁水罐倾翻装置，铁水前、后扒渣，出渣运送系统，通风除尘系统，电气及控制系统，厂房及基础，公用辅助设施系统，化验系统和消防器材。具体如图 1-3-12 所示。

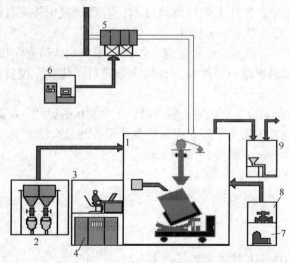

图 1-3-12 KR 脱硫车间组成

1—KR 搅拌脱硫及扒渣站；2—脱硫剂储存及输送站；3—脱硫及扒渣操作室；4—脱硫及扒渣电气室；5—除尘系统；
6—除尘操作室及电气室；7—液压站；8—阀门室；9—风动送样间

1.3.17.3 技术优势

单喷颗粒镁铁水预脱硫和复合喷吹铁水预脱硫站的技术优势如下：

（1）高精度的喷吹系统——具有精确度量和输送脱硫剂的喷粉系统。该技术采用稳定精确的容积式送料方式，克服了过去载气压差法输送粉料不够均匀有脉冲现象的缺点，对送料量采用精度高的电子秤连续测量的方法获得信号并反馈到供料控制系统加以调节，可以获得连续稳定的喷料量，其调节精度可以达到±0.3kg/min，达到目前世界上喷料量控制的先进水平。可杜绝铁水喷溅，确保喷吹脱硫成功。同时降低脱硫剂消耗，提高脱硫效率，提高喷吹效益。这种高精度喷吹系统对喷吹价格比较贵的钝化镁粒或镁粉脱硫剂尤为必要。

（2）建立高精度的脱硫剂喷吹量自动控制模型，即专家系统。自动控制模型主要是依据铁水质量、初始硫、目标硫含量，参考铁水温度、带渣量、渣的成分等，通过 PLC 中设置的专家系统软件，比较精确地自动计算出本炉次需要喷入的脱硫剂量，确定喷粉速度和喷吹时间，建立起高精度的控制模型，从而保证高的脱硫命中率，较精确的脱硫剂量，提高脱硫剂的利用率，降低成本，提高经济效益。同时采用 WINCC 或国内组态软件，对系统实行计算机操作和监控。

（3）科学合理的工艺技术软件。从理论和实践两个方面确定合乎企业实际的工艺技术，包括：喷吹工艺、操作工艺、设备的与工艺有关的技术参数等。这就为在硬件的基础上确保铁水预处理成功起到了保证作用。

（4）喷纯镁专用的带气化室喷枪。为了加速颗粒镁的气化，促进镁的脱硫反应，提高镁的利用率和脱硫率，喷镁喷枪一般应当使用带气化室的喷枪，这也是喷镁的关键技术。可以通过技术合作向用户提供质量优良的气化室喷枪或者其制造技术。根据铁水罐等实际情况也可能向企业提供倒 Y 形喷枪。

（5）七项专有的先进实用技术。

1）不论铁水罐内铁水面高低，确保测温枪、取样枪进入铁水深度为设定值的设备；

2）喷枪触罐底结的铁渣凸包瞬间能自动停枪、再升枪到定高、再自动喷吹的设备；

3）气化室喷枪在线维修长寿设备；

4）喷枪、测温取样枪枪位检测显示设备；

5）事故停电提喷粉枪装置；

6）瞬时显示喷粉质量流量表设备；

7）高效扒渣机。

石灰粉喷吹罐调节给料速度快，调节给料量精度高（±0.3%），能实现石灰的稳定喷吹，石灰喷吹罐同时具有流态化装置，其作用主要是防止石灰粉起拱，增加其流动性。

镁粉喷吹罐：该套装置的供料精度为2%，供料调节精度±0.3%，都达到了同类设备国际先进水平。

（6）具有特殊结构的喷粉枪，再加上喷枪维修技术，有效地减少甚至杜绝喷枪堵枪并且大幅度提高喷枪寿命，对顺行生产和降低成本具有重要作用。

当镁粉和石灰粉的喷吹罐中存料少于设定值时，控制系统自动从储仓向喷吹罐给料。

（7）对搅拌法铁水预处理脱硫站中搅拌头的几何参数进行了优化，搅拌效果更强烈，减少搅拌时间和铁水的温降。

（8）搅拌头和下轴承座之间增设了防辐射装置，降低了主轴承的温度，从而延长了主轴承的使用寿命。

（9）活动导轨盖板由倾翻方式改为平移方式，减少了设备的总高度。

（10）每炉搅拌时间从平均 8min 减少到平均 5min。

（11）铁水温降从平均 30℃ 减少到平均 15℃。

（12）设备高度最小缩小 2m，对老厂房的适应性更强。

（13）主轴承的寿命更长。

1.3.17.4 技术参数

单喷颗粒镁铁水预脱硫站的主要技术参数见表 1-3-24。

表 1-3-24 单喷颗粒镁铁水预脱硫站技术参数（北京中冶设备研究设计总院有限公司 www.mcce.com.cn）

项　　目	单　　位	数　　值
脱硫平均周期	分钟/包	≤28
每天最大脱硫包数	包/每工位	40
年处理能力/套	万吨/每工位	100

项 目	单 位	数 值
喷枪使用寿命	炉次	>100
钙基脱硫剂耗量	kg/t 铁	-5
铁损耗	kg/t 铁	-3.6
铁水温降	℃/min	≤2

复合喷吹铁水预处理站的主要技术参数见表 1-3-25。

表 1-3-25　复合喷吹铁水预处理站技术参数（北京中冶设备研究设计总院有限公司　www.mcce.com.cn）

项 目	单 位	数 值
供粉速度（可分为二档）：喷镁、喷钙系	kg/min	1~16, 20~90
粉料粒度	mm	0.1~1.6
载气流量	m³/h	≤300
载气压力	MPa	0.4~0.7
载气种类		氩气、天然气、氮气、空气
喷吹时间	min	4~15
粉剂单耗： CaO，CaC_2，CaF_2 Mg 系（镁剂+钙系） Mg 粒	脱硫效率： kg/t　50%~80% kg/t　≤90% kg/t	8~12 ~3 +~1 0.18 ~ 1.0
铁水温降	℃	10 ~ 50
喷枪形式		带气化室的喷枪或倒 Y 形喷枪
计量检测		自动计量检测信号、反馈、报警
控制形式		PLC 程控加手动电控

搅拌法铁水预处理脱硫站主要技术参数见表 1-3-26。

表 1-3-26　搅拌法铁水预处理脱硫站技术参数（北京中冶设备研究设计总院有限公司　www.mcce.com.cn）

序 号	项目名称	单 位	数 值
1	脱硫工艺		搅拌法
2	脱硫剂	CaO 为基的混合物组成	一般为：90%的 CaO + 10%的 CaF_2 粒度：0.1~1mm ≥90% 容重：≤1t/m³
3	脱硫平均周期	min	28
4	处理前铁水温度要求	℃	≥1250
5	处理过程温降	℃	0~20
6	脱硫目标值		≤0.015%（命中率：>90%~95%） 最低≤0.002%
7	脱硫剂消耗	kg/t 铁水	6~12
8	耐火材料	kg/t 铁水	0.065
9	氮气	m³/t 铁水（标准状态）	1.7
10	水	m³/t 铁水	0.05
11	电	kW·h/t 铁水	1.6
12	测温取样探头	个/罐	2
13	正常情况下搅拌头 使用寿命保证值	罐	>350

根据企业不同情况，复合喷吹铁水预处理站可以确保达到三种水平的脱硫效果：

终点硫分别 ≤ 0.010%，0.005%，0.002%。

确保在 80 炉次的热试车中，达到上述指标的炉次占处理总炉次 ≥90%，在 ≤10% 的炉次中铁水硫含量超标分别 ≤ 0.003%~0.002%，这等同于目前国际通用水平。

搅拌法铁水预处理脱硫站达到的效果见表 1-3-27。

表 1-3-27 搅拌法铁水预处理脱硫站效果表（北京中冶设备研究设计总院有限公司 www.mcce.com.cn）

原始 [S]/%	最终 [S]（不大于）/%	温降（不大于）/%	降 0.001% 脱硫剂耗量 /kg·t^{-1}	搅拌时间/min
≤0.035	0.01	36	0.27	8
	0.005	38	0.28	10
	0.002	40	0.30	12
0.036~0.05	0.01	39	0.21	9
	0.005	41	0.22	11
	0.002	43	0.23	13
0.051~0.070	0.01	41	0.19	11
	0.005	43	0.20	12
	0.002	45	0.21	14

注：表中数值等同于目前国际通用水平。

1.3.17.5 应用情况

铁水预脱硫站的应用情况见表 1-3-28。

表 1-3-28 铁水预脱硫站应用情况（北京中冶设备研究设计总院有限公司 www.mcce.com.cn）

序号	项目名称	使用单位	数量/套	年处理量/万吨	铁水罐容量/t	投产日期	初始含硫量/%	目标含硫量/%	脱硫剂
1	铁水罐喷纯镁脱硫站	南钢集团炼钢厂	2	60	80	2002.11	0.10~0.04	≤0.015 / ≤0.010	颗粒镁
2	铁水罐喷纯镁脱硫站	宁波建龙钢铁集团公司	2	262	185	2005.5	0.08~0.04	≤0.010 / ≤0.005	颗粒镁
3	铁水罐喷纯镁脱硫站	莱钢集团炼钢厂	3	110	100	2004.2	0.10~0.05	≤0.010 / ≤0.005	颗粒镁
4	铁水罐喷纯镁脱硫站	马钢集团炼钢厂	2	175	115~130	2004.5 / 2007.12	0.03~0.035	≤0.010 / ≤0.005	颗粒镁
5	铁水罐喷纯镁脱硫站	首秦金属材料有限公司	3	98	100	2005.3 / 2005.9 / 2008.1.11	0.03~0.06	≤0.005 / ≤0.010	颗粒镁
6	铁水罐喷纯镁脱硫站	天津荣程新利钢铁公司	1	150	100	2005.4	0.02~0.07	≤0.010 / ≤0.005	颗粒镁
7	铁水罐喷纯镁脱硫站	介休市义安实业有限公司	1	80	75	2005.5	0.08~0.03	≤0.010 / ≤0.005	颗粒镁
8	铁水罐喷纯镁脱硫站	首钢三炼钢	1	100	80	2004.7	≤0.07	≤0.010 / ≤0.005	颗粒镁
9	铁水罐喷纯镁脱硫站	唐山国丰钢铁有限公司	2	110	80	2005.3	0.08~0.04	≤0.005	颗粒镁
10	铁水罐喷纯镁脱硫站	宣化钢铁公司炼钢厂	1	100	80	2004.11	0.03~0.035	≤0.010 / ≤0.005	颗粒镁

序号	项目名称	使用单位	数量/套	年处理量/万吨	铁水罐容量/t	投产日期	初始含硫量/%	目标含硫量/%	脱硫剂
11	铁水罐喷纯镁脱硫站	承德钢铁有限公司	1	150	90	2005.5	≤0.07	≤0.010	颗粒镁
12	铁水喷镁脱硫项目总承包	韶钢松山股份有限公司	2	280	120	2005.1	0.03~0.065	≤0.015 ≤0.005	颗粒镁
13	铁水罐喷纯镁脱硫站	唐山建龙实业有限公司	1	120		2005.5	≤0.070	≤0.015 ≤0.005	颗粒镁
14	铁水罐喷纯镁脱硫站	莱芜钢铁股份有限公司	2	65		2005.4	0.1~0.05	≤0.010 ≤0.005	颗粒镁
15	铁水罐喷纯镁脱硫站	河北津西钢铁股份有限公司	1	120	100	2004.11	0.1~0.04	≤0.010 ≤0.005	颗粒镁
15	铁水喷镁脱硫项目总承包	河北津西钢铁股份有限公司	1	100	100	2007.11.30	0.03~0.10	≤0.010	颗粒镁
16	铁水罐喷纯镁脱硫罐	莱钢集团泰东实业有限公司	4	60		2005.1~6	0.1~0.05	≤0.010 ≤0.005	颗粒镁
17	铁水罐喷纯镁脱硫站	湖南华菱涟源钢铁有限公司	1	130	100	2006.5.20	0.1~0.05	≤0.010 ≤0.005	颗粒镁
18	铁水喷镁脱硫项目总承包	酒钢集团榆中钢铁有限公司	2	100	50	2006.11	≤0.070	≤0.010 ≤0.005	颗粒镁
19	铁水喷镁脱硫项目总承包	南京钢铁股份有限公司	1	>120	125	2007.2.15	0.40~0.80	≤0.010 ≤0.002	颗粒镁
20	铁水罐喷纯镁脱硫站	水钢	1	100	80	2006.7.31	0.03~0.05	≤0.005	颗粒镁
21	铁水罐喷纯镁脱硫站	淄博宏达	1	80	70	2006.9.15	0.02~0.20	≤0.015 ≤0.03	颗粒镁
22	铁水罐喷纯镁脱硫站	云南省玉溪市大营街实业有限公司	1	72	60	2007.3.31		≤0.010 ≤0.015	颗粒镁
23	铁水喷镁脱硫项目总承包	萍乡安源钢铁有限责任公司	1	60	60	2007.4.30	0.03~0.11	≤0.010 ≤0.015	颗粒镁
24	铁水喷镁脱硫项目总承包	河北普阳钢铁有限公司	1	156	150	2007.12.15	0.04~0.065	≤0.010 ≤0.005	颗粒镁
24	铁水喷镁脱硫项目总承包	河北普阳钢铁有限公司	2	62	50	2007.12.15	0.04~0.065	≤0.010 ≤0.005	颗粒镁
25	铁水喷镁脱硫项目总承包	承德新新钒钛股份有限公司	2	400	150	2007.12.23	0.03~0.065	≤0.010	颗粒镁
25	铁水喷镁脱硫项目总承包	承德新新钒钛股份有限公司	2	200	75	2007.8.31	0.03~0.08	≤0.005	颗粒镁
26	铁水喷镁脱硫项目总承包	河北敬业中厚板有限公司	1			2007.12.31			颗粒镁
27	铁水喷镁脱硫装置	鞍钢凌钢朝阳钢铁项目	2	120	120	2008.3.1	≤0.035	0.010~0.002	颗粒镁
28	铁水喷镁脱硫装置	山东石横特钢集团有限公司	1		65	2008.1.25			颗粒镁
29	复合喷吹铁水预处理脱硫装置	迁安轧一钢铁集团有限公司	1	158	160	2008.4.25	0.03~0.070	≤0.010 ≤0.005	石灰粉 颗粒镁
30	铁水喷镁脱硫装置	凌源钢铁股份有限公司	1	160	100	2008.9.20	≤0.07	≤0.010 ≤0.005	颗粒镁
31	复合喷吹铁水预处理脱硫项目总承包	玉溪新兴钢铁有限公司	2	72	70	2008.8.30	0.035~0.11	≤0.02	石灰粉 颗粒镁

1.4 炼钢设备

炼钢是以生铁和废钢为主原料，在炼钢炉内氧化、脱碳、脱磷、脱硫、升温和合金化，去除钢中气体和非金属夹杂物，精炼为成分和温度合格的钢液并浇铸成钢坯或钢锭。

炼钢工艺的进步，推动了炼钢设备的发展。按冶炼方法，炼钢可分为平炉炼钢、电炉炼钢、转炉炼钢等三大类。按炼钢炉内砌筑的耐火材料的性质分，又有酸性和碱性炼钢法。

氧气转炉炼钢设备，最大炉容量可达400t。随着复吹技术的不断完善，氧气顶吹转炉正逐步改造为复吹转炉。

为提高钢水质量，扩大钢的品种，降低钢的成本，炉外精炼技术越来越受到重视。在真空的前提下，可选用吹氧、吹氩、电弧加热、电磁搅拌和合金化等技术，组成不同功能的炉外精炼技术及设备。

1.4.1 转炉设备

1.4.1.1 概述

转炉设备主要包括：转炉炉体（包括：炉壳、水冷炉口、炉体防护裙板）、转炉托圈及托圈防护板、水汽旋转接头及炉体配管、炉体支承装置、倾动装置和炉腹射流冷却装置。

1.4.1.2 相关制造企业

A 北京中冶设备研究院设计总院有限公司

新型150t转炉炉体设备的主要特点如下：

（1）炉壳采用含有微量元素Nb、Ti的NR400ZL材料，提高了炉壳的强度、塑性、韧性。

（2）炉壳出钢口为向上6°倾角，增强钢水搅拌能力；可拆出钢口结构，便于维护。

（3）采用全悬挂式四点啮合倾动装置，占地小，降低了现场安装工作量与难度，且焊接整体托圈的变形对传动部件的啮合不产生影响，倾动机构事故止动装置为弹性止动座形式。

（4）采用等应力扭力杆装置，使内部应力均匀，避免疲劳失效；防扭座采用卡套式结构，可有效防止垫板在摇炉时脱落。

（5）托圈为组合式焊接结构，强度高、结构简化，质量和成本低，便于多路冷却水和底吹气管路的设置。

（6）炉腹射流式冷却装置采用高压、小流量压缩空气强制冷却，冷却效率提高50%。

（7）冷却水旋转接头采用了气封水的无外泄结构。

（8）采用快卸式弧形挡渣裙板。

（9）采用计算机三维有限元仿真优化技术，设备重量轻，降低了设备成本。

新型150t转炉炉体设备技术参数见表1-4-1。

表1-4-1 新型150t转炉炉体设备技术参数（北京中冶设备研究设计总院有限公司 www.mcce.com.cn）

序 号	名 称	单 位	指 标
1	转炉公称容量	t	150
2	熔池深度	mm	1484
3	熔池直径	mm	5082
4	熔池直径/熔池深度		3.425
5	熔池表面积	m^2	20.284
6	单位熔池表面积	m^2/t	0.135
7	炉口直径	mm	2900
8	炉口直径/炉膛直径		0.541
9	转炉有效内高	mm	8314
10	转炉有效内高/炉膛直径		1.561
11	转炉总高	mm	9460
12	炉壳外径	mm	7140

序 号	名 称	单 位	指 标
13	转炉总高/炉壳直径		1.325
14	出钢口直径	mm	160
15	出钢口水平夹角	(°)	6
16	出钢量	t	平均150

B 北京首钢机电有限公司

转炉炉体包括炉壳和炉衬。炉壳为钢板焊接而成，炉衬由工作层、永久层和填充层三层构成。

转炉倾动机械的作用是倾动炉体，它是转炉的关键部件之一。一般小于30t转炉可以不调速，倾动转速为0.7r/min；50~100t转炉可采用两级转速，低速为0.2r/min，高速为0.8r/min；大于150t转炉可无级调速，转速在0.15~1.5r/min。

转炉主要选型参数、转炉制造关键参数的加工工艺见表1-4-2和表1-4-3。

表1-4-2　转炉主要选型参数表（北京首钢机电有限公司　www.sgme.com.cn）

公称质量及主要参数	210t	100t	90t	80t	50t	40t	30t	25t
有效容积/m³	217.5	95	80	80	50	32.7	28	22.4
平均出钢量/t	225	100	85	80	50	40	30	25
炉体内径/mm	8000	5760	5580	5580	4900	4290	3880	3880
炉体外径/mm	8160	5900	5700	5700	5010	4380	3960	3960
炉体总高/mm	11090	8300	8380	8300	7500	7050	5050	6100
最大工作倾动力矩/t·m	245	240	200	200	136	100	85	72
冻炉力矩/t·m	725	660	500	500	408	300	255	216
倾动速度/r·min⁻¹	0~1.02	0.12~0.99	0.2~0.8	0.2~0.8	0.1~1	0.2~1	0.1~0.81	0.2~0.87
主电机功率/kW	175	110	63.5	63.5	55	37	30	30

表1-4-3　转炉制造关键参数的加工工艺（北京首钢机电有限公司　www.sgme.com.cn）

名称	类 型	制造难点	保 证 措 施
托圈	根据运输条件，可制造成整体或分体发运。一般情况，40t以下的采用整体式，50t以上的采用分体式	托圈的长、短耳轴同轴度保证在1mm之内	整体式的采用25m数控龙门铣加工出两端耳轴孔作为基准，再用200或250数显镗铣床加工，保证其同轴度在0.3mm之内。 分体式采用我厂独有的工艺技术，将托圈先按两个托圈半体分别在250镗铣床上加工；长、短耳轴，耳轴座通过工装轴连接成一体，在16m圆车上一次装卡加工出长、短耳轴。 现场拼装焊接成一体，从而保证了其同轴度的设计要求
倾动装置	主要有一次减速机、二次减速机、扭力杆装置等	一、二次减速机的硬齿面齿轮、箱体的加工精度	硬齿面齿轮采用半精加工、渗碳、去碳层、淬火、精加工、磨齿，所用机床为大中型圆车、数控立车，2.5m、3.2m、6.3m滚齿机，1.25m、3.5m数控磨齿机，保证加工精度；一、二次减速机箱体的加工采用数控龙门铣加工对合面，保证其平面度在0.05mm之内，用数显镗铣床加工轴孔，保证箱体各轴孔间中心距尺寸公差及平行度等形位公差要求

1.4.2　钢渣处理装置

1.4.2.1　概述

炉渣处理装置包含新型粒化轮、给料机、二次水淬渣池、供水管路、循环水池、回水管路、提升脱水器、胶带机、集气装置、渣罐倾翻机和熔渣溜槽等设备。炉渣处理装置是环保、节能产品，其装置示意图如图1-4-1所示。

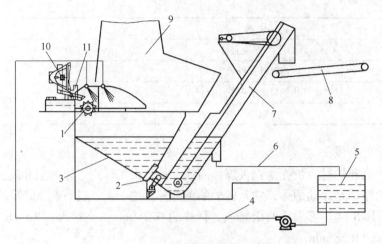

图 1-4-1 炉渣处理装置示意图

1—粒化器；2—给料机；3—二次水淬渣池；4—供水管路；5—循环水池；6—回水管路；7—提升脱水器；
8—胶带机；9—集汽装置；10—渣罐倾翻机；11—熔渣流槽

1.4.2.2 主要技术特点

高炉渣粒化装置占地少、投资小；二次水淬渣池和提升脱水器的结合避免了在结构和脱水方式上的不足，保证了成品渣质量，降低了渣水比，实现了污水无外排。

其主要技术特点如下：

（1）适应性强，适用于细、棉、浮等性质的高炉渣，不受渣碱度的影响。

（2）每分钟处理转炉钢渣达 8t，安全可靠；钢渣水淬率可达 90% 以上。

（3）钢渣分离度好，磁选提取率可达 98% 以上。

（4）钢渣粒化设备速度可调，粒化周期可控范围大，粒化时间在 5~15min。

（5）粒化后的钢渣粒度均匀，粒度小于 5 mm 的比例占 95% 以上。

（6）节水、节电，每吨渣耗水量 0.457t，吨渣耗电 1.5kW·h/t。

（7）钢渣运输距离短，温降小，流动性好。

（8）操作过程即可采用自动，也可以采用手动，全过程采用计算机画面监视。

（9）处理过程产生的含尘蒸汽外排含尘量小于国家 100mg/m³ 的标准。

采用的主要创新技术：

（1）多流道自助循环粒化轮。

（2）快速更换熔渣流槽的倾翻车。

（3）钢格板拦渣装置，防爆炸。

（4）简单，易维护钢渣渣池装置。

（5）压缩气体扰动悬浮技术、烟筒内水蒸气喷淋冷却技术。

（6）重抛式卸料技术、水润滑技术和灌流水冷技术。

1.4.2.3 技术参数

钢渣处理装置的技术参数见表 1-4-4。

表 1-4-4 钢渣处理装置技术参数（北京中冶设备研究设计总院有限公司 www.mcce.com.cn）

技 术 指 标	参 数
每炉渣量/t	17~20
转炉倒渣时间/min	1
出渣温度/℃	1500~1600
渣罐容量/m³	11
渣罐车行走时间/min	1~1.5
粒化放渣速度/t·min⁻¹	1.5~3

技 术 指 标	参　数
一罐渣放渣时间/min	4~8
循环水量/t·h⁻¹	600
蒸汽发生量/m³·min⁻¹	2793
每吨渣耗水量/t	0.4~0.5
成品渣粒度/mm	≤10.0
成品渣含水/%	≤8
成品渣堆比重/t·m⁻³	1.6
熔渣粒化率（按生产节奏和渣况）/%	70~90
粒化处理周期/min	12.0
倒渣粒化时间/min	8

钢渣粒化处理试验相关指标见表 1-4-5。

表 1-4-5　钢渣粒化处理试验相关指标（北京中冶设备研究设计总院有限公司　www.mcce.com.cn）

成分	CaO	SiO₂	Al₂O₃	FeO	∑Fe	R
含量/%	40.59	11.10	3.01	20.97	23.75	3.2~3.5
粒度 φ/mm	<5	5~2	2~1	1~0.5	<0.5	合并
粒度/目	<3.5	3.5~7	7~16	16~24	>32	
质量/g	72.7	216.0	88.7	49.4	15.0	441.8
所占比例/%	16.5	48.9	20.1	11.2	3.4	100

1.4.2.4　核心知识产权

钢渣处理装置的核心知识产权见表 1-4-6。

表 1-4-6　核心知识产权（北京中冶设备研究设计总院有限公司　www.mcce.com.cn）

序号	专 利 名 称	专利号或授权号	专利类型
1	新型钢渣粒化装置	200920171253.X	实用新型
2	一种多流道自助循环粒化轮	200820132300.5	实用新型
3	一种可快速更换熔渣流槽的倾翻车	200820207910.7	实用新型
4	钢渣粒化淬渣池的钢格板拦渣装置	200920175374.1	实用新型
5	一种钢渣粒化的渣池装置	200920175373.7	实用新型
6	液体中颗粒状物料的打捞设备及方法	200910169662.0	发　明

1.4.2.5　应用情况

钢渣处理装置的应用情况见表 1-4-7。

表 1-4-7　钢渣处理装置应用情况（北京中冶设备研究设计总院有限公司　www.mcce.com.cn）

序号	用户名称	数量	设备主要参数	投 产 日 期
1	安阳钢铁公司	1套	2000 立方米高炉渣粒化	2003.10
2	本钢板材股份有限公司	4套	100t 转炉钢渣粒化	2005.7
3	南京钢铁公司	2套	120t 转炉钢渣粒化	2010.12

1.4.3　转炉湿法煤气除尘回收装置

1.4.3.1　概述

转炉烟气净化系统包含的设备为气化冷却烟道、冷却洗涤塔、上行式环缝文氏管、旋流脱水器和鼓风机等。转炉产生的烟气经气化冷却烟道进入冷却洗涤塔进行降温和粗除尘，然后从冷却洗涤塔的下部出口出来，进入环缝文氏管的下部入口，经过环缝文氏管的精除尘后，从环缝文氏管的上部出口进入烟道和旋流脱水器，最后经风机进入后续煤气回收系统。

1.4.3.2 设备性能指标

设备性能指标如下：

（1）冷却洗涤塔：洗涤塔结构压力损失极低，在0.5kPa以下；除尘效率达到90%以上。

（2）上行式环缝文氏管：除尘效率在99%以上。

（3）旋流脱水器：脱水效率在90%以上。

（4）炉口微差压装置及液压伺服控制系统：适应恶劣环境条件，能够长期稳定工作。

1.4.3.3 技术特点

转炉湿法煤气除尘回收装置与传统OG净化系统和日本第五代"OG"除尘系统相比，主要技术优势如下：

（1）烟气净化系统工艺采用喷淋冷却塔加上行式环缝文氏管作粗除尘和精除尘设备，脱水采用旋流脱水器，整个除尘系统的设备组成少、构造更简易紧凑、占地面积小，设备维修保养简单、脱水效果好。

（2）冷却洗涤塔内设有多层喷嘴和喷枪，喷嘴采用一种双流体节能型防堵塞雾化喷嘴，冷却洗涤塔的喷水量自动控制。

（3）环缝文氏管采用单一给水喷头，喷头布置在重砣下方的烟道中心，减小气流的阻力损失，使水雾均匀、稳定，有利于水、气的结合。

（4）环缝文氏管烟气流动方向为上行式，多余的机械水不易被气流带走，有利于环缝喉口有效发挥作用，对整个除尘系统有利。

（5）所需静压差少，系统阻力损失小，新除尘系统所需风机升压为25kPa，老系统所需风机升压为28kPa。

（6）循环水用量减少，新除尘系统除尘用水量为450~550m³/h，老系统用水量为600~700 m³/h。

（7）实现炉口微差压的精确控制，提高回收煤气的品质和煤气的回收量，节约能源、保护环境，而且可以提高经济效益，降低转炉炼钢成本。

（8）烟尘的附着堆积少，除尘效率高。

1.4.3.4 技术参数

以150t转炉为例，主要设计参数见表1-4-8。

表1-4-8 150t转炉湿法煤气除尘回收装置设计参数（北京中冶设备研究设计总院有限公司 www.mcce.com.cn）

项　目		技术指标
转炉公称容积/t		150
转炉平均铁水装入量/t		165
转炉最大铁水装入量/t		178
转炉冶炼周期/min		30~38
转炉冶炼吹氧时间/min		≤15
最大降碳速度/% · min^{-1}		0.4
铁水含碳量/%		4.2
钢水含碳量/%		0.05
出炉口后最大炉气量/m³ · h^{-1}（标准状态）		100000
出炉口后最大烟气量/m³ · h^{-1}（标准状态）		112000
炉气温度	回收期/℃	1200~1450
	燃烧期/℃	≤1550
原始炉气成分/%		CO：90，CO$_2$：6，N：23.5，O$_2$：0.5

项　　目		技 术 指 标
烟尘粒度/μm	回收期	10~40
	燃烧期	<10
汽化冷却烟道出口烟气温度/℃		1000
空气燃烧系数 α		0.08

1.4.3.5 应用情况

本套装置在国丰 1~3 号 65t 转炉、唐钢二轧钢厂 2 号、4 号 50t 转炉推广使用，经初步核算，年节电费用约 42.6 万元，节能效果明显。改造前烟囱冒黄烟，经改造后烟囱冒白烟，出口含尘浓度在 50mg/m³（标准状态）左右，大大改善了钢厂周边空气环境。

1.4.4 扒渣机系列

1.4.4.1 概述

扒渣机是铁水预处理和炉外精炼必不可少的装备，主要用于铁（钢）水罐扒渣。扒渣机包括气动扒渣机和液压扒渣机两种，液压扒渣机又分为小车式液压扒渣机和伸缩臂式液压扒渣机。

1.4.4.2 产品结构

（1）气动扒渣机为小车式结构，主要包括小车行走装置、扒渣臂上下摆动装置、扒渣板位置微调装置、扒渣臂夹紧装置和扒渣臂旋转装置、行程开关移动装置等。

（2）伸缩臂式液压扒渣机由伸缩、倾动、回转三大机构组成。其中，伸缩机构主要由大臂、伸缩杆和液压驱动机构组成；回转机构主要由底座、回转盘和液压驱动机构组成，大臂可在 +8°~-30° 范围内转动；倾动机构是一个连接伸缩机构和回转机构之间的机构，使大臂在水平 +3°~-6.5° 范围内倾动，即可以调整扒渣角度，利用液压缸的动力作为破渣力。全部采用液压驱动，操作灵活方便，结构紧凑，扒渣行程大，速度快。

1.4.4.3 技术特点

在液压扒渣机的基础上，研制的三爪式扒渣机和带吹气装置的扒渣机，对扒渣臂做了改进。前者将原来的单爪扒渣头设计成三个可以展开和合拢的扒渣头，根据铁包大小，可扩大扒渣头的扒渣面积，提高扒渣效率；后者是在扒渣头上增加吹气装置，主要针对脱硫镁渣比较稀，在扒渣后期通过吹气将分散的镁渣集中起来，以提高扒渣效率。这两种形式的高效扒渣机，具有如下特点：

（1）扒渣次数大大缩短，仅为现有的近 1/5。

（2）扒渣时间大大缩短，仅为现有的约 1/3。

（3）扒渣率稳定在 90%，对冶炼洁净钢和降低冶炼洁净钢成本、提高钢水质量十分有利。

（4）由于扒渣时间缩短，减少了铁水温度损失，从而缩短炼钢生产周期，减少了能源等各种消耗。

（5）由于扒渣次数大为减少，扒渣带出的铁水数量大大减少，增加了铁水的有效利用，相应提高了钢产量。

三爪式扒渣机和带吹气装置的扒渣机均获得了国家专利，专利号分别为 ZL200720154988.2 和 ZL200720173996.1。

1.4.4.4 技术参数

气动扒渣机的技术参数见表 1-4-9。

表 1-4-9 气动扒渣机技术参数（北京中冶设备研究设计总院有限公司　www.mcce.com.cn）

项　　目	技 术 指 标
适用铁水罐容量	150t
扒渣机小车行走装置	最大行程：6000mm；运行速度：0.5~1.5m/s（可调）；汽缸：φ250mm×3020mm
扒渣臂升降装置	扒渣板升降行程：900mm；气缸：φ350mm×120mm；扒渣板初始位置调整范围：±500mm

项　目	技　术　指　标
扒渣臂旋转装置	旋转角度：±12.5°；汽缸：$\phi150mm\times80mm$；油缸：$\phi100mm\times180mm$
扒渣臂夹紧装置	汽缸：$\phi200mm\times50mm$
汽缸对气源的要求	压力：0.55~0.7MPa；流量：$14m^3/min$
扒渣机行程开关移动装置	行程开关移动行程：1000mm
垂直打渣力（max）	12kN
水平扒渣力（max）	10kN
电　源	主回路：交流380V，50Hz，3相
	操作回路：直流240V
	电磁阀回路：交流220V，50Hz，单相

伸缩臂式液压扒渣机的技术参数见表1-4-10。

表1-4-10　伸缩臂式液压扒渣机技术参数（北京中冶设备研究设计总院有限公司　www.mcce.com.cn）

项　目	技　术　指　标
扒渣行程/m	≤7
水平回转角/(°)	+8~-30
最大扒渣速度/m·s⁻¹	1.5
回转速度/r·min⁻¹	1.02
最大扒渣力/N	14709.98
最大破渣力/N	14709.98
倾角/(°)	+3~-6.5
铁包最大铁水量/t	210

小车式液压扒渣机的技术参数见表1-4-11。

表1-4-11　小车式液压扒渣机技术参数（北京中冶设备研究设计总院有限公司　www.mcce.com.cn）

项　目	技　术　指　标
适用铁水罐容量	150t
扒渣机小车行走装置	最大行程：6000mm；最大扒渣速度：1.5m/s
扒渣臂升降装置	扒渣板升降行程：900mm
扒渣臂旋转装置	旋转角度：±12.5°；回转速度：1.02r/min
垂直打渣力（max）	15kN
水平扒渣力（max）	

1.4.4.5　应用情况

该产品已应用于宝钢、武钢、济钢、燕山钢铁、承德建龙、南钢、河北新金轧材、马鞍山钢铁股份公司、玉溪钢铁等30多家钢铁企业的铁水脱硫工程上，使用效果良好。

1.4.5　钢包（铁包）烘烤器

1.4.5.1　概述

钢包烘烤器、铁水包烘烤器、连铸中间包烘烤器包含立式翻转、立式曲臂、垂直升降、卧式等不同的机械结构形式，可提供适用柴油、天然气、焦炉煤气、转炉煤气和高炉煤气等各种不同的燃料的燃烧系统。燃烧系统根据用户的要求，可以有自身预热式、高速烧嘴、燃油雾化、蓄热式等各种类型，其控制分为全自动控制升温曲线、手动调节、半自动控制等。新型蓄热式烧嘴与传统的由两个烧嘴组成的蓄热式单元相比具有明显的优势。

1.4.5.2 技术特点

（1）HBQ系列烘烤器。HBQ系列烘烤器的技术特点如下：

1）采用高速烧嘴、自身预热烧嘴和蓄热式烧嘴。

2）采用富氧燃烧技术，解决了低热值燃料在高温快速烘烤工艺中的应用，扩大了低热值燃料的应用范围，降低了能耗指标。

3）具有完善的控制系统；具有自动点火、火焰监测功能，各种连锁保护功能，燃料压力低和熄火的自动报警、自动切断燃料供应功能，以及温度和空燃比的程序控制功能。

（2）新型蓄热式烧嘴。新型蓄热式烧嘴的技术特点如下：

1）烧嘴将两个蓄热室巧妙地合成一体，结构紧凑，重量轻。

2）烧嘴采用蜂窝陶瓷作为蓄热体，单位体积换热面积大，重量轻；换向时间设计为30s。

3）烧嘴砖的特殊结构，确保烧嘴在工作过程中煤气不换向，可省掉煤气换向阀；烧嘴的火焰特征与普通烧嘴相同；高温预热空气与煤气在烧嘴砖内混合燃烧，燃烧充分，火焰刚性强，避免了传统蓄热式烧嘴空气和煤气在中间包内可能因混合不好引起的不完全燃烧（特别是低温段）。

4）换向阀可安装在距离中间包盖较远的地方，远离高温，增加换向阀的寿命；同时也避免了传统蓄热式烧嘴由于煤气换向引起的煤气浪费。

5）由于烧嘴的火焰特征与普通烧嘴相同，特别是用在中间包烘烤上，在烘烤过程中几个烧嘴均连续工作，与几个烧嘴分组工作相比烘烤温度更均匀，效果更好；同时由于烧嘴的出口速度高（满负荷时大于60m/s），所以火焰刚性强，能确保火焰达到中间包底部，从而缩小了包口与包底的温差。

6）为了保证烧嘴能力减小后煤气出口速度和火焰长度变化不大，采用具有大、中火能力的煤气喷枪，喷枪具有两个煤气入口，当一个入口通煤气时，烧嘴处于小火状态，当两个入口都通煤气时，烧嘴处于大火状态。同时，对钢包干燥装置，在低温段采用大空气过剩系数，确保混合气体和火焰的出口速度。上述措施也都保证了包口与包底的温度均匀性。

7）烧嘴设有点火烧嘴，可以实现自动点火和火焰检测。

8）由于高温预热空气的高速引射作用，使20%的烟气回流到高温预热空气中，使预热空气的含氧量降低（含氧量降低到16%～18%），实现贫氧燃烧，降低了NO_x的生成量。同时使火焰的高温区分散，火焰长度加长。

不同烧嘴的性能对比情况见表1-4-12。

表1-4-12 不同烧嘴的性能对比（北京中冶设备研究设计总院有限公司 www.mcce.com.cn）

烧嘴类型	技 术 特 点	适 用 范 围
高速烧嘴	烧嘴设计出口速度约100m/s左右，加强了包内的对流换热和温度均匀性，提高了烘烤效率和烘烤质量	特别适用于包深较大的大中型钢包的烘烤
自身预热烧嘴	实现了烧嘴和换热器的有机结合，燃烧产生的烟气进入烧嘴内部的换热器，与参与燃烧的助燃空气进行热交换，将助燃空气预热到300℃左右（炉温1200℃时），而经过热交换后的低温烟气则进入喷射式烟囱，排出烧嘴。具有回收烟气余热的作用，热效率高，节能效果好	大能力的自身预热烧嘴的结构比较大，主要适用于燃烧能力较小的小型烘烤器上
蓄热式烧嘴	最大限度回收烟气余热，排放烟气温度≤200℃；将助燃空气预热到900℃左右，降低燃耗40%左右；可形成与传统火焰完全不同的火焰，在包内形成均匀的温度场，提高烘烤质量，延长钢包使用寿命；烘烤速度快	应用广泛，特别适用于在线升温速度要求高的场合

1.4.5.3 应用情况

钢包（铁包）烘烤器已应用到首钢、武钢、广州珠钢、唐钢、承钢、沙钢、宝钢等多家企业，应用效果显著（见表1-4-13）。尤其是采用蓄热技术的烘烤器，虽然蓄热式烧嘴和蓄热体以及控制系统，换向装置的一次性投资比传统烧嘴多20万元左右，但按照钢包规格不同，燃耗降低综合计算，每年节能效益至少50万元以上。另外从降低出钢温度，提高炉龄等计算，效益也将十分可观。

表 1-4-13　钢包（铁包）烘烤器应用情况（北京中冶设备研究设计总院有限公司　www.mcce.com.cn）

序号	产品名称	用户	产品简要说明
1	90t 离线立式钢包干燥器	首钢特钢	液压驱动包盖开启，手动控制操作，自身预热型烧嘴
2	90t 在线悬吊直升式烘烤器		液压提升包盖直升直降，手动控制操作，自身预热型烧嘴 600~1100℃/2h
3	275t 离线钢包烘烤器	武钢	电动卷扬机提升包盖，手动控制操作，可实现远程操作，高速烧嘴 0~900℃/24h
4	300t 在线钢包烘烤器	宝钢二炼铁	800~1200℃/15min；自动点火，火焰监测；可预设99条升温曲线，自动控制空燃比和流量，自动切断煤气及安全保护功能；电动缸驱动；采用智能化仪表，并采用集中监视系统进行数据采集和管理；气体混合喷射式烧嘴
5	300t 离线干燥/烘烤器		干燥时 0~800℃/1h 烘烤时 700~1200℃/h
6	300t 铁水包烘烤器		自动点火，火焰监测；自动控制空燃比和流量，自动切断煤气及各种安全保护功能；气体混合喷射式烧嘴
7	90t 在线悬吊直升式烘烤器	阿钢公司	电动卷扬机提升包盖，手动控制操作；自身预热型烧嘴 700~1000℃/1.5h
8	100t 离线立式钢包干燥器	武钢一炼钢	室温至800℃/24h
9	100t 立式铁包烘烤器		600~1100℃/50min；电动卷扬机提升包盖开启；手动控制；高速烧嘴
10	100t 立式铁包烘烤器		0~1100℃/24h
11	160t 在线钢包烘烤器	唐钢一炼钢	800~1200℃/20~25min 高速烧嘴，桥架固定式；自动点火，火焰监测，自动报警连锁保护；采用富氧燃烧技术，火焰明亮，刚性强；成功实现了低热值燃料用于在线钢包的高温快速烘烤
12	30t 在线立式钢包烘烤器	本溪钢铁公司	800~1100℃/30min 高速烧嘴；电动卷扬机提升包盖开启；自动点火，火焰监测，自动报警及连锁保护；手动控制
13	100t 立式在线钢包烘烤器	江苏沙景钢厂	600~1200℃/30min；自动点火，火焰监测；压力、温度测量显示，PLC 设定曲线，富氧燃烧技术；自动调节流量和空燃比
14	100t 立式离线钢包烘烤器		室温至1200℃/12h
15	100t 卧式钢包烘烤器		600~1200℃/h
16	100t 离线立式钢包干燥器	长城钢铁公司	室温至800℃/24h；液压驱动包盖开启，手动控制；自动点火，火焰监测，自动报警及联锁保护；高速烧嘴
17	100t 在线立式钢包烘烤器		1000~1200℃/50min
18	100t 卧式钢包烘烤器		1000~1200℃/50min 高速烧嘴；电动减速机驱动小车；手动控制，自动点火，火焰监测
19	100t 离线立式钢包烘烤器	广州珠钢	0~700℃/24h，预设7条供油曲线，自动控制燃油流量；高效节能燃油烧嘴，液压驱动包盖开启；预设空燃比，采用变频控制方式自动调节风量，手动调节油量；自动点火，火焰监测，自动报警及联锁保护
20	150t 在线立式钢包烘烤器		700~1200℃/30min
21	100t 卧式钢包烘烤器		700~1200℃/30min；电机减速机驱动小车；烧嘴、控制同上
22	100t 在线立式钢包烘烤器	武钢一炼钢	800~1100℃/30min；电动卷扬机提升包盖开启；手动控制；高速烧嘴
23	100t 离线立式钢包烘烤器		0~1100℃/2.5h
24	中间包烘烤器燃烧器	唐钢	
25	300t 立式周转钢包烘烤器	武钢三炼钢	室温至1000℃/3~4h，电动卷扬机提升包盖开启
26	4流连铸中间包在线烘烤器	酒泉钢厂	室温至1100℃/h，下水口室温至700℃/45min，电动推杆驱动
27	4流连铸中间包在线烘烤器	承德钢厂	室温至1100℃/90min，电动推杆驱动
28	5流连铸中间包在线烘烤器	江苏沙钢	室温至1200℃/h，液压缸驱动；温度显示、压力显示、自动报警、切断，连锁保护
29	永新中间包烘烤器	江苏永新	室温至1200℃/h，液压缸驱动；温度显示、压力显示、自动报警、切断，连锁保护
30	沙钢二期中间包烘烤器	江苏沙钢	室温至1200℃/h，液压缸驱动；温度显示、压力显示、自动报警、切断，连锁保护
31	沙钢二期在线100t烘烤器		600~1200℃/30min；自动点火，火焰监测，压力、温度测量显示

1.4.6 锥形氧枪

1.4.6.1 概述

氧枪是转炉炼钢中的关键工艺设备之一，氧枪的性能直接影响到钢的产量、质量、品种、原燃料消耗及成本等主要技术经济指标。传统氧枪具有"粘枪"问题。

1.4.6.2 工作原理

锥形氧枪是一种全新的氧枪，其下部枪身呈锥形，上粗下细。提枪后，经过循环水冷却的钢渣与枪体，产生间隙，钢渣局部会有裂纹出现，当再次吹炼时，粘在锥度段的钢渣因突然受热膨胀，加之液体钢渣循环冲刷，使钢渣与枪体分离，形成局部或全部脱落。

枪身锥管采用特殊工艺一次成型，无须焊接，既节省材料，又避免了焊缝开焊的问题。

1.4.6.3 技术特点

锥形氧枪的技术特点如下：

（1）缩短处理粘枪的时间，降低人工强度，提高枪龄。采用锥形氧枪后，处理"粘枪"时间由原来的 20min 降低到 5min，只在生产空闲时间处理即可，不影响生产，提高了生产效率；

（2）锥形氧枪无须人工强制清理粘渣，减轻了工人繁重而危险的体力劳动。枪体损毁较小，枪龄得以提高，氧枪更换频率降低，生产成本降低，提高了炼钢效率。

1.4.6.4 技术参数（北京中冶设备研究设计总院有限公司 www.mcce.com.cn）

锥体氧枪主要工艺参数如下：

（1）氧枪头外径：$\phi273mm$；

（2）氧气流量：$27000 \sim 39138 m^3/h$（标准状态）；

（3）冷却水流量：$\leq 300 m^3/h$；

（4）冷却水压力：$1.0 \sim 1.2MPa$；

（5）进水水速：约为 $4.13m/s$，出水水速：约为 $5.34m/s$；

（6）冷却水入口温度：$\leq 35℃$；

（7）冷却水出口温度：$\leq 50℃$；

（8）氧枪总长度：$20000mm$；

（9）喷头形式：四孔拉瓦尔型冷却喷头；

（10）三层同心套管：$\phi(273 \sim 454)mm \times 13mm$，$\phi(219 \sim 400)mm \times 6mm$，$\phi168mm \times 7mm$；

（11）纯吹氧时间：$15min$；

（12）供氧强度：最大 $3.7m^3/(t \cdot min)$（标准状态）；

（13）氧枪总质量：$10100kg$。

1.4.6.5 应用情况

自 2012 年至今，已连续为包钢炼钢厂提供了 30 余台（套）锥形氧枪及配件，使用效果良好，炼钢厂得以降本增效，获得了用户的一致好评。根据经验，锥形氧枪在 60t 以上转炉上应用时，降本增效效果明显。产生的经济效益以 150t 转炉为例，锥形氧枪与直体氧枪的技术经济指标对比见表 1-4-14。

表 1-4-14 锥形氧枪与直体氧枪技术经济指标对比表（北京中冶设备研究设计总院有限公司 www.mcce.com.cn）

枪型 项目	锥体氧枪	直体氧枪	锥氧枪、直氧枪节省资金/万元
氧枪价格（万元/支）	17.8	12.7	12.7×1.5-17.8＝1.25
枪体使用寿命（炉）	1000	300	3.3 倍
氧枪喷头利用率（%）	100	75	0.85 万元/支×25 支＝21.25
更换氧枪氧头（万元/次/年）	45 次	60 次	1 万元/次×15 次＝15

项　目 ＼ 枪型	锥体氧枪	直体氧枪	锥氧枪、直氧枪节省资金/万元
氧枪清渣工年工资 （万元/人/炉/年）	无	8 人	4.8 万元/人/炉/年×8 人＝38.4
换枪清渣次数（次/炉/年）	无	30	0.3 万元/次×30 次/炉/年＝9
炉料损失（t/炉/年）	无	0.58t/炉/天×25 炉/天× 300 天/年＝4350	0.18 万元/t×4350t＝783
安全事故	无	烫伤、砸伤	
转炉作业率（%）	87	82	
节约资金（万元/炉/年）	867.9	无	867.9
年增产量（万吨/炉/年）	150t/天/炉×300 天/年＝4.5	无	0.2 万元/t×45000t＝9000

1.4.7　干式机械泵真空系统

1.4.7.1　概述

干式机械泵真空系统是由罗茨泵作为机械增压泵与初级泵串联而成。罗茨泵是一种外压缩、双转子容积式真空泵，转子与转子、转子与泵腔壁无接触，故可实现高速运转，且不必润滑，以实现无油抽气过程。螺杆泵属于内压缩、容积式真空泵，工作时分为吸气、压缩、排气三个过程。该设备主要应用于炼钢精炼 VD、VOD 及 RH 工艺所必需的真空系统中，适合于蒸汽泵真空系统的升级改造以及精炼真空系统的新建。

干式机械泵真空系统节能、环保、安全、操作简单，国外 VD/VOD 真空系统中干式机械真空泵的应用比较普遍，近年来国内 VD/RH 真空系统中已有部分干式机械泵替代了传统的蒸汽喷射泵。

1.4.7.2　技术参数（北京中冶设备研究设计总院有限公司　www.mcce.com.cn）

干式机械泵真空系统的技术参数如下：

（1）传动方式：主传动为气力传动，备用传动为电动。

（2）倾动角度：常用±10°，最大±18°。

（3）倾动时间：转动 30°时，≤18s。

（4）铁水沟贮铁量：初期 4.6t，侵蚀后 7.6t。

（5）活塞式气动机型号：HS-10，功率：7.35kW，转速：800r/min，空气消耗量：9m^3/min。

（6）备用传动减速机电机型号：XWD-3-8511-6，功率：4kW。

（7）制动器型号：YWZ-200/25，制动轮直径：$D=200$mm，制动力矩：$M=196$N·m。

（8）摆线针轮减速机型号：XW7.5-8-1/11，传动比：$i=11$，输出扭矩：$M=573$N·m。

（9）差动器：动力传动比：$i=1.108$，手动时传动比：$i=10.7$，输出扭矩：$M=573$N·m。

（10）蜗轮减速器：中心距：$A=355$mm，传动比：$i=50$，输出扭矩：$M=19600$N·m。

（11）摇杆：输出力矩：$M_{max}=117600$N·m，$M_{min}=62720$N·m。

1.4.7.3　应用情况

干式机械泵真空系统于 2013 年已应用在江阴兴澄特种钢铁有限公司。与蒸汽泵真空系统相比，干式机械泵真空系统具有以下优点：

（1）结构简单，占地面积小。

（2）耗水少，无需水处理设施。

（3）无高压蒸汽以及锅炉系统等危险源。

（4）从大气压到工艺真空，性能曲线平滑、连续可控，且在 67Pa 附近抽速稳定。

（5）运行成本较低，节能效果显著。

以 40t 炉 VD 真空系统为例，其运行总费用为 1.26 元/吨，仅为蒸汽泵真空系统的 5%。

干式机械泵真空系统如图 1-4-2 所示。

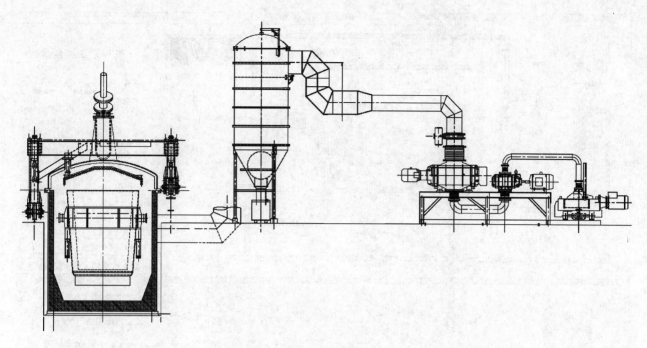

图 1-4-2 干式机械泵真空系统

1.4.8 RH精炼炉插入管自动喷涂机

1.4.8.1 概述

RH精炼炉插入管自动喷涂机用于修补插入管内外表面耐火衬的侵蚀、破损等缺陷，从而延长其使用寿命，节约维修时间，提高生产效率，给企业带来巨大经济效益。它主要由喷涂系统、执行机构、驱动系统、控制系统和位置检测系统等组成，喷涂时一根插入管的内表面，另一根插入管的外表面，亦可单独喷涂。可由手动电控或 PLC 程控下自动完成喷涂作业。

RH精炼炉插入管自动喷涂机是国家"八五"重点科技攻关项目中的子专题，已通过国家冶金工业局级鉴定，连同主项目获冶金科技进步一等奖。

1.4.8.2 设备性能特点

根据用户要求，RH精炼炉插入管自动喷涂机可以设置或不设置走行台车。该台车在钢包车运输线上行走，两台喷料机同时分别向外喷枪、内喷枪输送喷涂料。根据用户要求，可以通过手动电控或者 PLC 程控操纵内、外喷枪及其机械手完成对插入管的喷涂作业。可同时分别喷涂 A 管的内表面和 B 管的外表面，完成后两支喷枪旋转 180°交换位置，再同时分别喷涂 A 管的外表面和 B 管的内表面，大大提高了工作效率。

1.4.8.3 主要性能参数

RH精炼炉插入管自动喷涂机的主要性能参数见表1-4-15。

表 1-4-15 主要性能参数（北京中冶设备研究设计总院有限公司 www.mcce.com.cn）

项　　目	技　术　指　标
喷涂机喷涂能力/kg·min^{-1}	15~40
空气压力/MPa	≥0.35
空气耗量/m^3·min^{-1}	4.5~5.0
混合水压力/MPa	≥0.2
台车走行距离/m	30（最大）
喷涂机外形尺寸（长×宽×高）/m×m×m	3900×3800×5700（可变）

1.4.8.4 应用情况

设备应用现场如图 1-4-3 所示。

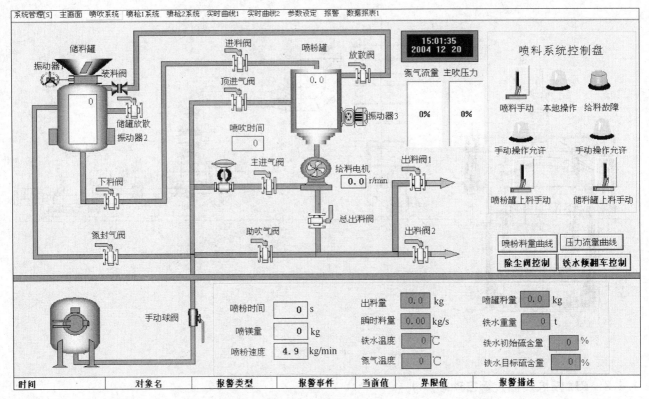

图 1-4-3 设备应用现场

1.4.9 YZRG-Ⅱ型高炉遥控自动热喷涂装置

1.4.9.1 概述

本装置用于对高炉在不熄火状态下，降料面覆盖保护层后喷气水机器人入炉，实施高压水或高压风带水清理松浮物。然后喷浆机器人进入炉内，人在炉外遥控自动喷补，从而恢复炉内衬原形，促进生产顺行和高炉长寿，节省维修时间。

本装置主要由高压水泵，喷气水机器人，自动称量的喷料机，喷浆机器人，耐磨耐高温输料胶管，混合水系统，风冷系统，工业视屏显示系统，多个 PLC 编程自动控制系统等组成。

1.4.9.2 设备性能特点

本装置能用水压 50MPa，水量 25L/min 的超高压水清理内衬松浮物，或用 0.8MPa 的风和极少量水形成的风带水清理。两台密闭罐式喷料机在 PLC 程控下自动切换，工作时对环境无污染，自动称量系统可随时显示两台喷料机内残料量。混合水系统能恒压供水，实现水料充分混合和水量调节。对内衬局部损坏严重之处，PLC 可炉外遥控监视喷浆机器人局部自动反复喷补。对机器人的有效风冷可使设备在小于300℃的高温下进炉作业，实现了热态喷补。机器人电动四点吊挂式进出炉大大缩短了工程时间。本装置能够满足连续大量喷浆的场所或者需远距离（几十到几百米）或人难以到达的区域实施喷涂（浆），因此它有广阔的市场。

本装置连同主项目获国家冶金工业局冶金科技进步一等奖。

1.4.9.3 技术参数

YZRG-Ⅱ型高炉遥控自动热喷涂装置的技术参数见表 1-4-16。

表 1-4-16 YZRG-Ⅱ型高炉遥控自动热喷涂装置技术参数（北京中冶设备研究设计总院有限公司 www.mcce.com.cn）

项 目	单 位	技 术 指 标
喷涂能力（可以增加）	t/h	10
连续喷涂能力	t	>600
用气量	m³/min	≥9

项　目	单　位	技术指标
清理用高压水量（最大，双喷嘴）	L/min	50
工业电视摄像遥控		炉外显示操作
适应高炉容积	m^3	300~4500
工作气压	MPa	0.6~1.0
清理用高压水压力	MPa	30~50
机器人进炉时炉温	℃	<300
喷涂层最大厚度	mm	500
电子秤作业		喷料量自动计量显示

1.4.10　DJR1-5 型中间包喷涂机器人

1.4.10.1　概述

DJR1-5 型中间包喷涂机器人用于对各类连铸中间包及其复杂表面在最高达 400℃ 的热状态下进行喷涂，造衬或喷补。本机具有喷涂层质量好，生产率高，降低工人劳动强度，改善工作环境，提高寿命，降低成本，增加企业经济效益的显著作用。本机主要由喷涂系统、执行机构、驱动系统、控制系统、位置检测及报警系统和操作室等组成，可在手动电控或 PLC 程控下自动完成喷涂作业。

1.4.10.2　设备性能特点

设备性能特点如下：

（1）具有 5 个自由度的直角坐标式喷涂（浆）机器人。两套 PLC 系统，一套控制喷涂喷枪系统的料、水、风，并按确定的参数和时间自动开始及停止喷涂；另一套则控制和操纵喷嘴按程序设定的轨迹自动完成全行程。在遇到故障或温度、压力、水量等参数超常时，自动声光报警并指示故障位置。

（2）本机特殊的喷枪可以保证高水平的喷涂质量。

1.4.10.3　技术参数

DJR1-5 型中间包喷涂机器人的技术参数见表 1-4-17。

表 1-4-17　DJR1-5 型中间包喷涂机器人技术参数（北京中冶设备研究设计总院有限公司　www.mcce.com.cn）

项　目	单　位	技术指标
喷涂能力	kg/min	0~70
料罐容积	m^3	1.1~1.5
工作气压	MPa	≥0.35
用气量	m^3/min	≥4
混合水压力	MPa	≥0.1
混合水流量	L/min	≥30
水　质		工业用循环水
料粒度	mm	≤5

1.4.11　钢（铁）包

1.4.11.1　钢（铁）包的类型与应用

钢（铁）包是炼钢（铁）生产中盛装钢（铁）水的基本容器。

钢包最基本的类型有两种，即一般形式的钢包和带吊臂的精炼钢包，如图 1-4-4a、b 所示。

铁包从结构上分有三种，即平底压弧式铁包、蝶形底铁包以及球底铁包，如图 1-4-5a、b、c 所示。

铁包从功能上分有两种类型，即一般作用的铁包和"一包到底"用的铁包。

"一包到底"用的铁包生产工艺流程的优点为生产工艺过程简练、效率高、流程短、周期快；不经倒罐，不产生粉尘，高炉至转炉过程的铁水热损耗小，成本低，脱硫效果比混铁车好。

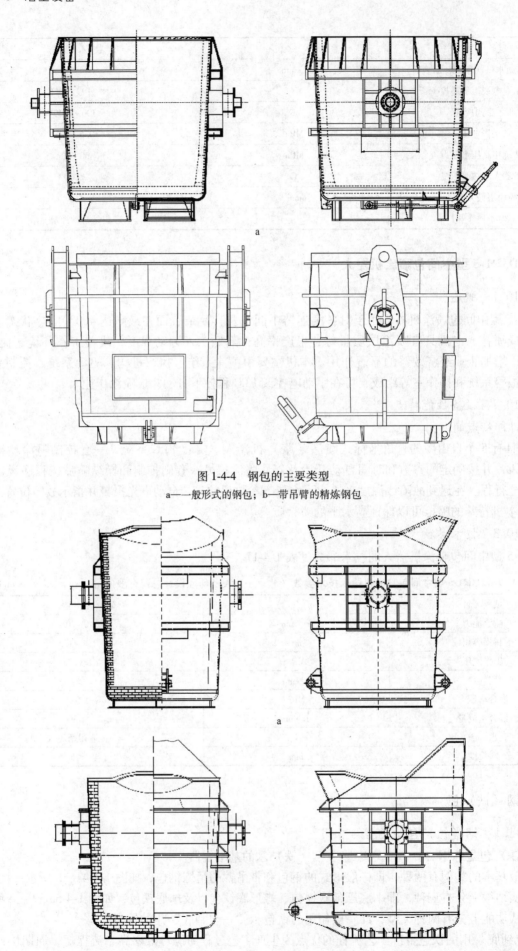

图 1-4-4 钢包的主要类型
a—一般形式的钢包；b—带吊臂的精炼钢包

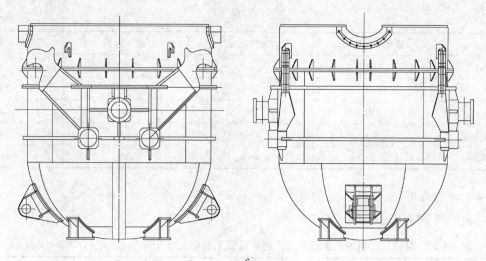

c

图 1-4-5 铁包的主要类型

a—平底压弧式铁包；b—蝶形底铁包；c—球底铁包

1.4.11.2 主要结构和性能特点

铁包主要由包体、倾翻装置等构成。

包体中因包壳受热，故采用压力容器探伤钢板制作。本体焊缝探伤采用压力容器探伤标准。耳轴为包体中最重要的零件，采用压力容器大型锻件标准中 V 类锻件的要求，进行分区探伤。

1.4.11.3 技术参数

LG 系列盛钢桶基本参数见表 1-4-18。

表 1-4-18　LG 系列盛钢桶的基本参数（大连华锐重工起重集团有限公司　www.dhidcw.com）

类别	型　号	钢水装入量/t	有效容积/m³	自重（约）/t	满载质量（约）/t
小型盛钢桶	LG-10S H-1	10	1.6	2.4	15.5
	LG-20S H-1	20	3.2	5.5	31
	LG-25S H-1	25	4	8.2	40
	LG-35S H-1	35	5.6	9.1	52
	LG-45-1	45	7.2	7.3	62
	LG-60-1	60	9	7.8	79
	LG-70-1	70	10	11.3	95
	LG-90-1	90	13.44	13.2	120
中、大型盛钢桶	LG-105-1	105	16.09	14.2	136
	LG-135-1	135	20.25	20.1	179
	LG-160-1	160	22.75	21.1	240
	LG-205-1	205	30.2	35.9	266
	LG-260-1	260	44.3	48	370
	LG-300-1	300	49.4	68	430
	LG-360-1	360	57	72	480

LTG 系列铁水罐的基本参数见表 1-4-19。

表 1-4-19　LTG 系列铁水罐的基本参数（大连华锐重工起重集团有限公司　www.dhidcw.com）

型　号	铁水装入量/t	有效容积/m³	自重（约）/t	满载质量（约）/t
LTG-25-1	25	4	5.4	37
LTG-45-1	45	6.6	7.4	65
LTG-70-1	70	12	11.1	96
LTG-140-1	140	20.8	20	180

型　号	铁水装入量/t	有效容积/m³	自重（约）/t	满载质量（约）/t
LTG-160-1	160	24	20.4	225
LTG-175-1	175	27.4	29	239.3
LTG-210-1	210	34	48	360
LTG-270-1	270	40.2	58	415
LTG-300-1	300	45.4	70	452.5

1.4.11.4 典型应用

钢（铁）包的典型应用见表 1-4-20。

表 1-4-20　钢（铁）包的典型应用（大连华锐重工起重集团有限公司　www.dhidcw.com）

型 号 规 格	用 户 企 业
300t "一包到底" 铁包	首钢京唐钢铁有限公司
210t "一包到底" 铁包	重庆钢铁有限公司
365t 熔钢锅	JFE 京滨
300t 钢包	宝山钢铁有限公司
	邯郸钢铁有限公司
	武汉钢铁有限公司
330t 钢包	荷兰康力斯公司
180t 椭圆钢包	本溪钢铁有限公司

1.5　冶金炉

冶金炉是利用燃料或电能转化为热量，在炉内对物料或工件进行熔炼或加热的一种热工设备。冶金炉种类繁多，可根据用途、热源、加热方式、工作原理等进行分类，广泛用于冶金、有色、机械等行业。

1.5.1　推杆式还原炉、还原炉、粉末还原炉

1.5.1.1　概述

用于氧化物粉末还原。通过一定的温度、时间、炉内气氛控制，以氢气为还原性气体，将氧化钨、氧化钼、氧化铁、氧化铜、氧化钴等还原成钨粉、钼粉、铁粉、铜粉、钴粉。还可用于盐类物煅烧，粉末冶金烧结等。

1.5.1.2　设备特点

推杆式还原炉、还原炉、粉末还原炉设备的特点如下：

（1）采用电阻丝加热或燃气加热方式；

（2）长寿命的优化设计马弗炉管，有单管、双管、多管还原炉。

1.5.1.3　主要技术参数及配置

JTPF 系列还原炉的技术参数见表 1-5-1，具备专利技术（专利号：ZL200730070496.0）的一体化炉体结构，极大提升了保温性能且便于维护。

表 1-5-1　JTPF 系列还原炉技术参数（湖南久泰冶金科技有限公司　www.juta.net.cn）

产品型号规格		JTPF200	JTPF260	JTPF285	JTPF300	JTPF400
额定加热温度/℃		1000				
加热区炉管尺寸（宽×高）/mm×mm		220×70	280×70	310×70	320×80	420×80
加热区数	预烧区	3	3	3	3	3
	烧结区	4	4	4	4	4

产品型号规格	JTPF200	JTPF260	JTPF285	JTPF300	JTPF400
耗气量/m³·h⁻¹（标准状态）	5	8	10	10	20
生产能力/kg·h⁻¹	30~60	50~80	60~90	90~150	130~170
额定加热功率/kW	70	80	90	100	125
额定电源电压	380V，50Hz				
马弗炉管材料	1Cr18Ni9Ti（SU321），OCr25Ni20（SUS310S）				
加热元件材质	高温电阻丝、硅碳棒				
炉体结构	普通型、全纤维结构				
推舟方式	电动、气动或液压				
外形尺寸(约)(宽×高×长)/mm×mm×mm	1150×1600×11500	1200×1600×14500	1250×1600×14500	1300×1600×16500	1350×1600×16500
温控方式	PID+SCR				

注：可根据客户要求定制多管式及各种非标推杆炉。

根据用户要求可升级配置如下：
(1) 推杆速度可调，可实现慢进快退。
(2) 可配循环轨道自动进出料系统。
(3) 可配 PLC+触摸屏对推杆进退、炉门开关等操作进行全自动控制。
(4) 全纤维型炉体结构，全波纹炉膛。
(5) 可配推杆压力显示及检测装置。

1.5.2 真空脱脂烧结一体炉

1.5.2.1 概述

真空脱脂烧结一体炉主要用于硬质合金、粉末不锈钢、磁性材料、特种陶瓷、难熔金属及合金（钨、钼、钨铜合金）等材料的脱脂与烧结。同一炉体内实现脱脂、预烧、烧结及快冷生产工序一次性完成，极大提升了生产效率和产品质量。

1.5.2.2 设备生产工艺特点

设备生产工艺特点如下：
(1) 可实施在氩气、氮气和还原性气分保护下低压力烧结，减少元素挥发损失。
(2) 定向压差气流脱脂，强化脱脂效果，炉内无藏脂死角，脱脂更加完全。

1.5.2.3 设备结构特点

设备结构特点如下：
(1) 根据炉温高低和工艺要求，采用石墨、钼、钨、钽作发热体及隔热屏。发热体可分成多区布置，各区独立控温，可编程 PID 调节温度精确均匀。
(2) 专用脱脂密封箱和捕脂器，无内炉壁、隔热屏及发热体污染，脱脂与集脂更加有效，专用密封箱有利于提高炉温均匀性。
(3) 充气流量控制，炉内压力控制装置，实现微负恒压烧结，抑制金属挥发损失，改善产品致密性及质量。
(4) 精确可靠的人性化图形操作界面（人机对话触摸屏）和模拟操作屏。

1.5.2.4 主要技术参数

真空脱脂烧结一体炉的技术参数见表 1-5-2。

表1-5-2　真空脱脂烧结一体炉技术参数（湖南久泰冶金科技有限公司　www. juta. net. cn）

产品规格型号	JTZKTS -50	JTZKTS-100	JTZKTS -150	JTZKTS-200	JTZKTS-300	JTZKTS-600
工作区尺寸（宽×高×长）/mm×mm×mm	250×250×500	300×300×600	350×350×700	400×400×800	450×450×900	500×500×1300
额定装载量/kg	50	100	150	200	300	600
加热功率/kW	60	75	90	120	165	240
压升率/Pa·h^{-1}	≤ 0.67					
均温性/℃	≤±5					
极限真空度（空炉冷态）/Pa	≤6.7×10^{-3}					
最高炉温/℃	1600					
额定电源电压	三相，380V					
额定加热电压	根据设计确定，均配置有炉前变压器					
控温系统配置	采用日本SHIMADEN（岛电）可编程温控仪					
真空系统配置	旋片式真空泵+罗茨真空泵					
发热体材质	石墨、钨、钼					

注：可根据客户要求定制各种非标真空脱脂烧结一体炉。

1.5.3　台车炉

1.5.3.1　概述

台车炉主要用于钢铁等黑色金属、铜铝等有色金属的淬火、回火、退火、时效等。

1.5.3.2　设备特点

设备特点如下：

（1）采用装料台车，适合工件的装卸，操作简便。

（2）大型台车炉加装均温风机，加热更均匀。

1.5.3.3　设备结构

设备结构如下：

（1）本系列台车炉由炉体和电控两部分组成。炉体部分主要包括炉壳、炉衬、加热元件、炉门及台车。

（2）炉门的升降与台车的进出均采用电动减速机构驱动，炉底板为耐热铸钢件，可选配台车倾斜卸料机构。

（3）电控部分主要包括温控和机械操作两部分，实现对加热、台车进出及炉门升降等动作的控制，并设有自锁保护。

1.5.3.4　主要技术参数及配置

台车炉的主要技术参数及配置见表1-5-3。

表1-5-3　主要技术参数及配置（湖南久泰冶金科技有限公司　www. juta. net. cn）

产品规格型号	JTTC65-9	JTTC105-9	JTTC180-9	JTTC320-9
额定功率/kW	65	105	180	320
额定电源电压/V	380	380	380	380
相数	3			
温控方式	PID+SCR			
额定温度/℃	950	950	950	950
炉膛尺寸（长×宽×高）/mm×mm×mm	110×550×450	1500×800×600	2100×1050×750	3000×1350×950
每次载量/kg	1000	2500	5000	12000

1.5.4 球体转动接头

1.5.4.1 概述

球体转动接头是加热炉上端做周期性矩形运动的上管路与下端固定不动的下管路连接起来的关键部件。在有一定压力、温度的气、水混合流动介质条件下，实现加热炉活动装置同步、安全、平稳连续运动。该产品的使用范围如下：

（1）用于输送蒸汽、热水，并具有一定压力、温度、低速旋转的活动关节处；

（2）用于输送蒸汽、热水等具有季节温度变化的管道上做热胀冷缩的补偿。

1.5.4.2 技术优势

球体转动接头的技术优势如下：

（1）可绕球轴线旋转360°，也可摆角±12°再绕轴线转动；

（2）转动零活，密封性能好，安全平稳、无卡阻现象；

（3）能满足在温度300℃、压力4.0MPa以下长期运行的步进梁式加热炉汽化冷却系统周期性运动的要求；

（4）结构合理、维修简便、价格低廉，是理想的进口替代产品。

1.5.4.3 技术参数

球体转动接头的技术参数见表1-5-4。

表 1-5-4　球体转动接头技术参数（北京中冶设备研究设计总院有限公司　www.mcce.com.cn）

技　术　指　标	参　数
工作温度	$T \leqslant 300$ ℃
工作压力	$P \leqslant 1.6$MPa；$P \leqslant 2.5$MPa；$P \leqslant 4.0$MPa
实验压力	$P \leqslant 2.4$MPa；$P \leqslant 3.75$MPa；$P \leqslant 6.0$MPa
球轴摆动最大角度	$A \leqslant 24°$
规　格	Dn80、Dn100、Dn125、Dn150 等

1.5.4.4 应用情况

该产品已在鞍钢、济钢、宝钢、舞阳钢厂、安钢、本钢、南钢、宝钢浦钢、首钢、唐钢、包钢等得到应用，市场占有率超过80%。

1.6 冶金车辆

1.6.1 冶金车辆

1.6.1.1 概述

冶金车辆是在钢铁，有色金属生产工艺过程中使用的专用车辆，用于原料、矿石以及冶炼、轧制产品的运输。冶金车辆共分为以下几种类型：

（1）转炉炉下车辆：转炉炉下车辆是炼钢转炉车间配套车辆总称，其中供料车辆主要有铁水罐车、废钢槽车；出料车辆主要有钢水罐车、渣罐车，还有转炉修炉车和炉底车。大连华锐重工集团能设计制造350 t转炉及以下的转炉炉下车辆。

（2）电炉炉下车辆：电炉炉下车辆是炼钢电炉车间配套车辆的总称。其中供料车辆主要有废钢料栏车、铁水罐车，出料车辆主要有钢水罐车（如图1-6-1所示）、渣罐车。能够设计制造150t电炉以下的电炉炉下车辆。

（3）铁水预处理车辆：脱硫（磷）铁水倾翻车。

（4）其他冶金车辆：系列铁水车、系列电动倾翻渣罐车、铸锭保温车、铸锭车、系列电动平车。

（5）矿山、铁道专用车辆：系列平板车（如图1-6-2所示）。

1.6.1.2 主要结构和性能特点

冶金车辆主要由车架、罐座、走行车轮组（主动轮组及从动轮组）、走行传动装置、供电装置、传动装置的防护盖、清轨器、缓冲器装置等组成，如图1-6-2所示。

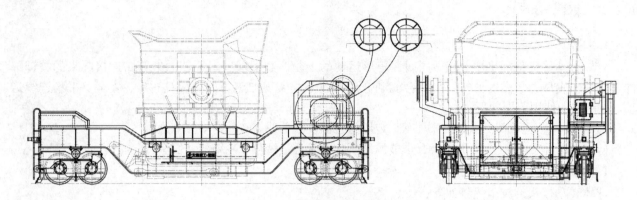

图 1-6-1 载重 480t 的钢水罐车

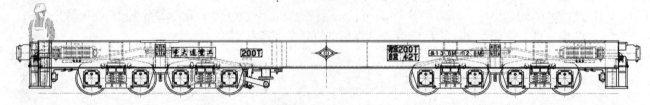

图 1-6-2 200t 平板车

　　车架为优质碳素结构钢钢板组成的全焊接结构，以两个箱型鱼腹侧梁（承载梁）与前后横梁及端梁组成整体框架结构。其整体结构具有足够的强度、刚度及抵抗热变形和抗冲击的能力。车架焊接完成后进行整体退火消除内应力处理，车体主焊缝进行探伤检查以确保车体的焊接质量。车体端部设检修门，方便日常的检修维护。铁水罐车车架中部开口留出铁水罐的座罐空间，顶部设有传动装置罩，用于传动装置的隔热和防护，将传动装置罩吊开，传动装置可完全暴露，便于设备的维护。

　　走行传动装置分为集中驱动及分散驱动两种方式，集中驱动由电机、减速机、制动器等组成，减速机高速轴通过联轴器与电机轴相连接，双输出低速轴通过联轴器或万向联轴器与车轮轴相连接，从而达到驱动走行轮组滚动前行的作用。集中驱动为一套传动装置驱动两个轮组。分散驱动通过电机减速机及制动器组成的传动副，此传动副减速机为空心轴，传动轮组的传动轴插入减速机的空心轴内，实现车轮在轨道上滚动前行，驱使车辆向前运行。分散驱动为一套传动只驱动一个轮组。

　　走行车轮组由均衡梁、双轮缘车轮、车轮轴、轴承和轴承座等组成。均衡梁为优质碳素结构钢钢板组成的全焊接结构，具有足够的刚度和强度，焊后整体退火去除应力，再加工轴承安装位，保证两个轮组的准确安装。轮组与均衡架间为 45°剖分结构，便于维护更换。车轮及车轴均采用合金结构钢锻制，轴承采用双列球面调心滚子轴承。

　　供电装置方式有：电缆卷筒式、电缆滑车式、安全滑触线式、电缆拖链式、拖缆式等。

　　对于机车牵引式准轨铁水车主要由大车架、罐座、车体设备、车钩缓冲装置、大小心盘、大小旁承等组成，如图 1-6-3 所示。

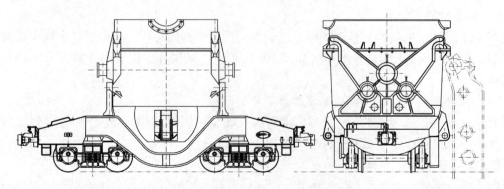

图 1-6-3 100t 铁水车

1.6.1.3 主要技术参数

大连华锐重工集团自20世纪50年代初开始，一直从事各种工矿冶金车辆的设计和制造。几十年来为国内外钢铁企业设计制造了累计数万辆工矿冶金车辆，其产品覆盖了国内各个主要钢铁企业并且出口到东南亚、日本、美国等国家和地区。其设计制造的冶金车辆的主要技术参数见表1-6-1～表1-6-10。

表1-6-1 炉下钢水罐车技术参数（大连华锐重工集团有限公司 www.dhidcw.com）

序号	载重/t	轨距/mm	速度 /m·min^{-1}	轨型	供 电 方 式	外形尺寸（长×宽×高）/mm×mm×mm
1	190	3850	3～30	QU120	吊挂配重电缆卷筒	9300×5100×2610
2	475	5100	30	QU120	车载力矩式电缆卷筒	12170×7700×5300
3	150	3620	30	QU80	吊挂配重电缆卷筒	8800×4100×2250
4	584	6200	30			11600×8172×4530
5	485	5600	20	QU120		16855×7948×4750
6	180	4400	6～31	QU120	电缆拖链	8940×5200×3226
7	205	3900	26.6	QU120	滑轮拖链	6780×4680×3000
8	180	4000	3～30	QU120	滑缆	7500×5000×4700
9	240	4800	0～16	QU120	吊挂力矩式电缆卷筒	8250×6070×5730
10	200	3900	3～30	QU120	滑缆	6900×5000×4800
11	450	5600	4～40	QU120	车载力矩式电缆卷筒	16355×7850×5425
12	480	5600	3～30	QU120	车载力矩式电缆卷筒	14495×8250×6000
13	540	6000	3～30	JIS100kg/m	车载力矩式电缆卷筒	19600×8400×5200

表1-6-2 炉下铁水罐车技术参数（大连华锐重工集团有限公司 www.dhidcw.com）

序号	载重/t	轨距/mm	速度 /m·min^{-1}	轨型	供电方式	传感器形式	外形尺寸（长×宽×高）/mm×mm×mm
1	140	3400	3-30	QU80	吊挂配重电缆卷筒		7276×4737×1800
2	350	5300	40.7	JIS100kg/m			11000×6300×6470
3	160	4000	30	QU80	吊挂配重电缆卷筒	桥式传感器	8760×4700×5490
4	140	3600	30	QU80	车上电缆卷筒		8060×5020×5000
5	140	3250	30	QU80	吊挂弹力式电缆卷筒	轮组上桥式传感器	6500×4320×2200
6	450	4900	2～20	QU120	电缆滑车	罐座下称量箱	14300×8000×7180
7	380	5200	4～40	QU120	电缆滑车	罐座下称量箱	12700×8000×7720
8	450	5100	3～30	QU120	滑缆	柱式传感器	11240×11360×7080
9	460	5500	0-18	JIS100kg/m	电缆滑车	柱式传感器	12330×7950×6550
10	480	5600	3-30	QU120	电缆滑车	罐座下称量箱	14770×10000×7200

表1-6-3 炉下渣罐车技术参数（大连华锐重工集团有限公司 www.dhidcw.com）

序号	容积/m^3	轨距/mm	速度 /m·min^{-1}	轨型	供 电 方 式	载重/t	外形尺寸（长×宽×高）/mm×mm×mm
1	7	3000	32.8	QU80	吊挂配重电缆卷筒	45	6580×3736×2404
2	5	1435	250	43kg/m		35	4950×2420×2240
3	16	4900	30	QU120	吊挂力矩式电缆卷筒	75	7600×5600×4364
4		5100	64	QU120	车上电缆卷筒	110	10030×7050×4300
5	11	4000	43.7	QU120		60	6880×5000×3500
6	9	3000	40		电缆卷筒	50	7210×5370×3941
7	33	4900	6～60	QU120	车载力矩电机电缆卷筒	110	8274×6387×4930
8		4800	3～30	QU120	吊挂力矩式电缆卷筒	100	8665×6172×4570

表 1-6-4 脱硫（磷）铁水倾翻车技术参数（大连华锐重工集团有限公司 www.dhidcw.com）

序 号	装入铁水量 /t	倾翻质量 /t	倾翻速度 /r·min⁻¹	速度 /m·min⁻¹	轨距 /mm	轨型	供电方式	自重/t
1	260	380	0.4	5~10	5600	QU120	力矩电机式电缆卷筒	169
2	240	350	0.4	40.7	5300	QU120	电缆拖链	144.5
3	180	280	0.4	30	4900	QU120	力矩电机式电缆卷筒	105
4	80~110	180	0.3	3~30	3800	QU120		59.6
5	75~94	140	0.35	3~30	3400	QU80		48.8
6	100	180	0.35	3~30	3400	QU80		42

表 1-6-5 废钢车技术参数（大连华锐重工集团有限公司 www.dhidcw.com）

序号	载重 /t	轨距 /mm	速度 /m·min⁻¹	轨型	供电方式	称量方式	外形尺寸（长×宽×高） /mm×mm×mm
1	120	2000	44	50kg/m	车载力矩电机电缆卷筒	柱式传感器	12270×3756×3095
2	100	2000	25	50kg/m	车载力矩电机电缆卷筒		10100×4175×2105
3	70	2000	44	50kg/m	车载力矩电机电缆卷筒		9850×4430×3400
4	125	3800	40	QU120	力矩电机电缆卷筒	柱式传感器	11048×5268×3600
5	120	3900	73.5	QU120	力矩电机电缆卷筒	柱式传感器	9570×4680×3985
6	110	2500	33	QU80	拖缆		6300×4000×1510
7	40	4000	43.7	50kg/m	力矩电机电缆卷筒	柱式传感器	3660×8000×3395
8	26	1435	30	50kg/m	力矩电机电缆卷筒	柱式传感器	8200×2500×2050

表 1-6-6 转炉修炉车技术参数（大连华锐重工集团有限公司 www.dhidcw.com）

序号	轨距/mm	轨型	工作平台升降总行程 /mm	卷扬机提升力/kN	液压吊的提升力 /kN	液压吊最大砌砖直径 /mm	自重/t	外形尺寸（长×宽×高）/mm×mm×mm
1	2900	QU80	5450	20	10	3380	25	6160×3800×4610
2	3400	QU80	7100	20	15	4530	32	7350×3980×5900
3	3400	QU80	6500	20	13	4470	30	6500×3980×5250

表 1-6-7 转炉炉底车技术参数（大连华锐重工集团有限公司 www.dhidcw.com）

序号	轨距 /mm	轨型	油缸最大行程/mm	油缸最大顶升力/kN	油缸工作压力/MPa	提升速度 /m·min⁻¹	自重/t	外形尺寸（长×宽×高）/mm×mm×mm
1	3400	QU80	1300	1900	7.3	0.32	36.2	6800×5600×4420
2	3400	QU80	1300	3300	11	0.32	60	7100×5980×4420
3	2800	QU100	1500	3000	9.7	0.3	60.3	7570×3960×4880
4	3400	QU80	1500	2000	7	0.32	42	7000×5900×4900
5	4000	QU80	1300	3500	12	0.3	70.5	7945×5900×5140

表 1-6-8 其他冶金车辆——系列电动倾翻渣罐车技术参数（大连华锐重工集团有限公司 www.dhidcw.com）

序号	型号	容积/m³	轨距/mm	构件速度 /km·h⁻¹	耳轴中心距 /mm	车钩中心高 /mm	最小曲线半径/m	外形尺寸（长×宽×高）/mm×mm×mm
1	ZZD-8-1	8	1435	25	3200	880	50	7850×3120×3290
2	ZZD-11-1	11	1435	30	3620	880	75	7850×3400×3780
3	ZZD-16-1	16	1435	30	4540	880	75	7850×3500×3675
4	ZZD-22-1	22	1435	30	5370	880	100	9700×3620×3730

表 1-6-9 其他冶金车辆——准轨（1435 mm）铁水车技术参数（大连华锐重工集团有限公司 www.dhidcw.com）

序号	型号	容积/m³	耳轴中心距/mm	车钩中心高/mm	轨型/kg·m⁻¹	最小曲线半径/m	最大运行速度/km·h⁻¹	外形尺寸（长×宽×高）/mm×mm×mm
1	ZT-35-1	35	3050	880	50	25	20	6730×3250×2700
2	ZT-65-1	65	3620	880	60	60	20	8270×3580×3664
3	ZT-65-2	65	3620	880	60	60	20	8270×3580×3420
4	ZT-100-1	100	3620	880	60	75	20	8200×3600×4210
5	ZT-120-1	120	4000	880	60	75	20	8336×3930×4988
6	ZT-140-1	140	4250	880	60	100	20	9550×3700×4550
7		110	4400	880	60	100	20	9800×4140×5450
8		180	5400	880	60	90	20	14500×3800×4700
9		300	5600	880	60	150	10	25038×6100×6450

表 1-6-10 其他冶金车辆——铸锭车技术参数（大连华锐重工集团有限公司 www.dhidcw.com）

序号	载重/t	轨距/mm	通过轨道最小曲线半径/m	车钩中心高/mm	运行速度/km·h⁻¹	自重/t	外形尺寸（长×宽×高）/mm×mm×mm
1	160	1435	50	880	10	25.3	6580×2600×977
2	240	1435	100	880	20~25	40.5	7400×2900×1355
3	120	1435	50	850	10	21.1	7045×2650×977
4	150	2000（QU80）	—	—	10.14（链式牵引）	61.5	9500×2910×1450

1.6.1.4 冶金车辆的典型应用

冶金车辆的典型应用见表 1-6-11~表 1-6-17。

表 1-6-11 炉下钢水罐车的典型应用（大连华锐重工集团有限公司 www.dhidcw.com）

序号	时间	名称	用户企业
1	1994.4	450t 钢水罐车	武钢
2	1994.4	450t 钢水罐运输车	武钢
3	1994.10	90t 钢水罐车	湘钢
4	1995.3	70t 电动钢水车	兰钢
5	1995.12	钢水罐运输车	宝钢
6	1996.1	RH 钢水罐运输车	宝钢
7	1995.12	RH-UT 钢水罐车	宝钢
8	1996.12	100t 钢水罐称量车	苏钢
9	1996.9	RH 车渣罐托架	宝钢
10	1996.9	IR-UT 钢水罐车电缆导向装置	宝钢
11	1995.7	电炉出钢钢包称量台车	宝钢
12	1995.9	钢包炉钢包台车	宝钢
13	1997.8	50t 非电动钢包运输车	宝钢
14	1998.1	钢包运输车（带称量）	杭钢
15	1998.3	转炉炉下钢水罐车	武钢
16	1998.5	LF 钢水罐车	武钢
17	1998.2	钢包运输车（不带称量）	杭钢
18	2000.2	转炉炉下钢水罐车	马钢

序 号	时 间	名 称	用 户 企 业
19	2000.2	LF 钢水罐车（Ⅰ）	马钢
20	2000.2	LF 钢水罐车（Ⅱ）	马钢
21	2000.7	电炉炉下钢水罐车	抚钢
22	2000.12	钢包运输车	唐钢
23	2001.3	150t LF 钢包车（一）	本钢
24	2001.3	150t LF 钢包车（二）	本钢
25	2001.8	钢水罐车	宣钢
26	2005.9	480t 钢水罐车	马钢
27	2005.9	LF 钢水罐车	马钢
28	2007.9	450t 钢水罐车	邯钢

表 1-6-12 炉下铁水罐车的典型应用（大连华锐重工集团有限公司　www.dhidcw.com）

序 号	时 间	名 称	用 户 企 业
1	1990.9	90t 铁水罐车	重钢
2	1994.10	90t 铁水罐车	湘钢
3	1995.12	铁水罐称量车	宝钢
4	1995.5	铁水运输车	宝钢
5	1998.3	脱硫铁水罐车	马钢
6	1998.3	混铁炉铁水罐车	马钢
7	2000.4	混铁炉铁水罐称量车	马钢
8	2000.3	90t 铁水罐车	海鑫
9	2001.8	140t 铁水罐称量车	宣钢
10	2001.11	倒罐站铁水称量车	马钢
11	2005.9	480t 铁水称量车	马钢
12	2005.6	450t 铁水称量车	武钢
13	2007.9	450t 铁水称量车	邯钢

表 1-6-13 炉下渣罐车的典型应用（大连华锐重工集团有限公司　www.dhidcw.com）

序 号	时 间	名 称	用 户 企 业
1	1990.4	7m³ 电动渣罐车	舞阳
2	1990.8	7m³ 电动渣罐车	抚钢
3	1992.3	8m³ 炉下渣罐车	西宁
4	1993.1	16m³ 炉下翻渣罐车	攀钢
5	1993.12	100t 渣罐车	武钢
6	1994.10	13m³ 炉下电动渣罐车	湘钢
7	1995.3	7m³ 电动渣罐车	兰钢
8	1996.7	9m³ 渣罐车	苏钢
9	2001.10	脱硫 11m³ 渣罐车	马钢
10	2000.11	转炉炉下 11m³ 渣罐车	马钢
11	2000.5	11m³ 渣罐车（含渣罐）	海鑫
12	2001.1	转炉炉下渣罐车	湘钢
13	2001.1	渣罐牵引车	湘钢

序 号	时 间	名 称	用户企业
14	2001.8	炉下 16m³ 渣罐车	宣钢
15	2001.8	16m³ 渣罐车	宣钢
16	1989.7	5m³ 渣罐车	武钢
17	1989.7	脱硅渣渣包台车	宝钢

表 1-6-14 转炉修炉车、炉底车的典型应用（大连华锐重工集团有限公司 www.dhidcw.com）

序 号	时 间	名 称	用户企业
1	1991.7	50t 转炉炉底车	昆钢
2	1991.7	50t 转炉修炉车	昆钢
3	1991.7	90t 转炉炉底车	武钢
4	1991.10	90t 转炉修炉车	武钢
5	1991.11	50t 转炉修炉车	首钢
6	1992.3	50t 转炉炉底车	马钢
7	1992.12	80t 转炉修炉车	包钢
8	1992.12	80t 转炉炉底车	包钢
9	1994.11	50t 转炉修炉车	湘钢
10	1994.10	50t 转炉炉底车	湘钢
11	1998.3	100t 转炉修炉车	武钢
12	1998.3	100t 转炉炉底车	武钢
13	2000.5	80t 转炉修炉车	太钢
14	2001.8	80t 转炉修炉车	宣钢
15	2001.8	80t 转炉炉底车	宣钢
16	2000	多功能 80t 转炉炉底车	为包钢开发

表 1-6-15 准轨系列铁水车的典型应用（大连华锐重工集团有限公司 www.dhidcw.com）

序 号	时 间	名 称	用户企业
1	2001.3	ZT-100-4 型铁水车	邯钢
2	2001.4	ZT-65-5 型铁水车	大冶
3	2001.6	铁水罐	杭钢
4	2001.12	ZT-100-5 型铁水车	武钢
5		ZT-65-4 型铁水车	开发
6	1993.6	180t 铁水车	鞍钢
7		ZT-100-3 型铁水车	开发

表 1-6-16 铸锭车、保温车的典型应用（大连华锐重工集团有限公司 www.dhidcw.com）

序 号	时 间	名 称	用户企业
1	1991.11	160t 铸锭车（短钩）	马钢
2	1991.12	ZD-240-2 型铸锭车	攀钢
3	1992.10	ZD-120-2 型铸锭车	首钢
4	1995.6	链式牵引车，150t 铸锭车	西宁
5	1991.11	38t 立式钢锭保温车	抚钢
6	2000.4	钢锭保温箱（一）	大钢
7	2000.4	钢锭保温箱（二）	大钢

表 1-6-17　铁水倾翻车、吊翻渣罐车的典型应用（大连华锐重工集团有限公司　www.dhidcw.com）

序　号	时　间	名　称	用 户 企 业
1	1998	350t 脱硫倾翻铁水车	日本川崎重工
2	2001	100t 脱硫铁水倾翻车	新余钢铁公司
3	2002	90t 铁水倾翻称量车	湘钢
4	2002	150t 脱硫倾翻铁水车	上钢一厂
5	2004	150t 脱硫倾翻铁水车	湘钢
6	2003	450t 脱硫铁水倾翻车	武钢
7	2004	430t 脱硫铁水倾翻车	鞍钢
8	2003	400t 铁水倾翻车	日本住友
9	1991.1	ZZF-11-1 型吊翻渣罐车	昆钢
10	1993.1	16m³ 吊翻渣罐车	攀钢
11	1993.9	ZZF-14-3 型吊翻渣罐车	重钢
12	1996.1	11m³ 铁路简易渣罐车	酒钢
13	1992.5	ZZF-16-1 型吊翻渣罐车	首钢

1.6.2　混铁水车

1.6.2.1　概述

混铁水车是铁水运输的专用设备，它将高炉冶炼出来的铁水通过铁路专用线运输至炼钢厂，它还同时具有取代铁水车和混铁炉的功能。

1.6.2.2　主要结构

混铁水车的主要结构如图 1-6-4～图 1-6-7 所示。

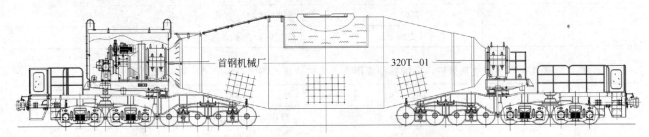

图 1-6-4　150+~400+鱼雷型行星减速机、齿轮传动、单驱动混铁水车

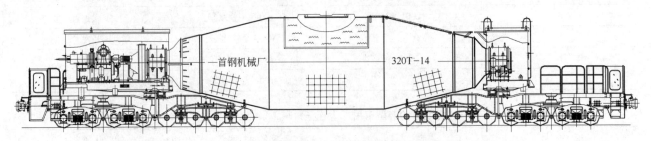

图 1-6-5　320、260+鱼雷型涡轮副减速机、齿轮传动、单驱动混铁水车

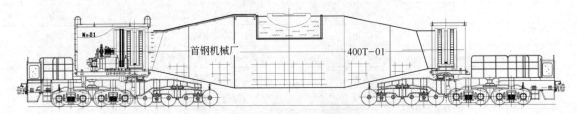

图 1-6-6　150+~450+筒型行星减速机、链条传动、双驱动混铁水车

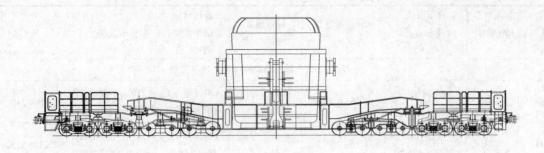

图 1-6-7　300t 铁水罐运输车

1.6.2.3　系列混铁车参数

　　首钢机械厂生产的混铁水车（包括鱼雷型和筒型两种车型），已形成完整的标准和系列化产品，并可以根据用户的要求，设计不同吨位、不同传动形式、不同轨距的混铁水车。同时，还可设计与制造 300t 以下吨位的铁水罐运输车。系列混铁车的参数见表 1-6-18。

表 1-6-18　系列混铁车参数表（北京首钢机电有限公司　www.sgme.com.cn）

类型	公称容量（新罐时）/t	最大容量（旧罐时）/t	台车形式（车轮直径）/mm	罐体倾翻速度/r·min^{-1}	运行速度/km·h^{-1}	通过轨道最小曲率半径/m	整车质量/t	外形尺寸（长×宽×高）/mm×mm×mm
			一、罐体倾翻传动为星轮减速机，齿轮传动					
鱼雷型混铁车	150	170	四组两轴转向架（φ840）	0.15~0.015（高速）0.02~0.002（低速）	≤20（弯道减速）	100（重车）80（空车）	≤113（不含耐材）≤200（含耐材）	21270×3400×4340
	200	230	六组两轴转向架（φ760）	0.15~0.015（高速）0.02~0.002（低速）	≤20（弯道减速）	100（重车）80（空车）	≤122（不含耐材）≤220（含耐材）	22510×3400×4197
	260	300	六组两轴转向架（φ840）	0.15（高速）0.015~0.0015（低速）	≤20（弯道减速）	100（重车）80（空车）	≤140（不含耐材）≤250（含耐材）	24300×3600×4490
			八组两轴转向架（φ760）				≤150（不含耐材）≤260（含耐材）	24300×3600×4490
	320	370	八组两轴转向架（φ760）	0.15（高速）0.015~0.0015（低速）	≤20（弯道减速）	100（重车）80（空车）	≤156（不含耐材）≤285（含耐材）	25800×3700×4508
	350	400	八组两轴转向架（φ760）	0.15（高速）0.015~0.0015（低速）	≤20（弯道减速）	100（重车）80（空车）	≤167（不含耐材）≤306（含耐材）	25900×3800×4558
	400	450	八组两轴转向架（φ840）	0.15（高速）0.015~0.0015（低速）	≤15（弯道减速）	120（重车）100（空车）	≤195（不含耐材）≤345（含耐材）	30000×3800×4723
			二、罐体倾翻传动为两台蜗轮减速机，齿轮传动					
	260	300	八组两轴转向架（φ760）	0.2~0.02（高速）0.02~0.002（低速）	≤20（弯道减速）	100（重车）80（空车）	≤147（不含耐材）≤248（含耐材）	23970×3600×4490
			六组两轴转向架（φ840）				≤139（不含耐材）≤240（含耐材）	24400×3600×4490
			四组三轴转向架（φ840）				≤141（不含耐材）≤242（含耐材）	24400×3600×4490
	320	370	八组两轴转向架（φ760）	0.15~0.015（高速）0.015~0.0015（低速）	≤20（弯道减速）	100（重车）80（空车）	≤163（不含耐材）≤290（含耐材）	25700×3700×4510

类型	公称容量（新罐时）/t	最大容量（旧罐时）/t	台车形式（车轮直径/mm）	罐体倾翻速度/r·min⁻¹	运行速度/km·h⁻¹	通过轨道最小曲率半径/m	整车质量/t	外形尺寸（长×宽×高）/mm×mm×mm
				三、罐体倾翻传动为星轮减速机，链条传动				
筒型混铁车	150	170	四组两轴转向架（φ840）	0.15~0.015	≤20（弯道减速）	100（重车）80（空车）	≤110（不含耐材）≤200（含耐材）	21600×3450×4387
	200	230	六组两轴转向架（φ760）	0.15~0.015	≤20（弯道减速）	100、（重车）80（空车）	≤117（不含耐材）≤210（含耐材）	23210×3352×4394
	260	300	六组两轴转向架（φ840）	0.15~0.015	≤20（弯道减速）	100（重车）80（空车）	≤145（不含耐材）≤255（含耐材）	24800×3800×4702
	320	370	八组两轴转向架（φ760）	0.15~0.015	≤20（弯道减速）	100（重车）80（空车）	≤158（不含耐材）≤288（含耐材）	25800×3800×4652
	350	400	八组两轴转向架（φ760）	0.15~0.015	≤20（弯道减速）	100（重车）80（空车）	≤168（不含耐材）≤308（含耐材）	26300×3800×4726
	400	450	八组两轴转向架（φ840）	0.15~0.015	≤15（弯道减速）	120（重车）100（空车）	≤196（不含耐材）≤348（含耐材）	29700×3800×4866
	450	500	十二组两轴转向架（φ760）	0.2~0.02	≤15（弯道减速）	120（重车）100（空车）	≤252（不含耐材）≤410（含耐材）	33000×4100×5600
	注：1. 可根据用户要求增设集中润滑系统；2. 可根据用户需要，通过矢量电机进行调速，实现低速倾翻，速度为0.015~0.0015r/min；3. 可通过星轮减速机实现高低速倾翻；4. 罐体倾翻角度：最大±180°，常用±120°。							
铁水罐运输车	300		八组两轴转向架（φ760）		30（最高）15（常用）	100（重车）90（空车）	≤146	25010×6100×2410
	注：可根据用户要求设计300t以下不同吨位的铁水罐运输车。							

注：1. 混铁车及铁水罐运输车的基本参数：轨距1435mm；车钩中心至轨面高度880mm；行走钢轨60kg/m。

2. 可根据用户要求设计不同轨距及车钩中心至轨面高度；轨道坡度在大于10‰的条件下可增加气动制动装置。

1.6.3 铸锭车

1.6.3.1 概述

铸锭车是用于铸锭作业的专用非自行车辆。铸锭车上放置底板及钢锭模、中注管等，经整模后由机车牵引到铸锭跨，直接在车上浇注钢锭，然后运至脱模车间脱模。铸锭车由车架、转向和行走装置及连接装置组成。

1.6.3.2 主要结构

铸锭车的主要结构如图1-6-8所示。

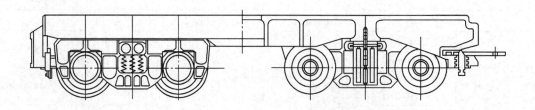

图1-6-8 铸锭车结构示意图

1.6.3.3 主要技术参数

铸锭车的主要技术参数见表1-6-19。

表 1-6-19　铸锭车主要技术参数（秦皇岛市东方冶金车辆修造厂　www.dongfangyejin.com）

名　称	图号	载重/t	轨距/mm	走行速度 /km·h⁻¹	通过最小曲 率半径/m	外形尺寸（长×宽×高） /mm×mm×mm	质量/t
60t 铸锭车	8602	60	1435	10	50	5690×2600×835	12.08
80t 铸锭车	8648	80	1435		75	6800×3000×1550	28.35
120t 铸锭车	ZD1201	120	1435	10	50	5790×2650×980	21.84
160t 铸锭车	QDSI	160	1435	10	50	6580×2650×1027	24.26
160t 铸锭车	8605	160	1435	10	50	5790×2650×977	25.31
200t 铸锭车	8606	200	1435		100	7990×2750×1050	31.61
200t 铸锭车	8607	200	1435		100	9190×2750×1050	36.65
200t 铸锭车	8608	200	1435		100	8568×2750×1293	33.08
240t 铸锭车	8613	240	1435		100	8270×2900×1295	43.05
250t 铸锭车	8650	250	2000			1130×2900×1715	88.20
300t 铸锭车	8643	300	3000			9276×3800×2550	55.65

1.6.4　汽运铁水车

1.6.4.1　概述

汽运铁水车由汽车牵引轮胎半挂车运送铁水包。

1.6.4.2　主要结构

汽运铁水车的主要结构如图 1-6-9 所示。

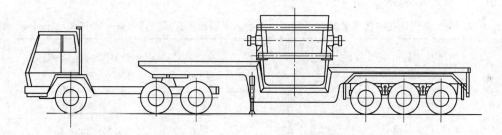

图 1-6-9　汽运铁水车结构示意图

1.6.4.3　技术参数

汽运铁水车的技术参数见表 1-6-20。

表 1-6-20　汽运铁水车技术参数（秦皇岛市东方冶金车辆修造厂　www.dongfangyejin.com）

型　号	牵引车型号	最大装载 质量/kg	外形尺寸 （长×宽×高） /mm×mm×mm	制动形式	悬挂形式	制动器	轮胎规格	后轴数量	鞍座结 构形式	最小转弯 直径/m
QC9450TS 25t 公路运 输铁水车	斯太尔 1491.280/ S29/6×4	35000	14886× 2480×3020	双管路充 气制动	串联式平 衡梁悬架	斯太尔后 制动器	12.00~20/ 18PR	2	单摆式	22.5
QC9460TS 35t 公路运 输铁水车	斯太尔 1491.280/ S29/6×4	45000	15286× 2540×3090	双管路充 气制动	串联式平 衡梁悬架	斯太尔后 制动器	12.00~20/ 18PR	3	单摆式	22.5

1.6.5　电动牵引车

1.6.5.1　概述

电动牵引车是牵引铁水罐车或渣罐车的专用设备。其自身带动力，可代替机车。

1.6.5.2 主要结构

电动牵引车的主要结构如下，如图 1-6-10 所示。

（1）车架为钢板焊接的双梁焊接结构，两端有钩缓装置。

（2）传动为集中驱动。

（3）根据轮压不同，车轮组有单轮轮组和双轮（或三轮）平衡轮组。

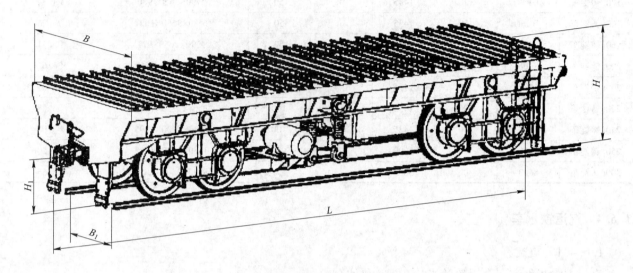

图 1-6-10 电动牵引车的主要结构

1.6.5.3 主要技术参数

电动牵引车的主要技术参数见表 1-6-21。

表 1-6-21 电动牵引车主要技术参数（秦皇岛旭丰冶金车辆设备有限公司 www.sc19007.qinfang.net）

牵引质量/t	轨距 B_1/mm	车钩钩舌内侧距 L/mm	车钩中心线至轨面高度 H_1/mm	行走方式	走行速度 /m·min^{-1}	外形尺寸（$L×B×H$）/mm×mm×mm	参考质量 /kg
327		9478			2~20	9478×2800×1664	44000
550		8620			20	8620×2800×1664	44100
1500	1435		880	电动	3~15	12003×3100×2138	86500
800		10740			20	107400×2800×1650	45000
1320		12040			2~20	12040×37100×1980	72000

1.6.6 电动倾翻渣罐车

1.6.6.1 概述

电动倾翻渣罐车是将高炉炉渣运送至渣场的专用设备，借助自身电动倾翻机构卸渣，其行驶为机车牵引。

1.6.6.2 结构特点

电动倾翻渣罐车的结构特点如下，如图 1-6-11 所示。

（1）渣罐为铸钢整体铸造而成，其形状呈圆锥形，球形底（16m³、22m³ 呈椭圆锥形，船形底）。

（2）支框为整体铸钢，断面呈"〔"形。

（3）支架为焊接的单弯梁"Ⅱ"形断面结构。

（4）车上配有电动倾翻装置。

（5）渣罐最大可倾翻 116°。

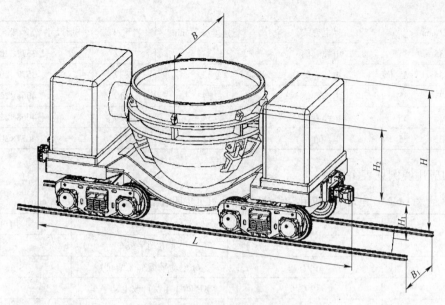

图 1-6-11 电动倾翻渣罐车的结构示意图

1.6.6.3 主要技术参数

电动倾翻渣罐车的主要技术参数见表 1-6-22。

表 1-6-22 电动倾翻渣罐车主要技术参数（秦皇岛旭丰冶金车辆设备有限公司 www.sc19007.qinfang.net）

容积 /m³	载重 /t	轨距 B_1/mm	钩舌内侧距 L/mm	车钩中心高 H_1/mm	车钩中心到旋转中心的距离 H_2/mm	通过最小曲线半径 /m	电动机型号、功率 /kW	外形尺寸 $L×B×H$ /mm×mm×mm	倾翻角度/(°)	倾翻时间 /min	参考质量/kg 车	参考质量/kg 罐
8	28		7998		1440	50	YZ180L-8, 11	7998×3120×3290		1.25	32550	10000
11	38.5		7964		1670			7964×3400×3380		1.3	43400	16500
16	48	1435	7960	880	1715	75	YZ225M-8, 22	7960×3500×3675	116	1.33	46200	20010
17	52							7960×3500×3625				22000
22	66		9700		1740	100	YZ250M1-8, 30	9700×3600×3730		1.29	58230	25000

1.6.7 电动平车

1.6.7.1 概述

电动平车又称电动轨道车等，是一种厂内有轨电动运输车辆。由电动机—减速机驱动下在轨道上行驶，车体无方向盘只有前进后退方向。此种车辆具有结构简单、使用方便、维护容易、使用寿命长等特点，成为厂房内部及厂房与厂房之间短距离定点频繁运载重物的运输工具。

1.6.7.2 相关制造企业

A 大连华锐重工集团有限公司

电动平车的技术参数见表 1-6-23。

表 1-6-23 电动平车技术参数（大连华锐重工集团有限公司 www.dhidcw.com）

序号	载重/t	轨距/mm	行程/m	供电方式	运行速度/m·min⁻¹	自重/kg	外形尺寸（长×宽×高）/mm×mm×mm
1	30	1435	85	电缆卷筒	17	5629	6111×2200×835
2	50	3400	70	吊挂配重式电缆卷筒	38	16120	5630×4000×1100
3	6	762	80	电缆卷筒	28.6	2510	4231×1500×827
4	20	1435	—	电缆卷筒	35	4570	6088×2073×755

序号	载重/t	轨距/mm	行程/m	供电方式	运行速度/m·min⁻¹	自重/kg	外形尺寸（长×宽×高）/mm×mm×mm
5	5	1435	35	电缆卷筒	33	2837	3577×2078×710
6	5	1435	35	电缆卷筒	33	2837	3577×2078×710
7	10	1435	35	电缆卷筒	34	4819	4068×2200×960
8	10	1435	35	电缆卷筒	34	4819	4068×2200×960
9	12	1435	35	电缆卷筒	22	3276	4077×3000×710

电动平车的应用实例见表 1-6-24。

表 1-6-24　电动平车应用实例（大连华锐重工集团有限公司　www.dhidcw.com）

序　号	时　间	名　称	用　户　企　业
1	1992.12	50t 电动平板车	攀钢
2	1992.12	6t 电动平板车（窄轨）	攀钢
3	1993.6	KP-20-1（卷）改电动平车	
4	2001.6	轧辊运输车	首钢
5	2001.6	重熔锭运送车	首钢
6	2001.6	废钢料篮运送车	首钢
7	2001.6	电极运送车	首钢
8		100t 电动平车	鞍钢

B　秦皇岛旭丰冶金车辆设备有限公司

电动平车的主要结构如图 1-6-12 所示。

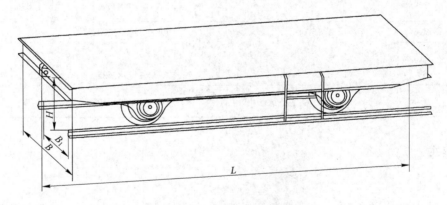

图 1-6-12　电动平车外形结构图

电动平车的主要技术参数见表 1-6-25 和表 1-6-26。

表 1-6-25　电动平车主要技术参数（1）（秦皇岛旭丰冶金车辆设备有限公司　www.sc19007.qinfang.net）

载重/t	轨距 B_1/mm	台面尺寸（L×B）/mm×mm	外形尺寸（L×B×H）/mm×mm×mm	速度/m·min⁻¹	电机功率/kW	参考质量/kg
5	762	3000×1500	3076×1500×638	172030	2.2	1580
	1435	3600×2000	3076×2000×638			1890
10	762	3000×1500	3076×1500×640			1680
	1435	4000×2000	4076×2000×640			2310
20			4087×2000×744		3.7	3150
30		5000×2200	5089×2500×796	152030		4500
50		5500×2500	5600×2500×1030		7.5	6300

载重/t	轨距 B_1/mm	台面尺寸（$L×B$）/mm×mm	外形尺寸（$L×B×H$）/mm×mm×mm	速度/m·min^{-1}	电机功率/kW	参考质量/kg
75		6000×2500	6080×2500×1150		7.5	7980
100		7500×2500	7580×2500×1150	152030	11	11340
150	1435	8000×2500	8800×2500×1310		7.5×2	27590
200		8200×2500	9000×2500×1310	25.4	11×2	33370
300		12800×2800	13900×2800×1750		22×2	50170
450	2380	12000×3400	12814×4020×1400	15	11×4	69000

表 1-6-26 电动平车主要技术参数（2）（秦皇岛旭丰冶金车辆设备有限公司 www.sc19007.qinfang.net）

载重/t	轨距 B_1/mm	台面尺寸（$L×B$）/mm×mm	外形尺寸（$L×B×H$）/mm×mm×mm	速度/m·min^{-1}	电机功率/kW	参考质量/kg
6	762	3200×1600	3296×1620×565			1600
	1435	3600×2000	3676×2020×565		2.2	1850
10	762	3200×1600	3296×1620×565	30		
		3600×2000	3676×2030×565			2900
16		4000×2200	4107×2230×630			3300
25		4500×2200	4607×2230×630		3.7	3850
40	1435	5000×2500	5128×2530×730	25	5.5	5550
63		5600×2500	5730×2530×850			7700
100		6300×2800	6421×2830×900	20	7.5	10300

C 无锡市春雷输送机械厂有限公司

KP 系列电动平车适用于工厂车间内部或车间与车间之间长距离行驶、曲线与环形行驶，以及岔道行驶，用于物料运输。供电电压 380V 和低压供电 36V。供电方式分拖线、滑导线和卷线三种，其中单相低压供电型平车，以两根走行轨道兼作馈电线，三相低压供电型平车可在两轨道中再增一根地面馈电线。如用户需要，还可以提供轨道自动断电遥控合闸装置。

KPD 系列、KP 系列电动平车的技术参数见表 1-6-27 和表 1-6-28。

表 1-6-27 KPD 系列电动平车技术参数（无锡市春雷输送机械厂有限公司 www.wxchunlei.com）

名　称		KPD 系列								
型号		KPD-6-2	KPD-10-2	KPD-6-1	KPD-10-1	KPD-16-1	KPD-25-1	KPD-40-1	KPD-63-1	KPD-100-1
载重/t		6	10	6	10	16	25	40	63	100
台面尺寸/mm	宽	1600		2000		2200		2500		2800
	长	3200		3600		4000	4500	5000	5600	6300
	高	520				650		700	850	900
底部离轨面间隙/mm		50				60				
速度/m·min^{-1}		30						25		20
电机功率/kW		2.2				3.5		5	7.5	
轨距/mm		762		1435						
自重/t		2.0	2.1	2.2	2.4	3.6	4.2	6	8.6	11.1

表 1-6-28　KP 系列电动平车技术参数（无锡市春雷输送机械厂有限公司　www.wxchunlei.com）

名　称		KP 系列								
型号		KP(卷)-6-2	KP(卷)-10-2	KP(卷)-6-2	KP(卷)-10-1	KP(卷)-16-1	KP(卷)-25-1	KP(卷)-40-1	KP(卷)-63-1	KP(卷)-100-1
载重/t		6	10	6	10	16	25	40	63	100
台面尺寸/mm	宽	1600		2000		2200		2500		2800
	长	3200		3200		4000	4500	5000	5600	6300
	高	520				650		700	850	900
底部离轨面间隙/mm		50				60				
速度/m·min⁻¹		30						25		20
电机功率/kW		1.5				2.2		3.7	5.5	
轨距/mm		762			1435					
自重/t		2.0	2.1	2.2	2.4	3.6	4.3	6.0	8.6	11.1

D　秦皇岛市东方冶金车辆修造厂

（1）KP 系列电动平车。KP 系列电动平车的主要结构如图 1-6-13~图 1-6-17 所示。

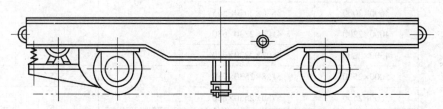

图 1-6-13　拖缆供电型电动平车

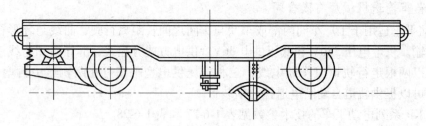

图 1-6-14　滑触线供电型电动平车

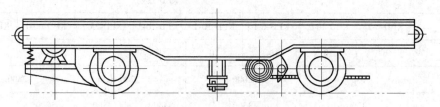

图 1-6-15　卷线供电型电动平车

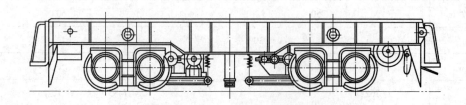

图 1-6-16　卷线供电型 150t、200t 电动平车

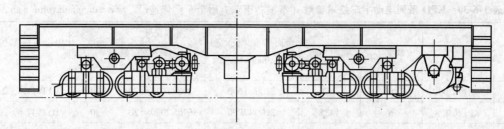

图 1-6-17 卷线供电型 300t 电动平车

KP 系列电动平车的技术参数见表 1-6-29。

表 1-6-29 KP 系列电动平车技术参数（秦皇岛市东方冶金车辆修造厂 www.dongfangyejin.com）

型 号	图 号	载重/t	轨距/mm	台面尺寸（长×宽）/mm×mm	外形尺寸（长×宽×高）/mm×mm×mm	速度/m·min⁻¹	电源电压/V	电机功率/kW	质量/t	备注
KP-5-1	KP×5.00JB	5	1435	3600×2000	3676×2000×638	17，20，30	380，三相	2.2	1.89	
KP-5-2	KP×Z5.00JB	5	762	3600×1500	3676×1500×638	17，20，30	380，三相	2.2	1.58	
KP-10-1	KP×10.00JB	10	1435	4000×2000	4076×2000×640	17，20，30	380，三相	2.2	1.68	
KP-10-2	KP×Z10.00JB	10	762	4000×1500	4076×1500×640	17，20，30	380，三相	2.2	1.68	
KP-20-1	KP×20.00JB	20	1435	4000×2000	4087×2000×744	17，20，30	380，三相	3.7	3.15	
KP-30-1	KP×30.00JB	30	1435	5000×2200	5089×2200×796	15，20，30	380，三相	3.7	3.99	
KP-50-1	KP×50.00JB	50	1435	5500×2500	5600×2500×1030	15，20，30	380，三相	7.5	6.3	
KP-75-1	KP×75.00JB	75	1435	6000×2500	6080×2500×1150	15，20，30	380，三相	7.5	7.98	
KP-100-1	KP×100.00JB	100	1435	7500×2500	7580×2500×1150	15，20，30	380，三相	11	11.34	
KP-150-1	KP15.00	150	1435	8000×2500	8800×2500×1310	15，20，30	380，三相	75	27.59	电机2台
KP-200-1	KP200.00	200	1435	8200×2500	9000×2500×1450	20.4	380，三相	11	33.6	电机2台
KP-300-1	KP300.00	300	1435	12800×2800	13900×2800×1750	25.2	380，三相	22	50.19	电机2台

（2）KPD 系列电动平车。KPD 系列电动平车的主要结构如图 1-6-18 所示。

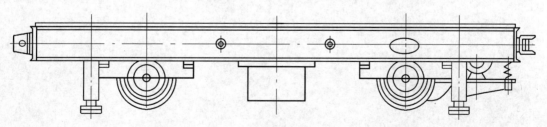

图 1-6-18 KPD 系列电动平车

KPD 系列电动平车的技术参数见表 1-6-30。

表 1-6-30   **KPD 系列电动平车技术参数**（秦皇岛市东方冶金车辆修造厂   www.dongfangyejin.com）

型 号	图 号	载重/t	轨距/mm	台面尺寸（长×宽）/mm×mm	外形尺寸（长×宽×高）/mm×mm×mm	速度/m·min⁻¹	电机型号及功率/kW	质量/t
KPD-6-2	KPD6Z.00B	6	762	3200×1600	3296×1620×520	30	JDYP-11-6, 2.2	1.89
KPD-6-1	KPD6.00B	6	1435	3600×2000	3696×2020×520	30	JDYP-11-6, 2.2	2.31
KPD-10-2	KPD10Z.00B	10	762	3200×1600	3296×1620×520	30	JDYP-11-6, 2.2	2.10
KPD-10-1	KPD10.00B	10	1435	3600×2000	3706×2020×520	30	JDYP-11-6, 2.2	2.52
KPD-16-1	KPD16.00B	16	1435	4000×2200	4117×2020×600	30	JDYP-12-6, 3.5	3.36
KPD-25-1	KPD25.00B	25	1435	4500×2200	4617×2230×600	30	JDYP-12-6, 3.5	3.99
KPD-40-1	KPD40.00B	40	1435	5000×2500	5128×2530×700	25	JDYP-21-6, 5	5.78
KPD-63-1	KPD63.00B	63	1435	5600×2500	5730×2530×850	25	JDYP-22-6, 7.5	8.51
KPD-100-1	KPD100.00B	100	1435	6300×2800	6421×2830×900	20		10.81

（3）过跨车。用于跨越车间进行运输的电动有轨车辆，也称为车间过跨车。有结构简单、使用方便、维护容易、承载能力大、不污染环境的优点，故广泛用于钢铁、机械、汽车、造船等制造业。

过跨车的主要技术参数见表 1-6-31。

表 1-6-31   **过跨车主要技术参数**（秦皇岛市东方冶金车辆修造厂   www.dongfangyejin.com）

名 称	图 号	载重/t	台面尺寸（长×宽）/mm×mm	台面高度/mm	走行速度/m·min⁻¹	轨中心距/mm	电机型号及功率/kW	外形尺寸（长×宽×高）/mm×mm×mm	质量/t
5t 过跨电动平车	GK5-00-00	5	1500×5100	690	30	3500	YZ132M1-6, 2.2×2	5100×2600×1305	3.99
10t 三相低压过跨车	GKDS10-00-00	10	2500×8300	750	30	6000	YZ132M1-6, 2.2×2	3000×8300×750	6.41
GKT-50t 过跨车	GKT50.00	50	2784×8460	1092	30	5000	YZ160M2-6, 7.5×2	2824×8500×1092	24.57
GKD-100t 过跨车	GKD100.00	100	3460×6960	950	20	5000	JDYP22-6, 7.5×2	3500×7000×950	18.06
150t 过跨车	GKJ150.00	150	5000×9000	1470	30	5000	YZ180L-8, 11×2	5030×9030×1470	42.63

2 连铸设备

连续铸钢是将钢水连续铸造成钢坯的冶金生产方法。将高温钢水通过专门的浇注系统连续不断地注入连铸机带有强制冷却的金属模（结晶器）内，液态金属在结晶器内按照设定的形状凝固成形，并用机械的方法以一定的铸造速度连续不断地将其从结晶器中拉出来，按照设定的铸流轨迹（制成导向辊列系统）进入二次冷却区，带液芯的铸坯在这里继续受到喷雾冷却，进行热交换，直到完全凝固为止。然后，被切成一定长度直接送往后步工序轧制成材。

2.1 板坯连铸设备

板坯连铸设备主要由浇钢系统、结晶器系统、铸流导向系统、引锭杆系统、辊道输送系统、线外维修设备、自动化控制系统、液压系统和流体介质系统等组成。板坯连铸设备的工作过程就是钢水在连铸机内不断散热、凝固、结壳形成板形金属坯料的过程。

2.1.1 板坯连铸机

2.1.1.1 概述

板坯连续铸钢技术最早应用于20世纪50年代，根据连铸机所浇铸的断面大小定义，当浇铸宽厚比大于3时的矩形坯的铸机称之为板坯连铸机。与传统的模铸相比，板坯连铸机具有简化钢水成坯的生产工序、提高钢水收得率、节约能耗、节省成本、提高钢坯钢材质量、自动化程度高、改善劳动条件等优点。板坯连铸机广泛应用于钢铁工业，用于生产普碳钢、优碳钢、低合金高强钢、船板钢、管线钢、压力容器钢、桥梁钢、汽车大梁用钢、深冲钢、工程机械用钢、不锈钢、硅钢等钢种。

板坯连铸机的主要机型有立弯式、直弧形、全弧形三种，如图2-1-1中a、b、c所示。

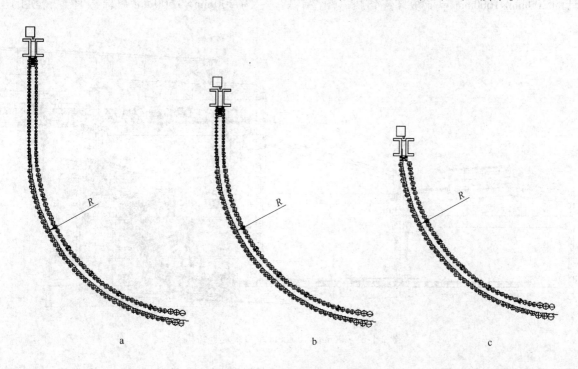

图 2-1-1　板坯连铸机的主要机型
a—立弯式；b—直弧形；c—全弧形

板坯连铸机的规格用生产铸坯的最大断面（厚度 H 与宽度 B）和流数来表示。例如：生产的铸坯最大断面为厚度320mm、宽度2300mm，单流，表示为320×2300单流板坯连铸机；生产的铸坯最大断面为厚度220mm，宽度1600mm，双流，表示为220×1600双流板坯连铸机。

2.1.1.2 工作原理

板坯连铸机的工作过程就是钢水在连铸机内不断散热、凝固、结壳的过程。

盛满钢水的钢包经转台旋转到浇注位，钢水通过水口从钢包流入中间包后，注入到具有一定形状的结晶器内，钢水在结晶器内经冷却水的一次冷却形成具有一定坯壳厚度的铸坯，通过引锭杆和扇形段驱动辊的驱动将具有一定厚度的铸坯拉到扇形段区域，再经扇形段区域的二次冷却使铸坯内部液态钢水逐渐完全凝固，然后将铸坯矫直成水平状态进入切前脱锭辊道，经脱锭辊将铸坯和引锭杆分离，连续的铸坯经火焰切割机切成定尺长输送到出坯区域。

2.1.1.3 性能特点

板坯连铸机机型经历了由立式—立弯式—弧形—直弧形的发展历程，从世界上近10多年来新建的高质量板坯连铸机来看，直弧形连铸机已成为发展趋势和方向。为了提高连铸机生产的铸坯质量，全过程无氧化保护浇注、钢包下渣检测、结晶器液压振动、结晶器液面自动控制、结晶器漏钢预报、动态二冷配水、扇形段动态轻压下、电磁搅拌等一些新的技术在板坯连铸机上均有应用。

直弧形板坯连铸机的优缺点如下：

（1）在工艺上保留立式、立弯式连铸机的特点，钢水中夹杂物在垂直结晶器和二冷的直线段有充分时间上浮，提高了铸坯质量。

（2）直弧形铸机和立式、立弯式铸机相比，设备高度低，建设费用低。

（3）直弧形铸机采用连续弯曲和连续矫直技术，可保证铸坯变形率小、在两相区不产生裂纹，这也是这种机型的关键技术。

（4）直弧形连铸机比弧形连铸机高，设备总质量大，投资成本高。

2.1.1.4 主要结构

板坯连铸机主要由浇钢系统、结晶器系统、铸流导向系统、引锭杆系统、辊道输送系统、线外维修设备、自动化控制系统、液压系统和流体介质系统等组成。图2-1-2所示为大连华锐重工集团股份有限公司设计的200mm×1600mm单流板坯连铸机，图2-1-3所示为200mm×1600mm单流板坯连铸机的三维模型。

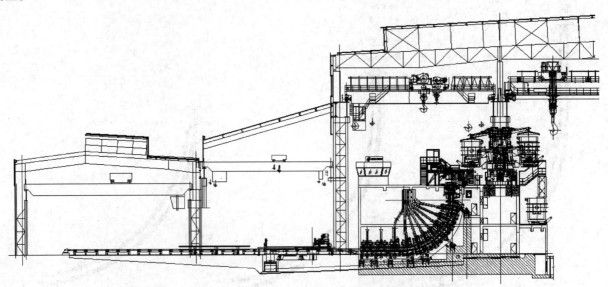

图 2-1-2 200mm×1600mm 单流板坯连铸机

浇钢系统主要由钢包回转台、长水口操纵机械手、中间罐、塞棒控制机构、下渣检测、中间罐车、中间罐预热装置、渣盘、溢流罐、事故溜槽、钢包操作平台、浇注平台等组成，具有设备结构可靠、运

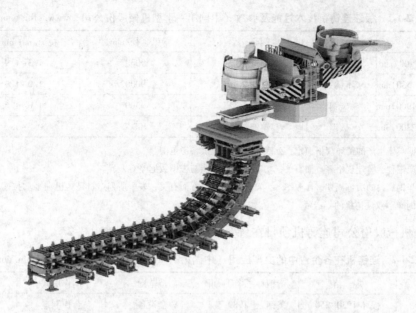

图 2-1-3 200mm×1600mm 单流板坯连铸机三维模型

行稳定、全程无氧化的保护浇注等特点。

结晶器系统主要由结晶器、结晶器盖、结晶器振动装置、振动装置基础框架等组成。结晶器为平行直铜板组合式设计，优化的冷却结构能保证铸坯在结晶器内温度分布均匀，保证铸坯表面质量，同时避免发生漏钢，安全性高。结晶器振动装置能够实现正弦及非正弦振动，可在线自动调节振幅、振动频率、非正弦系数等参数。其具有设备结构简单、可靠，运行稳定，便于维修等特点。

铸流导向系统主要由弯曲段、弧形段、矫直段、水平段、基础框架、扇形段驱动装置、扇形段更换导轨、二冷室及检查走台、蒸汽排出装置等组成。铸流导向系统的辊列设计使弯曲力矩和矫直力矩均匀分布在整个导向区域内，保证铸坯均匀、连续变形，曲率均匀变化，避免了铸坯在弯曲和矫直时出现应变峰值。

引锭杆系统主要由引锭杆、引锭头和引锭杆存放装置组成。

辊道输送系统主要由切前脱锭辊道、火焰切割机、移动辊道、切头收集装置、引锭杆存放辊道、运输辊道、固定挡板等组成。

线外维修设备主要由中间罐维修区设备、结晶器维修区设备、扇形段维修区设备、吊具、测量设备、存放台架等组成。

自动化控制系统由电气、仪表和计算机组成。控制系统技术先进、性能可靠、操作简单和维护方便。在 PLC 系统的网络通讯，信息处理及系统控制方面，设计为电仪合一的集成自动控制系统，使三电系统更加紧凑、简单，大大提高了整体系统运行的可靠性。三级网络技术可实现连铸设备的检测驱动级（L0）、基础自动化级（L1）和过程自动化级（L2）三级控制，同时考虑系统与其他系统的网络通讯能力。

液压系统包括主机区液压系统、结晶器振动液压站、钢包滑动水口液压系统、中间罐倾翻液压系统和维修区液压系统。液压系统性能可靠、操作简单、维护方便。

流体介质系统包括冷却水系统、润滑系统和能源介质系统。

2.1.1.5 板坯连铸机的选用

板坯连铸机选用，首先考虑的是连铸机生产的钢种、断面尺寸和年产量，然后根据这些参数来确定铸机的规格、机型、流数、弧半径等。目前板坯连铸机多以直弧形铸机为主。

2.1.1.6 主要技术参数及应用

（1）中国第一重型机械股份公司制造。中国第一重型机械股份公司制造的板坯连铸机的技术性能及参数见表 2-1-1。

表 2-1-1 板坯连铸机技术性能及参数（中国第一重型机械股份公司 www.cfhi.com）

铸机规格	生产钢种	流数	弧半径/mm	拉速/m·min^{-1}	年产量/万吨
（180~220）mm×（900~1100）mm	碳钢	单流/双流	9000	1.3~1.9	100/200
（180~200）mm×（1030~1530）mm	不锈钢	单流/双流	9000	1.0~1.3	70/140
（230~250）mm×（1000~1900）mm	碳钢	单流/双流	9500	1.0~1.6	120/240
（250~300）mm×（1500~2300）mm	碳钢	单流/双流	10000	0.8~1.5	150/300

注：1. 铸机规格根据具体生产的铸坯规格而定，列表中数据只提供参考范围。

2. 弧半径与生产钢种、铸坯规格等方面有关，实际设计中可能与表中数据略有差异。

3. 铸机年产量与钢厂内的冶炼周期、作业率、生产铸坯断面等方面有关，表中所列产量是铸机在平均拉速、平均断面铸坯、年作业率在85%时单、双流铸机的年产量。

中国第一重型机械股份公司连铸机项目在各企业中的典型应用见表 2-1-2。

表 2-1-2 连铸机在各企业中的典型应用（中国第一重型机械有限公司 www.cfhi.com）

用户企业	规格	生产钢种	投产日期	制造范围	制作形式	备注
上海宝山钢铁公司	板坯 1930×250	碳钢	1989 年	整套设备	合作制造	
舞阳钢铁公司	板坯 1930×300	碳钢	1992 年	整套连铸机	设计制造	
济南钢铁公司	板坯 1400×200	碳钢	1996 年	整套连铸机	一重自主设计制造	
武钢钢铁公司	板坯 1600×250	碳钢	1996 年	主机设备	合作制造	
包头钢铁公司	大方/圆坯 319×410	碳钢	1997 年	两套四机四流设备	合作制造	
上海宝山钢铁公司	板坯 1450×230	碳钢	1998 年	主机设计制造	合作制造	
本溪钢铁公司	板坯 1600×250	碳钢	1998 年	整套设备	合作制造	
首都钢铁公司	板坯 1800×250	碳钢	2002 年	主机设备	设计制造	
武钢钢铁公司	板坯 2150×250	碳钢	2002 年	主机设备及维修设备	合作制造	
上海宝山钢铁公司	板坯 2300×300	碳钢	2005 年	主机设备及维修设备	合作制造	
河北新金	板坯 1100×200	碳钢	2008 年	机电液设备总包	一重总承包	
东北特钢集团	大方坯 380×490	碳钢	2010 年	整套设备	合作制造	
太钢不锈钢集团	板坯 2150×300		2010 年	整套连铸机	合作制造	
河北敬业集团	板坯 1100×220	碳钢	2011 年	机电液设备总包	一重总承包	
广西北海诚德镍业有限公司	板坯 1600×200	不锈钢	2013 年	工程总承包	一重总承包	生产 200 系列和 300 系列不锈钢板坯

（2）大连华锐重工集团股份有限公司制造。大连华锐重工集团股份有限公司制造的板坯连铸机的技术性能及参数见表 2-1-3。

表 2-1-3 板坯连铸机技术性能及参数（大连华锐重工集团股份有限公司 www.dhidcw.com）

铸机规格	机型	流数	弧半径/mm	拉速/m·min^{-1}	年产量/万吨
135mm×（600~1300）mm	直弧形	单流/双流	5000	1.0~2.0	55/110
（160~180）mm×（700~1100）mm	直弧形	单流/双流	6000	1.0~2.0	65/130
（165~180）mm×（800~1300）mm	直弧形	单流/双流	6500	1.1~1.8	75/150
（170~200）mm×（850~1600）mm	直弧形	单流/双流	8000	1.1~1.8	90/180
（180~220）mm×（1000~1600）mm	直弧形	单流/双流	9000	1.0~1.8	100/200
（230~250）mm×（1000~1900）mm	直弧形	单流/双流	9500	1.0~1.6	120/240
（260~320）mm×（1500~2300）mm	直弧形	单流/双流	10000	0.8~1.5	150/300

注：1. 铸机规格根据具体生产的铸坯规格而定，列表中数据只提供参考范围。

2. 弧半径与生产钢种、铸坯规格等方面有关，实际设计中可能与表中数据略有差异。

3. 铸机年产量与钢厂内的冶炼周期、作业率、生产铸坯断面等方面有关，表中所列产量是铸机在平均拉速、平均断面铸坯、年作业率在85%时单、双流铸机的年产量。

大连华锐重工集团股份有限公司在 2000 年以后总承包的板坯连铸机项目在各企业中的典型应用见表 2-1-4。

表 2-1-4 板坯连铸机在各企业中的典型应用

板坯连铸机名称	使 用 单 位
200×650 双流板坯连铸机	河北建龙钢铁总厂
200×700 双流板坯连铸机	辽宁北台钢铁公司
200×700 双流板坯连铸机	河北津西钢铁公司
200×700 双流板坯连铸机	河北纵横钢铁公司
160×1400 双流板坯连铸机	山东莱芜钢铁公司
135×1400 双流中薄板坯连铸机	河北新丰钢铁公司
200×1100 双流板坯连铸机	河北港陆钢铁公司
200×700 双流板坯连铸机	河北松汀钢铁公司
180×1100 双流板坯连铸机	河北德龙钢铁公司
180×700 双流板坯连铸机	河北纵横钢铁公司
180×1100 双流板坯连铸机	河北轧一钢铁公司
180×1450 双流板坯连铸机	河北国丰钢铁公司
220×1600 单流不锈钢板坯连铸机	甘肃酒泉钢铁公司
250×1900 双流板坯连铸机	辽宁本溪钢铁公司
250×2200 单流板坯连铸机	辽宁本溪钢铁公司
220×1600 双流板坯连铸机	江苏沙钢钢铁公司
320×2300 单流板坯连铸机	江苏沙钢钢铁公司
220×1300 单流板坯连铸机	河北燕钢钢铁公司
180×1100 双流板坯连铸机	河北德龙钢铁公司
200×1600 单流不锈钢板坯连铸机	云南天高镍业公司

（3）中冶连铸技术工程有限责任公司制造。该连铸机所采用的工艺、设备、三电控制系统及二级模型等都由中冶连铸自主研发、设计、制造。集成了结晶器液压振动系统、结晶器专家系统、结晶器液压调宽、动态二冷配水及动态轻压下、铸坯质量判定系统等先进技术。其技术参数见表 2-1-5。

表 2-1-5 板坯连铸机技术参数（中冶连铸技术工程有限责任公司 www.cctec.net.cn）

技 术 指 标	参 数 值
基本半径	$R=9m$
铸坯规格	(180、200、220、250)mm×(1400~2000)mm
定尺长度	5~12m
生产钢种	普碳钢、优碳结构钢、低合金高强度钢
设计产能	110 万吨/年

中冶连铸自主开发的漏钢预报模型误报率控制在 2% 以下；双流板坯连铸机采用动态配水使铸坯冷却均匀，控制目标准确，铸坯的表面质量和内部质量合格率达 94%。双流板坯连铸机的技术参数见表 2-1-6。

表 2-1-6 双流板坯连铸机技术参数（中冶连铸技术工程有限责任公司 www.cctec.net.cn）

技术指标	参 数 值
基本半径	$R=9m$
铸坯规格	(180、210、230)mm×(1000~1650)mm
生产钢种	普碳钢、优碳钢、低合金高强度钢、耐候钢、管线钢、汽车梁及汽车结构用钢、压力容器、火炉钢
设计产能	2×210 万吨/年

（4）圣力重工有限公司制造。圣力重工有限公司制造的板坯连铸机的技术参数见表 2-1-7。

表 2-1-7　板坯连铸机技术参数（圣力重工有限公司　www. shenglizg. com）

机　型	直弧形连续弯曲连续矫直板坯连铸机
流数	一流、二流
垂直区高度	2.5m
铸机主半径	5、6、7、8m
铸坯规格	厚度：150、180、200、240mm
	宽度：1000~2500mm
送引锭速度	4m/min
引锭装入方式	下装式
准备时间	≤50min
作业率	85%
金属收得率	97%
铸机能力	80~120 万吨/流

2.2　方坯连铸设备

按照连铸机的生产工艺流程，可以将连铸生产划分为以下生产控制流程：

送引锭准备 ——→ 送引锭 ——→ 浇铸准备 ——→ 浇铸 ——→ 尾坯

按照连铸机的操作要求，可划分为六种工作方式，分别为断开、手动、准备上引锭、上引锭、准备浇注、浇注。可以用安装在主操作室分流操作台上的选择开关进行选择，选择开关有六种状态分别与上述工作方式一一对应。

2.2.1　五机五流大方坯连铸机

该机型可满足碳素结构钢、低合金钢、链条用钢、管线钢、冷轧料、弹簧钢等各类钢种的浇铸要求。

2.2.1.1　主要特点

五机五流大方坯连铸机的主要特点如下：

（1）中冶连铸运用多年的板坯辊列设计经验，结合大方坯机型，设计出适合多流宽扁坯机型的直弧形扇形段和拉矫机，优化的辊列设计和二冷动态配水同时结合成熟的动态配水程序，可将铸坯鼓肚和内裂等缺陷降低到最小，确保良好的铸坯质量。

（2）针对二冷室内夹辊多且多流的特点，中冶连铸根据扇形段不同的位置和设备特征，设计直接上吊和径向抽出两种吊装方式解决快速更换备件的难题（也可以根据客户需求设计全弧线滑轨吊运）。同时，二冷室内外多层平台设计可让检修人员便捷、安全地进入各个检修作业点。

（3）针对高拉速多流宽扁坯出坯节奏快的特点，量身打造高效率钩钢出坯系统，可同时满足下线和热送两种出坯方式。

2.2.1.2　技术参数

五机五流大方坯连铸机的技术参数见表 2-2-1。

表 2-2-1　五机五流大方坯连铸机技术参数（中冶连铸技术工程有限责任公司　www. cctec. net. cn）

技术指标	参数值
基本半径	$R=8m$
铸坯规格	165mm×（450~620）mm
定尺长度	9~9.5m
生产钢种	普碳钢
设计产能	153 万吨/年

2.2.2 小方坯连铸机

2.2.2.1 概述

小方坯连铸一般指断面尺寸为 $(70 \times 70) \sim (250 \times 250) \, mm^2$ 的方坯或与之面积相当的其他断面形状的铸坯。

小方坯连铸具有设备简单，基建投资省，生产率高，生产成本低等优点，所以小方坯连铸发展较快。用小方坯连铸机生产普碳钢钢筋及棒、线材较为经济。近年来由于小断面铸坯钢流保护浇注，电磁搅拌技术以及计算机过程控制等的发展和应用，小方坯连铸机也可生产合金钢。

为了简化操作，提高小方坯连铸机的作业率，在设备结构上做了许多改进，例如采用刚性引锭杆；为了节约能源，研究了小方坯的热送工艺等；还有电磁搅拌的应用，促进了铸坯凝固组织的等轴晶化、细化晶粒、改善偏析减少中心疏松。

在生产能力不大但又要求生产方坯、圆坯的情况下，可选用方圆坯兼用型连铸机，以充分发挥连铸机的生产能力，提高设备的利用率。

2.2.2.2 工作原理

小方坯连铸机的结构示意图如图 2-2-1 所示。

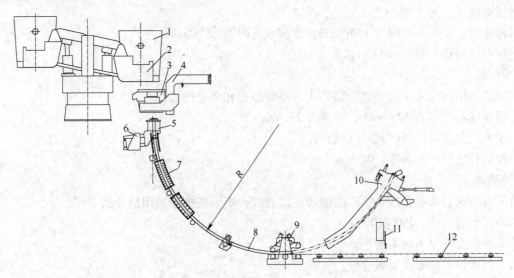

图 2-2-1 小方坯连铸机的结构示意图

1—钢包；2—钢包回转台；3—中间罐；4—中间罐车；5—结晶器；6—结晶器振动装置；7—二冷喷淋架；
8—刚性引锭杆；9—拉坯矫直机；10—引锭杆存放装置；11—火焰切割机；12—辊道

如图 2-2-1 所示，在钢厂冶炼时，跨、吊车将盛满钢水的钢包 1 吊运到钢包回转台 2 上，钢包回转台 2 旋转 180°，将钢包 1 旋转至连铸跨，置于中间罐 3 的上方，中间罐 3 座在中间罐车 4 上，中间罐车 4 可以在垂直于铸流方向做水平移动，以便更换中间罐，钢包 1 中的钢水通过长水口流入中间罐 3 里，然后通过插入式水口注入到结晶器 5 里，通过结晶器 5 铜管外的通水冷却，使得接触结晶器铜管壁的钢水冷却结壳，结晶器振动装置 6 带着结晶器做上下运动，便于坯壳脱坯，带着液芯的钢坯通过二冷喷淋架后完全结晶凝固，通过拉坯矫直机 9 将铸坯矫直，坯头完全出来后，引锭杆存放在引锭杆存放装置 10 处，铸坯经火焰切割机 11 定尺切割后经输送辊道 12 送到热轧车间或铸坯存放台。

2.2.2.3 主要性能特点

小方坯的铸坯断面小，热熔量比较小，所以比大方坯、板坯连铸设备工作条件要好。小方坯浇铸过程，坯壳有自支撑作用，铸坯没有鼓肚现象，像采用刚性引锭杆的连铸机，二冷区导向段的设计非常简单。实践表明，铸坯质量完全满足标准要求。

2.2.2.4 主要结构

小方坯连铸机主要由钢包回转台、中间罐车、结晶器、结晶器振动装置、铸坯导向及二次冷却装置、拉坯矫直机、引锭杆及存放装置、出坯辊道、翻钢机移钢机和推钢机、冷床、液压系统、电气自动化控制系统等组成。图 2-2-2 所示为大连华锐重工集团股份有限公司设计制造的 150×150 小方坯连铸机。

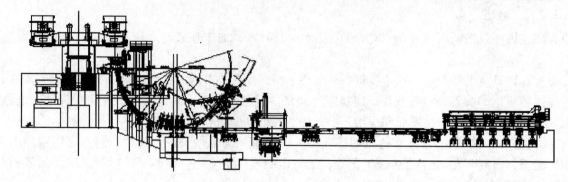

图 2-2-2 150×150 小方坯连铸机

（1）钢包回转台。

1）钢包回转台结构形式：直臂型、蝶型、连杆型、滚轮型等；

2）单臂受载（钢水加钢水罐）为 35~360t；

3）钢包回转半径为 3~6m；

4）回转速度：正常工作时为 1.0r/min，事故状态时为 0.5r/min；

5）钢包升降行程为 600~1000mm。

（2）中间罐车。

1）中间罐车结构形式：台车式、高架式、高低腿式和全悬挂式；

2）走行速度：快速为 20m/min，慢速为 2m/min；

3）中间罐升降形式：液压式、机械式；

4）中间罐升降行程为 500~800mm。

（3）结晶器。

1）结晶器形式：弧形管式、特殊曲面式、组合式，矩形坯推荐采用组合式；

2）结晶器铜管长度：700~1000mm；

3）结晶器水套材料采用不锈钢；

4）结晶器密封采用耐高温氟橡胶。

（4）结晶器振动装置。

1）振动驱动形式：交流变频电动机驱动、伺服液压缸驱动、伺服电动缸驱动；

2）振动装置结构形式：交流变频电动机驱动可分为四连杆型、Z 型、四偏心型、板簧型，伺服液压缸和伺服电动缸驱动分为单缸驱动型、双缸驱动型；

3）振幅（最大 12mm）：固定式、可调式，可调式又分停机可调节和在线伺服自动调节；

4）频率变化：交流变频控制、高频响液压换向阀控制、伺服电机控制；

5）振动曲线：正弦曲线、非正弦曲线。

（5）铸坯导向及二次冷却装置。

1）铸坯导向结构形式（根据所采用的引锭杆形式）：柔性引锭杆——采用弧形管式多辊支撑结构，管体通水冷却，刚性引锭杆——采用单体支座，二冷喷管分别设置；

2）铸坯导向区域的冷却方式：喷水冷却、气雾冷却，推荐采用气雾冷却，冷却喷水管采用不锈钢材料制作；

3）二冷喷淋应分区控制喷淋水量；

4）推荐采用单管式水条管路，方便浇铸不同断面铸坯的快速更换。

（6）拉坯矫直机。

1）钢坯矫直方式：一点矫直、多点矫直、渐近矫直，推荐采用渐近矫直技术；

2）拉坯矫直机结构形式（根据矫直方式）：多机架式、钳式，单机架多辊式等；

3）拉坯矫直辊夹紧形式：气动夹紧、液压夹紧，推荐采用液压夹紧机构；

4）拉坯速度范围：1.0~4.5m/min；

5）上下辊开口度：60~380mm。

（7）引锭杆及存放装置。

1）引锭杆形式：柔性（链式）引锭杆、刚性引锭杆、半刚性引锭杆；

2）引锭杆由引锭杆头、引锭杆身和过渡段组成；

3）存放装置形式：高架存放式、辊旁摆动式（根据所采用的引锭杆形式而定）。

（8）出坯辊道。

1）出坯辊道长度应根据产品规格确定；

2）辊道传动形式：单辊传动、多辊集中传动；

3）辊面线速度：≤30m/min；

4）切割区辊道推荐采用变频调速控制。

（9）翻钢机、移钢机和推钢机。

1）移钢机采用机械传动，多流铸坯并拢移动；

2）推钢机采用摆杆滑块机构，滑块带动推头，液压缸驱动；

3）矩形坯不采用翻钢机，采用捞钢式移钢机将铸坯逐流捞起移送。

（10）冷床。

1）冷床形式：固定滑轨式、分组移动式、步进翻转式；

2）短定尺一般钢种铸坯采用滑轨式；

3）短定尺高强度钢种铸坯推荐采用分组移动式；

4）长定尺铸坯采用步进翻转式；

5）矩形坯连铸机不适宜采用步进冷床。

（11）液压系统。

液压系统一般由动力源部分（油泵）、控制装置（压力控制阀、流量控制阀和方向控制阀等）、执行机构（油缸或马达）和辅助系统（油箱、过滤器、蓄势器、冷却器、加热器和循环泵等）组成。

液压传动结构紧凑，传动效率高，适应性强，操作简单，可与其他设备相连锁，具有遥控或与微机配合进行程序控制等优点。

（12）电气自动化控制系统。

连铸机自动化控制系统采用PLC可编程序控制器及其网络系统、人机接口装置、打印机等，为系统操作、监控及维护提供了方便。

电气自动化控制系统还包括传动自动控制、工作方式选择等。

2.2.2.5 主要技术参数

小方坯连铸机的主要技术参数见表2-2-2。

表2-2-2 小方坯连铸机主要技术参数（大连华锐重工集团股份有限公司 www.dhidcw.com）

序　号	名　称	性能参数	单位	备　注
1	铸机机型	全弧形		
2	弧形半径	4~10	m	
3	连铸机流数	二机二流至十机十流		
4	流间距	900~1250	mm	矩形坯最大可为1450mm
5	铸坯断面	(70×70)~(250×250)	mm^2	
6	定尺长度	6（12）	m	
7	拉坯速度	0.8~4.0	m/min	
8	送引锭速度	≤4.0	m/min	
9	切割装置	火焰切割机		
10	钢水收得率	≥97%		
11	每流年产量	5~20	万吨	矩形坯最高可为35万吨

2.2.2.6 小方坯连铸机的典型应用

小方坯连铸机的典型应用见表 2-2-3。

表 2-2-3 小方坯连铸机的典型应用（大连华锐重工集团股份有限公司 www.dhidcw.com）

序号	名 称	型 号	用 户 企 业
1	$R=5.25m$ 四流方坯连铸机	90×90; 120×120; 150×150	马鞍山钢铁公司
2	$R=6m$ 三流方坯连铸机	90×90; 150×150; 220×220	新抚钢厂
3	$R=6m$ 四流方坯连铸机	120×120; 150×150	石家庄钢铁厂
4	$R=6m$ 六流方坯连铸机	130×130; 150×150	涟源钢铁公司
5	$R=8m$ 四流方坯连铸机	150×150; 180×180; 180×220	山西临钢钢铁公司
6	$R=8m$ 八流方坯连铸机	160×160	沙钢安阳钢厂
7	$R=9m$ 六流方坯连铸机	180×180	沙钢荣盛钢厂
8	$R=10m$ 四流合金钢方坯连铸机	200×200; 240×240	长城钢厂

2.2.3 不锈钢方坯连铸机

2.2.3.1 技术特点

不锈钢方坯连铸机的技术特点如下：

（1）整体铜管式铸坯结晶器，设备简单；

（2）高频小振幅板簧振动，振痕深度小于 0.2mm；

（3）简化的铸坯导向装置，维护方便；

（4）五辊四驱动拉矫机，拉矫力大；

（5）辅助拉矫机在事故状态下可对铸坯进行二次矫直；

（6）不锈钢专用切割车，可快速准确地进行定尺切割；

（7）表面修磨率小于 5%。

2.2.3.2 主要技术参数

不锈钢连铸机的技术参数见表 2-2-4。

表 2-2-4 不锈钢连铸机技术参数（圣力重工有限公司 www.shenglizg.com）

机 型	全弧形连续矫直方坯连铸机
流数	一流、二流、三流、四流
铸机半径	6m，8m，10m
铸坯规格	方坯：150mm×150mm，180mm×180mm，200mm×200mm、240mm×240mm 矩形坯：(120~200)mm×(240~600)mm
工作拉速	0.6~1.2m/min
年产量	10~15 万吨/流
溢漏率	≤0.1%
连浇时间	≥8h

2.2.4 矩形坯连铸机

2.2.4.1 技术特点

矩形坯连铸机的技术特点如下：

（1）钢包支撑方式：回转台、钢包车；

（2）中间包车：全悬挂式、半悬挂式；

（3）结晶器形式：整体铜管式、抛物线形锥度；

（4）铸流控制：铯源型液面自动控制；

（5）振动方式：全板簧、半板簧，正弦、非正弦；

（6）二次冷却方式：气雾自动配水，全水冷自动配水；

（7）矫直方式：全弧形五辊连续矫直、交流变频调速；

（8）引锭方式：自适应整体刚性引锭杆；

（9）切割方式：窄缝高效自动火焰切割机、液压剪；

（10）移钢方式：机械式高架结构；

（11）控制方式：全 PLC 控制，自动和手动可快速转换。

2.2.4.2 技术参数

矩形坯连铸机的技术参数见表 2-2-5。

表 2-2-5 矩形坯连铸机技术参数（圣力重工有限公司 www.shenglizg.com）

机　型	全弧形连续矫直矩形坯连铸机
流数	一流、二流、三流、四流、五流、六流、八流、十流
铸机半径	5.25m、6m、6.5m、7m、8m、9m、10m、12m、16m
工作拉速	120×360，2.4m/min； 165×225，2m/min； 180×600，1.2m/min
铸坯规格	矩形坯：（120~200）mm×（240~600）mm
年产量	20~30 万吨/流
溢漏率	≤0.1%
连浇时间	≥8h

2.2.5 方坯连铸机

方坯连铸机的技术参数见表 2-2-6。

表 2-2-6 方坯连铸机技术参数（圣力重工有限公司 www.shenglizg.com）

机　型	全弧形连续矫直方坯连铸机
流数	一流、二流、三流、四流、五流、六流、八流、十流
铸机半径	5.25m、6m、6.5m、7m、8m、9m、10m、12m、16m
铸坯规格	方坯：120mm×120mm、150mm×150mm、180mm×180mm，200mm×200mm，240mm×240mm，300mm×300mm
工作拉速	120×120，3.8m/min； 150×150，3.5m/min； 200×200，2m/min
年产量	15~20 万吨/流
溢漏率	≤0.1%
连浇时间	≥8h

2.2.6 整机型方坯连铸机

2.2.6.1 主要特点

整机型方坯连铸机的主要特点如下：

(1) 占地面积小，工作台根据安装方式的不同可大可小，可有可无。

(2) 浇铸方式多样，可用天车吊包浇铸、轨道车浇铸、电炉直接浇铸等。

(3) 整体紧凑型结构，可整机吊装安装，安装方便时间短，接通水管电源就可以使用。

(4) 对冷却水水质、酸碱度、软硬度、矿物质均无要求，任何水质都可以使用。

(5) 可以拉低、中、高碳钢，合金钢，不锈钢等等。

2.2.6.2 主要技术参数

整机型方坯连铸机的技术参数见表2-2-7。

表 2-2-7 整机型方坯连铸机技术参数（襄阳市林南电气设备有限公司 xflinnan. cn. china. cn）

项　目	参　　数			
主要参数	$R = 2.5m$	$R = 3m$	$R = 6m$	$R = 9m$
铸钢尺寸	60~70方	80方	90~150方	220方
主机流量	根据用户要求制定一流及多流设备			
切割方式	人工、机械、火焰切割			
产量（小时流）	3~6t	5~8t	13~30t	30~50t

2.2.7 方坯精整线

2.2.7.1 概述

方坯精整生产线是用于对连铸方坯进行抛丸、探伤、修磨等一系列处理和检查，为后续的轧制工序提供合格坯料，减少成品的质量缺陷。方坯精整生产线分为精整线主线和带锯机辅线两部分。

方坯精整主线主要由抛丸机、超声波探伤机、磁粉探伤机、砂轮修磨机等工艺设备，以及与之相关的配套设备；干油润滑系统、液压系统、气动系统组成。

方坯精整带锯机辅线主要由坯料输送装置、带锯床及液压系统、干油润滑系统、电气检测元件等设备组成。

2.2.7.2 技术特点

抛丸机除去钢坯表面氧化铁皮，为探伤做准备。抛丸机采用4个喷头，带清洗烘干功能，确保探伤精度。抛丸机抛射过程和钢坯运送过程由PLC控制。抛丸机除鳞率可达到97%。

超声波探伤装置和磁粉探伤装置对钢坯进行探伤处理。超声探伤装置带有PC机，可自动进行数据处理和信号处理，自动完成探伤和标记过程，并自动将数据传送到管理计算机。磁粉探伤装置由喷淋装置、一次磁化装置、二次磁化装置、DC去磁装置、AC去磁装置及磁粉液循环装置等组成，PLC单独控制。为了将钢坯的剩磁退净，退磁装置设置了直流去磁和交流去磁2个装置。

砂轮修磨机对钢坯进行修磨精整。砂轮修磨机为小车式，可完成点磨、角磨、剥皮等功能。采用摄像头加显示器的辅助手段，即采用CCD技术进行补充修磨。整个修磨过程由PLC控制，砂轮机砂轮片速度控制采用光电管测砂轮片直径，自动调整砂轮片转速，保持其线速度恒定，砂轮机采用恒功率磨削，伺服系统闭环控制。

喷印机根据精整线管理计算机传出的信息进行喷印。喷印机本身的动作与上下设备联锁控制。

生产线自动化控制采用L1和L2两级控制系统。计划输入及初始数据处理，全线自动顺序控制、自动联锁，全线画面式集中操作、画面式监控，状态显示和故障处理，数据收集、处理和数据传送，钢坯全线自动跟踪。

2.2.7.3 技术参数

方坯精整生产线的技术参数见表2-2-8。

表 2-2-8 方坯精整生产线技术参数（北京中冶设备研究设计总院有限公司 www.mcce.com.cn）

处理方坯的钢种、尺寸及能力	
坯料断面尺寸	（160mm×160mm）~（280mm×280mm）
坯料长度	3500~10000mm
钢种	轴承钢、合金结构钢、非调质钢、硼钢、弹簧钢
设备处理能力	≥57t/h
辊道速度	最大 15m/min，其中抛丸：0~10m/min、磁探：0~10m/min、修磨：0~15m/min
带锯机	切割钢坯温度	≤200℃
	进/出料辊道速度	0~8m/min

2.2.7.4 应用情况

方坯精整线已在宝钢得到应用。

2.3 圆坯连铸设备

圆坯连铸是一种主要生产无缝钢管用管坯的连续铸钢技术。它具有铸坯精度高、质量好、能耗低和金属综合收得率高的优点。圆坯连铸与轧钢技术的发展，加速了无缝管轧制与连铸直接连接的进程。圆坯连铸机除了结晶器是圆形及引锭杆的引锭头为圆头以外，其总体设备结构与方坯连铸机没有本质区别。但由于其产品为无缝钢管坯，其浇注工艺要求严格，设备也有一定特点。

2.3.1 六机六流方圆扁坯连铸机

2.3.1.1 主要特点

六机六流方圆扁坯连铸机的主要特点如下：

（1）生产断面类型多，包括小方坯（150×150）、大方坯（240×240）、圆坯（φ150、φ210）和扁坯（125×285）；

（2）生产钢种品种多、档次高（例如 SWRH82B），针对不同的钢种，分别采用高压全水和气雾冷却。

2.3.1.2 主要技术参数

六机六流方圆扁坯连铸机的主要技术参数见表 2-3-1。

表 2-3-1 六机六流方圆扁坯连铸机主要技术参数（中冶连铸技术工程有限责任公司 www.cctec.net.cn）

项 目 名 称	包头六机六流方圆扁坯连铸机
基本半径	$R=10.5m$
铸坯规格	φ150、φ210、150×150、125×285、240×240（预留）
定尺长度	6~12m
生产钢种	普碳钢、特种钢
设计产能	103 万吨/年

2.3.2 圆坯连铸机

2.3.2.1 概述

圆坯连铸机用于 0.5t 以上电炉多炉连铸和间歇式小批量浇注，可拉铸轴承钢、不锈钢、高低合金碳钢等。

2.3.2.2 技术特点

圆坯连铸机的技术特点如下：

(1) 钢包支撑方式：回转台、钢包车；

(2) 中间包车：全悬挂式、半悬挂式；

(3) 结晶器形式：整体铜管式、抛物线形锥度；

(4) 铸流控制：铯源型液面自动控制；

(5) 振动方式：全板簧、半板簧，正弦、非正弦；

(6) 二次冷却方式：气雾自动配水；

(7) 矫直方式：全弧形五辊连续矫直，交流变频调速；

(8) 引锭方式：自适应整体刚性引锭杆；

(9) 切割方式：窄缝高效自动火焰切割机、液压剪；

(10) 移钢方式：机械式高架结构；

(11) 控制方式：全 PLC 控制，自动和手动可快速转换。

2.3.2.3 主体设备组成

圆坯连铸机的主体设备组成如下：

(1) 钢包回转台；

(2) 中间罐；

(3) 中间罐烘烤装置；

(4) 旋转操作箱旋臂架；

(5) 中间罐车；

(6) 结晶器；

(7) 结晶器振动装置；

(8) 二冷喷淋装置；

(9) 导向段；

(10) 拉矫机；

(11) 引锭杆；

(12) 引锭杆存放装置；

(13) 切前辊道；

(14) 火焰切割机；

(15) 运输辊道；

(16) 出坯辊道及固定挡板；

(17) 移钢机；

(18) 冷床；

(19) 二冷蒸汽排放系统；

(20) 水冷系统；

(21) 液压系统；

(22) 润滑系统；

(23) 三电控制系统；

(24) 连铸机线外设备；

(25) 结晶器检修台架；

(26) 中间罐干燥装置；

(27) 中间包胎具；

(28) 对弧样板（结晶器）；

(29) 对弧样板（导向段）。

2.3.2.4 主要技术参数

圆坯连铸机的主要技术参数见表 2-3-2。

表 2-3-2 圆坯连铸机技术参数（圣力重工有限公司 www.shenglizg.com）

机 型	全弧形连续圆坯连铸机
流数	一流、二流、三流、四流、五流、六流
铸机半径	6m、6.5m、7m、8m、9m、10m、12m、16m
铸坯规格	圆坯：$\phi100\sim450$
工作拉速	$\phi120$，$1.6\sim2.5$ m/min；$\phi240$，$0.8\sim1.2$ m/min；$\phi400$，$0.5\sim0.8$m/min
年产量	$10\sim20$ 万吨/流
溢漏率	$\leqslant0.1\%$
连浇时间	$\geqslant8$h

2.3.3 圆坯精整线

2.3.3.1 概述

圆坯精整生产线用于对圆钢坯进行车削剥皮、探伤、修磨等处理，为后续的轧钢工序提供合格的圆坯。圆坯精整线主线设备包括冷床卸料辊道及台架、车削剥皮机及其前后辅助设备、倒角机、砂轮剥皮机、超声波探伤机、磁粉探伤机、砂轮修磨机等工艺主设备，及其配套的输送装置、干油润滑系统（含电动干油站）、液压系统（含液压站）等。

2.3.3.2 技术优势

带联动变角的夹紧输送辊装置，根据圆坯外圆直径的变化和缺陷的分布，在输送中实现圆坯螺旋运动，并在输送中保持一定的夹紧力，保证修磨机在工作进行时的稳定。联动变角的输送辊道，保证长圆坯在其圆柱面上任意点的修磨能够实现连续或停顿。

修磨主机为直流调速，受夹紧输送辊装置、输送辊道的联动变角关系控制，方便寻找和处理缺陷并实现连续生产。修磨机主轴通过伞齿轮传动，较目前皮带传动提高了传动精度，切削效率高且稳定；液压伺服系统控制修磨压力，消除因压力过大而将导致的砂轮爆裂。

2.3.3.3 技术参数

圆坯精整线技术参数见表 2-3-3。

表 2-3-3 圆坯精整线技术参数（北京中冶设备研究设计总院有限公司 www.mcce.com.cn）

项 目		技 术 参 数
冷床卸料辊道及台架	钢坯温度	$\leqslant500℃$
	辊道速度	$0\sim2.5$m/s
	坯料断面尺寸	圆钢：$\phi70\sim180$、管坯：$\phi175\sim250$
	坯料长度	$4000\sim10000$mm
	设备处理能力	$\geqslant33$ 根/h（按代表规格为 $\phi110\times10000$mm 圆坯计算）
车削剥皮机及其前后辅助设备	钢坯温度	$\leqslant100℃$
	设备处理能力	$\geqslant26$ 根/h（按代表规格为 $\phi110\times10000$mm 圆坯计算）
	坯料断面尺寸	圆钢：$\phi70\sim180$、管坯：$\phi175\sim200$
	坯料长度	$4000\sim10000$mm
	上料台架最大存料质量	70t，圆钢输送线速：$0\sim9$m/min
	车削剥皮机输送辊道最大输送重	$\leqslant4000$kg，圆钢输送线速：$0\sim9$m/min
	左出料台架最大存料质量	70t
	右出料台架最大存料质量	100t
	抛丸机入口前辊道输送线速	$0\sim15$m/min，最大输送料重：$\leqslant4000$kg
圆钢精整线其他主线设备	坯料断面尺寸	$\phi70\sim180$
	坯料长度	$4000\sim10000$mm
	钢种	20CrMnTiH、20CrMnMo、48MnV、40CrNiMo、42CrMo
	设备处理能力	$\geqslant55$ 根/h（按代表规格为 $\phi90\times10000$mm 圆钢计算）
	辊道速度	最大 30m/min

2.3.3.4 应用情况

圆坯精整线已在宝钢得到应用。

2.4 薄板坯连铸设备

常规连铸板坯的厚度在150~300mm,若加工为几十毫米,或几毫米薄板材时,需要多次重复加热与轧制,其设备庞大,工艺流程长,能耗高,金属损失多,成材率低。

薄板坯连铸轧钢技术属于近终形连铸连轧技术,可生产出接近成品规格的薄板(带)坯,板坯厚度在40~70mm,其工艺流程为薄板连铸坯经液芯压下→直接经过均热保温→粗轧机组→精轧机组→板卷(<4mm)→供冷轧原料,热轧板卷的板厚已达到1.9mm。这种工艺流程为短流程,也是连续紧凑式流程。薄板坯连铸-连轧工艺是钢铁工业现代化流程最新的标志,我国已有数条薄板连铸-连轧工艺设备投入生产。

2.4.1 生产线建设、投产及生产情况

2.4.1.1 概述

薄板坯连铸连轧生产线将占世界的近30%。近两年来,我国已建成的薄板坯连铸连轧生产线围绕着全流程的生产工艺稳定、产品质量稳定、新产品开发、冷轧基板性能控制和充分发挥流程潜能实现高效化生产等方面展开;另一方面,陆续建成投产的生产线迅速达产、增效,我国薄板坯连铸连轧领域不断创造新的世界纪录。

2.4.1.2 主要工艺参数及产能

表2-4-1为我国13条薄板坯连铸连轧生产线的主要工艺参数和产能情况统计表,其中连铸流数27流,年产能估计3500万吨。

表2-4-1 我国13条薄板坯连铸连轧生产线的主要工艺参数和产能 (北京科技大学 www.ustb.edu.cn)

企业名称	生产线形式	连铸流数	铸坯厚度/mm	铸坯宽度/mm	年产能估计/万吨
珠钢	CSP	2流	50~60	950~1350	180
邯钢	CSP	2流	60~70	900~1680	260
包钢	CSP	2流	50~70	980~1560	280
鞍钢	ASP (1700)	2流	100~135	900~1620	280
鞍钢	ASP (2150)	4流	135~170	1000~1950	550
马钢	CSP	2流	90~65	900~1600	260
唐钢	FTSR	2流	90~70	850~1680	300
涟钢	CSP	2流	70~55	900~1600	260
本钢	FTSR	2流	90~70	850~1680	260
通钢	FTSR	1流	90~70	950~1560	130
济钢	ASP (1700)	2流	135~150	900~1500	280
酒钢	CSP	2流	70~52	950~1680	260
唐山国丰	ZSP (1450)	2流	130~170	800~1300	200

表2-4-2为我国13条薄板坯连铸连轧生产线的轧机配置情况。可见,连轧机组的配置均采用了目前最先进的机型配置,CSP线连轧机组全部采用CVC轧机;FTSR线连轧机组采用PC轧机,并在后两架采用在线磨辊系统ORG;ASP线连轧机组的后四架则采用WRS轧机。先进的轧机配置和控制系统为热轧板带的板厚和板形高精度控制提供了有力的保证。

2.4.1.3 高效化生产及新线达产

根据2006年初的报道,唐钢在薄板坯连铸连轧生产线的高效化生产上取得突破,其FTSR线2005年产量首次突破300万吨大关,达到年产301.123万吨带卷,2005年12月份产量超过27.23万吨,唐钢树

立了薄板坯连铸连轧生产线钢材生产史上的一个新的里程碑。

表 2-4-2 我国 13 条薄板坯连铸连轧生产线的轧机配置（北京科技大学 www.ustb.edu.cn）

TSCR 生产线	粗轧及精轧机组轧机机型								
	R1	R2	F1	F2	F3	F4	F5	F6	F7
珠钢 CSP			CVC	CVC	CVC	CVC	CVC	CVC	
邯钢 CSP	conv		CVC	CVC	CVC	CVC	CVC	CVC	
包钢 CSP			CVC	CVC	CVC	CVC	CVC	CVC	
唐钢 FTSR	conv	conv	PC	PC	PC	ORG	ORG		
鞍钢 ASP1	V1	conv	conv	conv	WRS	WRS	WRS	WRS	
鞍钢 ASP2	V1	conv	conv	conv	WRS	WRS	WRS	WRS	
马钢 CSP			CVC	CVC	CVC	CVC	CVC	CVC	CVC
涟钢 CSP			CVC	CVC	CVC	CVC	CVC	CVC	CVC
本钢 FTSR	conv	conv	PC	PC	PC	ORG	ORG		
济钢 ASP	V1	conv	conv	WRS	WRS	WRS	WRS	WRS	
通钢 FTSR	conv	conv	PC	PC	PC	ORG	ORG		
酒钢 CSP			CVC	CVC	CVC	CVC	CVC	CVC	
国丰 ZSP	V1	conv	PC	PC	PC	PC	PC	PC	

包钢 CSP 线通过高效化生产技术开发，2005 年产量达到 288.4 万吨，在薄板坯高效精炼、连铸、轧制技术和全流程高效快速节奏生产技术体系方面总结开发出 19 项主要技术措施和诀窍，开发了 210t 大型转炉 CSP 低碳钢的低 C、Si 及低合金钢、微合金钢低 O、N 和稳定 Alt、Als 控制技术、薄板坯无缺陷浇注、CSP 连轧过程控制轧制、控制冷却、钢板性能稳定与均匀性控制技术，单浇次最高连浇炉数达到 28 炉，最高单浇次产量 4865.2t，平均月连浇炉数 21.1 炉，铸机作业率 90%，轧机作业率大于 80%，漏钢率小于 0.085%，综合成材率 98.0%。

另外，邯钢和涟钢的 CSP 线在 2005 年也分别达到 259.6 万吨和 241 万吨。2005 年底投产的通钢 FTSR 线，仅一个月就实现了月产量超过设计生产能力的水平。鞍钢、包钢、唐钢、邯钢等厂都创造了单流或双流连铸月无漏钢的纪录。鞍钢、包钢均达到轧机年作业率超过 80% 的高水平。

2.4.1.4 主要产品品种、规格

表 2-4-3 为 2005 年我国各薄板坯连铸连轧生产线的主要产品品种、规格概况。实际上，各企业已开发和生产的品种大多达到几十种，但主要产品还是普碳钢，其中供冷轧用基板占有较大的比例。

表 2-4-3 2005 年我国各薄板坯连铸连轧生产线的主要产品品种、规格（北京科技大学 www.ustb.edu.cn）

企业名称	主要生产钢种及牌号	主要产品规格（宽×厚）/mm×mm	2005 年产量/万吨
珠钢	SPA-H, ZJ330, ZJ400, X60, Hp296, ZJ510L, ZJ550L	(1100~1350)×(1.2~12.7)	157.8
邯钢	SS400, SPHC, Q345A, H510L, SPA-H, CCSA	(900~1680)×(1.2~21.0)	259.8
包钢	SPHD, Q235B, Q345A, SS400, SS490, X60	(1020~153)×(1.0~20.0)	288.4
鞍钢	SPCC, 08Al, Q195, Q235B/C/D, Q345B/C/D, Q420B/C, Q460C, 45#, HP295, IF, SPCC, SPHC, X52-X70, 45-70Mn	(960~1520)×(1.6~12.0)	
马钢	SS400, SPHC, SPHD, SPA-H, MGW540, MGW600, MGW800	(900~1600)×(3.0~9.5)	222.8
唐钢	SS330, SS400, SS490, SPHD, Q345B, T510L	(1235~1600)×(1.2~12.0)	301.1
涟钢	Q195, Q235, Q345, SS400, SPHC, SPHD, 08Al, SGCC, A36, X42, 16MnL, SPA-H	(900~1560)×(1.2~12.7)	241.0
本钢	IF 钢（St16）, ELC（St14, St12F）, SS400, Q345A, Q235B, SS400P, HSLA X46, X52, SPA-H、C45	(1235~1600)×(1.2~12.0)	89.8

2.4.1.5 新产品研究开发

A 冷轧基板的研究与生产

国内的大部分薄板坯连铸连轧厂都建有冷轧及相应的镀锌线，在为低碳冷轧冲压板生产供料的热轧板时，通常要求屈服强度低于300MPa、屈强比也低一些（在0.8左右），而实际上薄板坯连铸连轧线生产的低碳钢板通常强度偏高，这也为采用薄板坯连铸连轧生产冷轧冲压板基板提出了新的课题，即如何控制冷轧基板的力学性能并使其满足冷轧工艺及成形性能的要求。近两年来，各有关企业针对这一课题进行了大量的试验分析并取得了进展。

唐钢利用其FTSR线开发出低碳高强度T510L汽车大梁钢板，表2-4-4为其主要化学成分，表2-4-5为其力学性能。可见，唐钢FTSR线生产的低碳高强T510L钢板具有良好的力学性能。

表 2-4-4 唐钢 FTSR 线低碳高强汽车大梁板 T510L 钢的化学成分（北京科技大学 www.ustb.edu.cn）

厚度/mm	C/%	Mn/%	Si/%	S/%	P/%	Alt/%
4.0~6.0	≤0.20	≤1.25	0.25~0.35	0.005~0.008	0.015~0.020	0.015~0.020

表 2-4-5 唐钢 FTSR 线低碳高强汽车大梁板 T510L 的力学性能（北京科技大学 www.ustb.edu.cn）

厚度/mm	屈服强度/MPa	抗拉强度/MPa	屈强比	伸长率/%
4.0	495	610	0.81	26
5.0	510	640	0.80	27
6.0	425	555	0.77	34
平均值	480	600	0.79	29

B 微合金高强系列钢板的研究开发

近年来，国内一些薄板坯连铸连轧企业在生产线投产并迅速达产后，努力实现工艺稳定控制、流程高效化的同时，逐步将重点转向充分利用薄板坯连铸连轧工艺特点进行微合金化高强系列钢板产品的研究开发上。

邯钢采用CSP工艺技术开发出CCSA、CCSB级船用钢板，表2-4-6为其主要化学成分和力学性能。按照中国船级钢板规范检验，各项性能指标完全符合要求。这也表明，采用CSP工艺能够生产出满足船用板要求的热轧板卷。近两年，邯钢已生产出上万吨CCSA、CCSB级船用钢板，性能合格率达到100%。

表 2-4-6 邯钢 CSP 工艺的 CCSA、CCSB 级船用钢板主要化学成分和力学性能

规格/mm	主要化学成分/%					纵、横向拉伸性能平均值		
	C	Si	Mn	P	S	σ_s/MPa	σ_b/MPa	δ/%
9.0	0.07	0.30	0.94	0.011	0.0048	335	440	36
4.0	0.06	0.30	0.95	0.014	0.0040	382	468	39

本钢已浇注的钢种及其代表钢号有：IF钢（St16）、ELC（St14，St12F）、低碳钢、中碳钢（SS400，Q345A，Q235B）、包晶钢（SS400P）、HSLA MC（J55）、HSLA LC（X46，X52，SPA-H）、高碳钢（C45）、硅钢（50BW600，BGD，50BW400）等。表2-4-7和表2-4-8分别是本钢试制的Ti-IF钢的化学成分和冷轧板的力学性能。可见，Ti-IF钢的化学成分控制较好，冷轧板材具有良好的成形性能。

表 2-4-7 本钢试制的 DC06 Ti-IF 钢的化学成分（北京科技大学 www.ustb.edu.cn） （%）

C	Si	Mn	P	S	Al	Ti
0.003	0.005	0.16	0.006	0.01	0.02	0.035

表 2-4-8 本钢试制的 DC06 Ti-IF 钢冷轧薄板的力学性能（北京科技大学 www.ustb.edu.cn）

试样号	规格/mm	屈服强度/MPa	抗拉强度/MPa	伸长率 A80/%	n 值	r 值
1	0.8	143	300	40.0	0.25	2.20
2	0.8	141	300	42.5	0.25	2.10

马钢 CSP 线采用 Nb-V-Ti 复合添加方法试制出屈服强度 460MPa 级 HSLA 钢和 V 微合金化 345MPa 级 HSLA 钢。表 2-4-9 为 460MPa 级 HSLA 钢的化学成分和力学性能平均值,可见此钢不仅强度高,屈强比较低 (0.816),而且伸长率也比较高。

表 2-4-9 马钢 CSP 线生产 460MPa 级 HSLA 钢的化学成分和力学性能平均值(北京科技大学 www.ustb.edu.cn)

化学成分/%								力学性能		
C	Si	Mn	P	S	Nb	V	Ti	R_{el}/MPa	R_m/MPa	δ/%
0.18	0.19	1.24	0.015	0.0056	0.018	0.041	0.024	490	600	25.6

C 电工钢的研究开发

2005 年 3 月 1 日,马钢采用 CSP 工艺轧制出第一批 MG-W600 无取向硅钢热轧卷。从 RH 精炼炉出炉的钢水到薄板坯连铸连轧出卷,全过程只需 2h。首批试制的 3 炉电工钢卷近 390t,各项指标均符合要求,达到了阶段实验目的。另外,本钢薄板坯连铸机刚一投产就成功地浇注了各种不同牌号的硅钢。

2.4.1.6 轧制过程控制工艺技术开发

A 超薄规格板带生产及半无头轧制技术应用

近几年,国内外一些薄板坯连铸连轧生产线利用设备与技术优势,通过对钢水成分控制、连铸与加热工艺优化以及在精轧机组的轧制规程中采取一系列控制技术和措施,纷纷实现了薄规格和超薄规格板带的批量生产。珠钢 CSP 线已成功轧出 0.98mm 薄带产品和厚度不大于 2.0mm 的热轧薄规格集装箱板带,唐钢和涟钢也已分别成功轧制出 0.8mm 和 0.78mm 的超薄规格带材。

利用半无头轧制工艺生产超薄规格板带产品是薄板坯连铸连轧生产线的一大优势。涟钢在 CSP 线设备调试和试生产期间,进行了大量的半无头轧制试验,坚持应用半无头轧制技术批量生产薄规格产品,实现了 269m 长坯(切分 7 卷)生产 0.78mm 产品的历史性突破。图 2-4-1 为涟钢 CSP 半无头轧制过程中从 1.0mm 过渡到 0.8mm 的厚度曲线图,半无头轧制目标厚度分别是 1.0mm、0.9mm、0.8mm。在轧制第一卷时,模型计算的出口厚度与实际测量值非常接近,第二卷、第三卷时模型计算的出口厚度和实际测量厚度几乎一样,表明模型设定计算的精度大大提高,同时轧制状态非常稳定。

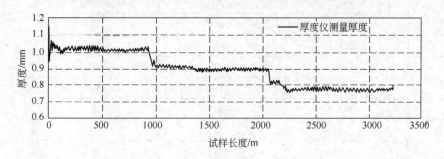

图 2-4-1 CSP 半无头轧制过程中从 1.0mm 过渡到 0.8mm 的厚度曲线图

唐钢 FTSR 线进行了连铸坯长 30~138m 的 1~4 分割、最薄规格 1.4mm 的半无头轧制试验,取得了初步成功并积累了经验。

B 柔性轧制技术

柔性轧制工艺控制技术的核心思想就是在同一冶炼工艺、化学成分及连铸工艺的条件下,根据轧机工艺设备能力,通过改变轧制、层流冷却及卷取工艺制度,从而生产出不同强度级别的低碳高强度板材,以满足不同用户的需求,而且可以一定程度上提高生产节奏和效率。表 2-4-10 为 CSP 生产低碳高强度汽车板进行柔性轧制工艺实践的化学成分。在生产工艺控制中,通过调整开轧、终轧和卷取温度,生产出具有不同强度级别且综合力学性能良好的低碳高强度汽车板。

表 2-4-10 CSP 生产低碳高强度汽车板的化学成分(北京科技大学 www.ustb.edu.cn) (%)

C	Si	Mn	P	S	Cu	Ni	Cr	Ti
0.19	0.30	1.20	0.015	0.003	0.10	0.030	0.028	0.016

表 2-4-11 为不同强度级别低碳高强度汽车板力学性能的对比。可以看出，在钢板的化学成分一致，通过采用不同的轧制和卷取温度及冷却速率控制工艺，获得了三种不同强度级别且强韧性能良好的低碳高强度汽车板。1 号试样的性能完全达到 510L 的要求。对于 6.5mm 厚的 3 号试样来说，屈服强度比 1 号试样高出约 100MPa，其抗拉强度比 1 号试样高出约 70MPa，而且所有钢板冷弯性能良好，其性能超过 550L 的要求，实际上达到了 590L 的力学性能要求。总体来说，柔性工艺控制技术实践取得了成功。

表 2-4-11 CSP 生产不同强度级别低碳高强度汽车板的力学性能对比（北京科技大学 www.ustb.edu.cn）

编 号	厚度/mm	屈服强度/MPa	抗拉强度/MPa	伸长率/%	冷弯 180°d=a
1	6.0	430	585	27.9	良好
2	6.0	460	605	30.0	良好
3	6.5	535	660	23.1	良好

C 铁素体轧制技术

唐钢在其 FTSR 线上进行了铁素体轧制的生产性试验，确定了低碳钢板卷铁素体轧制工艺控制方法，分析了铁素体轧制工艺参数对板卷组织与力学性能的影响并取得了经验。表 2-4-12、表 2-4-13 分别为其铁素体轧制板卷的化学成分和力学性能。可见，采用铁素体轧制使钢板的屈服强度和抗拉强度明显降低、成形性能提高的同时更适合于冷轧板基板生产。

表 2-4-12 铁素体轧制板卷的化学成分（北京科技大学 www.ustb.edu.cn）

炉 号	C/%	Si/%	Mn/%	S/%	P/%
H1-2087	0.050	0.055	0.30	0.0042	0.014
H1-9900	0.030	0.050	0.23	0.0060	0.016
H1-2630	0.030	0.060	0.18	0.0050	0.011
H1-3334	0.029	0.030	0.18	0.0040	0.012

表 2-4-13 铁素体轧制板卷的力学性能（北京科技大学 www.ustb.edu.cn）

试样编号	σ_s/MPa	σ_b/MPa	δ (A50) /%	n 值
1	255	340	37	
2	205	285	40	
3	220	320	38	0.22~0.25
4	230	315	39	
5	240	330	36	
铁素体轧制均值	230	318	38	
奥氏体轧制均值	291	373	40	

2.4.1.7 建议

同传统流程比较，薄板坯连铸连轧流程在冶金工艺过程机理方面有其独自的特征，在工艺过程控制方法和技术上需要根据流程特点充分挖掘和发挥流程的潜力，进行较为系统的、创新性的研究开发，才能创造更高的水平和效益。为此，提出几点建议供参考。

（1）进一步解决薄板坯连铸连轧过程中冶炼、精炼、双流或多流连铸、加热及热连轧各工艺环节的优化衔接匹配，发挥各设备潜力，实现高效稳定化生产；

（2）从结晶器和浇注水口结构改进钢液流场与温度场分析控制，针对生产钢种的保护渣选型和研究，结合电磁制动、软压下等先进技术，生产无缺陷高质量铸坯是生产高质量板材的前提条件；

（3）扩大薄规格比例和半无头轧制对于发挥薄板坯连铸连轧流程优势，提高效益和成材率，以及节能降耗均有重要的实际意义，如何克服实际操作控制难度大并实现稳定批量生产是需要解决的课题；

（4）在原有工艺软件基础上，注意薄板坯连铸连轧工艺控制软件的二次创新性研究开发，逐步形成新的、完善系统的、具有自主知识产权的薄板坯连铸连轧过程工艺控制软件和相关技术。

③ 轧 制 设 备

将黑色或有色金属材料通过加压旋转的辊子（统称轧辊），加工成各种形状规格轧材的成套机械系统称为轧制设备。其核心设备是轧钢机，被它加工的原材料称为轧件，轧件通过轧钢机使其断面逐渐减小，最后被轧成所需要的成品钢材。轧钢机除了主轧机外还包括对轧件的加热、输送、冷却、收集、精整、包装和运输等各种辅助设备。钢板的表面处理（如镀锌、镀锡等）虽然也在轧钢厂内进行，但该加工过程没有改变轧件的厚度，所以它和真正的轧钢有较大的区别。

轧钢机由工作机座、传动装置、轧辊部件、轧辊压下和平衡装置、换辊装置、液压润滑、电控及自动化系统组成。根据轧制工艺要求，轧机有二辊、四辊、六辊、二十辊等多辊轧机。

按照轧件的温度状态，轧钢可分为热轧和冷轧。初轧/粗轧是对钢锭/连铸坯或大断面的轧材（中厚板、大型型钢和管子）加热后采用大压下量的轧制。由于热轧受到加热过程中产生的氧化铁皮的限制及输送的困难，所以薄轧材（一般为 0.2~4mm）必须采取冷轧的方法才能完成。

根据不同的用途，轧机有开坯机、钢板轧机、型钢轧机、钢管轧机及特种轧机等。

在 20 世纪 50 年代还没有连铸机的时候，所用的钢坯是用平炉炼出的钢水浇铸成钢锭，再热装入均热炉内加热到开轧温度（约 1200℃ 左右）后，由初轧机轧出板坯、方坯或管坯作为后面的成品轧机的坯料。由于连铸机的出现，它以工艺流程短、生产效率高代替了初轧的生产。但是由于初轧机是采用坯料回转、立轧的多道次轧制，坯料质量优于连铸坯，所以原有的初轧机仍然被保留了下来，如我国的多台 1150 初轧机和宝钢的 1300 初轧机还在发挥着作用。

由于钢板在国民经济中所占的比例最大，所以各种各样的板轧机的研制和生产也最为突出。以我国为例，自 1989 年 8 月宝钢二期工程和德国西马克公司"联合设计、合作制造"的 2050 热连轧生产线投产之后，为我国的板轧机的制造开创了新局面。近 30 年来许多新建钢铁企业也以生产带钢为主，拥有多条大规格的带钢热连轧机（由 1580 到 2250）和冷连轧机。

热连轧生产线由粗轧机组和连轧精轧机组组成。坯料经粗轧后进入精轧机组进行连续轧制，之后进行冷却和收集（卷取或捆扎等）。

随着对钢材品种和质量要求的提高，轧制方面采用了多种新工艺和自动化控制技术，例如板坯粗轧机大辊径侧压宽控技术 AWC、精轧机液压厚度自动控制技术 AGC、板型控制的连续窜辊 CVC 和液压弯辊 WRB 技术及精轧机微张力 MTC 技术的采用，实现了计算机在线控制下的高速化、连续化和高精度的生产。其轧机的结构也伴随着以上工艺的采用有着相应的改进和发展。

轧件的后续处理工艺依品种不同而各异。如型钢要矫直、切定尺、检验、打磨、标记、包装、入库等；厚板经冷却后切边、矫直、切定尺等；薄板卷冷却后进行开卷、平整、切边、检验、再卷取、标记、捆扎等。对于表面质量有特殊要求的带材，经酸洗后进行镀锌、镀锡处理。

3.1 热轧设备

3.1.1 中、宽厚板轧制设备

3.1.1.1 概述

中、宽厚板轧机是将连铸坯或钢锭等原料经过加热炉加热后，由一架轧机或两架轧机可逆轧制为成品厚度，再经过热矫直机矫直、冷床冷却、切头剪切切头或分段、双边剪剪切到成品宽度、定尺剪剪切到成品长度等工序，制成板材。

3.1.1.2 中厚板轧机的设备组成

中厚板轧机的设备组成如图 3-1-1 所示。

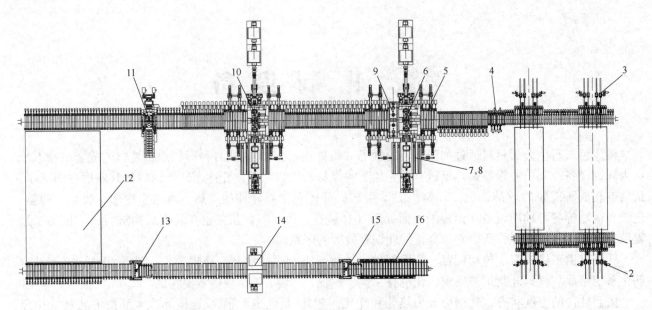

图 3-1-1 中厚板轧机的设备组成

1—辊道；2—推钢机；3—出钢机；4—高压水除鳞机；5—轧机推床；6—中厚板粗轧机；7—工作辊换辊装置；8—支承辊换辊装置；
9—立辊轧机；10—中厚板精轧机；11—热矫直机；12—冷床；13—切头剪；14—双边剪；15—定尺剪；16—定尺机

3.1.1.3 中厚板轧机的工艺流程

检查合格的板坯，由运输辊道送往称量辊道，称量后运至入炉辊道，然后由推钢机装入加热炉内。钢坯在炉内加热温度为 1150~1250℃。

加热好的坯料，由出钢机托出放到出炉辊道上，将其送到高压水除鳞机进行粗除鳞，除鳞后的板坯由机前运输辊道输入带立辊的 R 四辊可移粗轧机组进行轧制。经过横轧和纵轧直至中间厚度板坯完成最后一道粗轧后，由输入辊道送入 F 四辊可逆轧机，经过横轧和纵轧至成品。后经层流冷却装置冷却钢板，冷却后的钢板在矫直机上进行单向或可逆矫直。

热矫直后的钢板进入冷床区，冷却到规定的温度后，进入到切头剪区，进行切头和取样，经过切头的钢板通过双边剪剪前工作辊道送至双边剪进行切边（厚度为 50mm 以下的钢板切边，厚度大于 50mm 的钢板从双边剪上通过）。同时，由碎边剪将钢板两边切掉并碎成不同规格的碎边，经设在其下面的碎边收集装置将其连续地输送到主厂房外装车。

经过切边的钢板通过双边剪后，由工作辊道及定尺剪前辊道运至定尺剪进行切定尺及切尾，成品钢板喷印后，运往成品库存放。

3.1.1.4 中厚板轧机的性能特点

中厚板轧机的性能特点如下：

(1) 采用三点高压水除鳞以清除板坯表面缺陷。

(2) R 四辊轧机采用电动 APC+液压 HGC。

(3) F 四辊轧机采用电动 APC+液压 AGC。

(4) R、F 轧机压下系统中装测压仪、位移传感器，用以进行压力、位置信号反馈，F 轧机后设测厚仪，配合 AGC 实现板厚控制。

(5) F 轧机设正弯辊系统或窜辊系统。

(6) R、F 轧机支承辊轴承采用动压油膜轴承，材质为整体合金锻钢；工作辊采用四列圆锥滚子轴承，材质为无限冷硬球墨铸铁。

(7) F 轧机后设钢板冷却装置，实现控轧、控冷。

(8) 采用九辊或十一辊热钢板矫直机。

(9) 采用滚盘式冷床或步进式冷床。

(10) 剪切线采用激光画线、磁力对中、液压分体夹送辊、双边剪剪切机组。

（11）定尺采用液压分体夹送辊、自动测长滚切式横切剪切机组。

3.1.1.5 相关企业产品

A 中国第一重型机械集团公司中厚板轧机

（1）技术参数。中国第一重型机械集团公司制造的中厚板轧机主要设备的技术参数见表 3-1-1，中厚板轧机的主要技术参数见表 3-1-2。

表 3-1-1 中厚板轧机主要设备的技术参数（中国第一重型机械集团公司 www.cfhi.com）

序号	设备名称	参数名称	设备型号及性能参数		
			2800	3500	4300
1	粗轧机	最大轧制力/kN	55000	70000	90000
		工作辊辊身长度/mm	2800	3500	4300
		工作辊直径（最大/最小）/mm	φ950/φ850	φ1150/φ1050	φ1210/φ1110
		支承辊辊身长度/mm	2700	3400	4250
		支承直径（最大/最小）/mm	φ1800/φ1650	φ2100/φ1900	φ2200/φ2000
		轧制速度/m·s⁻¹	0~±1.989~±3.977	0~±2.25~±4.5	0~±2.22~±5.07
		主电机功率/kW	2×4200	2×6000	2×6300
2	精轧机	最大轧制力/kN	55000	70000	90000
		工作辊辊身长度/mm	2800	3500	4600
		工作辊直径（最大/最小）/mm	φ950/φ850	φ1150/φ1050	φ1120/φ1020
		支承辊辊身长度/mm	2700	3400	4250
		支承辊直径（最大/最小）/mm	φ1800/φ1650	φ2100/φ1900	φ2200/φ2000
		弯辊力（单侧）/kN	—	2000	4000
		轧制速度/m·s⁻¹	0~±2.486~±5.966	0~±2.8~±7	0~±3.52~±7.04
		窜辊量/m·s⁻¹	—	—	±150
		主电机功率/kW	2×6500	2×8000	2×9000
3	热矫直机	最大矫直力/kN	25000	30000	34000
		工作辊及导辊辊子数量	11	11	11
		工作辊及导辊辊身长度/mm	2850	3600	4500
		工作辊及导辊直径/mm	φ285	φ285	φ285
		工作辊上支承辊规格/mm	φ290×382.5	φ290×285	φ290×400
		导辊上支承辊规格/mm	φ290×700	φ290×900	φ290×1130
		矫直速度/m·s⁻¹	0~1~2.5	0~0.75~2	0~1~2.5
		主电机功率/kW	2×500	2×600	2×700
4	滚切式切头/定尺剪	最大剪切力/kN	16000	16000	16000
		钢板最大强度极限/N·mm²	$\sigma_b \leqslant 1200$（板厚5~40）$\sigma_b \leqslant 750$（40<板厚≤50）	$\sigma_b \leqslant 1200$（板厚5~40）$\sigma_b \leqslant 750$（40<板厚≤50）	$\sigma_b \leqslant 1200$（板厚5~40）$\sigma_b \leqslant 750$（40<板厚≤50）
		连续空切频率/次·min⁻¹	24	24	24
		起停剪切频率/次·min⁻¹	13	13	13
		剪刃长度/mm	3050	3600	4400
		主电机功率/kW	2×600	2×700	2×800
5	滚切式双边剪	最大剪切力/kN	切边剪 6500 碎边剪 3000	切边剪 6500 碎边剪 3000	切边剪 6500 碎边剪 3000

序号	设备名称	参数名称	设备型号及性能参数		
			2800	3500	4300
5	滚切式双边剪	钢板最大强度极限/$N \cdot mm^2$	$\sigma_b \leqslant 1200$（板厚5~40） $\sigma_b \leqslant 750$（40<板厚≤50）	$\sigma_b \leqslant 1200$（板厚5~40） $\sigma_b \leqslant 750$（40<板厚≤50）	$\sigma_b \leqslant 1200$（板厚5~40） $\sigma_b \leqslant 750$（40<板厚≤50）
		剪切步长/mm	1300（板厚5~40） 1050（40<板厚≤50）	1300（板厚5~40） 1050（40<板厚≤50）	1300（板厚5~40） 1050（40<板厚≤50）
		剪切频率/次·min^{-1}	16~30	16~30	16~30
		主电机功率/kW	4×500	4×500	4×500

表 3-1-2 中厚板轧机主要技术参数（中国第一重型机械集团公司 www.cfhi.com）

序号	名 称	设备型号及技术参数		
		2800	3500	4300
1	连铸坯厚度/mm	150、200、250	150、200、250	210、250、300
2	连铸坯宽度/mm	900~1600	1500~2100	1200~2300
3	连铸坯长度/mm	1500~2500（双排料） max 5300（单排料）	2300~3300	1500~4100
4	连铸坯质量/t	max：16.536	max：13.5	max：22
5	成品厚度/mm	5~50	6~60	5~100
6	成品宽度/mm	1300~2600	2000~3300	1200~4100
7	成品长度/mm	max：18000	6000~18000	max：25000
8	成品质量/t	max：11.232	max：12	max：22
9	年产量/万吨	80	120	160
10	钢 种	碳素结构钢板、优质碳素结构钢板、低合金高强度结构钢板、船体用结构钢板、管线用钢板、汽车大梁板、桥梁用结构板、压力容器用钢板、锅炉用钢板等		
11	产品标准	按各类用户要求所对应的国家和国际标准组织生产，主要的有国标 GB、欧洲 EN、美国 ASTM 和 API 及日本 JIS		

（2）中厚板轧机的典型应用。中厚板轧机的典型应用见表 3-1-3。

表 3-1-3 中厚板轧机的典型应用（中国第一重型机械集团公司 www.cfhi.com）

型号规格	用 户 企 业
2800	安阳钢铁公司、酒泉钢铁公司、江阴西城钢铁公司、江苏飞达钢铁公司、津西钢铁公司（共5套）
3500	邯郸钢铁公司（两套）、北台钢铁公司、普阳钢铁公司（两套）、 天津钢铁公司、新金钢铁公司、河南汉冶钢铁公司、 西班牙 Brava Steel Co.（共9套）
4300	济南钢铁公司、宁波钢铁公司（共2套）

B 上海重型机械厂有限公司粗轧机、宽厚板热轧机

上海重型机械厂有限公司制造的热轧机的技术参数见表 3-1-4。

表 3-1-4　热轧机技术参数表（上海重型机器厂有限公司　www.shmp-sh.com）

序号	项目名称	用户名称	交付日期	产品参数	机组参数	结构特点	设计	备注
1	西部2800宽厚板轧机	西部材料	2009年	原料包括钢板、复合板、钛及钛合金和少量其他有色金属； 钢板板坯规格： 厚度为 180~300mm，宽度为 800~1560mm，长度为 1800~2600mm，最大板坯质量为 9t； 复合板板坯规格：厚度为 180~250mm，宽度为 1300~2000mm，长度为 1560~2600mm，最大板坯质量为 9t； 钛及钛合金板坯规格：厚度为 80~350mm，宽度为 800~1560mm，长度为 800~2600mm，最大板坯质量为 6.4t	轧制力：55000kN； 轧制速度:0~2.23/5.34m/s； 主电机，AC5000kW，0~±50/120 r/min，2 台； 单侧弯辊力：2000kN； 最大矫直力：20000kN； 矫直速度：0~2.5mm/s； 最大剪切力：4500kN	机组包括加热炉、除鳞机、主轧区、快速冷却、矫直机、分段剪、横移台架、高压水切割机；主轧机设电动压下+液压 AGC 缸，设工作辊平衡缸，设液压驱动快速换辊；矫直机为 11 辊四重式，设液压快速换辊；分段剪为曲柄连杆式，采用电机驱动上剪刃	上重自主设计（主轧区、矫直机、分段剪、横移台架）	
2	济钢3500粗轧机改造	济钢	2010年	设计年产量为 150 万吨； 主要生产钢种：管线板，造船板，碳素结构钢，低合金结构钢，耐候板，锅炉板，压力容器板，汽车大梁板，桥梁板，模具钢、耐磨钢等； 原料全部为连铸坯，规格：板坯厚度为 200、270mm（预留 300mm），板坯宽度为 1200~2100mm，板坯长度为 2000~3200mm，最大板坯单重为 14.15t（预留 16t）；成品规格：厚度为 6~100mm，宽度为 1500~3300mm，长度为 6000~18000mm（毛板最长 33500mm）	粗轧机轧制力：70000kN； 轧制速度：0 ~ 2.4/4.8m/s； 主电机：AC7000kW，0~±40/80r/min，2 台	粗轧区设备主要包括前后转钢辊道、前后推床、粗轧机、快速换辊装置等；粗轧机为四辊可逆式，设电动压下 APC+液压压下 AGC，设测压仪和辊缝仪，设工作辊平衡缸，设可移动出入口导卫，并附高压水除鳞、冷却、抑尘管路	上重自主设计	附图3-1-1
3	包钢3800宽厚板热轧机组	包钢	2007年	原料规格：厚度为 120mm、200mm、250mm、300mm，宽度为 1200~2300mm，长度为 1500~7400mm，最大板坯单重为 39.82t；成品规格：厚度为 5~100mm，宽度为 1200~3700mm，长度为 5000~52000mm	粗轧机轧制力：80000kN； 轧制速度：0 ~ 2.16/5.39m/s； 主电机：AC5000kW，0~±40/100r/min，2 台	粗轧区设备主要包括前后转钢辊道、前后推床、粗轧机、快速换辊装置等；粗轧机为四辊可逆式，设电动压下 APC+液压压下 AGC，设测压仪和辊缝仪，设工作辊平衡缸，设可移动出入口导卫，并附高压水除鳞、冷却、抑尘管路	上重转化设计（高压水除鳞机、粗轧区及ACC 快冷）	

序号	项目名称	用户名称	交付日期	产品参数	机组参数	结构特点	设计	备注
4	莱钢4300粗轧机及ACC快冷	莱钢	2008年	原料规格：板坯厚度为最大300mm；成品规格：宽度为1500~4150mm	粗轧机轧制力：90000kN；主电机：AC7200kW，0~±40/80r/min，2台；立辊轧制力：5000kN；主电机：AC1200kW，0~±200/485r/min，2台	四辊可逆式粗轧机，机架为整体铸钢件，单片净重约370t，设电动压下APC+液压AGC（下置式），立辊轧机附着于粗轧机出口，机架为分体式，由上下两片组成，设电动侧压+液压AWC，设出入口机架辊	上重转化设计（粗轧机含立辊、粗精轧机快速换辊装置、ACC快冷装置）	
5	沙钢5m宽厚板机组（一期），沙钢5m宽厚板机组（二期）	沙钢	2006年，2009年	主要生产钢种：管线钢，船板钢，结构钢，容器钢，锅炉钢，耐大气腐蚀钢；原料为连铸坯，规格：厚度为120~320mm，宽度为1300~2700mm，长度为2600~4800mm，最大板坯单重为32.3t；成品规格：厚度为5~100mm，宽度为最大4900mm，长度为最大52m	水平轧机轧制力：100000kN；轧制速度：最大7.3m/s；主电机：AC10000kW，0~±50/120r/min，2台；最大弯辊力：14000kN；立辊轧机轧制力：5000kN；主电机：AC1200kW，0~±305/720r/min，2台	水平轧机机架为分体式，由立柱和上下横梁通过键和螺栓组成，设电动压下+下置式AGC缸；立辊附着于水平轧机出口，设电动侧压+液压AWC，设出入口机架辊	上重转化设计（水平轧机、立辊轧机）	附图3-1-2

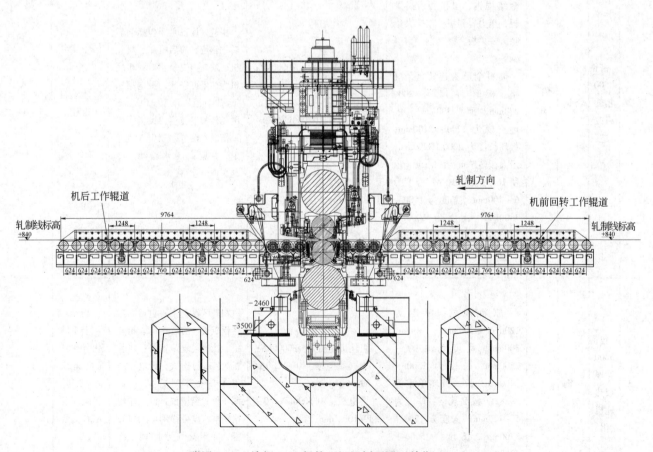

附图 3-1-1　济钢 3500 粗轧区机组剖面图（单位：mm）

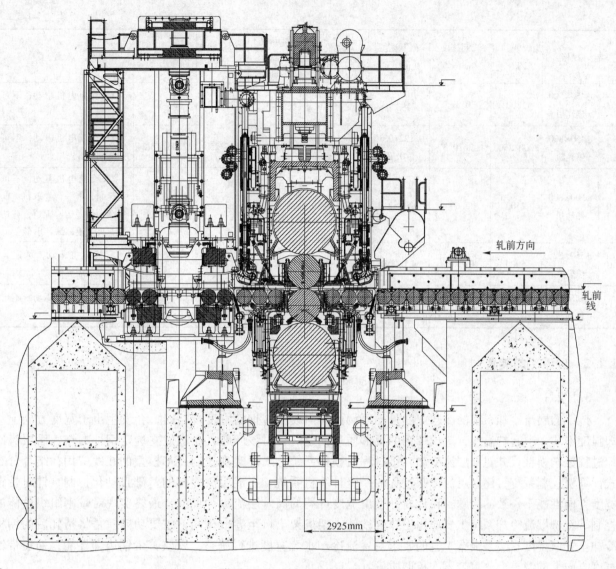

附图 3-1-2 沙钢 5m 主轧区剖面图

C 云南冶金昆明重工有限公司热轧钢机

云南冶金昆明重工有限公司制造的热轧钢机的技术参数见表 3-1-5。

表 3-1-5 热轧钢机技术参数（云南冶金昆明重工有限公司　www.khig.com.cn）

序号	规格	最大轧制力 /kN	轧制速度 /m·s⁻¹	压下速度 /mm·s⁻¹	坯料尺寸 /mm	成品最小厚度 /mm	主电机功率 /kW	整机质量/kg	主 要 配 置
1	φ250×300 热轧机	1000	0.31	0.82	30×200	2.00	55	9451	YR 交流电机驱动，不可逆轧制
2	φ270×350 热轧机	1000	0.45	0.57/1.14	28×250	6	55	9658	YR 交流电机驱动，不可逆轧制
3	φ350×450 热轧机	1250	0.34/0.48 /0.436	0.31/0.155 /1.15	40×320	1.0	75/110	20500/20800 /23500	YR 交流电机驱动，无卷取机和开卷箱、前后摆动台
4	φ420×500 热轧机	1800	0.36	0.85	70×400	3.0	185	35180	YR 交流电机驱动，不可逆轧制
5	φ420×500 热轧机	1800	0~0.46/0~ 0.46~1	0.96/1.96	70×400	3.0	138/200	54200/80086	直流电机驱动，可逆轧制，带前后运输辊道
6	φ420×600 热轧机	1800	0.36	0.122	50×440	1.0	132	35645	YR 交流电机驱动，不可逆轧制

序号	规格	最大轧制力 /kN	轧制速度 /m·s⁻¹	压下速度 /mm·s⁻¹	坯料尺寸 /mm	成品最小厚度 /mm	主电机功率 /kW	整机质量/kg	主 要 配 置
7	φ450×500 热轧机	1800	0.39	0.96	56×400	5.0	185	36497	YR 交流电机驱动,不可逆轧制
8	φ450×800 热轧机	2000/2500	0.36/0.37	0.122/0.17 ~0.70	50×650	1.0/0.5	185/250	37206/37724	YR 交流电机驱动,不可逆轧制
9	φ500×800 热轧机	2500	0.60	1.0、2.0	100×650×2000	6.0	250	106650	YR 交流电机驱动,不可逆轧制,带一台卷取机,前后摆动台,运输辊道,剪切机,夹送辊,卸卷小车
10	φ550×820 热轧机	5000	0~1.5	4.0/8.0	120×600×1000	4.0	770	99000	直流电机驱动,可逆轧制,带前后导位
11	φ500×1200 热轧机	4000	0.63	4.4~4.60	80×1000	3.0	250	69118	YR 交流电机驱动,不可逆轧制

3.1.2 层流冷却装置

3.1.2.1 概述

传统的层流冷却系统的冷却宽度是不可调的,当改变带钢的宽度规格时,会发生由于宽度方向上冷却强度不均而引起的温差,造成带钢的板形质量问题。针对该问题,通过建立选定钢种的热轧后层流冷却过程数学模型,并建立层流冷却二级过程机模型系统,最终实现控制冷却模型的在线应用;结合分布式计算机控制系统,建立层流冷却过程的一级计算机系统,完成层流冷却的基础自动化控制;针对带钢宽度方向性能不一致的问题,设计并开发出宽度可调的高效层流冷却设备,最终实现对带钢组织性能的控制。新型层流冷却系统主要应用于热轧精轧末架机架出口至卷取机间,主要功能一是将精轧后的钢板冷却至卷取温度;二是根据工艺的要求对层流冷却水流宽度进行调整,以改善带钢边部性能,缩短带钢宽度方向上的温差,改善带钢的板形质量。

层冷设备的功能主要包括冷却策略的制定、冷却规程的预计算。修正计算和自学习计算。根据上述轧线的层流冷却工艺布置来设计带钢层冷过程控制模型,通过实验测试钢种的 CCT 曲线、金相组织和力学性能等,制定出它们的高效层流冷却工艺,并利用有限元法分析不同厚度钢板在宽度方向的温度分布,确定合理的边部遮挡工艺。

3.1.2.2 产品结构

高效层流冷却装置主要由上喷管冷却设备和下喷管冷却设备组成,包括冷却水输送管道、冷却集管和宽度调节设备。

上喷管冷却设备:两侧电机经减速机及万向轴带动丝杆转动,丝杆经连接板带动活塞及力矩平衡杆沿集管中心方向来回运动,两侧活塞内端面的距离即为冷却水的宽度。

下喷管冷却设备:电机通过链轮带动同组 12 根管道链轮同时转动,同时遮挡板沿直线运动,两侧遮挡板内边距距离即为层流冷却水的宽度;单根管道链轮处安装有扭矩限制器,确保单根管道出现故障时,动力仍可传输到下一链轮。

设备可应用于现场控制的热轧带钢高效层流冷却二级过程机模型的设定系统,可以按照不同钢种提供不同的层流冷却工艺。根据不同工艺需求,增加宽度调节装置,以减小带钢宽度方向上的温差,从而提高钢板边部性能。该系统还配备了适用于现场控制的热轧带钢高效层流冷却基础自动化控制系统,该系统采用分布式计算机控制,具有易于操作的 HMI 界面。

3.1.2.3 技术参数(北京中冶设备研究设计总院有限公司)

层流冷却装置的技术参数如下:

（1）冷却水宽度：450~2250mm。

（2）冷却水压力：0.07MPa。

（3）宽度调节方式：活塞式、柱塞式、边部遮挡方式。

（4）宽度调节精度控制在：±5mm。

（5）边部与宽度方向的冷却温度差异由60~80℃缩短到40~60℃。

3.1.2.4 应用情况

设备已于2008年应用在宝山钢铁股份公司，运行稳定，经济效益显著。

其主要经济效益体现在两方面，一方面是投资成本、水电资源的节省费用；另一方面是改善产品质量及提高产品合格率所产生的附加经济效益。本项目的技术具有能够降低热轧厂成本、拓宽产品生产范围和提高产品质量等优点。

设备现场应用如图3-1-2所示。

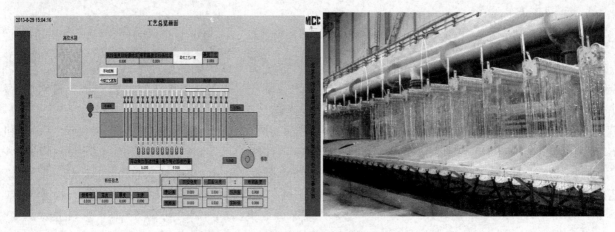

图3-1-2 宽度可调式热轧带钢高效层流冷却装置

3.1.3 长材轧机

3.1.3.1 概述

用于轧制长材产品，主要有：重轨、H型钢、工字钢、槽钢、角钢、方钢及特殊型钢等。

3.1.3.2 技术参数

典型热轧项目的技术参数见表3-1-6。

表3-1-6 典型热轧项目的技术参数（上海重型机器厂有限公司 www.shmp-sh.com）

序号	项目名称	用户名称	交付日期	产品参数	机组参数	结构特点	设计	备注
1	包钢轨梁轧机	包钢	2005年	原料为连铸矩形坯及方坯，断面尺寸为410mm×319mm、380mm×280mm、280mm×325mm、240mm×240mm；连铸坯长度为4.5m、8m；单重为2.25t、8.16t；主要产品为重轨、H型钢、工字钢、槽钢、角钢、方钢及特殊型钢，长度约105m	BD1齿轮直径：950mm；轴向轧制力：2500kN；轧制速度：约0.65~5m/s；BD2齿轮直径：850mm；水平轧制力：4500kN；轴向轧制力：1200kN；轧制速度：0.8~6m/s	开坯机为二辊可逆式，设防卡缸，设快速换辊装置，BD1前后设电机驱动的推床，钩式翻钢机，BD2前后设液压驱动的推床、夹钳式翻钢机和链式移钢机	上重转化设计（粗轧开坯机BD1、BD2和万能轧机部分设备）	

序号	项目名称	用户名称	交付日期	产品参数	机组参数	结构特点	设计	备注
2	攀钢轨梁轧机	攀钢	2005年	主要产品为：钢轨、H型钢、工字钢、槽钢、角钢、异型钢及方圆钢；成品最大长度约100m；热轧最大长度105m	BD1 齿轮直径：950mm；水平轧制力：7500kN；轴向轧制力：2500kN；轧制速度：0.5~5m/s；BD2 齿轮直径：950mm；水平轧制力：7500kN；轴向轧制力：2500kN；轧制速度：0.5~5 m/s	开坯机为二辊可逆式，设防卡缸，设快速换辊装置，BD1 前后设电机驱动的推床，钩式翻钢机，BD2 前后设液压驱动的推床、夹钳式翻钢机和链式移钢机	上重转化设计（粗轧开坯机 BD1、BD2）	

3.1.4 带钢热连轧设备

3.1.4.1 概述

带钢热连轧机自 20 世纪 50 年代开始在世界范围内已成为带钢主要的生产方式（如图 3-1-3 所示）。带钢热连轧机具有轧制速度高、产量高、自动化程度高的特点。带钢热连轧由粗轧机和精轧机组成，粗轧机可分为全连轧、3/4 连轧和半连轧等；精轧机为全连轧。

带钢热连轧的规格通常用轧辊辊身的名义长度表示。热连轧机经过多年的发展，形成了 PC 轧机、HC 轧机、CVC 轧机和 HCW 轧机等多种轧机形式，热连轧机中的其他各个辅助设备也发展出多种形式，可满足不同工艺的要求。热连轧机可以轧制厚度从 1.2mm 到 25.4mm，宽度到 2200mm 的产品。根据带钢轧制宽度不同，热连轧机还分为窄带轧机、中宽带轧机、宽带轧机等等。热连轧机逐渐开发出 AWC、SSC、AGC、CVC、PC、无芯卷取、工作辊弯辊和窜辊、卷取机踏步控制等新轧制控制工艺和技术，使热连轧机产品质量得以迅速提高，并可部分代替冷轧产品。图 3-1-4 为热连轧机的典型布置形式。

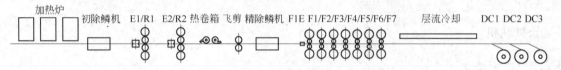

图 3-1-3 带钢生产流程图

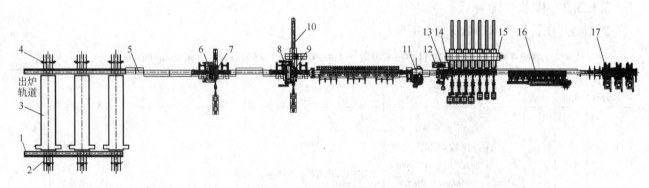

图 3-1-4 热连轧机结构图

1—入炉辊道；2—推钢机；3—加热炉；4—出钢机；5—粗除鳞机；6—E1 立辊轧机；7—R1 二辊粗轧机；8—E2 立辊轧机；
9—R2 四辊粗轧机；10—换辊装置；11—热卷箱；12—飞剪；13—精除鳞机；14—F1E 立辊轧机；
15—精轧机组；16—层流冷却；17—卷取机

3.1.4.2 工作原理

加热好的板坯出炉后通过输送辊道输送，经过粗除鳞装置进行高压水一次除鳞后进入 E1/R1 粗轧机机组进行轧制，然后进入 E2/R2 四辊可逆粗轧机组轧制，将板坯轧制成厚度约为 25~60mm 厚的中间坯；E1/E2 立辊轧机对中间坯的宽度进行控制；中间坯经中间保温辊道保温和边部感应加热器对边部温降进行补偿后进入热卷箱进行卷取,卷取成卷后再开卷进入切头飞剪切除头尾;切头后的中间坯经精除鳞机进行高压水除鳞,除去二次氧化铁皮,然后进入 F1E 和七机架精轧机进行轧制,得到最终的产品厚度。精轧机轧出的带钢在热输出辊道上,由高效的层流冷却系统将热轧带钢由终轧温度冷却到卷取温度进行卷取。卸卷小车把钢卷运至机旁打捆机处进行打捆,经称重、标记后由钢卷运输系统将钢卷运送到钢卷成品库;需要检查的钢卷则由钢卷小车送到检查线,打开钢卷进行检查和取样;完成检查的钢卷再重新卷成卷,送回到钢卷运输系统。

3.1.4.3 相关企业产品

A 中国第一重型机械集团公司制造

(1) 性能特点。中国第一重型机械集团公司制造的带钢热连轧机的性能特点如下:

1) 采用四点高压水除鳞以消除板坯的表面缺陷。

2) E1、E2 立辊轧机采用 AWC 和 SSC 控制。

3) R1 二辊粗轧机压下采用电动 APC+液压 HGC。

4) R2 四辊粗轧机压下采用电动 APC+液压 AGC。

5) R2 粗轧机和精轧机压下系统中装有测压仪、位移传感器用以进行压力、位置信号反馈,精轧机后设测厚仪及平直度仪,配合 AGC 实现板厚控制。

6) 采用无芯卷取技术的热卷箱。

7) 飞剪采用转毂式飞剪,配置优化剪切系统,可保证剪切带钢头尾部形状最佳化。

8) 精轧机组设正弯辊系统和窜辊系统。

9) 精轧机组压下采用液压 AGC。

10) 精轧机设置轧制润滑系统,减少轧制力和轧制扭矩,提高带钢表面质量。

11) 精轧机间设置轧辊冷却水、带钢冷却水、除尘水、轧辊防剥落水等。

12) 精轧机间设置高响应液压活套系统。

13) 四辊粗轧机和精轧机工作辊轴承均采用四列圆锥滚子轴承,粗轧工作辊采用锻钢辊,精轧机工作辊采用高铬铸铁和无限冷硬球墨铸铁轧辊。

14) R1 粗轧机工作辊、R2 粗轧机和精轧机的轧辊采用整体合金锻钢制作,支承辊轴承采用动压油膜轴承。

15) 精轧机组后设带钢层流冷却装置,水量自动控制,以获得最佳的带钢冷却效果。

16) 采用摆臂式夹送辊。

17) 采用液压式三助卷辊地下卷取机,卷筒为全液压四棱锥无级涨缩式。

18) 卷取机助卷辊采用液压踏步控制。

19) 设置钢卷运输线和检查线。

(2) 主要设备组成。

热连轧机的主要设备由加热炉、上下料装置、粗除鳞机、立辊轧机、粗轧水平轧机、热卷箱、飞剪、精除鳞机、精轧立辊轧机、精轧机组、层流冷却、卷取机组、运输线和检查线等设备组成。其中,各组成设备的功能及性能特点见表 3-1-7。

表 3-1-7 热连轧机各组成设备的功能及性能特点

名 称	功 能	性 能 特 点
推钢机和出钢机	将冷钢板送入加热炉;出钢机将加热好的钢坯从加热炉中取出放在炉前辊道上	导向升降为液压式,托钢杆为齿轮齿条电动驱动
粗除鳞机	去除板坯表面在加热炉加热过程中产生的一次氧化铁皮	除鳞机内设置除鳞辊道,喷水管设置上下各 2 根集管,设置挡水板和收集槽
立辊轧机	将板坯进行宽度调整	设置全液压式侧压缸,可实现 AWC 和 SSC 控制
粗轧水平轧机	将板坯轧制成中间坯	设置液压 AGC 缸,实现电动 APC 和液压 AGC 控制,支承辊采用油膜轴承,轧制标高可自动调整,导位中设置高压水除鳞,主传动采用十字头万向接轴,设置测压仪对轧制力进行检测

名　称	功　能	性　能　特　点
热卷箱	将中间坯无芯卷取成钢卷，开卷后钢坯头尾改变方向进入精轧机	将中间坯卷取成钢卷，减少热量损失，减少中间坯的头尾温差；弯曲辊使钢坯弯曲，在1号托卷辊处卷取成钢卷；开卷器插入钢卷尾部缝隙，在托卷辊反转将带卷打开进行开卷；开卷后带头进入夹送辊将带钢矫平后进入飞剪
飞剪	剪切中间坯不规则的头部和尾部，使其顺利进入精轧机进行轧制	剪切机构为上下两个转毂，安装在每个转毂各有2个刀片，分别剪切带钢头部和尾部，剪刃可快速更换；配置优化剪切系统
精除鳞机	清除板坯上的二次氧化铁皮	除鳞机内设置除鳞辊道，喷水管设置上下各2根集管，设置挡水板和收集槽；入口和出口设置夹送辊
精轧立辊轧机	使轧件对中并对钢坯进行微量调宽	设置全液压侧压缸，两个立辊分别由一台电机传动，电气同步
精轧机组	将中间坯经精轧机组连续轧制成成品带钢	配置全液压AGC、工作辊窜辊、工作辊弯辊、支承辊油膜轴承、轧制标高自动调整、液压活套、导位中设置工作辊冷却水、轧辊防剥落、轧制润滑和水压除尘；机架间设有带钢冷却水；设置测压仪对轧制力进行检测
层流冷却	使带钢温度降到卷取温度，并获得良好的机械性能	设置多组粗调段和精调段，水量自动控制，以获得最佳的带钢冷却效果；各段间设置侧喷水，清除带钢上表面积聚的高温水
卷取机	将成品带钢卷成钢卷	地下全液压式三助卷辊卷取机，带摆臂式液压夹送辊，助卷辊AJC控制，全液压四棱锥式无级涨缩卷筒，液压式活动支撑

（3）主要技术参数。带钢热连轧机的主要技术参数见表3-1-8。

表 3-1-8　带钢热连轧机主要技术参数（中国第一重型机械集团公司　www.cfhi.com）

序号	设 备 型 号	1580	1780	2250
1	连铸坯厚度/mm	210、230	210、230	210、250
2	连铸坯宽度/mm	800~1470	800~1630	900~2130
3	连铸坯长度/mm	4000~5000, 12000	4000~5000, 12000	4000~5000, 11000
4	连铸坯质量/t	max：32	max：36	max：48
5	成品厚度/mm	1.5~25.4	1.5~25.4	1.5~25.4
6	成品宽度/mm	800~1470	800~1630	900~2130
7	成品卷重/t	max：31.5	max：35.4	max：47.3
8	年产量/万吨	350	400	500
9	E1立辊轧机最大轧制力/kN	5000	5000	6000
10	E1立辊轧机工作辊直径（最大/最小）/mm	$\phi1200/\phi1100$	$\phi1200/\phi1100$	$\phi1200/\phi1100$
11	E1轧机轧制速度/m·s^{-1}	0~2.1~3.5	0~2.1~3.5	0~2.2~4.5
12	E1轧机主电机功率/kW	2×1200	2×1200	2×1500
13	R1粗轧机最大轧制力/kN	30000	30000	35000
14	R1粗轧机工作辊辊身长度/mm	1580	1780	2250
15	R1粗轧机工作辊直径（最大/最小）/mm	$\phi1350/\phi1230$	$\phi1350/\phi1230$	$\phi1350/\phi1230$
16	粗轧机轧制速度/m·s^{-1}	0~2.1~3.5	0~2.1~3.5	0~2.2~4.5
17	粗轧机主电机功率/kW	2×3500	2×4000	2×4500
18	E2立辊轧机最大轧制力/kN	5000	5000	6000
19	E2立辊轧机工作辊规格/mm	$\phi1200/\phi1100$	$\phi1200/\phi1100$	$\phi1200/\phi1100$
20	E2轧机轧制速度/m·s^{-1}	0~2.82~5.65	0~2.82~5.65	0~2.5~6.5
21	E2立辊轧机主电机功率/kW	2×1200	2×1200	2×1500
22	R2粗轧机最大轧制力/kN	40000	45000	55000
23	R2粗轧机工作辊辊身长度/mm	1580	1780	2250

序号	设 备 型 号	1580	1780	2250
24	R2 粗轧机工作辊直径（最大/最小）/mm	φ1200/φ1100	φ1200/φ1100	φ1200/φ1100
25	R2 粗轧机支承辊辊身长度/mm	1580	1780	2250
26	R2 粗轧机支承辊直径（最大/最小）/mm	φ1550/φ1400	φ1600/φ1450	φ1600/φ1450
27	R2 粗轧机轧制速度/m·s^{-1}	0~2.8~5.6	0~2.8~5.6	0~3.25~6.5
28	粗轧机主电机功率/kW	2×7500	2×8000	2×10000
29	精轧机最大轧制力/kN	F1~F4：40000 F5~F7：34000	F1~F4：42000 F5~F7：35000	F1~F4：50000 F5~F7：40000
30	精轧机工作辊辊身长度/mm	1880	2050	2550
31	精轧机工作辊直径（最大/最小）/mm	F1~F4：800/710 F5~F7：700/625	F1~F4：825/735 F5~F7：700/630	F1~F4：850/760 F5~F7：700/630
32	精轧机支承辊辊身长度/mm	1580	1780	2250
33	精轧机支承辊直径（最大/最小）/mm	φ1550/φ1400	φ1600/φ1450	φ1600/φ1450
34	精轧机弯辊力（单侧）/kN	1500	1800	2000
35	精轧机最大轧制速度/m·s^{-1}	20	20	22
36	精轧机窜辊量/m·s^{-1}	±150	±150	±150
37	精轧机主电机功率/kW	F1~F4：8000 F5~F7：7000	F1~F4：8500 F5~F7：7500	F1~F7：10000
38	上夹送辊规格/mm	φ900/φ880×1630	φ900/φ880×1830	φ900/φ880×2300
39	下夹送辊规格/mm	φ500/φ470×1630	φ500/φ470×1830	φ500/φ470×2300
40	夹送辊最大速度/m·s^{-1}	20	20	22
41	夹送辊电机功率/kW	2×500	2×600	2×650
42	卷取机卷取钢板厚度/mm	25.4	25.4	25.4
43	卷取机卷取钢卷最大外径/mm	2100	2100	2100
44	卷取机助卷辊规格/mm	φ380×1630	φ380×1830	φ380×2300
45	卷取机卷筒电机功率/kW	1×1000	1×1200	1×1400

（4）带钢热连轧机的选用。整个热连轧机组的设备众多，每台设备的结构形式与参数都需单独根据各种工艺要求进行选取，以满足轧制工艺要求，符合功能需求，满足用户投资要求。

带钢热连轧机的选用，根据工厂设计的产品大纲：如生产的钢种、原料的尺寸规格，成品的尺寸规格和年产量这些参数来确定热连轧机的规格、设备组成、设备的选型和功能等；如根据生产产量和极限产品的要求，确定粗轧机、精轧机和卷取机的数量和设备能力；根据产品钢种和成品材料性能，确定层流冷却方式和冷却段数；根据产品的质量要求，确定选用的设备的功能，如立辊轧机 AWC 和 SSC 功能，精轧机选用弯辊、窜辊、合适的辊型和 AGC 功能等。

（5）带钢热连轧的典型应用。带钢热连轧的典型应用见表 3-1-9。

表 3-1-9　带钢热连轧的典型应用（中国第一重型机械集团公司　www.cfhi.com）

热连轧机规格	用 户 企 业
1580	武钢、鞍钢、宝钢、新余、马钢、迁钢、首钢京唐
1780	鞍钢、宝钢、宁波钢铁、安钢、北台、中铁、承钢、梅钢、迁安轧一、福建鼎信、燕钢、德龙镍业
2250	涟钢、宝钢、包钢、邯钢、武钢

B　大连华锐重工集团股份有限公司制造（规格：1500）

（1）性能特点。大连华锐重工集团股份有限公司制造的带钢热连轧机的性能特点如下：

1）采用连铸坯热装技术。

2）粗轧机组选用一台四辊可逆万能轧机，四辊粗轧机设有电动压下＋液压 AGC 缸和液压阶梯垫，四辊轧机牌坊立柱断面积达 $7200cm^2$，刚度≤8000kN/mm。

3）粗轧立辊轧机采用液压侧压装置，设有辊缝自动位置控制系统（AWC），具有短行程控制功能（SSC）。

4）立辊轧机前设有高压水除鳞。

5）中间辊道设热卷箱，以减少中间带坯的热损失，保证进入精轧机组的中间带坯温度，减少头尾温差，并获得机械性能均匀的产品。

6）采用滚筒式飞剪，减少板坯切头、切尾长度，提高收得率；切头采用圆弧剪刃，保证轧件顺利咬入精轧机组，减少精轧咬钢事故率，飞剪具有优化剪切功能。

7）F1~F7 四辊精轧机设全液压 AGC 压下系统，对厚度进行自动控制。

8）F1~F7 采用强力弯辊，可得到良好的板材质量。

9）F1~F7 工作辊设有轴向窜辊装置，可以改变轧辊凸度并使轧辊磨损均匀，以改善终轧板形和提高轧辊使用寿命，为自由轧制提供可能。

10）F1~F7 工作辊设有轧制润滑。

11）工作辊均采用四列圆锥滚子轴承，支撑辊采用油膜轴承。

12）F2~F7 前设有氧化铁皮抑制装置。

13）F4~F7 出口设有水压除尘。

14）各架轧机中安装测压仪、位移传感器用以进行压力、位置信号反馈和控制。

15）精轧机组间设有低惯量液压活套装置，保证微张力和恒张力控制。

16）精轧机设出、入口导卫装置及可调架间带钢冷却装置，保证控制终轧温度。

17）精轧机采用横移快速换辊装置，换下的轧辊可直接运往磨辊间。

18）采用层流冷却自动控制系统，以获得最佳的带钢冷却效果。

19）采用地下三助卷辊全液压卷取机。

20）卷筒采用低惯量无级液压涨缩式。

21）助卷辊在卷取带头前端的过程中进行踏步控制，以保证钢卷内圈不产生带头压痕。

22）钢卷运输全部采用卧式运输。

23）自动电力拖动采用全数字式交流调速技术。

（2）主要设备技术参数。热连轧机的主要设备技术参数如下：

1）粗轧除鳞装置。

水压：　　　　　　　　≥18MPa；

上下方均设有除鳞喷嘴，共两组。

2）立辊轧机 E1。

轧辊尺寸：　　　　　　ϕ1200/1100mm×430mm；

最大侧压量：　　　　　50mm（多道次和）/每侧；

轧制压力：　　　　　　4500kN（max）；

主传动电机；　　　　　2×1400kW DC；

电机转速：　　　　　　0/340/680r/min；

线速度：　　　　　　　0~3.1~5.5m/s；

速比：　　　　　　　　I=6.88；

装备：　　　　　　　　AWC+SSC。

3）粗轧机 R1。

机型：　　　　　　　　单机可逆四辊轧机；

轧辊尺寸：　　　　　　工作辊 ϕ1200/1100mm×1500mm；

支撑辊：　　　　　　　ϕ1500/1400mm×1500mm；

压下系统：　　　　　　电动压下，配置液压 AGC；

轧制压力：　　　　　　40000kN（max）；

中间坯厚度：　　　　　25~50mm；

宽度：　　　　　　　　700~1350（1400）mm；

轧制速度：　　　　　　0~3.14~5.5m/s（max）；

传动电机功率：　　　　2×6500kW AC，50/100r/min；

入口：配置高压水除鳞集管；

水压：　　　　　　　　≥18MPa。

4）热卷箱。

型式：　　　　　　　　无芯卷取、无芯移位、无芯开卷；

卷取带坯厚度：　　　　25~45mm；

卷取带坯宽度：　　　　1400mm（max）；

卷取速度：　　　　　　2~6.28m/s；

开卷速度：　　　　　　0~2.5m/s（与精轧机匹配）。

5）切头飞剪。

形式：　　　　　　　　转鼓式飞剪；

剪切带坯断面：　　　　50mm×1350mm（1400）（max）；

剪切温度：　　　　　　≥900℃；

最大剪切力：　　　　　8000kN；

主传动电机：　　　　　DC 1200kW、900r/min，主减速机速比 $i=21.9$；

配置优化：　　　　　　剪切控制系统。

6）精轧高压水除鳞机。

水压：　　　　　　　　≥18MPa；

上下方均设有除鳞喷嘴，共两组。

7）F1~F7 精轧机组（主要技术参数见表 3-1-10）。

形式：七机架四辊连轧精轧机组；

精轧机组具有升速轧制功能；

机架间配置低惯量活套和喷水冷却；

四辊精轧机架间距离：5500mm。

表 3-1-10　四辊精轧机主要技术参数（大连华锐重工集团股份有限公司　www.dhidcw.com）

轧机名称	单位	F1	F2	F3	F4	F5	F6	F7
最小工作辊直径	mm	720	720	720	720	540	540	540
最大工作辊直径	mm	800	800	800	800	600	600	600
工作辊辊身长度	mm	1700	1700	1700	1700	1700	1700	1700
最小支撑辊直径	mm	1250	1250	1250	1250	1250	1250	1250
最大支撑辊直径	mm	1350	1350	1350	1350	1350	1350	1350
支撑辊辊身长度	mm	1500	1500	1500	1500	1500	1500	1500
最大轧制力	N	3500	3500	3500	3500	3000	3000	3000
最大轧制力矩	N·m	177.6	149.7	100	47.8	36.7	29.8	27.5
轧机线速度（最大辊径时）	基速/m·s^{-1}	1.26	1.632	2.4	3.49	4.71	6.28	8.01
	最高速/m·s^{-1}	3.15	4.236	6.336	9.22	12.44	15.39	18.54
轧机线速度（最小辊径时）	基速/m·s^{-1}	1.134	1.476	2.16	3.14	4.24	5.652	7.21
	最高速/m·s^{-1}	2.835	3.804	5.7	8.29	11.2	13.85	16.68
推荐减速机速比		4.65	3.92	2.62	1.8			
主电机								
DC/AC		AC	AC	AC	AC	AC	AC	AC
功率	kW	6000	6000	6000	6000	6000	6000	6000
基速	r/min	125	150	150	150	150	200	255
最高速	r/min	384	396	396	396	396	490	590

8）热输出辊道及层流冷却装置。

热输出辊道辊子表面带喷涂层；

层流冷却段组成：标准冷却段　13；

　　　　　　　　　精调冷却段　6；

层流冷却段长度：91m；

水量：　　　　　　11200m³/h（max）；

供水水压：　　　　0.3~0.4MPa；

侧喷水压：　　　　1.0 MPa；

水量：　　　　　　190m³/h（max）。

9）地下卷取机。

带助卷辊液压踏步控制，芯轴液压胀缩；

钢卷内径：　　　　φ762mm；

钢卷外径：　　　　φ1200~2100mm；

卷　　重：　　　　27000t（max）；

卷取速度：　　　　≤21.8m/s（max）；

每台卷取机主传动功率：1000kW，DC。

（3）1500mm 带钢热连轧生产大纲。1500mm 带钢热连轧的生产大纲见表 3-1-11。

表 3-1-11　1500mm 带钢热连轧生产大纲（大连华锐重工集团股份有限公司　www.dhidcw.com）

项　目		技 术 参 数
年需原料量		225×10⁴t
连铸坯规格	厚度	160、210mm
	宽度	700~1400（50 进级）mm
	长度	10000~12000mm（定尺坯）
	质量	27.6t（max）
生产钢种		碳素结构钢、优质碳素结构钢、超低碳钢、低合金高强度钢、集装箱用钢、耐候钢、管线钢（X70）、汽车梁及汽车结构用钢、压力容器、锅炉用钢、桥梁用钢等
成品品种		热轧带钢卷
规　格	厚度	1.2~20 mm
	宽度	700~1350（1400）mm
钢卷外径		φ1200~2100mm
钢卷内径		φ762mm

产品标准按各类用户要求所对应的国家和国际标准组织生产，主要的有国标 GB、欧洲 EN、美国 ASTM 和 API 及日本 JIS。

（4）带钢热连轧的选用（规格：1500）。对于年产量 200 万~250 万吨，连铸坯厚度 160~220mm，宽度 750~1350mm，成品厚度要求为 1.2~20mm 的热轧带钢，宜选 1500 带钢热连轧机，机组配置两台加热炉，一台炉后高压水除鳞机，一台带有立辊轧机的四辊可逆粗轧机，一台热卷箱，一台飞剪，一台精轧除鳞箱，一组 7 架精轧机，一套层流冷却，两台卷取机等机械设备，再配备相应的液压系统、润滑系统和电气控制系统等。

（5）带钢热连轧的典型应用。带钢热连轧的典型应用见表 3-1-12。

表 3-1-12　带钢热连轧的典型应用（大连华锐重工集团股份有限公司　www.dhidcw.com）

型号规格	用 户 企 业
1500	山东莱钢
1500	山西海鑫
1500	河北宝业
1700	河北唐钢

C 上海重型机器厂有限公司制造

典型热轧项目的技术参数见表 3-1-13。

表 3-1-13 典型热轧项目的技术参数（上海重型机器厂有限公司 www.shmp-sh.com）

序号	项目名称	用户名称	交付日期	产品参数	机组参数	结构特点	设计	备注
1	济钢1700热连轧机组	济钢	2004年	设计年产量：250 万吨； 主要生产钢种：低碳钢、优质碳素结构钢、低合金钢；原料为连铸坯，规格： 板坯厚度为 135mm，板坯宽度为 900~1550mm，板坯长度为 12.9~15.6m，最大板坯质量为 25.5t； 产品规格： 厚度为 1.5~12.7mm，宽度为 900~1550mm，钢卷内径为 762mm，钢卷外径为 1000~1950mm，最大钢卷质量为 24.8t，单位宽度卷重为最大 16.4kg/mm	立辊轧制力：3000kN； 主电机：AC900kW，295/590r/min，2 台； 粗轧轧制力：40000kN； 主电机：AC7000kW，2 台； 轧制速度：最大 5.3m/s； 精轧机轧制力： F1~F2：35000kN/机架，F3~F6：25000kN/机架； 主电机： F1~F2：AC6000kW，275/550r/min， F3~F4：AC6000kW，300/720r/min， F5：AC5000kW，125/300r/min， F6：AC5000kW，150/360r/min； 最大出口速度：13.19m/s	立辊附着于粗轧机入口，设电动侧压+液压 AWC，设前后机架辊、辊缝仪、测压仪； 粗轧机为四辊可逆式，设电动压下 APC，设工作辊弯辊缸，设前后机架辊、辊缝仪、测压仪； 精轧机组包含飞剪和除鳞机，F1~F6 设全液压驱动调整入、出口导卫，设全液压 AGC，F3~F6 设工作辊窜辊及弯辊，F1~F5 轧机后设液压活套；粗、精轧机设快速换辊装置； 卷取机为全液压地下卷取机，采用踏步式控制	上重自主设计（精轧机组）	附图3-1-3
2	鞍凌1700热连轧机组	鞍凌	2009年	设计年产量约 200 万吨； 主要生产钢种：低碳钢、优质碳素结构钢、低合金钢、耐蚀钢、管线钢 X60； 原料为连铸坯，规格： 板坯厚度为 135mm（150），板坯宽度为 900~1550mm， 板坯长度为 12.9~15.6m， 最大板坯质量为 28.3t，板坯年需要量为 205 万吨； 产品规格： 带钢厚度为 1.5（1.2）~12.7mm， 带钢宽度为 900~1550mm， 钢卷内径为 762mm， 钢卷外径为 1000~2000mm， 钢卷质量为最大 27.8t， 单位宽度卷重为最大 18kg/mm	立辊轧制力：3000kN； 轧制速度：0~2.6~5.3m/s； 粗轧轧制力：40000kN； 主电机：AC7000kW，±45/85r/min，2 台； 轧制速度：0~2.8~5.3m/s； 精轧机轧制力： F1~F4：35000kN/机架，F5~F7：30000kN/机架； 主电机： F1~F4：AC7000kW，180/425r/min， F5：AC6000kW，150/375r/min， F6：AC6000kW，190/458r/min， F7：AC6000kW，230/525r/min； 最大出口速度：17.86m/s	连轧区含粗轧机组（E+R）、中间辊道、热卷箱、精轧机组（F1~F7）、钢板快速冷却、地下卷取机（2台）和钢板离线检查线等设备；立辊附着于粗轧机入口，设电动侧压+液压 AWC，设前后机架辊、辊缝仪、测压仪； 粗轧机为四辊可逆式，设电动压下+液压 AGC，设工作辊弯辊缸，设前后机架辊、辊缝仪、测压仪； 精轧机组包含飞剪和除鳞机，F1~F7 设全液压驱动调整入、出口导卫，设全液压 AGC，F2~F7 设工作辊窜辊及弯辊，F1~F6 轧机后设液压活套；粗、精轧机设快速换辊装置；卷取机为全液压地下卷取机，采用踏步式控制	上重自主设计（粗轧机组、精轧机组、地下卷取机及检查线）	附图3-1-4、附图3-1-5、附图3-1-6、附图3-1-7

序号	项目名称	用户名称	交付日期	产品参数	机组参数	结构特点	设计	备注
3	梅钢1780热连轧机组	梅钢	2010年	设计年产量约为400万吨；原料规格：板坯厚度为230mm，板坯宽度为900~1650mm，板坯长度为8000~11000mm，短坯长度为4500~5300mm；产品规格：带钢厚度为1.2~19mm，带钢宽度为900~1630mm，钢卷内径为762mm，钢卷外径为1350~2080mm，最大卷重为32.56t，最大单位宽度卷重为22kg/mm	主轧线长约492m；F1前立辊轧制力：1500kN；主电机：AC240kW，400/800r/min，2台；精轧机轧制力：F1~F4：42000kN/机架，F5~F7：36000kN/机架；最大出口速度：20m/s；主电机：F1~F5：AC8000kW，150/430r/min，F6~F7：AC7500kW，200/600r/min	连轧线主要设备包括加热炉、一次除鳞机、立辊E1、二辊粗轧R1、立辊E2、四辊粗轧R2、保温罩、热卷箱（预留）、飞剪、精除鳞机、精轧机F1~F7、层流冷却、地下卷取机3台（其中1台预留）；精轧机设全液压AGC，设板形控制系统	上重转化设计（精轧除鳞机、F1~F7轧机）	附图3-1-8
4	马钢2250热连轧机组	马钢	2006年	原料规格：厚度为最大250mm，宽度为800~2130mm，长度为4800~12000mm，最大板坯质量：45t；成品规格：厚度为1.2~25.4mm，宽度为700~2300mm，钢卷外径为2150mm，最大单位宽度卷重：24kg/m	定宽机侧压力：22000kN；侧压次数：42次/min；板坯前进速度：300mm/s；切头剪剪切力：12000kN；剪切带钢速度：0.3~1.75m/s；卷取速度：最大22m/s	侧压机位于粗轧R1前；切头剪位于精轧机前，为双曲柄式；地下卷取机共3台，为3助卷辊踏步式控制	上重转化设计（定宽机、切头剪、卷取机及全线轴承座）	
5	京唐2250热连轧机组	首钢京唐	2007年	设计年产量为500万吨；主要生产钢种：碳素结构钢，优质碳素结构钢，锅炉及压力容器用钢，造船用钢，桥梁用钢，管线用钢，耐候钢，IF钢等，抗拉强度不大于1000MPa；原料为连铸坯，规格：板坯厚度为230mm，板坯宽度为1100~2180mm，板坯长度为9000~11000mm，短坯长度为4500~5300mm，最大质量为40t；成品规格：带钢厚度为1.2~25.4mm，带钢宽度为830~2130mm，钢卷外径为最大2200mm，钢卷质量为最大40t，单位卷重：最大24kg/mm	小立辊轧制力：1500kN；轧制速度：最高1.75m/s；主电机：AC355kW，600/1600 r/min；精轧机轧制力：F1~F4：50000kN/机架，F5~F7：40000kN/机架；主电机：F1~F5：AC11000kW，158/450r/min，F6~F7：AC10000kW，200/600r/min	精轧区设高压水除鳞机，F1轧机前附着小立辊S1，F1出口和F2~F7设全液压驱动调整导卫，F1~F7设全液压压下AGC，F1~F6轧机后设液压活套，全部采用CVC板形控制系统，设快速换辊装置	上重转化设计（精轧除鳞机、F1~F7轧机、特殊工具）	

序号	项目名称	用户名称	交付日期	产品参数	机组参数	结构特点	设计	备注
6	包钢2250热连轧机组	包钢	2013年	设计年产量为550万吨； 主要生产钢种：碳素结构钢，优质碳素结构钢，锅炉及压力容器用钢，造船用钢，桥梁用钢，管线用钢，耐候钢，IF钢等； 原料为连铸坯，规格：板坯厚度为230mm，板坯宽度为900~2150mm，板坯长度为9000~11000mm，短坯长度为4500~5300mm，最大质量为40t，成品规格：带钢厚度为1.2~25.4mm，带钢宽度为830~2130mm，钢卷外径为1000~2150mm，钢卷质量为最大40t，单位卷重为最大24kg/mm	小立辊轧制力：1500kN； 主电机：AC355kW，600/1600r/min； 轧制速度：最高1.75m/s； 精轧机轧制力： F1~F4：50000kN/机架； F5~F7：40000kN/机架； 主电机： F1~F5：AC11000kW，158/450r/min， F6~F7：AC10000kW，200/600r/min	精轧区设高压水除鳞机，F1轧机前附着小立辊S1，F1出口和F2~F7设全液压驱动调整导卫，F1~F7设全液压压下AGC，F1~F6轧机后设液压活套，全部采用CVC板形控制系统，设快速换辊装置	上重转化设计（精轧除鳞机、F1~F7轧机、特殊工具）	附图3-1-9

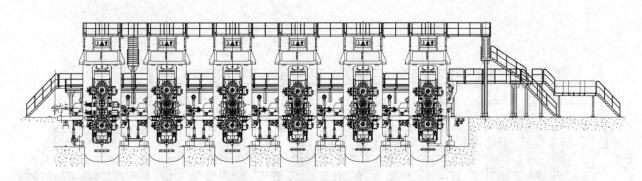

附图3-1-3 济钢1700热连轧精轧机组

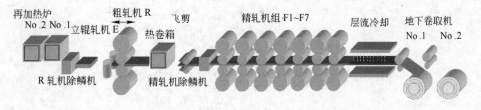

附图3-1-4 鞍凌1700热连轧工艺流程图

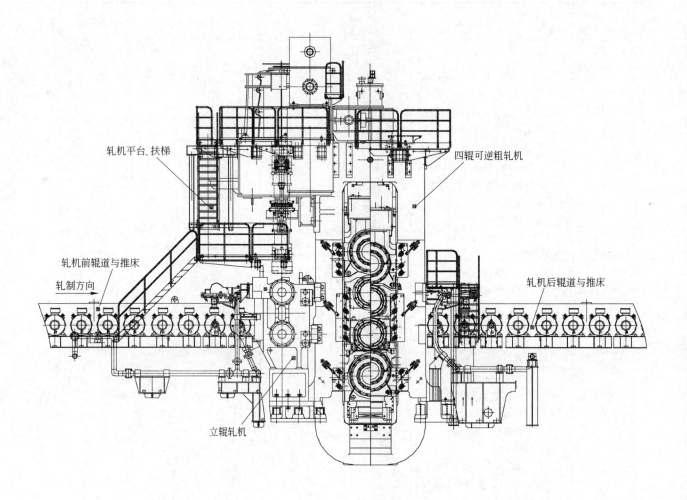

轧机平台、扶梯

四辊可逆粗轧机

轧机前辊道与推床

轧制方向

轧机后辊道与推床

立辊轧机

附图 3-1-5 鞍凌 1700 热连轧粗轧区

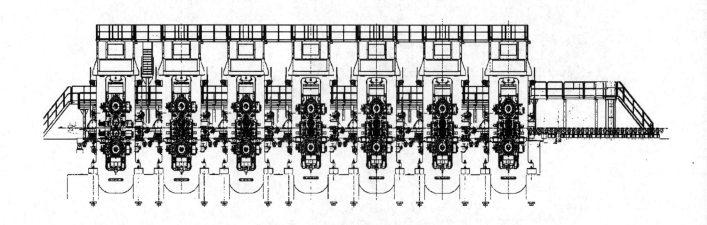

附图 3-1-6 鞍凌 1700 热连轧精轧区（飞剪和除鳞机未示出）

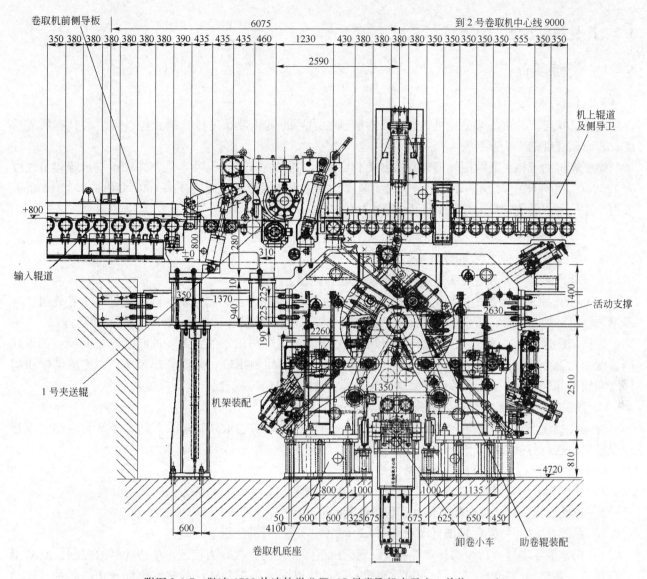

附图 3-1-7 鞍凌 1700 热连轧卷曲区（2 号卷取机木示出，单位：mm）

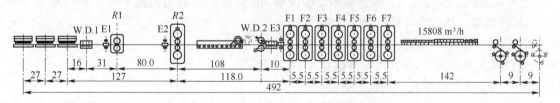

附图 3-1-8 梅钢 1780 热连轧工艺流程（单位：m）

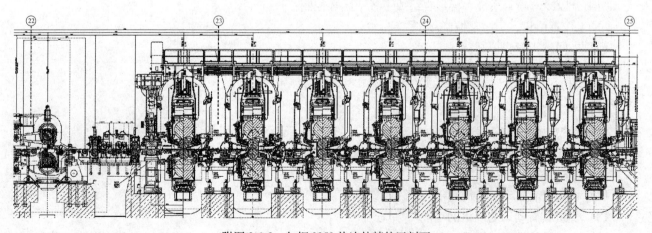

附图 3-1-9 包钢 2250 热连轧精轧区剖面

3.2　冷轧机组设备

3.2.1　冷连轧设备

3.2.1.1　概述

在常温状态下，由多架冷轧机组合连续对酸洗切边后的热轧带卷进行轧制成各类规格的具有所需厚度、表面粗糙度的冷轧带钢板。

钢板轧机的规格，通常用轧辊辊身的名义长度表示。例如：1250mm 冷连轧，即表示支承辊辊身长度为 1250mm。带钢冷连轧所能轧制的最大带钢宽度，通常为带钢冷连轧规格减去 100~150mm，如 1250mm 带钢冷连轧可以轧制的最大带钢宽度为 1250-150=1100mm。

3.2.1.2　相关企业产品

A　中国第一重型机械集团公司制造

五机架冷连轧主要分为无头连续轧制和酸洗联合轧制。

（1）工作原理。经过酸洗切边后的热轧带钢经过 CPC 对中装置、测张辊、测厚仪进入 1 号轧机，对带钢进行第一道次轧制，1 号轧机前后设置测厚仪，与 1 号轧机液压 AGC 系统配合实现前馈功能。

带钢依次通过 1~5 号轧机，通过理论和经验公式确定宽展与压下的关系，进而预测截面积和预设轧制速度。六辊冷轧机具有工作辊正负弯辊、中间辊正弯、中间辊窜辊、分段冷却等功能，完成带钢所需厚度和板型的轧制。5 号轧机后设置测厚仪与 5 号轧机液压 AGC 系统配合实现反馈功能。

冷连轧机组出口设置飞剪，对带钢进行快速分切。

冷连轧机组出口带钢卷取形式有双卷取机卷取和转盘卷取机卷取两种形式。卸卷小车将成品钢卷运向步进梁，进行打捆称重。

（2）性能特点。五机架冷连轧的性能特点如下：

1）轧机为五机架串列式布置，全线带优化功能，轧机出口为双卷筒圆盘回转式卷取机。

2）连轧机组采用交直交集体传动，程序控制。

3）系统有 L1（一级）基础自动化级和 L2（二级）过程自动化级。

4）机架液压辊缝自动控制具有辊缝预设定，压下倾斜控制，轧制力控制，单边轧制力控制，AGC 增益自适应，轧机偏心补偿，入口张力辊的加速补偿，轧机刚度矫正和轧件的塑性刚度矫正等各种补偿功能；1 号、5 号机架液压辊缝具有前馈控制和反馈控制功能；机架前的张力辊作为 0 号机架进行控制，自动调节 1 号轧机辊缝；机组具有原料起车功能。

5）S1 出口设置激光测速仪。

6）S1 轧机入口和出口、S5 轧机出口设置 X 射线测厚仪。

7）主操作台设有人机界面，事故诊断。

8）S1~S4 轧机工作辊喷射梁分为三段冷却控制和流量控制；S5 轧机由工作辊正负弯辊、中间辊正弯辊、精细分段冷却喷射系统、板形辊组成了板形闭环控制。

9）工作辊由正、负弯辊控制。

10）中间辊正弯辊控制。

11）中间辊横移控制。

12）卸卷控制。

13）工作辊、中间辊快速换辊。

14）斜楔自动调整轧线标高。

15）工作辊、中间辊采用油气润滑，支承辊轴承采用稀油润滑。

16）断带保护、事故报警、工作辊准停。

17）机组具有自动上套筒功能。

18）机组具有动态变规格的功能。

19）入口段设置了双辊式 CPC 纠偏系统，带钢机械对中装置和高张力张紧辊组以及三辊稳定装置等，在穿带和带钢轧制过程中实现对中控制。

20）轧机配有高响应、低摩擦液压压下装置，内置高精度传感器（磁尺），可获得高精度的带钢。

21）冷轧机组采用乳化液对轧辊和带钢进行润滑和冷却，根据产品需要，乳化液系统共配备两种不同的乳化液浓度和温度，这些浓度和温度值可以通过 PLC 控制系统进行预先设定。

22）采用双卷筒回转式卷取机，即设 1 号、2 号两个卷筒交替卷取带钢，缩短机组长度，提高产量和成材率。

23）离线设置带钢检查站。可对带钢上下两个表面进行打磨检查，随时调整参数，保证带钢质量。

24）通过优化配置自动穿带所需机构及设施，实现薄带的自动穿带功能。

（3）设备组成、功能及设备主要参数。

1）900 五机架冷连轧机组。900 五机架冷连轧机组的主要设备如下：

①六辊轧机

六辊轧机架间距离：   4000mm；

②工作辊和中间辊快速换辊装置

只换工作辊时间：   4.5min，

工作辊和中间辊同时更换时间：   5.5min；

③飞剪

带钢屈服限：   900N/mm² （max），

剪切速度：   200m/min （max），

剪切带钢厚度：   0.18~1.0mm（碳素钢），

剪切带钢宽度：   750mm （max），

转鼓式飞剪传动电机：   AC 120kW，750r/min （max）；

④卷取机

形式：   悬臂式卷筒旋转、扇形块涨缩式卷筒，

卷筒涨径： ϕ508mm，

卷筒缩径： ϕ485mm，

卷筒长度：   970mm，

带材喂料速度：   200m/min （max），

最大轧制速度（S5）：   1200m/min，

卷取速度：   1260m/min （max），

卷取张力：   4~40kN，

电机：   AC600kW，300（1150）r/min；

⑤卸卷小车

横移速度：   200mm/s，

横移行程：   4000mm，

提升速度：   100mm/s，

提升行程：   1670mm，

电机：   AC 变频 11kW，13r/min （max）；

⑥出口步进梁

步距：   3000mm，

最大卷重：   14000kg，

带宽：   450~730mm，

卷内径： ϕ508mm，

卷外径： ϕ1000~1900mm；

⑦钢卷秤

量程：   500~30000kg，

刻度：	10kg,
过载系数：	1.5,
极限过载系数：	3.0,
精度为全量程的：	±1/2000。

900 五机架冷连轧各轧机的主要技术参数见表 3-2-1，900 五机架冷连轧机组的主要技术参数见表3-2-2。

表 3-2-1 900 五机架冷连轧各轧机主要技术参数（中国第一重型机械集团公司制造 www.cfhi.com）

轧机名称	单位	S1	S2	S3	S4	S5
工作辊直径	mm	285/260	285/260	285/260	285/260	285/260
中间辊直径	mm	360/335	360/335	360/335	360/335	360/335
支承辊直径	mm	860/800	860/800	860/800	860/800	860/800
工作辊辊身长度	mm	900	900	900	900	900
中间辊辊身长度	mm	935	935	935	935	935
支承辊辊身长度	mm	900	900	900	900	900
最大轧制力	kN	10000	10000	10000	10000	10000
最大轧制力矩	kN·m	159	111	72	52	49
轧机线速度（最大辊径时）	最高速/m·min⁻¹	312	575	893	1236	1315
轧机线速度（最小辊径时）	最高速/m·min⁻¹	285	525	815	1128	1200
推荐减速机速比		1.8620	1.2440	0.8014	0.5790	0.5443
主电机						
DC/AC						
功率	kW	1184	1500	1500	1500	1500
基速	r/min	265	320	320	320	320
最高速	r/min	650	800	800	800	800

表 3-2-2 900 五机架冷连轧机组技术参数（中国第一重型机械集团公司 www.cfhi.com）

项 目	技 术 参 数
最大轧制压力	10000kN
开卷速度	360m/min
S1 轧机入口轧制速度	150m/min
S5 轧机入口轧制速度	1200m/min
S5 轧机出口轧制速度	200m/min
来料 — 来料状态	经罩式或连续退火后低碳钢带卷
来料 — 产品品种	Q215、Q235、Q255、08AL
来料 — 带材厚度	1.5~3mm
来料 — 带材宽度	600~750mm
来料 — 钢卷内径	φ508mm
来料 — 钢卷外径	φ1900mm（max）
来料 — 钢卷质量	15t（max）
成品 — 带材厚度	0.2~0.35mm
成品 — 带材宽度	600~750mm
成品 — 钢卷内径	φ508mm
成品 — 钢卷外径	φ1900mm（max）
年 产 量	约 30 万吨

　　900 五机架冷连轧机组的选用。对于有单独酸洗线的用户，宜选无头连轧机组。主要配置：入口设备有上卷小车、开卷机、开头矫直、废料剪切、焊机、活套、张力辊、CPC 对中装置等；轧机设备有测张辊、压板台、分切剪、带钢对中、六辊轧机、挡辊、过渡导板、换辊车等；轧机出口部分有夹送辊、飞剪、转向辊、助卷器、卷取机、卸卷小车、步进梁、钢卷秤等；还有液压、润滑、电气控制系统等。

　　对于酸洗线与轧机联合使用的用户，主要配置：轧机设备有测张辊、压板台、分切剪、带钢对中、六辊轧机、挡辊、过渡导板、换辊车等；轧机出口部分有夹送辊、飞剪、转向辊、助卷器、卷取机、卸卷小车、步进梁、钢卷秤等；再配备相应的液压系统、润滑系统、电气控制系统等。

　　900 五机架冷连轧的典型应用见表 3-2-3。

表 3-2-3　900 五机架冷连轧的典型应用

型号规格	用 户 企 业
900	唐山建龙
900	尼日利亚董氏集团

　　2）1250 五机架冷连轧机组。1250 五机架冷连轧机组主要设备组成如下：

①六辊轧机或四、六辊混合轧机

轧机架间距离：　　　　　　　　5000mm；

②工作辊中间辊快速换辊装置

只换工作辊时间：　　　　　　　4.5min，

工作辊和中间辊同时更换时间：5.5min；

③飞剪

带钢屈服限：　　　　　　　　　1260N/mm^2（max），

剪切速度：　　　　　　　　　　200m/min（max），

剪切带钢厚度：　　　　　　　　0.15~3.0mm（碳素钢），

剪切带钢宽度：　　　　　　　　1130mm（max），

转鼓式飞剪传动电机　　　　　　AC 355kW，750r/min（max）；

④卷取机

形式：　　悬臂双卷筒旋转式、扇形块涨缩式卷筒、交流电机直联式传动、配置活动外支承和缓冲辊，

卷筒涨径：　　　　　　　　　　ϕ610mm，

卷筒缩径：　　　　　　　　　　ϕ585mm，

卷筒长度：　　　　　　　　　　1250mm，

带材喂料速度：　　　　　　　　200m/min（max），

最大轧制速度（S5）：　　　　　1300m/min，

卷取速度：　　　　　　　　　　1410m/min（max），

卷取张力：　　　　　　　　　　4~75kN，

电机：　　　　　　　　　　　　AC1600kW，2 台，350/1150r/min；

⑤卸卷小车

横移速度：　　　　　　　　　　300mm/s，

横移行程：　　　　　　　　　　6000mm，

提升速度：　　　　　　　　　　100mm/s，

提升行程：　　　　　　　　　　2400mm，

电机：　　　　　　　　　　　　AC 变频 11kW，13r/min（max）；

⑥出口步进梁

步距：　　　　　　　　　　　　3400mm，

最大卷重：　　　　　　　　　　25000kg，

带宽：　　　　　　　　　　　　600~1130mm，

卷内径： $\phi508mm$，

卷外径： $\phi900\sim2100mm$；

⑦钢卷秤

量程： $500\sim30000kg$，

刻度： $10kg$，

过载系数：   1.5，

极限过载系数：   3.0，

精度为全量程的： $\pm1/5000$。

1250 五机架冷连轧机组主要技术参数见表 3-2-4。

表 3-2-4   1250 五机架冷连轧机组主要技术参数（中国第一重型机械集团公司   www.cfhi.com）

机 架 名 称	单位	S1	S2	S3	S4	S5
工作辊直径	mm	385/340	385/340	385/340	385/340	385/340
中间辊直径	mm	440/390	440/390	440/390	440/390	440/390
支承辊直径	mm	1200/1050	1200/1050	1200/1050	1200/1050	1200/1050
工作辊辊身长度	mm	1250	1250	1250	1250	1250
中间辊辊身长度	mm	1280	1280	1280	1280	1280
支承辊辊身长度	mm	1250	1250	1250	1250	1250
最大轧制力	kN	16000	16000	16000	16000	16000
最大轧制力矩	kN·m	201.2	179.7	130.9	101.0	84.7
轧机线速度（最大辊径时）	最高速/m·min⁻¹	516	793	1089	1300	1300
轧机线速度（最小辊径时）	最高速/m·min⁻¹	456	703	965	1250	1300
推荐减速机速比		1.756	1.568	1.142	0.882	0.739
主电机						
DC/AC						
功率	kW	3000	3600	3600	3600	3600
基速	r/min	265	320	320	320	320
最高速	r/min	650	800	800	800	800

3）1420 五机架带钢冷连轧机组。1420 五机架带钢冷连轧机组主要设备组成如下：

①S1~S5 六辊冷连轧机

五机架六辊轧机架间距离：   5000mm，

最大轧制压力：   最大 22000kN，

轧制速度：

　　S1 轧机入口侧：   最大 350m/min，

　　S5 轧机轧制速度：   最大 1400m/min，

最大轧制力矩：   250kN·m，

轧制标高：   1500mm，

工作辊尺寸：   390/450mm×1420mm，

工作辊最大开口度：   20mm，

中间辊尺寸：   460/520mm×1450mm，

支承辊尺寸：   1300/1150mm×1420mm，

弯辊和平衡系统：

　　工作辊正/负弯辊力：   +500/-350kN（每个轴承座），

　　中间辊正弯辊力：   +600kN（每个轴承座），

　　支承辊平衡力：   600kN（每辊），

中间辊横移装置：

    最大行程：   360mm，

    窜辊速度：   高速 20mm/s，

                                  低速：5mm/s，

    单辊横移力（max）：   750kN，

    横移精度：   ±1mm；

②工作辊中间辊快速换辊装置

只换工作辊时间：   5min，

工作辊和中间辊同时更换时间：   5.5min；

③飞剪

剪切带钢材质：   低碳钢、低合金钢、高强度钢，

带钢屈服限：   1100N/mm^2（max），

剪切速度：   250m/min（max），

剪切热轧来料：   4mm（max），

剪切带钢厚度：   0.18~3.0mm，

剪切带钢宽度：   1300mm（max），

剪刃材料：   5Cr5MoWSiV，

剪刃规格：   60mm×120mm×1550mm，

剪刃侧隙调整用齿轮电机：   1~4kW，24r/min，

锁紧液压缸：   4-ϕ125/ϕ90×100mm，

移动液压缸：   1-ϕ220/ϕ140×3000mm，

上刀轴轴向窜动量：   ±10mm，

剪刃间隙调整量：   0.1~0.5mm，

剪刃间隙调整精度：   ±0.02mm，

减速机速比：   7.57；

④转盘式卷取机

卷取速度：   1460m/min（max），

卷筒：   2-ϕ508/ϕ485×1450mm，

卷取张力：   115kN（max），

卷筒涨缩缸：   2-ϕ530/ϕ330×50mm，

转盘转动速度：   4.0r/min（max），

转盘转动时间：   约22s，

锁紧缸：   2-ϕ125/ϕ70×530mm，

钢卷外径：   2150mm（max），

                                  900mm（min）；

⑤卸卷小车

横移速度：   300mm/s，

横移行程：   6000mm，

定位精度：   ±5mm，

提升缸：   1-ϕ220/ϕ160×2300mm，

电机：   1-AC 变频 11kW，13r/min；

⑥出口步进梁

步距：   3000mm，

最大卷重：   28000kg，

带宽：   650~1430mm，

卷内径：	$\phi610$mm，
卷外径：	$\phi900\sim2100$mm，
行走液压缸：	2-$\phi200/\phi140\times3000$mm，
提升液压缸：	4-$\phi220/\phi110\times6560$mm；

⑦钢卷秤

量程：	$200\sim30000$kg，
刻度：	10kg，
过载系数：	1.5，
极限过载系数：	3.0，
精度为全量程的：	$\pm1/3000$。

1420 五机架冷连轧机组技术参数见表 3-2-5。

表 3-2-5 1420 五机架冷连轧机组技术参数（中国第一重型机械集团公司 www.cfhi.com）

机 架 名 称	S1	S2	S3	S4	S5
电机功率/kW	3600	4800	4800	4800	4800
电机功率（115%）/kW	4140	5520	5520	5520	5520
电机转速/r·min^{-1}	300/900	400/1200	400/1200	400/1200	400/1200
传动比	2.182	1.823	1.307	1.050	1.050
工作辊直径/mm	390/450	390/450	390/450	390/450	390/450
轧制基速/m·min^{-1}	194	310	432	467	467
最小辊径最大轧制速度/m·min^{-1}	505	806	1124	1400	1400
最大辊径最大轧制速度/m·min^{-1}	583	930	1297	1400	1400
最小轧制力矩/kN·m	83.4	69.6	49.9	40.1	40.1
最大轧制力矩/kN·m	250.1	208.9	149.8	120.3	120.3

4）1550 五机架冷连轧机组。1550 五机架冷连轧机组主要设备组成如下：

①六辊轧机

| 六辊轧机架间距离： | 5000mm； |

②工作辊中间辊快速换辊装置

| 只换工作辊时间： | 4.5min， |
| 工作辊和中间辊同时更换时间： | 5.5min； |

③飞剪

带钢屈服限：	1100N/mm^2（max），
剪切速度：	250m/min（max），
剪切带钢厚度：	0.25~2.0 mm（碳素钢），
剪切带钢宽度：	1430 mm（max），
转鼓式飞剪传动电机：	AC 450kW，750r/min（max）；

④转盘式卷取机

形式：	悬臂式卷筒旋转、扇形块涨缩式卷筒，
卷筒涨径：	$\phi508$mm，
卷筒缩径：	$\phi490$mm，
卷筒长度：	1550mm，
带材喂料速度：	200m/min（max），
最大轧制速度（S5）：	1350m/min，
卷取速度：	1420m/min（max），
卷取张力：	120kN，

卷取机电机:	2-AC2800 kW,300/1150r/min,
驱动转盘的电机:	1-AC 变频 200kW,
转盘转动速度:	4.0r/min(max),
转盘转动时间:	约22s,
锁紧缸:	2-ϕ125/ϕ70×530mm;

⑤卸卷小车

横移速度:	300mm/s,
横移行程:	6000mm,
定位精度:	±5mm,
提升速度:	100mm/s,
提升行程:	2300mm,
电机:	1-AC 变频 11kW,13r/min;

⑥出口步进梁

步距:	3000mm,
最大卷重:	28000kg,
带宽:	650~1430mm,
卷内径:	ϕ508/610mm,
卷外径:	ϕ900~2100mm;

⑦钢卷秤

量程:	500~30000kg,
刻度:	10kg,
过载系数:	1.5,
极限过载系数:	3.0,
精度为全量程的:	±1/5000。

1550 五机架冷连轧机组主要技术参数见表 3-2-6。

表 3-2-6 1550 五机架冷连轧机组主要技术参数（中国第一重型机械集团公司 www.cfhi.com）

轧机名称	单位	S1	S2	S3	S4	S5
工作辊直径	mm	450/390	450/390	450/390	450/390	450/390
中间辊直径	mm	520/460	520/460	520/460	520/460	520/460
支承辊直径	mm	1300/1150	1300/1150	1300/1150	1300/1150	1300/1150
工作辊辊身长度	mm	1550	1550	1550	1550	1550
中间辊辊身长度	mm	1580	1580	1580	1580	1580
支承辊辊身长度	mm	1550	1550	1550	1550	1550
最大轧制力	kN	22000	22000	22000	22000	22000
最大轧制力矩	kN·m	341.04	251.86	180.32	141.12	135.24
轧机线速度（最大辊径时）	最高速/m·min^{-1}	293	501	818	1241	1350
轧机线速度（最小辊径时）	最高速/m·min^{-1}	293	501	818	1241	1350
推荐减速机速比		2.714	2.039	1.438	1.125	1.09
主电机						
DC/AC						
功率	kW	4100	5000	5000	5000	5000
基速	r/min	315	385	385	385	385
最高速	r/min	980	1200	1200	1200	1200

（4）部分机组技术参数。部分机组技术参数汇总表见表 3-2-7。

表 3-2-7 部分机组技术参数汇总表（中国第一重型机械集团公司 www.cfhi.com）

项　目	1420 带钢冷连轧	1550 五机架冷连轧	1250 带钢冷连轧
产品品种	热轧低碳钢、普碳钢、高强钢、硅钢等钢种	热轧低碳钢、普碳钢、高强钢、硅钢等钢种	
原料机械性能	抗拉强度：最大 800MPa，最小 270MPa；屈服强度：最大 590MPa，最小 175MPa	抗拉强度：最大 800MPa，最小 270MPa；屈服强度：最大 590MPa，最小 175 MPa	
开卷速度			360m/min
轧制压力	最大 22000kN	最大 22000kN	最大 6000kN
S1 轧机入口轧制速度	最大 350m/min	最大 293m/min	320m/min
S5 轧机出口轧制速度	最大 1400m/min	最大 1350m/min	1300m/min
带材分切速度	最大 250m/min	最大 250m/min	250m/min
机组穿带速度	最大 250m/min	最大 250m/min	60m/min
来　料	带材厚度：0.15~6mm；带材宽度：750~1300mm；钢卷内径：ϕ762mm；钢卷外径：ϕ2100 mm（max）；钢卷质量：28t（max）	带材厚度：0.25~2mm；带材宽度：650~1430mm；钢卷内径：ϕ508/610mm；钢卷外径：ϕ2100mm（max）；钢卷质量：28t（max）	来料状态：常温状态下材质为热轧低碳钢、超低碳钢，经过酸洗的热轧带钢；产品品种：CQ、DQ、DDQ、EDDQ/SEDDQ、HSLA；带材厚度：2~4mm；带材宽度：700~1100mm
成　品	带材厚度：0.25~2mm；带材宽度：750~1300mm；钢卷内径：ϕ610/ϕ508mm；钢卷外径：ϕ2100mm（max）/ϕ900mm（min）；卷重：28t	带材厚度：0.25~2mm；带材宽度：650~1430mm；钢卷内径：ϕ610/ϕ508mm；钢卷外径：ϕ2100mm（max）/ϕ900mm（min）；卷重：28t	带材厚度：0.2~1.8mm；带材宽度：700~1100mm；钢卷内径：ϕ508mm；钢卷外径：ϕ2100mm（max）；卷重：25t
年产量	110 万吨	120 万吨	约 87 万吨

（5）带钢冷连轧机组的典型应用。带钢冷连轧机组的典型应用见表 3-2-8。

表 3-2-8 带钢冷连轧机组典型应用（中国第一重型机械集团公司 www.cfhi.com）

型号规格	用 户 企 业
1250	广西柳钢集团冷轧厂
1420	宝钢梅钢
1420	黄石山力
1420	山东远大
1420	海宁联鑫
1420	江苏沙钢（一冷轧）
1420	江苏沙钢（二冷轧）
1550	武汉钢铁公司
1550	江西新余钢铁公司
1550	安阳钢铁公司
1550	马鞍山（合肥）钢铁公司

B　中国重型机械研究院股份公司制造

五机架冷连轧机组设备由机械设备、液压设备和电气设备组成。

机械设备分为开卷段、活套段、轧机段、卷取段。开卷段设备包括开卷机、矫直机、张力辊、全自动闪光焊机；活套段设备包括卷扬机、活套车、摆臂支撑、转向辊、纠偏辊、张力辊等；轧机段包括机前设备、1~4 号四辊轧机、5 号六辊轧机、1~5 号六辊轧机机后设备，卷取段设备包括：滚筒式飞剪、磁性皮带、卷取机、卸卷小车、出口链式运输机等。

液压设备由 AGC 液压压下控制系统、液压弯辊/横移控制系统、CPC 对中控制系统、液压传动控制系统、设备润滑系统、工艺润滑系统、油气润滑系统及气动控制系统等部分组成。

电气设备主要由电气传动系统、基础自动化系统、计算机厚度控制系统、二级操作/管理计算机系统以及电气辅助设施等组成。

（1）机组设备装机水平。五机架冷连轧机组设备装机水平如下：

1）传动采用全数字直流调速，可控硅供电；机组 PLC 控制，故障自诊断、报警、断带自动保护；机组全部采用进口编码器。

2）卷取机采用双卷筒卷取机，可自动切换，卷取机准确停车、圈数记忆、带尾自动减速停车。

3）计算机二级控制，轧制速度、张力自动控制、仪表显示，具有数据采集及生产报表打印功能。

4）全液压压下，AGC 自动控制。

5）1~4 号工作辊正弯辊、5 号工作辊正负弯辊/中间辊正弯辊、中间辊横移预设定、轧辊分段冷却。

6）采用多套 CPC 对中系统，保证带材始终在机组中心线上。

7）工作辊、中间辊快速换辊。

8）轧线标高采用斜楔调整。

9）机前机后张力辊、轧辊轴承采用油气润滑。

10）采用多套进口测厚仪，采用进口测速仪、张力计、板型仪、焊缝检测仪。

11）采用国产全自动激光光焊机。

12）采用国产滚筒式飞剪。

（2）五机架冷连轧机组技术参数汇总。五机架冷连轧机组的主要技术参数见表 3-2-9。

表 3-2-9　五机架冷连轧机组主要技术参数（中国重型机械研究院股份公司　www.xaheavy.com）

项　目		轧　机　型　号	
		1450 四、六辊五机架连轧机组	1780 全六辊五机架连轧机
轧制材料		Q195~235、08AI、10#、20#、Q295~Q345	Q195~235、08AI、10#、20#、Q295~Q345
来料/mm	厚度	1.8~4.0	2.0~5.0
	宽度	800~1250	1000~1600
成品/mm	厚度	0.2~1.2	0.3~2.0
	宽度	800~1250	800~1600
最大卷重/t		25	30
钢卷最大直径/mm		2000	2000
钢卷最小直径/mm		1100	1100
钢卷内径/mm		610	610
工作辊规格/mm		$\phi440/400×1450$，$\phi400/370×1450$	$\phi440/400×1780$
中间辊规格/mm		$\phi450/410×1450$	$\phi500/450×1780$
支撑辊规格/mm		$\phi1300×1150×1350$	$\phi1400/1300×1720$
最大轧制力/kN		18000	23000
最大轧制速度/m·min^{-1}		1200	1200
开卷速度/m·min^{-1}		480	480
分卷速度/m·min^{-1}		200	180
活套量/mm		600	720
开卷张力/kN		3.5~35	3.5~35
卷取张力/kN		9~90	9~90
工作辊弯辊力（单边）/kN		500/350	660/440
中间辊弯辊力（单边）/kN		500	660

项 目	轧 机 型 号	
	1450 四、六辊五机架连轧机组	1780 全六辊五机架连轧机
中间辊横移量/mm	300	400
开卷机电机功率/kW	315	315
卷取机电机功率/kW	1000×2	1000×2
主电机电机功率/kW	1000×4	1250×4
冷却介质	乳液	乳液

C 上海重型机器厂有限公司制造

冷轧机组的主要性能参数和特点见表 3-2-10。

表 3-2-10 冷轧机组主要性能参数和特点（上海重型机器厂有限公司 www.shmp-sh.com）

序号	项目名称	用户名称	供货日期	产品性能	机组参数	结构特点	设计	备注
1	1700 酸洗-冷连轧联合机组	包钢	2005年	原料为热轧钢卷，钢种为碳素结构钢、超低碳钢（F钢）、高强度低合金钢； 原料钢卷外直径：1100~1950mm， 原料宽度：980~1560mm， 原料厚度：1.8~6mm， 原料屈服强度：270~345MPa， 原料抗拉强度：470~630MPa； 成品钢卷直径：1100~1900mm， 成品宽度：700~1520mm， 成品厚度：0.2~2.4mm， 成品屈服强度≤1000MPa， 成品抗拉强度≤1100MPa	年产能约 150 万吨，主线全长约 290m，宽约 30m； 入口段速度（max）650m/min； 酸洗段速度（max）220m/min； 酸洗出口段速度（max）350m/min； 酸洗线穿带 60m/min； 甩尾速度 120m/min； 切边速度 240m/min； 轧机段入口速度（max）300m/min； 轧机段滚筒剪速度（max）300m/min； 轧机段出口速度（max）1250m/min； 入口活套存储量（max）466m； 中间活套存储量（max）187m； 出口活套存储量（max）259m； 五机架冷连轧： 轧制力（max）25000kN， 工作辊弯辊力（单侧）： （max）+ 650kN、 （max）-450kN， 中间辊弯辊力（单侧）： （max）+ 650kN、 （max）-450kN， 中间辊窜辊±120mm	机组为酸洗-冷连轧联合机组，酸洗机组为连续式盐酸紊流酸洗生产线，冷连轧为五机架 CVC 六辊冷轧机； 入口段为上、下层开卷，配有激光焊机； 拉弯矫破鳞机为两弯一矫结构； 入口、中间、出口活套均为卧式结构； 酸洗工艺段为卧式结构，槽体均为钢板焊接、衬胶、切砖结构，主要工序有 3 段酸洗、5 级漂、烘干； 出口段配有圆盘剪、碎边剪； 五机架冷连轧的每台机架均采用六辊 CVC 结构，液压压下，AGC 控制，工作辊传动，工作辊、中间辊正负弯辊，轧机中间辊可窜； No.1&5 轧机入口、出口均配有 X 射线测厚仪，No.1 机架前、No.5 机架后配有张力测量辊，No.1 机架前后、No 5 机架前后配有测速仪，No.5 机架出口配有轧辊分段冷却装置、板形辊； 轧机出口配有飞剪、卡罗塞尔卷取机及皮带助卷器等； 支承辊轴承采用油气润滑； 在轧制线外配有离线检查站	上重转化设计	机组立体图见附图 3-2-1

序号	项目名称	用户名称	供货日期	产品性能	机组参数	结构特点	设计	备注
2	1750酸洗-冷连轧联合机组	中钢住友越南股份公司（CSVC）	2012年	原料为热轧钢卷，钢种为低碳钢、超低碳钢（IF）、高强度低合金钢、高碳钢、无取向硅钢（Si≤2%）； 原料钢卷直径：1000~2050mm， 原料宽度：700~1650mm， 原料厚度：1.4~6.5mm， 原料屈服强度≤590MPa， 原料抗拉强度≤780MPa； 酸洗卷成品钢卷直径：1000~2000mm， 酸洗卷成品宽度：700~1650mm， 酸洗卷成品厚度：1.4~6.5mm， 酸洗卷成品屈服强度≤350MPa， 酸洗卷成品抗拉强度≤610MPa； 冷轧卷成品钢卷直径：1000~2000mm， 冷轧卷成品宽度：700~1600mm， 冷轧卷成品厚度：0.2~2.4mm， 冷轧卷成品屈服强度≤1100MPa， 冷轧卷成品抗拉强度≤1200MPa	年产能约130万吨，其中酸洗卷20万吨，冷轧卷110万吨； 主线全长约410m，宽约25m； 入口段速度（max）600m/min； 酸洗段速度（max）250m/min； 酸洗出口段速度（max）350m/min； 酸洗线穿带/甩尾速度60m/min； 切边速度（max）350m/min； 轧机段入口速度（max）300m/min； 轧机段飞剪速度（max）300m/min； 轧机段出口速度（max）1250m/min； 入口活套存储量（max）620m； 中间活套存储量（max）224m； 出口活套存储量（max）300m； 拉弯矫破鳞机延伸率（max）4%； 破鳞机处带钢张力410kN； 五机架冷连轧： 轧制力（max）19600kN、27400kN， 工作辊弯辊力（单侧）：（max）+600kN，（max）-500kN， 中间辊弯辊力（单侧）：（max）+700kN，（max）-600kN， 工作辊窜辊（No.1&2轧机）±150mm； 中间辊窜辊（No.1~5轧机）±100mm	机组为酸洗-冷连轧联合机组，酸洗机组为连续式盐酸紊流酸洗生产线，冷连轧为五机架六辊冷轧机； 入口段为上、下层开卷，配有开卷机、矫直机、横切剪、闪光焊机； 拉弯矫破鳞机为两弯一矫结构； 入口、中间、出口活套均为卧式结构； 酸洗工艺段为卧式结构，槽体均为PP板黏结，无钢板焊接、衬胶、切砖结构，主要工序有3段酸洗、5级漂、烘干； 出口段配有圆盘剪、碎边剪、静电涂油机、1台卷取机； 机组设有带钢转向装置，将带钢水平转向90°，使酸洗线与冷连轧线（平面）垂直布置，从而节省厂房长度方向的空间； 五机架冷连轧的每台机架均采用六辊结构，液压压上，AGC控制，工作辊传动，工作辊、中间辊正负弯辊，No.1&2轧机工作辊可窜，No.1~5轧机中间辊可窜； No.1&5轧机入口、出口均配有X射线测厚仪，连轧机组入口、机架间设有张力测量辊，No.5机架出口配有轧辊分段冷却装置、板形辊、边降测量仪； 轧机出口配有飞剪、卡罗塞尔卷取机及皮带助卷器等； 支承辊轴承采用油气润滑； 在轧制线外配有离线检查站	酸洗机组分级设计（SPCO公司基本设计，上重详细设计）；冷轧机组，上重转化设计	机组立体图见附图3-2-2

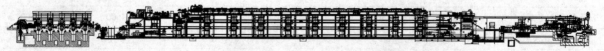

带钢走向 ←

附图 3-2-1　包钢 1700 酸洗-冷连轧联合机组立体图

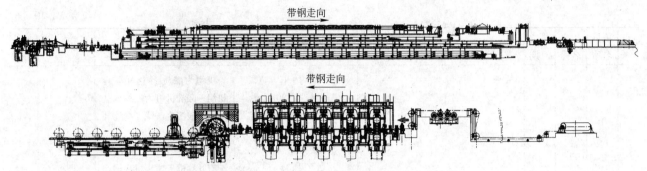

附图 3-2-2 中钢 CSVC 1750 酸洗-冷连轧联合机组立体图

D 云南冶金昆明重工有限公司制造

冷连轧机组的技术参数见表 3-2-11 ~ 表 3-2-13。

表 3-2-11 冷连轧机组技术参数（1）（云南冶金昆明重工有限公司　www.khig.com.cn）

轧机名称	φ120/φ350×400 二机架冷轧机	φ175/φ420×350 二机架冷轧机	φ200/φ450×500 二机架冷轧机	φ175/φ420×400 三机架冷轧机	φ200/φ450×500 三机架冷轧机	φ230/φ520×500 三机架冷轧机
轧制材料	Q195~Q235	Q195~Q235	Q195~Q235	普碳、低合金钢	普碳、低合金钢	Q195~Q235
坯料规格/mm	2.2×(150~300)	(2.3~3.5)×(150~250)	(2.75~3.5)×(300~400)	(2.75~3.5)×(200~300)	(2.75~3.5)×(300~400)	(2.75~3)×(300~400)
卷重/kg	1000	1000	3500	2000	3500	5000
成品厚度/mm	0.0~1.2	0.8~1.5	0.5~1.5	0.5	0.5	0.7
最大轧制力/kN	1500	2500	3000	2500	2800	3500
轧制速度/m·s⁻¹	0~1.08~2	0~1.08~2	0~3	0~1.84~3.3	0~3	0~2.1~3.4
压下方式	电动	电动	电动	电动	电动	电动
压下速度/mm·s⁻¹	0.084	0.15	0.1	0.1	0.1	0.15
主传动方式	支承辊传动	工作辊传动	工作辊传动	工作辊传动	工作辊传动	工作辊传动
主电机功率/kW	160×2	166×2	320×2	253×3	253×3	390×3
卷取张力范围/kN	4~25	4~25	4.5~32	4~30	4~30	3~25
卷取电机功率/kW	67	67	118	118	118	143
卷取机卷筒尺寸/mm	φ(400~388)×350	φ(300~288)×350	φ(400~385)×500	φ(410~395)×400	φ(400~385)×500	φ(450~432)×500
卷筒形式	液压四棱锥	液压四棱锥	液压四棱锥	液压四棱锥	液压四棱锥	液压四斜楔式
开卷设备	开卷箱	开卷箱	—	开卷箱	开卷箱	开卷机
设备质量/t（不含电机、电控）	45	69	72	102	105	238.6

表 3-2-12 冷连轧机组技术参数（2）（云南冶金昆明重工有限公司　www.khig.com.cn）

轧机名称	φ240/φ550×650 四机架冷轧机	φ150/φ550×550 三机架冷轧机	φ240/φ550×550 三机架冷轧机	φ210/φ550×500 三机架冷轧机	φ240/φ550×700 五机架冷轧机	φ240/φ650×800 五机架冷轧机
轧制材料	Q195~Q235	60Si2Mn、65Mn	60Si2Mn、65Mn	Q235、65Mn	普碳、低合金钢	普碳、低合金钢
坯料规格/mm	(2.75~3)×(400~550)	2.5×(150~450)	(2.5~6)×(150~450)	(2.5~2.0)×(300~400)	(2.5~3.5)×(450~600)	(25~3.5)×(550~700)
卷重/kg	5000	10000	10000	5000	10000	12000
成品厚度/mm	0.5	0.3	0.8~5.5	0.5~1.2	0.3~0.8	0.3~0.8
最大轧制力/kN	4000	4500	4500	4500	4500	6500
轧制速度/m·s⁻¹	0~3.5	0~3	0~3	0~8	0~5	0~6
压下方式	电动	液压	液压	液压	液压	液压

轧 机 名 称	φ240/φ550× 650 四机架 冷轧机	φ150/φ550× 550 三机架 冷轧机	φ240/φ550× 550 三机架 冷轧机	φ210/φ550× 500 三机架 冷轧机	φ240/φ550× 700 五机架 冷轧机	φ240/φ650× 800 五机架 冷轧机
压下速度/mm·s⁻¹	0.15	0~3	0~3	0~3	0~3	0~3
主传动方式	工作辊传动	支承辊传动	工作辊传动	工作辊传动	工作辊传动	工作辊传动
主电机功率/kW	500×4	515×3	515×3	800×3	550×5	770×5
卷取张力范围/kN	7~60	7~60	7~60	5~40	6~50	6~50
卷取电机功率/kW	315	284	284	500	315	360
卷取机卷筒尺寸/mm	φ(510~490)×650	φ(508~488)×550	φ(508~488)×550	φ(508~488)×550	φ(508~488)×700	φ(508~488)×800
卷筒形式	液压四棱锥	液压四棱锥	液压四棱锥	液压四棱锥	液压四棱锥	液压四棱锥
开卷设备	开卷机	开卷机	开卷机	开卷机	开卷机	开卷机
备 注	—	—	—	带圆盘活套	带圆盘活套	带圆盘活套
设备质量/t (不含电机、电控)	300	275	255	260	360	450

表 3-2-13 冷连轧机组技术参数（3）（云南冶金昆明重工有限公司 www.khig.com.cn）

轧 机 名 称	φ260/φ800×1050 五机架冷轧机	φ280/φ900×1150 五机架冷轧机	φ330/φ1150×1250 五机架冷轧机	φ330/φ1150×1450 五机架冷轧机
轧制材料	普碳、低合金钢	普碳、低合金钢	普碳、低合金钢	普碳、低合金钢
坯料规格/mm	(25~3.5)×(650~950)	(25~3.5)×(650~1050)	(25~3.5)×(750~1150)	(25~3.5)×(850~1250)
卷重/kg	15000	15000	20000	25000
成品厚度/mm	0.3~0.8	0.3~0.8	0.3~0.8	0.3~0.8
最大轧制力/kN	8000	10000	12500	15000
轧制速度/m·s⁻¹	0~6	0~6	0~6	0~10
压下方式	液压	液压	液压	液压
压下速度/mm·s⁻¹	0~3	0~3	0~3	0~3
主传动方式	工作辊传动	工作辊传动	工作辊传动	工作辊传动
主电机功率/kW	900×5	1100×5	1600×5	1350×5
卷取张力范围/kN	8~65	8~65	8~65	15~100
卷取电机功率/kW	500	500	500	1350
卷取机卷筒尺寸/mm	φ(508~488)×1150	φ(508~488)×1150	φ(508~488)×1250	φ(508~488)×1450
卷筒形式	液压四棱锥	液压四棱锥	液压四棱锥	液压四棱锥
开卷设备	开卷机	开卷机	开卷机	开卷机
备 注	带圆盘活套	带圆盘活套	第五机架六辊 φ335/φ390/φ1150×1250 六辊	第五机架六辊 φ335/φ390/φ1150×1250 六辊
设备质量/t (不含电机、电控)	750	900	1900	2100

E 北京洋旺利新科技有限责任公司制造

（1）技术特点。

1）生产线全数字直流调速，张力闭环控制、速度自动控制。

2）五机架全液压（AGC）厚度自动控制，包括预控 AGC、监控 AGC 和流量 AGC。

3）工作辊正负弯辊，中间辊正弯辊及横移控制；轧辊分段冷却控制。

4）基础自动化和过程自动化完备，采用 PLC。

5）采用双开卷、闪光对焊、卧式活套。

6）采用双工位 CAROSAL 卷取机。

7）系统数据采集、显示、存储和输出系统，包括故障诊断和报警。

8）主机全部采用六辊轧机。

9）具备过焊缝自动降速、减张等功能。

10）轧辊快速更换。

11）轧辊全部采用油气润滑。

12）采用先进平床+铁磁过滤工艺润滑。

（2）设备组成。机械设备主要有上/卸卷小车、开卷机、夹送矫直机、焊机、活套、张力辊、对中装置、五机架六辊全液压 AGC 轧机、快速换辊车、飞剪、卷取机和助卷器等；另外还包括电控系统、液压系统、工艺润滑系统、油气润滑和稀油润滑系统等。

（3）技术参数。五机架冷连轧机组的技术参数见表 3-2-14。

表 3-2-14　五机架冷连轧机组技术参数（北京洋旺利新科技有限责任公司　www.bjywlx.com）

设备型号	带钢宽度/mm	带钢厚度/mm	轧制力/kN	轧制速度/m·min^{-1}	年产量/t
YW-WLZ1450	900~1250	0.2~1.2	18000	600	500000
YW-WZ1250	800~1100	0.2~1.2	15000	600	400000
YW-WZ1050	600~900	0.2~1.2	11000	600	300000

3.2.2　单机架冷轧机组

3.2.2.1　概述

单机架可逆冷轧机组为一个机架可以双向轧制的冷轧机组。机组类型分为二辊轧机、四辊轧机、六辊轧机、十八辊轧机、二十辊轧机等。

单机架可逆冷轧机组的规格通常用轧辊辊身的名义长度表示。例如：1250mm 单机架可逆冷轧机组，即表示轧辊辊身长度为 1250mm，轧机支承辊辊身长度为 1250mm。单机架可逆冷轧机组所能轧制的最大带钢宽度通常为单机架规格减去 100~150mm，如 1250mm 单机架可逆冷轧机组可以轧制的最大带钢宽度为 1250-100＝1150mm。

单机架可逆冷轧机组广泛应用在轧制碳钢、合金钢、硅钢、不锈钢及有色金属等冷轧领域。

3.2.2.2　相关企业产品

A　中国第一重型机械集团公司制造

（1）1250 单机架可逆冷轧机组。

1）工艺流程。检查合格的无缺陷酸洗带卷，由天车吊放到开卷机操作侧的鞍座上，该鞍座能够存放 2 个带卷。上卷小车鞍座在受卷台下上升，使带卷内孔对准开卷机卷筒中心后，小车继续向前移动将带卷套在开卷机卷筒上，并使带卷在宽度方向上与机组中心线对中，开卷机卷筒涨径撑起带卷。上卷小车鞍座下降至下极限后，小车退回到受卷台下面等候上第二卷。开头机刮板抬起对准带钢卷头部，同时卷取机活动支承闭合，卷取机以穿带速度转动，使带头沿着刮板进入开头机的夹送辊、矫直辊。上夹送辊、上矫直辊压下夹送带材进入入口侧导装置。机组继续以穿带速度将带材向前推进，带材先后经过导板、机前转向辊、立导辊、测厚仪台架（此时测厚仪正处于机组轧线以外，待机组升速轧制时进入轧线以内）。

带材继续向前通过吹扫装置、六辊冷轧主机、机后导卫装置、事故处理剪、机后转向辊、最后进入机后卷取机（此时卷取机卷筒正处于缩径状态，活动支承处于闭合位置）。

当带材进入机后卷取机后，卷筒启动开始卷取带材。卷取带材 3~4 圈后机组升速轧制。机组升速轧制前开头机上夹送辊、上矫直辊抬起。当轧制到带尾在开卷机卷筒上只剩下 3~4 圈时，机组进入甩尾轧制状态，当带尾进入轧辊以前机组停止轧制。

轧机、机后卷取机反转（与第一道次相比）使带尾向机前卷取机方向运行，经机前转向辊进入机前卷取机。机前卷取机，主轧机，机后卷取机同时启动并逐渐升速进入正常轧制速度。当带材在机后卷取机卷筒上剩 3~4 圈以后机组减速至穿带速度直至停止（机后卷取机卷筒不松开带材）。机后卷取机，主轧机，机前卷取机同时启动向右卷取机方向轧制。如此反复经过数道次轧制直到轧成成品卷材。启动卸卷小车进入卷取机卷筒下方，升起鞍座低压托住带卷，卷筒缩径之后，卷取机活动支承打开，与卸卷小车水平同步动作卸下带卷，并由小车将带卷送往卸卷小车的受卷台上，此时一个完整的轧程结束。

2）性能特点。

①机组采用全液压压下，液压 AGC 自动控制（压下液压缸、AGC 控制系统、测厚仪等具有恒辊缝位置控制和恒压力控制及倾斜调整控制功能）。

②机组 PLC 自动控制，并采用现场总线构成全机组网络系统。

③主操作台设有人机界面，完成动态画面显示，轧制工艺参数设定，故障报警和打印报表。

④机组全数字直流传动，具备自动停车功能。

⑤工作辊单独传动。

⑥机组采用工作辊正负弯辊、中间辊正弯辊及窜辊和分段冷却技术，对带材平直度控制能力强，轧制带材板形好、精度高。

⑦斜楔自动调整轧线标高。

⑧工作辊、中间辊快速换辊。

⑨全线自动化操作，具有断带保护、事故报警、工作辊准停、卷取机钳口位置准停等功能，并可以实现故障自动诊断。

⑩工作辊、中间辊、支承辊轴承均采用油气润滑。

⑪机组配有 X 线测厚仪和张力计。

⑫机组采用 VCMS 六辊轧机技术。

⑬机组采用大压下轧制，减少轧制道次，提高产量，降低能耗。

⑭机组采用新型空气吹扫装置，配备辊缝吹扫、气幕、带钢上表面吹扫装置，带钢下表面配备空气放大器进行抽吸，能有效清理带钢表面残存的乳化液。

3）机组主要设备组成。单机架可逆冷轧机组主要由上卷小车、开头机、开卷机、机前卷取机、机前卸卷小车、VCMS 六辊轧机、工作辊和中间辊换辊装置、支承辊换辊装置、机后液压剪、机后卷取机、机后卸卷小车、轧机主传动装置以及其他辅助机械设备、相配套的流体设备、电力传动和自动化设备等组成。

开卷机主要由卷筒、本体、底座、对中装置、传动装置、压辊、活动支承等主要部件组成。

卷筒工作直径：	$\phi610$mm；
卷筒涨缩范围：	$\phi570\sim630$mm；
开卷速度（max）：	500m/min；
开卷张力：	6.0~60kN；
对中移动范围：	±75mm。

卷取机主要由本体减速机、卷筒、涨缩液压缸、传动装置、推板、活动支承、底座等主要部件组成。

卷筒工作直径：	$\phi508$mm；
卷筒涨缩范围：	$\phi485\sim508$mm；
卷取速度（max）：	1250m/min；
卷取张力：	12~120kN。

VCMS 六辊冷轧机主要由轧机机架、工作辊部件及其弯辊系统；中间辊部件及其弯辊及窜动系统；支承辊部件及其平衡装置；换辊轨道、斜楔调零装置、轧辊轴向锁紧装置、轧机配管、机架封闭、轧机排雾系统、液压压下装置、油气润滑系统、乳化液喷射装置等主要部分组成。

入出口区设备主要由转向夹送辊、转向辊、摆动导板、侧导装置、事故剪、测厚仪及张力计等组成。其主要功能为穿带和导卫，测量带材板厚和张力。

4）1250 机组主要技术参数。1250 单机架可逆冷轧机组的主要技术参数见表 3-2-15 和表 3-2-16。

表 3-2-15　1250 单机架可逆冷轧机组主要技术参数（1）（中国第一重型机械集团公司　www.cfhi.com）

序　号	名　　称	性能参数	单　位
1	年产量	200000	t
2	最大轧制速度	1200	m/min
3	最大轧制压力	15000	kN
4	最大轧制力矩	110	kN·m
5	穿带速度	30	m/min
6	额定轧制速度	400	m/min
7	工作辊最大开口度	20	mm
8	工作辊尺寸	ϕ370/ϕ330×1280	mm
9	中间辊尺寸	ϕ430/ϕ380×1300	mm
10	支承辊尺寸	ϕ1120/ϕ1000×1250	mm

表 3-2-16　1250 单机架可逆冷轧机组主要技术参数（2）（中国第一重型机械集团公司　www.cfhi.com）

项　　目		技　术　参　数
来料（经过酸洗后的热轧钢卷）	来料材质	碳素结构钢、优质碳素结构钢、低合金钢
	品　种	Q195、08AL、Q345、IF 等
	带材厚度	1.5~4.0mm
	带材宽度	700~1120mm
	钢卷内径	ϕ610mm
	钢卷外径	ϕ2000mm（max）
	钢卷质量	22t（max）
成品规格	带材厚度	0.15~1.6mm
	带材宽度	700~1120mm
	钢卷内径	ϕ508mm
	钢卷外径	ϕ2000mm（max）
	钢卷质量	22t（max）
成　品　精　度		纵向厚差（稳速轧制时） <±0.004mm（δ<0.3mm），<±1.2%δ（$\delta\geqslant$0.3mm）

　　5）机组的选用。VCMS 六辊轧机为一重冷轧机组代表机型，该机型具有轧制能耗低、轧机刚度大、板型控制能力强、传动系统稳定等特点，适合高速薄带钢的生产。

　　单机架可逆冷轧机组用于单卷带钢的轧制，具有投资少、见效快，轧制规格广泛等特点，广受中小企业的青睐。对于年产量 20 万~25 万吨，酸洗带钢厚度 1.5~4.0mm，宽度 700~1120mm，成品厚度要求为 0.15~1.6mm 的带钢，宜选用 1250 规格单机架可逆冷轧机组，配置两台卷取机，一台轧机，一台开头机、一台开卷机、三台上卸卷小车，一台助卷器，入出口导卫装置等机械设备，再配备相应的液压系统、润滑系统、电气控制系统等。

　　6）机组的典型应用。单机架可逆冷轧机组的典型应用见表 3-2-17。

表 3-2-17　单机架可逆冷轧机组的典型应用（中国第一重型机械集团公司　www.cfhi.com）

序号	名　　称	型号规格	用　户　企　业
1	单机架可逆冷轧机组	1250	浙江龙盛薄板有限公司
2	单机架可逆冷轧机组	1250	无锡西城特种薄板有限公司
3	单机架可逆冷轧机组	1250	山东远大板业科技有限公司
4	单机架可逆冷轧机组	1250	邯郸市日鑫板材有限责任公司

　　（2）1450 单机架可逆冷轧机组。

1) 主要设备组成和性能特点。单机架可逆冷轧机组主要由上卷小车、开头机、开卷机、机前卷取机、机前卸卷小车、VCMS 六辊轧机、工作辊和中间辊换辊装置、支承辊换辊装置、机后液压剪、机后卷取机、机后卸卷小车、轧机主传动装置以及其他辅助机械设备、相配套的流体设备、电力传动和自动化设备等组成。

开卷机主要由卷筒、本体、底座、对中装置、传动装置、压辊、活动支承等主要部件组成。

卷筒工作直径:	$\phi610mm$;
卷筒涨缩范围:	$\phi570\sim630mm$;
开卷速度 (max):	400m/min;
开卷张力:	$8.0\sim80kN$;
对中移动范围:	±75mm。

卷取机主要由本体减速机、卷筒、涨缩液压缸、传动装置、推板、活动支承、底座等主要部件组成。

卷筒工作直径:	$\phi610mm$;
卷筒涨缩范围:	$\phi587\sim610mm$;
卷取速度 (max):	1050m/min;
卷取张力:	$8.0\sim230kN$。

VCMS 六辊冷轧机主要由轧机机架、工作辊部件及其弯辊系统；中间辊部件及其窜动系统；支承辊部件及其平衡装置；换辊轨道、斜楔调零装置、轧辊轴向锁紧装置、轧机配管、机架封闭、轧机排雾系统、液压压下装置、油气润滑系统、乳化液喷射装置等主要部分组成。

入出口区设备主要由转向夹送辊、转向辊、摆动导板、侧导装置、事故剪、测厚仪及张力计等组成。其功能为穿带和导卫，测量带材板厚和张力。

2) 机组主要技术参数。VCMS1450 单机架可逆冷轧机组的技术参数见表 3-2-18 和表 3-2-19。

表 3-2-18　VCMS1450 单机架可逆冷轧机组技术参数 (1) (中国第一重型机械集团公司　www.cfhi.com)

序号	名　称	单　位	性 能 参 数
1	年产量	t	200000
2	最大轧制速度	m/min	1000
3	最大轧制压力	kN	20000
4	最大轧制力矩	kN·m	153
5	穿带速度	m/min	30
6	额定轧制速度	m/min	400
7	工作辊最大开口度	mm	20
8	工作辊尺寸	mm	$\phi385/\phi340\times1450$
9	中间辊尺寸	mm	$\phi440/\phi390\times1480$
10	支承辊尺寸	mm	$\phi1200/\phi1050\times1450$

表 3-2-19　VCMS1450 单机架可逆冷轧机组技术参数 (2) (中国第一重型机械集团公司　www.cfhi.com)

项　目		技 术 参 数
来料 (经过酸洗切边后的热轧钢卷，以硅钢为主)	来料材质	普通碳素钢、优碳钢、低合金优质钢、硅钢 (Si≤2.5%)
	品　种	CQ、DQ、DDQ 等
	带材厚度	$2.0\sim3.0mm$ (硅钢); $2.0\sim5.5mm$ (低碳钢)
	带材宽度	$900\sim1300mm$
	钢卷内径	$\phi610mm$
	钢卷外径	$\phi2000mm$ (max)
	钢卷质量	25t (max)

项　目		技　术　参　数
成品规格	带材厚度	0.35~0.85mm（硅钢）；0.2~4.5mm（低碳钢）；0.8~2.0mm（优质碳素结构钢）
	带材宽度	900~1300mm
	钢卷内径	φ610mm
	钢卷外径	φ2000mm（max）
	钢卷质量	25t（max）
成　品　精　度		纵向厚差（稳速轧制时） <±0.004mm（δ<0.3mm），<±1.2%δ（δ≥0.3mm）

3）机组的选用。单机架可逆冷轧机组用于单卷带钢的轧制，具有投资少、见效快，轧制规格广等特点，广泛受中小企业的青睐。对于年产量 20 万~25 万吨，酸洗带钢厚度 1.5~5.5mm，宽度 900~1300mm；成品厚度要求为 0.35~2.0mm 的带钢，宜选用 1450 规格单机架可逆冷轧机组，配置两台卷取机，一台轧机，一台开头机，一台开卷机、三台上卸卷小车，一台助卷器，入出口导卫装置等机械设备，再配备相应的液压系统、润滑系统、电气控制系统等。

4）1450 单机架可逆冷轧机组的典型应用。单机架可逆冷轧机组的典型应用见表 3-2-20。

表 3-2-20　单机架可逆冷轧机组的典型应用（中国第一重型机械集团公司　www.cfhi.com）

序　号	名　称	型号规格	用　户　企　业
1	单机架可逆冷轧机组	1450	天津皇泰新型机电节能有限公司
2	单机架可逆冷轧机组	1450	邯郸市日鑫板材有限责任公司
3	单机架可逆冷轧机组	1450	尼日利亚董氏集团

B　中国重型机械研究院股份公司制造

（1）单机架普碳钢轧机系列。

1）机组设备由机械设备、液压设备、电气设备组成。其中：

机械设备主要由开卷机、上卸卷小车、开头矫直机、左卷取机、机前装置、六辊可逆冷轧机、机后装置、换辊装置、右卷取机、助卷器等组成。

液压设备由 AGC 液压压下控制系统、液压弯辊/横移控制系统、CPC 开卷对中控制系统、液压传动控制系统、设备润滑系统、工艺润滑系统、油气润滑系统及气动控制系统部分组成。

电气设备主要由电气传动系统、基础自动化系统、计算机厚度控制系统、操作/管理计算机系统以及电气辅助设施等组成。

2）机组设备装机水平。主轧机、开卷机、左右卷取机采用全数字直流调速，机组采用 PLC 控制，故障自诊断、报警、断带自动保护；卷取机准确停车、圈数记忆、带尾自动减速停车；轧制速度、张力自动控制、仪表显示，具有数据采集及生产报表打印功能；全液压压下，AGC 自动控制；工作辊正负弯辊、中间辊正弯辊、中间辊横移预设定、轧辊分段冷却；CPC 开卷自动对中；工作辊、中间辊快速换辊；轧线标高采用阶梯板加斜楔调整；轧辊轴承采用油气润滑。

3）技术参数。单机架普碳钢六辊可逆冷轧机组技术参数见表 3-2-21。

表 3-2-21　单机架普碳钢六辊可逆冷轧机组技术参数（中国重型机械研究院股份公司　www.xaheavy.com）

项　目		轧　机　型　号					
		950 轧机	1050 轧机	1150 轧机	1200 轧机	1450 轧机	1780 轧机
轧制材料		普碳钢	普碳钢	普碳钢	普碳钢	普碳钢	普碳钢
来料/mm	厚度	1.5~5.5	1.2~3.0	1.2~5.0	1.8~3.0	2.0~5.0	2.0~4.0
	宽度	450~800	700~950	700~1050	700~1050	800~1250	800~1600
成品/mm	厚度	0.2~2.5	0.2~0.35	0.15~1.6	0.18~0.6	0.2~2.0	0.2~2.0
	宽度	450~800	700~950	700~1050	700~1050	800~1250	800~1600

项 目	轧机型号					
	950 轧机	1050 轧机	1150 轧机	1200 轧机	1450 轧机	1780 轧机
最大卷重/t	8.1	18	20	20	25	33
钢卷最大直径/mm	1700	1800	2000	2000	2000	2150
钢卷最小直径/mm	900	900	900	900	900	900
钢卷内径/mm	610	610	508	508	610	610
工作辊规格/mm	ϕ310/280×1000	ϕ300/270×1100	ϕ300/270×1200	ϕ300/270×1200	ϕ400/370×1450	ϕ440/390×1780
中间辊规格/mm	ϕ370/340×950	ϕ370/340×1100	ϕ370/335×1150	ϕ370/335×1150	ϕ450/415×1450	ϕ500/450×1780
支撑辊规格/mm	ϕ890/830×950	ϕ950/890×1050	ϕ950/890×1100	ϕ950/890×1150	ϕ1250/1190×1350	ϕ1400/1300×1720
最大轧制力/kN	10000	12000	12000	12000	18000	23000
最大轧制速度/m·min^{-1}	600	900	900	900	1000	1200
开卷张力/kN	4~40	5~50	4~40	5~50	8~80	8~80
卷取张力/kN	9~90	6.3~120	7.5~130	7.5~130	10~170	10~300
工作辊弯辊力（单边）/kN	250/150	300/180	300/180	300/180	600/400	660/440
中间辊弯辊力（单边）/kN	250	300	300	300	500	550
中间辊横移量/mm	200	200	200	200	300	400
开卷机电机功率/kW	200	247	247	450	610	730
卷取机电机功率/kW	730×2	730×2	730×2	960×2	1000×2	3000
主电机功率/kW	1000×2	1250×2	1500×2	1500×2	1250×4	7000
冷却介质	乳液	乳液	乳液	乳液	乳液	乳液

（2）单机架特殊钢轧机系列。

特殊钢冷轧机机组技术参数见表 3-2-22。

表 3-2-22 特殊钢冷轧机机组技术参数（中国重型机械研究院股份公司 www.xaheavy.com）

项目		轧机型号		
		400 四辊可逆冷轧机	1450 六辊可逆冷轧机	1250 六辊可逆冷轧机（新型十八辊轧机）
轧制材料		钛高温合金、镍基耐蚀合金、精密合金、铬镍合金	钛高温合金、镍基耐蚀合金、精密合金、铬镍合金	普碳钢、硅钢等
来料/mm	厚度	1.5~3.2	(max) 7.1	1.2~3.0
	宽度	150~350	600~1300	800~1050
成品/mm	厚度	0.2~1.2	0.7~4.0	0.1~1.2（普碳钢）、0.20~1.2（硅钢）
	宽度	150~350	600~1300	800~1050
最大卷重/t		1.5	22	20
钢卷最大直径/mm		1200	1900	1800
钢卷最小直径/mm		900	900	900
钢卷内径/mm		500	610	508
工作辊规格/mm		ϕ125/120×450	ϕ380/350×1450	ϕ190/165×1250
侧辊规格/mm				ϕ168/165×1085
中间辊规格/mm			ϕ450/415×1450	ϕ370/345×1250
支撑辊规格/mm		ϕ450/415×420	ϕ1250/1190×1350	ϕ1000/900×1200
最大轧制力/kN		2500	20000	12000
最大轧制速度/m·min^{-1}		180	400	900
开卷张力/kN		2~10	15~150	6~60
卷取张力/kN		3~90	30~300	14~140

项 目	轧 机 型 号		
	400 四辊可逆冷轧机	1450 六辊可逆冷轧机	1250 六辊可逆冷轧机（新型十八辊轧机）
工作辊弯辊力（单边）/kN	55/55	500/350	
中间辊弯辊力（单边）/kN	250	500	320/200
中间辊横移量/mm	200	300	200
开卷机电机功率/kW	15	400	383
卷取机电机功率/kW	220+110	2100	1250×2
主电机电机功率/kW	340	3000	1250×4
冷却介质	矿物油	矿物油	乳化液

（3）二十辊冷轧机机组。中国重型机械研究院股份公司早在 20 世纪 60、70 年代首次研制成功国产二十辊液压冷轧机，并先后在国内多家单位推广应用。该型轧机采用整体铸钢浇注机架结构，具有在负载下轧机宽度方向上变形量一致的特点。通过侧面宽厚的结构以及锥形的牌坊顶部结构，凸度牌坊具有最大的机架模量，该结构轧制时可提供最大的刚度；同时该类轧机具有凸度调节结构、中间辊横移结构、压下及轧线调整结构、侧偏心直径补偿结构、工艺乳化及冷却装置以及最新带材除油技术及设备等。二十辊可逆冷轧机组如图 3-2-1 所示。

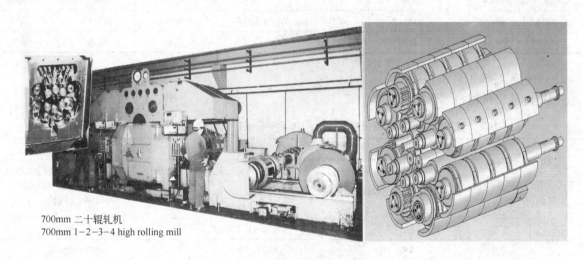

700mm 二十辊轧机
700mm 1-2-3-4 high rolling mill

图 3-2-1　二十辊可逆冷轧机组

随着轧制技术的不断发展，中国重型机械研究院股份公司先后推出了 500 型、700 型、1200 型、1450 型二十辊轧机，随着电气控制技术、高精度的电气检测元器件及液压技术的发展和成熟，可以生产出高品质的不锈钢、硅钢或难变形的合金钢板带产品。

1）机组设备由机械设备、液压设备、电气设备组成。其中：

机械设备主要由开卷机、上卸卷小车、开头矫直机、左卷取机、机前装置、二十辊可逆冷轧机、机后装置、换辊装置、右卷取机、助卷器等组成。

液压设备由 AGC 液压压下控制系统、液压凸度调节系统、中间辊横移控制系统、CPC 开卷对中控制系统、液压传动控制系统、设备润滑系统、工艺润滑系统、油气润滑系统及气动控制系统等部分组成。

电气设备主要由电气传动系统、基础自动化系统、计算机厚度控制系统、操作/管理计算机系统以及电气辅助设施等组成。

2）技术参数。二十辊轧机机组主要技术参数见表 3-2-23。

表 3-2-23　二十辊轧机机组主要技术参数（中国重型机械研究院股份公司　www.xaheavy.com）

项　目		轧　机　型　号								
		BL20-280	BL20-280B	BL20-360	BL20-400	BL20-500	BL20-700	BL20-700B	BL20-1200	BL20-1450
轧制材料		不锈钢 硅钢	铜及合金	不锈钢 合金钢	不锈钢 合金钢	不锈钢	不锈钢 合金钢	硅钢	不锈钢 硅钢	不锈钢 合金钢
来料/mm	厚度	0.1~0.8	0.1~0.5	0.5~1.0	0.5~0.6	0.5~0.6	1.0~1.5	1.8~3.0	1.8~3.0	2.0~6.0
	宽度	100~200	100~200	100~300	200~350	300~450	350~600	350~600	650~1050	800~1350
成品/mm	厚度	0.03~0.2	0.2~0.35	0.02	0.02	0.05~0.2	0.06~0.4	0.03~0.06	0.2~1.0	0.25~3.0
	宽度	100~200	100~200	100~300	200~350	300~450	350~600	350~600	650~1050	800~1350
最大卷重/t		0.3	0.3	0.38	2.0	1.6	3.5	3.5	14.0	33
钢卷最大直径/mm		500	500	550	1130	1100	1100	1100	1650	2200
钢卷最小直径/mm					700	750	750	850	900	
钢卷内径/mm		300	300	500	500	500	500	500	610	610
工作辊名义规格/mm		$\phi16\times280$	$\phi16\times280$	$\phi16\times360$	$\phi20\times400$	$\phi25\times500$	$\phi40\times700$	$\phi40\times700$	$\phi85\times1200$	$\phi85\times1395$
支撑辊直径/mm		$\phi90$	$\phi90$	$\phi90$	$\phi120$	$\phi150$	$\phi225$	$\phi225$	$\phi400$	$\phi300$
最大轧制力/kN		300	350	500	350	500	1500	1500	7000	810
最大轧制速度/m·min^{-1}		75	75	75	375	180	240	240	600	800
主电机电机功率/kW		55	55	70	280×2	250×2	500	500	1300×2	4000
冷却介质		轧制油	轧制油	轧制油	轧制油	轧制油	轧制油	乳化液	轧制油	轧制油

C　云南冶金昆明重工有限公司制造

冷轧机技术参数见表 3-2-24。

表 3-2-24　冷轧机技术参数（云南冶金昆明重工有限公司　www.khig.com.cn）

序号	规格	最大轧制力/kN	轧制速度/m·s^{-1}	压下速度/mm·s^{-1}	坯料尺寸/mm	成品最小厚度/mm	主电机功率/kW	整机质量/kg	主　要　配　置
1	$\phi170\times200$ 冷轧机	450	0.2/0.29/0.40	0.065	2.0×120	0.17	22/30/45	9035/9035/9035	YCT 交流电机驱动，可逆轧制，带左右卷取机和开卷箱
2	$\phi170\times200$ 冷轧机	450	0.2/0.29/0.40	0.065	2.0×120	0.17	22/30/45	7696/7696/7696	YCT 交流电机驱动，不可逆轧制，带开卷箱和1台卷取机
3	$\phi170\times200$ 冷轧机	450	0.2/0.29/0.40	0.065	3.5×120	0.30	11/18.5/22	5220/5312/5356	YR 交流电机驱动，不可逆轧制，无卷取机和开卷箱
4	$\phi170\times250$ 冷轧机	450	0.2/0.29/0.40	0.065	2.0×120	0.17	22/30/45	9067/9067/9067	YCT 交流电机驱动，可逆轧制，带左右卷取机和开卷箱
5	$\phi170\times250$ 冷轧机	450	0.2/0.29/0.40	0.065	2.0×160	0.17	22/30/45	7728/7728/7728	YCT 交流电机驱动，不可逆轧制，带开卷箱和1台卷取机
6	$\phi170\times250$ 冷轧机	450	0.2/0.29/0.40	0.065	3.5×160	0.30	11/18.5/22	5230/5250/5374	YR 交流电机驱动，不可逆轧制，无卷取机和开卷箱
7	$\phi170\times300$ 冷轧机	450	0.2/0.29/0.40	0.065	2.0×200	0.17	22/30/45	9133/9133/9133	YCT 交流电机驱动，可逆轧制，带左右卷取机和开卷箱
8	$\phi170\times300$ 冷轧机	450	0.2/0.29/0.40	0.065	2.0×200	0.17	22/30/45	8104/8104/8104	YCT 交流电机驱动，不可逆轧制，带开卷箱和1台卷取机
9	$\phi170\times300$ 冷轧机	450	0.2/0.29/0.40	0.065	3.5×160	0.30	11/18.5/22	5256/5348/5392	YR 交流电机驱动，不可逆轧制，无卷取机和开卷箱
10	$\phi200\times300$ 冷轧机	600	0.016~0.033	0.08	3×160	2	18.5	15393	YCT 交流电机驱动，不可逆轧制，带开卷箱和1台卷取机
11	$\phi250\times300$ 冷轧机	1000	0.3	0.09	10×200	0.50	55	9372	YR 交流电机驱动，不可逆轧制

续表 3-2-24

序号	规格	最大轧制力/kN	轧制速度/m·s⁻¹	压下速度/mm·s⁻¹	坯料尺寸/mm	成品最小厚度/mm	主电机功率/kW	整机质量/kg	主 要 配 置
12	φ250×350 冷轧机	1000	0.4	0.045/0.09	3×250	0.5	55	11802	YR 交流电机驱动，不可逆轧制，带开卷箱和1台卷取机
13	φ250×350 冷轧机	1000	0~1	0.08	3×250	0.5	81	12500	直流电机驱动，不可逆轧制，带开卷箱和1台卷取机
14	φ260×230 冷轧机	1000	0.35	0~0.18	5×80	0.55	30	10400	YR 交流电机驱动，不可逆轧制，交流伺服压下
15	φ270×300 冷轧机	1000	0.3	0.02/0.04	3×200	0.5	55	9530	YR 交流电机驱动，不可逆轧制
16	φ300×250 冷轧机	1000	0.3	0~0.18	37×240	8	45	12680	YR 交流电机驱动，不可逆轧制，交流伺服压下
17	φ350×350 冷轧机	1250	0.49	0.07/0.15	12×240	1.00	110	20850	YR 交流电机驱动，不可逆轧制
18	φ350×450 冷轧机	1250	0.23/0.43	0.155	12×300	0.5	90/110	22250/22440	YR 交流电机驱动，不可逆轧制
19	φ350×600 冷轧机	1250	0.44	0.31	40×420	0.50	132	23000	YR 交流电机驱动，不可逆轧制
20	φ420×350 冷轧机	1800	0.45	0.155/0.31	50×200	1.00	160	35281	YR 交流电机驱动，不可逆轧制
21	φ420×500 冷轧机	1800	0.36	0.155	30×400	1.00	132/185	34400/34770	YR 交流电机驱动，不可逆轧制
22	φ420×600 冷轧机	1800	0.36	0.155	5×440	0.8	132	35034	YR 交流电机驱动，不可逆轧制
23	φ450×500 冷轧机	2200	0.30	0.09/0.18	50×400	0.5	185	36612	YR 交流电机驱动，不可逆轧制
24	φ450×900 冷轧机	2500	0.3	0.18	25×750	2	132	38400	YR 交流电机驱动，不可逆轧制
25	φ500×1200 冷轧机	3000	0.63	0.40	20×1050	1.0	220	68450	YR 交流电机驱动，不可逆轧制
26	φ500×1200 冷轧机	2500	0.63	0.05	20×1050	0.5	220	68270	YR 交流电机驱动，不可逆轧制

D 上海重型机器厂有限公司制造

冷轧机组主要性能参数和特点见表 3-2-25。

表 3-2-25 冷轧机组主要性能参数和特点（上海重型机器厂有限公司 www.shmp-sh.com）

序号	项目名称	用户名称	供货日期	产 品 性 能	机 组 参 数	结构特点	设计	备注
1	1450 特钢单机架二十辊可逆冷轧机组	宝钢	2010 年	原料为热轧退火、酸洗后钢卷或初次冷轧退火后的钢卷，钢种为镍、钛合金耐热钢、不锈钢；原料/成品钢卷直径 800~1900mm；原料/成品宽度 600~1300mm；原料厚度 0.5~7.1mm；原料屈服强度 ≤600MPa；原料抗拉强度 ≤1000MPa；成品厚度 0.3~4mm；成品屈服强度 ≤1600MPa；成品抗拉强度 ≤1650MPa	年产能约 5.5 万吨；主线全长约 28m，宽约 27 m；轧机型号 MB 22B -52；轧制速度（max）600m/min；轧制力 7850kN；穿带速度 10~30m/min；甩尾速度 20m/min；开卷速度（max）200m/min；矫直速度 20m/min；入出口卷取速度：（max）600m/min；最后道次卷取速度：（max）400m/min；卷纸速度（max）200m/min；衬纸速度（max）400m/min	轧机采用液压压下进行辊缝控制；第一层中间辊可窜辊；辊缝凸度可调；轧机入、出口配有板形辊及测厚仪；机组主要配有卷纸机、开卷机、五辊直头机、二十辊轧机，以及轧机入口和出口的卷取机及皮带助卷器、横切剪、挤干辊等	上重转化设计	机组立体图见附图 3-2-3

序号	项目名称	用户名称	供货日期	产 品 性 能	机 组 参 数	结构特点	设计	备注
2	1700单机架可逆冷轧机组	台湾烨辉	2013年	原料为热轧后的酸洗钢卷,钢种为低碳钢卷、耐候钢、高强度低合金钢; 原料/成品钢卷直径850~2000mm; 原料/成品宽度700~1600mm; 原料厚度1.5~4.5mm; 成品厚度0.15~3.0mm; 原料屈服强度≤600MPa; 原料抗拉强度≤700MPa; 成品屈服强度≤1000MPa; 成品抗拉强度≤1100MPa	年产能约30万吨; 穿带速度(max)30m/min; 轧制速度(max)1200m/min; 轧制力19000kN; 工作辊弯辊力(单侧)(max)+450kN,(max)-350kN; 中间辊弯辊力(单侧)(max)+500kN,(max)-400kN; 中间辊窜辊±100mm	机组为单机架可逆冷轧机组; 轧机采用六辊结构,上下工作辊传动,配有液压压上、AGC控制、工作辊&中间辊正负弯辊、中间辊可窜动、工作辊分段冷却系统、支承辊轴承油气润滑系统等; 轧机出口增加一台焊机,用于焊接引带,达到提高成品率; 机组主要设备组成有钢卷小车(三台)、自动上卷装置、开卷机(预留CPC带钢对中装置)、横切剪、六辊可逆轧机、出口剪、焊机、入出口卷取机、称重仪、打捆机等	分级设计(SPCO公司基本设计,上重详细设计)	机组立体图见附图3-2-4

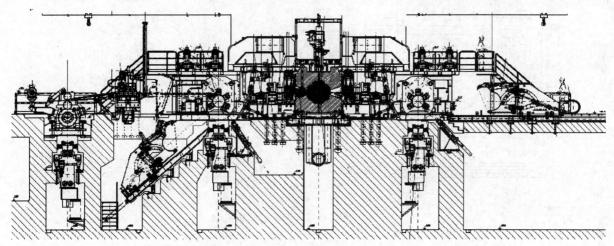

附图 3-2-3　宝钢 1450 特钢单机架二十辊可逆冷轧机组立体图

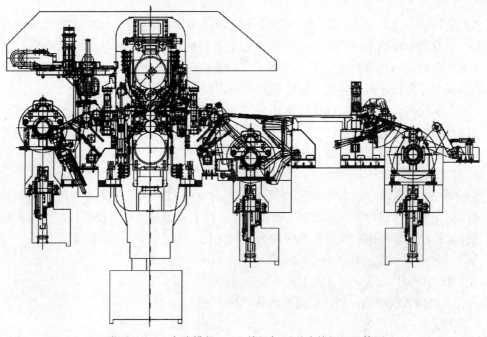

附图 3-2-4　台湾烨辉 1700 单机架可逆冷轧机组立体图

3.3　棒、线材轧制设备

棒、线材机组前段大致相同，由加热炉、粗轧机组、中轧机组、精轧机组组成，总共有十多架。棒材机组后段由冷床、冷剪、收集装置、打捆装置组成；线材机组后段则由吐丝机、盘条冷却线、盘条收集装置、打捆机等组成。

3.3.1　SY 型短应力线材轧机

3.3.1.1　概述

该系列产品可作为连轧机组中的粗轧、中轧、精轧机架，广泛用于棒、线、型钢、窄带生产线。其采用无牌坊、拉杆连接式短应力线结构，由辊系、压下装置及轧机底座等部件组成，如图3-3-1所示。

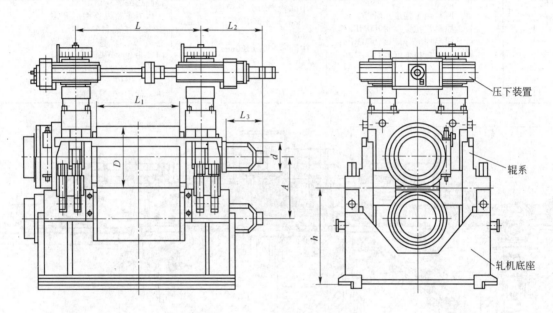

图 3-3-1　SY 型短应力线材轧机机型

3.3.1.2　技术特点

轧机的技术特点如下：

（1）轧机刚度高，稳定性好，不需经常调整，成品可达到国标精度。标准机架是全悬挂式，由中部的四个支承座将辊系固定在箱形底座上，支承座上的上下导向槽起着轧辊的轴向固定和径向调整的导向作用，同时承受轧辊轴向的轧制力。支承座上的上下导向槽不承受径向轧制力，导向槽的导向面镶有衬板，可调整轴承座与导向槽之间的间隙，使轴承座轴向定位。

四个带左、右螺纹的立柱通过立柱支承套由支承座将整个轧机本体的质量传递到箱形底座上，立柱支承套保证立柱转动自如，轧制力由轧辊、四列圆柱滚子轴承，通过轴承座经左、右旋向的压下螺母传给立柱，形成应力线回路。箱形底座敞口很大，便于装拆接轴，而且由于辊系轴向固定是两侧同时受力，因而稳定性好。

（2）轧辊轴承轴向游隙小，轧机轴向刚度高。轧辊的轴向固定采用的是双向推力圆锥滚子轴承，它的轴向间隙可以预先调到要求的数值（0.05~0.10mm），加上支承座的导向槽良好的刚性，可以有效控制轴向间隙，这样就使轧机轴向刚度大于其他短应力线材轧机。

（3）轧辊开口度对称调整，轧制中心线高度不变。

（4）采用卡销式轴向固定方式，自位性能好，轴承使用寿命长。

（5）换辊快，减少在线停机时间，提高轧机作业率。

（6）密封性好。

（7）压下装置可两侧同时调整或单侧单调，配有手动和液压马达两种调整机构。液压马达可实现大辊缝调整，省时、省力；手动可在线微调。调整方便，结构较同类轧机简化。

（8）有液压压下（带有手动微调）、液压平衡和手动调整（线外预装用电动）、弹簧平衡两种形式供用户选择，并可根据用户具体要求进行设计。

（9）立辊轧机采用上传动方式，万向接轴不伸缩，利用穿在减速机齿轮座中的花键轴实现轧机升降，从而降低高度。具有稳定性好、换辊快、较一般立辊轧机高度低的特点。

3.3.1.3 技术参数

SY 型系列的高刚度轧机，轧辊直径范围 φ250~850mm，相邻规格、形式包括平辊、立辊及平立可换轧机，最大出口速度为 18m/s，基本参数见表 3-3-1。

表 3-3-1　SY 系列轧机的技术参数（北京中冶设备研究设计总院有限公司　www.mcce.com.cn）

轧机主型号	轧辊辊颈直径/mm	最大轧制力（单边）/kN	最大轧制力矩（单辊）/kN·m	轧辊轴向调整量/mm	轧辊径向调整量/mm	轧辊辊身长度/mm
SY-250	150	350	16	±3.0	≤60	450~550
SY-280	160	400	20	±3.0	≤70	450~550
SY-300	180	500	30	±3.0	≤70	450~600
SY-320	190	550	45	±3.0	≤90	450~600
SY-350	200	800	55	±3.0	≤90	500~650
SY-400	230	1000	75	±4.0	≤100	500~750
SY-450	260	1200	85	±4.0	≤100	500~800
SY-500	280	1400	100	±4.0	≤120	700~900
SY-550	300	1900	200	±4.0	≤120	700~900
SY-600	320	2000	220	±4.0	≤120	700~900
SY-650	330	2200	250	±4.0	≤120	700~900
SY-750	340	2500	350	±4.0	≤130	800~1000
SY-850	360	3000	500	±4.0	≤160	800~1000

3.3.1.4 应用情况

该系列产品已在天津荣程、新疆八钢、南昌长力得到应用。

3.3.2 紧凑式连轧机组

3.3.2.1 概述

紧凑式连轧机组为 4 架 SY 型高刚度（无牌坊）轧机组成，立—平—立—平布置。

该机型属于典型的短流程轧制工艺，设备紧凑，轧机之间间距仅为 900~1000mm；可实施推力轧制、大压下量高效轧制工艺，无扭转、微张力连续轧制；轧线设备排列短，厂房占地少，投资小。

3.3.2.2 技术特点

紧凑式连轧机组的技术特点如下：

（1）轧机间距小，由前一机架轧机将轧件推入后一架轧机内实现强迫咬入，从而进行大压下轧制。

（2）机组由 4~6 架轧机采用平—立交替方式布置。

（3）辊身短，每个轧辊辊身仅开一个孔型或为单道次平辊轧制。

（4）在同等条件下与普通两辊轧机相比可减少 1~2 架轧机。

（5）机架为短应力线结构或悬臂辊结构。

（6）紧凑式连轧机各机架单独传动，传动控制精度高，特性硬。

（7）轧制过程无扭无活套，自动化程度高。

3.3.2.3 技术参数

SY 系列连轧机的技术参数见表 3-3-2。

表 3-3-2 SY 系列连轧机的技术参数（北京中冶设备研究设计总院有限公司　www.mcce.com.cn）

技 术 指 标	参 数 值
轧辊直径	ϕ440~560mm
轧机中心距	900mm
最大轧制力	1800kN
钢坯入口端面	120~150mm^2
钢坯出口端面	50~65mm^2
总延伸率	>5%
设备总重	185t

3.3.3 冷轧带肋钢筋轧机

3.3.3.1 概述

冷轧带肋钢筋是用热轧盘条经多道冷轧减径，一道压肋并经消除内应力后形成的一种带有二面或三面月牙形的钢筋。冷轧带肋钢筋在预应力混凝土构件中，是冷拔低碳钢丝的更新换代产品。在现浇混凝土结构中，则可代换Ⅰ级钢筋，以节约钢材，是同类冷加工钢材中较好的一种。

经本生产线生产的产品，其延伸性 Al1.3 达到 12%，比国家标准要求的 Al1.3≥8% 提高 50%，Agt 比标准提高 1 倍，抗拉强度提高 100MPa，握裹力较热轧钢筋提高 4~5 倍，较Ⅰ级钢筋可节约钢材 40%~50%。

整条生产线自动化、连续化、高速化作业，设备运行率、轧辊更换效率、投入产出率均具高水平。

3.3.3.2 设备结构、布局及工艺

轧机采用主、被动一轧一拖式，实现两道轧制成型，解决了轧机四道轧辊速度配合难问题，使设备运行稳定，产品质量稳定。通过数控中频加热，数控飞剪，全自动翻钢机技术，使之成为一套完整的冷轧新工艺。

轧制前采用剥壳技术，即除去钢筋的氧化皮，使钢筋与混凝土的结合力大幅度提高。

轧机采用轧辊自锁方式，解决轧辊与机座的间隙引起的振动以及导致轧辊非正常断裂、拆卸困难的问题，一机多用，不需要更换轧辊，可生产 6~8 种规格（ϕ5.5~12mm）。

采用直线导轨、导位座、加力导位轮装置，改变了传统的被动式导位，稳定性好。

采用了 PLC 编程控制，软启动技术、变频技术、伺服控制技术、光电感应技术和数控技术等。

3.3.3.3 主要技术参数

冷轧带肋钢筋轧机技术参数见表 3-3-3。

表 3-3-3 冷轧带肋钢筋轧机技术参数（巩义市恒旭机械制造有限公司　www.hengxujx.com）

项 目	单 位	技术参数	备 注
原料	mm	ϕ6.5~12	热轧盘圆
轧辊直径	mm	ϕ228	专用合金
配用动力	kW	55~75	变频调速电机
齿轮中心距	mm	228	人字齿轮
轧制线速	mm/s	1.2~3.2	
剪切长度	m	1~12	
飞剪电机	kW	5.5	
产品规格	mm	ϕ5~11	热轧两肋钢筋
产量	t/班	6~50	

棒材系列轧钢机的技术参数见表 3-3-4。

表 3-3-4 棒材系列轧钢机技术参数（巩义市恒旭机械制造有限公司　www.hengxujx.com）

项　目	单　位	技术参数	备　注
原　料	mm	$\phi 6.5\sim 12$	热轧盘圆
轧辊直径	mm	$\phi 228$	专用合金
配用动力	kW	$55\sim 75$	变频调速电机
齿轮中心距	mm	228	人字齿轮
轧制线速	m/s	$1.2\sim 3.2$	
剪切长度	m	$1\sim 12$	
飞剪电机	kW	5.5	
产品规格	mm	$\phi 5\sim 11$	热轧两肋钢筋
产　量	t/班	$6\sim 50$	

3.4　有色轧制设备

3.4.1　铝冷轧机组（二辊冷轧机、四辊冷轧机、六辊冷轧机）

3.4.1.1　概述

冷轧机将最大厚度 10mm 的连铸铝卷坯，经多道连续轧制后，达到各种厚度和宽度的铝带材，可提供成品为板、带、卷、易拉罐、PS 板基和铝箔等精加工用毛料。按其厚度可分为冷粗轧机、冷精轧机。

3.4.1.2　工艺流程及设备

工艺流程为上卷小车—开卷机—对中装置—夹送辊—入口张力装置—主轧机—测厚仪—液压剪—导向装置—卷取机—助卷机—卸卷小车。

3.4.1.3　技术参数

铝板带轧机技术参数见表 3-4-1。

表 3-4-1 铝板带轧机技术参数（上海重型机器厂有限公司　www.shmp-sh.com）

序号	项目名称	用户名称	交付日期	产品参数	机组参数	结构特点	设计	备注
1	中孚高精铝板带生产线	河南中孚	2012年	产品主要为包装材料高精铝板。成品带材厚度：1.8～8mm；带卷宽度：2450mm；带卷内径：610mm；带卷最大外径：2750mm；带卷最大单重：34t	主轧线长度约380m；立辊轧制力：5000kN；主电机：AC700kW，2台；粗轧机轧制力：45000kN；轧制速度：0～4.5m/s；主电机：2台，AC4500kW，0～35/100r/min；重剪剪切力：8500kN；轻剪剪切力：4500kN；精轧机轧制力：45000kN	主要设备组成：立辊轧机、四辊可逆粗轧机、厚规格剪、薄规格剪、F1～F4精轧机组（预留F0）、切边剪、卷取机等机械设备和介质系统设备；立辊位于粗轧机入口，采用下置式传动，设全液压AWC测压缸；粗轧机设电动压下+液压AGC缸；轻、重型剪为液压曲柄式；精轧机组设CVC窜辊弯辊系统	上重转化设计	附图3-4-1、附图3-4-2、附图3-4-3

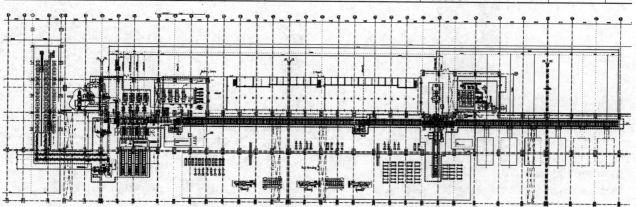

附图 3-4-1　中孚高精铝板带生产线平面图

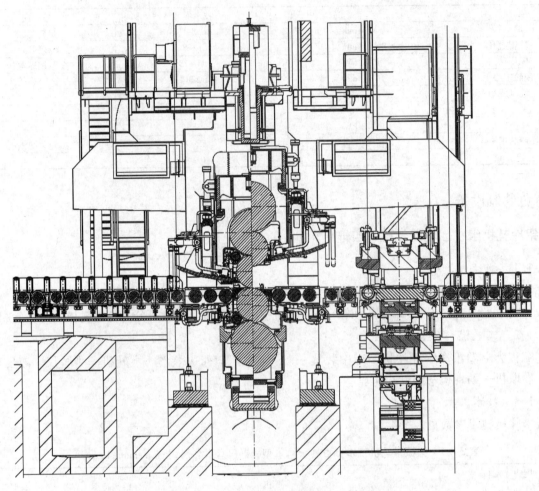

附图 3-4-2 中孚高精铝板带粗轧区剖面图

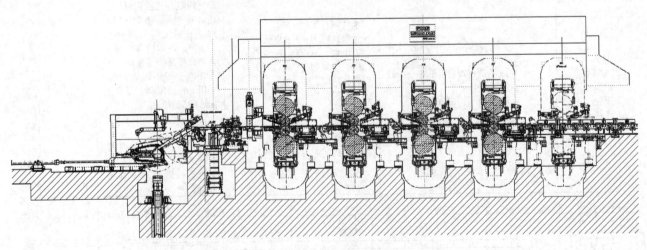

附图 3-4-3 中孚高精铝板带精轧、卷取区剖面图

铝冷轧机技术参数见表 3-4-2。

表 3-4-2 铝冷轧机技术参数（郑州市世鑫重型机械制造有限公司 www.zzsxzj.com）

典型机型	轧制材料	输入厚度	输入宽度	输出厚度	输出宽度	轧制速度
$\phi360/\phi860×1450mm$ $\phi380/\phi960×1650mm$ $\phi420/\phi1100×1850mm$	铝板、铝带	6.0~10mm	700~1750mm	0.1~2.0mm	650~1700mm	480~1200m/min

3.4.2 箔材轧制设备

3.4.2.1 概述

箔材轧机采用世界先进技术，装备有 AGC、CVC 系统，具有全液压机电一体化自动控制功能，可自动平衡、自动对中、自动测厚，带载压下，恒张力轧制，是有色金属领域内最先进的冷轧设备。

铝箔轧机是将最大厚度为 0~6mm 的铝箔坯料，经多道次轧制后生产出各种厚度和宽度的铝箔卷材。成品可供铝箔深加工用，如冲制成型容器、压花、印刷涂层、贴合、日常生活中的食品、饮料包装容器和药品、化妆品及某些特殊材料的包装以及电缆、换热器、电容器的制作和建筑保温，装饰装修材料等用的毛料。

3.4.2.2 铝带箔材轧制工艺流程及设备

轧制工艺流程为上卷小车—开卷机—对中装置—夹送辊—入口张力装置—主轧机—出口张力装置—矫直辊装置—卷取机—卸卷小车。

3.4.2.3 主要技术参数

四辊铝带箔冷轧设备技术参数见表 3-4-3。

表 3-4-3 四辊铝带箔冷轧设备技术参数（郑州盛源机械制造有限公司 www.zzsyjxgs.cn.china.cn）

序　号	轧 机 规 格
1	φ180/450×800mm
2	φ210/550×1200mm
3	φ320/780×1400mm
4	φ360/860×1450mm

铝带箔轧机技术参数见表 3-4-4。

表 3-4-4 铝带箔轧机技术参数（郑州市世鑫重型机械制造有限公司 www.zzsxzj.com）

轧机规格	轧制材料	输入厚度/mm	坯料宽度/mm	输出厚度/mm	成品宽度/mm	轧制速度/m·min⁻¹
φ230/φ550×800 φ260/φ630×1200 φ320/φ780×1400 φ360/φ860×1450	铝板、铝带	0.3~0.6	700~1350	0.03	650~1300	480~1500

铝带箔精密轧机技术参数见表 3-4-5。

表 3-4-5 铝带箔精密轧机技术参数（云南冶金昆明重工有限公司 www.khig.com.cn）

轧机名称	φ160/φ420×600 四辊不可逆冷轧机	φ180/φ450×800 四辊不可逆冷轧机	φ180/φ450×800 四辊不可逆冷轧机	φ200/φ500×800 四辊不可逆冷轧机	φ240/φ550×700 四辊可逆冷轧机	φ240/φ550×900 四辊可逆冷轧机	φ360/φ860×1450 四辊可逆冷轧机
轧制材料	铝及铝合金	铝及铝合金	铝及铝合金	铝及铝合金	铝合金	铝及铝合金	铝及铝合金
坯料规格/mm	2×500	0.28×650	0.1×650	1×650	(6~3.5)×550	(6~8)×(400~750)	(6~8)×(700~1250)
卷重/kg	500	650	650	650	500	2000	7000
成品厚度/mm	0.2	0.014	0.028	0.1	0.2	0.2	0.2
最大轧制力/kN	1000	1000	1000	1300	2000	2500	8000
轧制速度/m·s⁻¹	0~2	0~3.7~5	0~3.7~5	0~3~5	0~0.9~2	0~2.5	0~6
压下方式	电动	液压压上	液压压上	电动	电动	电动	液压压上
压下速度/mm·s⁻¹	0.10	恒压轧制	恒压轧制	0.02	0.04/0.08	0.033/0.066	0~3
主传动方式	工作辊传动	工作辊单辊传动	工作辊传动	工作辊传动	工作辊传动	工作辊传动	工作辊传动
主电机功率/kW	99	125	160	250	205	284	728
卷取张力范围/kN	0.8~8	0.3~2	0.3~2	2~13	2.5~50	4~30, 8~60	4.5~80
卷取电机功率/kW	27	12	12	81	98	98	309
卷取机卷筒尺寸/mm	φ300×600	φ300×800	φ300×800	φ300×800	(φ450~432)×700	(φ450~432)×900	(φ510~490)×1450
卷筒形式	液压四棱锥	液压双锥头	液压双锥头	液压双锥头	液压四斜楔式	液压四斜楔式	液压四斜楔式
开卷设备				开卷机			开卷机
设备质量/t（不含电机、电控）	32	33.1	35.3	35.3	93.88	99.1	≤200

3.4.3 单机架铜轧机机组

3.4.3.1 概述

四辊可逆冷粗轧机机组由机械设备、液压设备、电气设备组成。其中：

机械设备由运输机、上卷小车、开卷机、开头矫直机、机前卷取机、卸卷小车（两台）、机前装置、四辊可逆冷粗轧机、机后装置、机后卷取机、压辊装置等单机设备组成。

液压设备由 AGC 液压压下控制系统、液压弯辊系统、CPC 开卷对中控制系统、液压传动控制系统、设备润滑系统、工艺润滑系统、油气润滑系统及气动控制系统等组成。

电气设备主要由电气传动系统、基础自动化系统、计算机厚度控制系统、操作/管理计算机系统以及电气辅助设施等组成。

该型号轧机刚性好，自动化程度高，产品板型优良、精度高。

3.4.3.2 机组设备装机水平

单机架铜轧机机组设备装机水平如下：

（1）开卷机采用可机械涨缩式双柱头卷筒，设有 CPC、上卷高度自动对中装置。

（2）主轧机、开卷机和左右卷取机采用直流电机传动，全数字直流调速装置。

（3）左、右卷取机采用大小卷筒设计，左右卷取机小卷筒采用斜楔式卷筒。

（4）轧机具有压下调偏、工作辊弯辊等板形调整技术。

（5）轧机电气系统具有过载保护，断带保护和紧急停车等安全保护系统；主轧机和卷取机装有准确停车装置。

（6）采用计算机厚度控制，具有恒辊缝，恒轧制力，厚度监控功能等多种控制手段。

（7）机组生产工艺联锁及故障报警采用 PLC 可编程控制；实现生产过程自动化；完善的生产管理和报表打印功能，可实现网络化管理和远程诊断维护。

（8）轧线采用斜楔调整机构，补偿支承辊和工作辊的磨损，实现轧线无级自动调整。

（9）辊系轴承采用油气润滑系统。

（10）采用进口测厚仪检测入口和出口带材厚度。

3.4.3.3 技术参数

单机架铜轧机机组主要技术参数见表 3-4-6。

表 3-4-6 单机架铜轧机机组主要技术参数（中国重型机械研究院股份公司 www.xaheavy.com）

型 号		轧 机 型 号			
		600 冷粗轧机	600 冷中轧机	600 冷精轧机	510 冷精轧机
轧机材料		黄铜、紫铜青铜、白铜等	黄铜、紫铜青铜、白铜等	黄铜、紫铜青铜、白铜等	黄铜、紫铜青铜、白铜等
来料 /mm	厚度	最大 16mm	最大 3mm	最大 2mm	最大 1.5mm
	宽度	300~450	300~450	300~430	250~400
成品 /mm	厚度	0.5~5.0	0.2~0.15	0.1~0.8	0.08~1.0
	宽度	300~450	700~950	300~430	250~400
最大卷重/t		6.0	6.0	5.7	3.0
钢卷最大直径（小卷筒）/mm		1600	1700	1600	1200
钢卷最小直径（小卷筒）/mm		1000	1000	1000	850
钢卷内径/mm		500	500	500	500
工作辊规格/mm		ϕ330/310×640	ϕ230/220×640	ϕ150/140×640	ϕ150/140×550
支撑辊规格/mm		ϕ760/715×600	ϕ600/575×600	ϕ550/530×600	ϕ450/430×510
最大轧制力/kN		8000	4000	3000	2500
最大轧制速度 /m·min^{-1}		360	600	500	300

型 号	轧 机 型 号			
	600 冷粗轧机	600 冷中轧机	600 冷精轧机	510 冷精轧机
开卷张力/kN	5.0~50	3.0~30	3.0~25	1.5~40
卷取张力/kN	5.0~100	1.5~50	1.0~40	1.5~40
工作辊弯辊力（单边）/kN	300/300	100/100	75/75	55/55
开卷机电机功率/kW	55×2	118	90	180+110
卷取机电机功率/kW	220×2	180+284	185+110	55+132
主电机电机功率/kW	627×2	770	627	380
润滑介质	乳化液	轧制油	轧制油	轧制油

3.4.4（铜）扁平线材精密轧机

3.4.4.1 概述

（铜）扁平线材精密轧机适用于铜扁线、黄铜扁线、铜包钢扁线、不锈钢扁线等各种扁平线材、异型线材及四方线材的轧制加工。轧机采用最先进的控制系统加监测系统，随时跟踪并自动调节与产品质量相关的技术参数，收线采用精密收排线系统。

3.4.4.2 设备组成及主要性能参数（张家港市宏鑫源科技有限公司）

设备组成及主要性能参数如下：

（1）主动放线（选配）。

两辊精密轧机功率：30kW；

四辊精密轧机功率：22kW；

四辊精密轧机功率：22kW；

收线电机功率：5.5kW。

（2）完成线径规格。

最大宽度：22mm；

最大厚度：8mm。

3.5 剪切设备

3.5.1 滚切式双边剪

3.5.1.1 概述

滚切式双边剪是中厚板剪切设备。滚切式双边剪用于中厚板轧机的精整线上，经矫直、冷却后的钢板沿纵向双边剪切成成品规格。滚切式双边剪具有剪切厚度范围大（可切钢板厚度为 4~50mm）、切口光洁、无台阶、无弯曲、产量高、能耗小、寿命长、自动化水平高等特点。

3.5.1.2 结构特点

滚切式双边剪由一台固定剪和一台移动剪组成，每台设备都有钢板的纵向切边和废边的横向剪切功能。每台剪机的主要组成部分包括：机架传动装置、刀架及剪刃固定装置、剪刃间隙调整机构、剪刃退后机构，拔料器及压板装置、夹送辊及板厚测量装置、移动辊梁机构等。

3.5.1.3 技术参数

滚切式双边剪技术参数见表 3-5-1。

表 3-5-1　滚切式双边剪技术参数（北方重工集团有限公司 www. nhi. com. cn）

序 号	名 称	参 数
1	剪切成品规格	厚度：4~50mm； 宽度：900~3900mm； 长度：6000~18000mm
2	剪切钢板性能	板厚 40mm 时，$\sigma_b = 1200\text{N/mm}^2$； 板厚 50mm 时，$\sigma_b = 750\text{N/mm}^2$
3	剪切次数	15~24 次/min
4	剪切步长	1300mm
5	剪切力	2×6830kN
6	剪切钢板精度	板宽偏差：0~2mm； 两刀切口错位差：≤0.5mm； 纵向剪切弯曲度：10m 长度 0~1mm

3.5.1.4　典型应用实例

典型应用实例见表 3-5-2。

表 3-5-2　典型应用实例（北方重工集团有限公司 www. nhi. com. cn）

序号	设 备 名 称	技 术 规 格	技 术 方 式
1	五矿营口 5000mm 滚切式双边剪	板厚 5~50mm、板宽 1300~4900mm	同德国 SMS 合作
2	敬业钢铁 3000mm 滚切式双边剪	板厚 6~50mm、板宽 1500~2800mm	自主设计
3	舞钢 4300mm 滚切式双边剪	板厚 6~50mm、板宽 1500~4200mm	同德国 SMS 合作
4	新余钢铁 3800mm 滚切式双边剪	板厚 6~50mm、板宽 1500~3660mm	同德国 SMS 合作
5	唐钢 3500mm 滚切式双边剪	板厚 6~50mm、板宽 1550~3350mm	自主设计
6	沙钢 5000mm 滚切式双边剪	板厚 5~50mm、板宽 1300~4900mm	同英国 VAI 合作
7	首秦 4300mm 滚切式双边剪	板厚 5~50mm、板宽 1500~4100mm	同德国 SMS 合作
8	舞钢 4100mm 滚切式双边剪	板厚 5~50mm、板宽 1300~3700mm	同英国 VAI 合作

3.5.2　滚切式定尺剪

3.5.2.1　概述

滚切式定尺剪是设置在中厚板生产线的精整处理区内的剪切设备，用来对钢板进行切头、切尾、切定尺、切试样等，如图 3-5-1 所示。

图 3-5-1　滚切式定尺剪生产线

3.5.2.2　结构特点

滚切式定尺剪的主要组成部分包括：机架、主传动装置、前面板、压板机构、控制杆、下剪刃台、上剪刃台、剪刃间隙调整机构，快速换刀、机架辊装置等。

滚切式定尺剪采用滚切原理,剪切断面整齐、光滑,无明显台阶及变形,剪切板材的几何精度高。

3.5.2.3 主要技术参数

滚切式定尺剪主要技术参数表见表3-5-3。

表3-5-3 滚切式定尺剪主要技术参数(北方重工集团有限公司 www.nhi.com.cn)

序 号	名 称	参 数
1	剪切成品规格	厚度:6~50mm; 宽度:2400~5000mm; 长度:2000~25000mm
2	剪切钢板性能	板厚40mm时,$\sigma_b = 1200\text{N/mm}^2$; 板厚50mm时,$\sigma_b = 750\text{N/mm}^2$
3	剪切次数	启停剪切10~13次/min; 空载连续剪切18~24次/min
4	剪刃开口度	≥220mm
5	剪刃侧隙	0.3~5mm
6	剪刃重叠量	5~7mm

3.5.2.4 典型应用实例

北方重工集团公司经过多年的技术合作和自主研发,自2003年至2013年已设计生产了几十台滚切式定尺剪,先后在鞍钢、唐钢、沙钢、武钢、包钢等国内多家大中型钢铁企业中投入使用,其规格几乎囊括了我国现有的中厚板生产线,从2500mm机组至5000mm机组。其典型应用实例见表3-5-4。

表3-5-4 典型应用实例(北方重工集团有限公司 www.nhi.com.cn)

序号	设 备 名 称	技 术 规 格	技 术 方 式
1	重钢3#线2700mm定尺剪	板厚5~50mm,板宽1500~2500mm, 上剪刃长度2800mm	自主设计
2	重钢1#线4100mm定尺剪	板厚6~50mm,板宽1500~3800mm, 上剪刃长度4100mm	自主设计
3	唐钢3500mm滚切式定尺剪	板厚6~50mm,板宽1550~3350mm, 上剪刃长度3500mm	自主设计
4	沙钢5000mm滚切式定尺剪	板厚6~50mm,板宽900~4900mm, 上剪刃长度5300mm	同英国VAI合作
5	首秦4300mm滚切式定尺剪	板厚5~50mm,板宽1500~4100mm, 上剪刃长度4400mm	同德国SMS合作
6	越南3500mm滚切式定尺剪	板厚6~30mm,板宽1500~3350mm, 上剪刃长度3500mm	自主设计
7	新余3800mm滚切式定尺剪	板厚6~50mm,板宽1500~3660mm, 上剪刃长度3950mm	自主设计

3.5.3 带材精整剪切线

3.5.3.1 概述

带材精整剪切线是将来料经切边、矫直、定尺后剪切成规定长度的板材,再经过垛板、打捆、电子称重、喷涂打印等工序,实现板材的精整处理,满足出厂要求(如图3-5-2所示)。

3.5.3.2 机组设备组成

带材精整剪切线主要由开卷机、夹送切头装置、圆盘剪、碎边剪、粗矫矫直机、精矫矫直机、定尺

图 3-5-2 带材精整剪切线

飞剪、皮带运输机、垛板机、称重装置等设备组成。由于板材参数规格不同，可适当增减设备。

3.5.3.3 技术参数

带材精整剪切线技术参数见表 3-5-5。

表 3-5-5 带材精整剪切线技术参数（北方重工集团有限公司 www.nhi.com.cn）

类 别	带钢精整机组（横切、纵切等）		有色板带横切机组		有色板带重卷机组	
主要技术参数	厚度范围	0.8~6.35mm	厚度	0.5~3.5mm	卷材外径	2400mm（max）
		2~6mm	宽度	800~2200mm	最大卷重	24t
		6~20mm	定尺长度	1000~8000mm	成品厚度	0.3~0.4mm
	宽度范围	600~2050mm	切边厚度	3.5mm（max）	成品宽度	800~1800mm
	机组速度	120m/min	机组速度	60~120m/min	机组速度	200~400m/min

3.5.3.4 典型应用实例

带材精整剪切线应用实例见表 3-5-6。

表 3-5-6 带材精整剪切线应用实例（北方重工集团有限公司 www.nhi.com.cn）

序 号	产 品 名 称	技 术 规 格
1	包钢横切机组	(0.8~6.35)×1650mm
2	攀钢 1 号横切机组	(2~6)×1450mm
3	昆钢横切机组	(6~20)×1725mm
4	宝钢横切机组	(5~25.4)×2050mm
5	西南铝横切机组	(0.2~2)×1830mm
6	东轻薄横切机组	(0.5~3.5)×1800mm
7	麦达斯横切机组	(0.3~2.5)×2300mm
8	东轻重卷机组	(0.3~4)×1800mm
9	本钢分卷机组	(0.3~3)×1700mm
10	攀钢纵切机组	(4.5~12)×1450mm
11	西南铝纵切机组	(0.15~2)×1830mm

3.5.4 离合器式飞剪

3.5.4.1 概述

该飞剪是利用气动离合器、制动器，实现剪切功能的连续—起停工作制的剪切设备。该飞剪机采用直流调速系统，PLC 控制，工作安全可靠。

3.5.4.2 产品构成及特点

该飞剪主要由电机、飞轮、离合器、制动器、飞剪本体（含减速机）、检测控制系统等部分组成。

此种飞剪的优点是能耗小，价格便宜。但定尺精度较差，高速剪切时制动角较大，剪切时加速不够，速度波动较大，零位不准，一般定尺误差±100~200mm。成材率和定尺率较低，故障率较高，不适用于高速生产。

3.5.4.3 主要技术参数

离合器式飞剪主要技术参数见表 3-5-7。

表 3-5-7 离合器式飞剪主要技术参数（北京中冶设备研究设计总院有限公司　www.mcce.com.cn）

规格	剪切速度 /m·s⁻¹	剪切温度/℃	气头长度 /m	最大剪切力 /kN	最大剪切面积 /m²	最短剪切周期/s	驱动电机功率 /kW
FG6	2~6	800			30		30
FG12	3~12	800	100~150	100~125	800	1.5	30
FG18	6~20	800			1000		30

3.5.5 SFJ-10（18）可变连杆电机起停式飞剪

3.5.5.1 概述

该飞剪为组合式飞剪。曲柄连杆剪切机构用于剪切大断面、线速度较低的轧件；回转式剪切机构用于剪切较小断面、速度较高的轧件，这样使电机总能在接近额定转速下工作，最大限度的发挥电机能力。此种飞剪的优点是定尺精度较高，高速剪切时，加速角大，速度波动较小，零位准，一般定尺误差±20~40mm。成材率和定尺率较高，故障率小，适用于高速生产。

3.5.5.2 产品构成

该飞剪主要由电机、飞剪本体（含减速机）、检测控制系统等部分组成。该飞剪采用直流数字调速系统，PLC 控制，工作安全可靠。

3.5.5.3 设备特点

设备特点如下：

（1）采用小齿侧间隙传动，减小了剪切冲击力，保证剪切小规格轧件时的剪刃侧隙最小，改善飞剪的齿轮受力状况和减小剪臂的水平受力。

（2）控制系统采用了高速计数器中断方式、高速计数器直接输出方式与 DP 网传输并存方式，避免了由于 PLC 扫描周期和 DP 网传输时间造成的长度误差。

（3）采用特殊的抗干扰信号控制技术，使飞剪定位更加准确。

3.5.5.4 技术参数

（1）SFJ-10 可变连杆电机起停式飞剪的主要技术参数。

1）剪切速度：2.5~10m/s。当剪切断面为 $\phi12~27$mm 的轧材，速度 v 为 5~10m/s 时，要将连杆卸下，装上销轴用回转式剪切机构剪切轧件。当剪切断面为 $\phi27~50$mm 的轧材，速度为 2.5~5m/s 时，装上连杆，卸下销轴，用曲柄连杆剪切机构剪切轧件。当剪切速度为 6~13m/s 时，变速箱减速比为 2；当剪切速度为 2.5~5m/s 时，变速箱减速比为 5。其剪切速度组合表见表 3-5-8。

表 3-5-8　SFJ-10 可变连杆电机起停式飞剪剪切速度组合表
（北京中冶设备研究设计总院有限公司　www.mcce.com.cn）

减速比	回转式飞剪线速度/m·s⁻¹	连杆式飞剪线速度/m·s⁻¹
2	13.1	6.55
5	5.24	2.62

2）剪切力（max）：300kN。

剪切轧件断面：ϕ12～27mm （剪切速度 5～13m/s），

ϕ28～50mm （剪切速度 2.5～5m/s）；

剪切材料：低碳钢、低合金钢、合金钢和轴承钢；

剪切温度：≥750℃；

定尺范围：任意可调；

分段剪切精度：±20～50mm；

最短剪切周期：2s。

3）飞剪本体拖动电机型号：ZFQZ-355-42；功率：355kW；转速：500r/min；电压：DC440V。

4）飞剪总速比：i=2 和 5 两挡。

5）润滑油压力：0.2～0.4MPa。

6）供油量：100L/min。

7）设备外形尺寸（长×宽×高）：≤6917×1800×2420。

8）设备总质量：16575kg （不含飞剪电机质量3720kg）。

（2）SFJ-18 可变连杆电机起停式飞剪的主要技术参数。

剪切速度：3～18m/s。当剪切断面为 ϕ12～27mm 的轧材，速度为 8～18m/s 时，需将连杆卸下，装上销轴，用回转式剪切机构剪切轧件。当剪切断面为 ϕ27～50mm 的轧材，速度 v 为 3～8m/s 时，装上连杆，卸下销轴，用曲柄连杆剪切机构剪切轧件。当剪切速度为 8～18m/s 时，变速箱减速比为 2；当剪切速度为 3～8m/s 时，变速箱减速比为 5。其剪切速度组合表见表3-5-9。

表 3-5-9　SFJ-18 可变连杆电机起停式飞剪剪切速度组合表

（北京中冶设备研究设计总院有限公司　www.mcce.com.cn）

减速比	回转式飞剪线速度/m·s⁻¹	连杆式飞剪线速度/m·s⁻¹
2	18	8
5	8	3

3.5.6　启停式高速大断面热飞剪

3.5.6.1　概述

该飞剪为启停间断工作制，不剪切时剪刃打开，停在某一个待切位置，不会影响轧机正常轧制；剪切时启动飞剪，剪刃旋转闭合实现剪切。事故状态下，手工操作保证轧线设备不受损害。设备由飞剪、剪切机构、动力系统等部分组成，采用自动、手动两种控制方式，并可由程序连锁实现全轧线的自动化操作。

3.5.6.2　技术参数

启停式高速大断面热飞剪主要技术参数见表3-5-10。

表 3-5-10　启停式高速大断面热飞剪主要技术参数（北京中冶设备研究设计总院有限公司　www.mcce.com.cn）

项　目	技　术　参　数
剪切轧材断面	120mm×120mm（最大断面 14400mm²）
剪切速度（可调）	0.75～1.5m/s
最大剪切力	1350kN
剪切轧材温度	≥950℃
剪切时间	≤0.9s
剪切轧材材质	高碳钢、冷镦钢、弹簧钢、轴承钢、不锈钢等
曲柄半径	220mm
刀片长度	230mm
剪机第一中心距速比	A=775mm，i=3.086956，71/23，m=16
剪机第二中心距速比	A=775mm，i=3.16667，57/18，m=20
同步齿轮中心距速比	A=1180mm，i=1，57/57，m=20
传动总速比	i=9.775
电机型号	ZFQZ-400-42，额定电压 DC440V

项　目	技　术　参　数
电机性能	$N=550\text{kW}$，$n=730\sim1200\text{r/min}$
编码器型号	EC120R60-H6PR-1024
飞轮力矩（不含电机）	$GD^2=16000\text{N}\cdot\text{m}^2$
飞剪工作方式	启、停工作制，正反向运转
电机过载倍数（max）	$K=3$
零位接近开关型号	Bi10-M30-AP6X

3.5.7 冷剪机

冷剪机用于室温情况下剪切轧材。

冷剪机主要技术参数见表 3-5-11。

表 3-5-11　冷剪机主要技术参数（北京中冶设备研究设计总院有限公司　www.mcce.com.cn）

项　目	技　术　参　数
剪切力	1500~5000kN
控制方式	150~300t 采用气动离合器、制动器控制；400~500t 采用机械离合器、制动器控制
剪刃长度	500~1200mm
上剪刃行程	100~200mm
剪刃重合度	5mm
理论剪切次数	15~30 次/min

3.5.8 分剪切机组

3.5.8.1 概述

本机组为多对刀片的圆盘剪切机组，由放料架、送料机、工作台、圆盘剪切机、卷取机、电气控制柜组成。用于将中碳钢、普碳钢、有色金属的 20t 以下的大卷板料，按各种用途裁剪成不同宽度的窄带，作为焊管坯料、冷轧带钢料及其他用途的板带，是目前使用进口及国产大钢卷板料进行开卷分剪的必备设备。

安装地面积为 150m²，工作车间长度不少于 30m、宽 10m。

3.5.8.2 技术参数

分剪切机组技术参数见表 3-5-12。

表 3-5-12　分剪切机组技术参数（锡市鸿顺机械制造有限公司　www.wxhsjx.cn）

技术参数 $H\times B$/mm×mm	4×1600	6×1600
圆盘轴直径/mm	180	220
圆盘轴安装刀片宽度/mm	1600	1600
刀片规格/mm×mm	310×24	350×24
最大剪切宽度/mm	1550	1550
最大剪切厚度（中碳）/mm	4	6
圆盘轴转速/r·min⁻¹	26	26
剪切速度/m·s⁻¹	25	25
分剪条数/条	≤13	≤10
主电机型号	Y280M-6，$N=55\text{kW}$，$n=960\text{r/min}$	Y280M-6，$N=55\text{kW}$，$n=960\text{r/min}$
主减速器	JZQ-750，$i=23.34$	JZQ-850，$i=40.57$
卷取机速度/m·min⁻¹	0~30	0~30
卷取机电机/kW	55 直流	75 直流
卷取机减速器	JZQ-750，$i=23.34$	JZQ-850，$i=40.57$

3.5.9 冷轧圆盘剪

3.5.9.1 概述

冷轧圆盘剪分纵切圆盘剪和切边圆盘剪，两种圆盘剪均采用双偏心调整刀轴中心距，在磨削刀盘端面和外圆两种情况下，均可保证圆盘剪剪切中心线与机组生产线标高一致。冷轧纵切圆盘剪的重叠量采用自动、电动或手动三种调整方式；冷轧切边圆盘剪的重叠量、侧间隙和开口度采用自动、电动或手动三种方式调整进行。

适用于厚度 0.18~3.0mm，抗拉强度≤1200MPa 的冷轧带材生产。按照Ⅰ级精度标准制造，成套的冷轧圆盘剪适用于生产汽车外板、高档家电板、航空器用板、装饰用不锈钢光亮板等，同时也适用于大型钢铁、大型有色企业的大规模生产。

3.5.9.2 冷轧纵切圆盘剪

冷轧纵切圆盘剪的型号及其含义如图 3-5-3 所示。

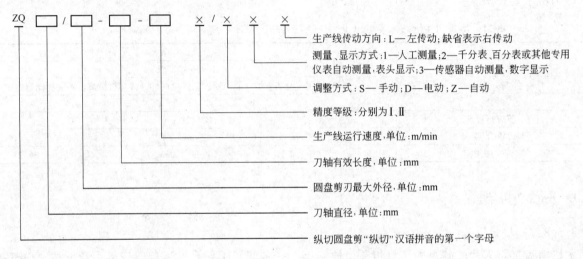

图 3-5-3 纵切圆盘剪标记

用于纵切厚度小于 3.0mm，最大宽度小于 1350mm 的带材，刀轴直径为 φ220mm，圆盘剪刃最大外径为 φ320mm，生产线运行速度为 150m/min；用于剪切装饰用不锈钢光亮板带的圆盘剪，自动调整、自动测量，数字显示，生产线传动方向为右传动，标记为：ZQ 220/320-1450-150 Ⅰ / Z3，JB/T 11585—2013。

纵切圆盘剪技术参数见表 3-5-13。

表 3-5-13　纵切圆盘剪技术参数（中国重型机械研究院股份公司　www.xaheavy.com）

型　　号	带厚/mm	带宽/mm	两刀轴中心距调整范围/mm	分切条数	剪切速度/m·min^{-1}	电机功率/kW
ZQ 125/200-900-150 ×/× ××	0.18~0.55	450~800	172~202	11	150	22
ZQ 125/200-900-300 ×/× ××					300	37
ZQ 125/200-1250-150 ×/× ××	0.18~0.55	650~1080	172~202	11	150	22
ZQ 125/200-1250-300 ×/× ××					300	45
ZQ 150/250-900-150 ×/× ××	0.18~1.0	450~800	222~252	11	150	30
ZQ 150/250-900-300 ×/× ××					300	60
ZQ 150/250-1250-150 ×/× ××	0.18~1.0	650~1080	222~252	11	150	37
ZQ 150/250-1250-300 ×/× ××					300	75
ZQ 160/250-1250-150 ×/× ××	0.2~2.0	650~1080	222~252	11	150	60
ZQ 160/250-1250-300 ×/× ××					300	110
ZQ 160/250-1450-150 ×/× ××	0.2~2.0	700~1320	222~252	11	150	75
ZQ 160/250-1450-300 ×/× ××					300	132

型 号	带厚/mm	带宽/mm	两刀轴中心距调整范围/mm	分切条数	剪切速度 /m·min⁻¹	电机功率 /kW
ZQ 170/250-1700-150 ×/× ××	0.2~2.0	800~1550	228~252	11	150	90
ZQ 170/250-1700-300 ×/× ××					300	160
ZQ 220/320-1250-150 ×/× ××	0.3~3.0	650~1080	282~322	9	150	110
ZQ 220/320-1250-300 ×/× ××					300	200
ZQ 220/320-1450-150 ×/× ××	0.3~3.0	700~1320	282~322	9	150	132
ZQ 220/320-1450-300 ×/× ××					300	250
ZQ 220/320-1700-150 ×/× ××	0.3~3.0	800~1550	282~322	9	150	132
ZQ 220/320-1700-300 ×/× ××					300	250

3.5.9.3 切边圆盘剪

切边圆盘剪的型号及含义如图 3-5-4 所示。

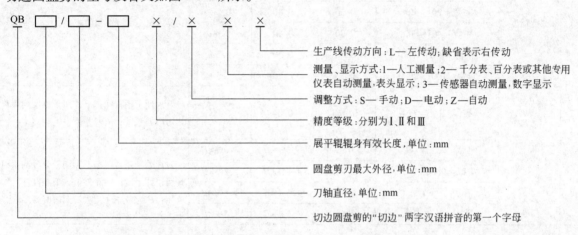

图 3-5-4 切边圆盘剪标记

用于切边厚度小于 3.0mm，最大成品宽度小于 1980mm 的带材，刀轴直径为 φ200mm，圆盘剪刃最大外径为 φ320mm，展平辊有效辊身长度为 2150mm；用于剪切汽车外板的圆盘剪自动调整、传感器自动测量，数字显示，生产线传动方向为左传动，标记为：QB 200/320-2150 Ⅰ/ Z3L，JB/T 11585—2013。

切边圆盘剪技术参数见表 3-5-14。

表 3-5-14　切边圆盘剪技术参数（中国重型机械研究院股份公司　www.xaheavy.com）

型 号	带厚 /mm	带宽 /mm	展平辊有效辊身长度/mm	两刀轴中心距调整范围/mm	开口度最大、最小值 /mm	最高剪切速度 /m·min⁻¹	电机功率/kW 被动剪	电机功率/kW 动力剪
QB 100/200-1000 ×/× ××	0.18~0.55	450~800	1000	172~202	430~1200	500	2×1.5	2×3
QB 100/200-1250 ×/× ××	0.18~0.55	650~1080	1250	172~202	630~1450	500	2×1.5	2×3
QB 140/250-1000 ×/× ××	0.18~1.0	450~800	1000	222~252	430~1200	500	2×2.2	2×7.5
QB 140/250-1250 ×/× ××	0.18~1.0	650~1080	1250	222~252	630~1450	500	2×2.2	2×7.5
QB 160/250-1500 ×/× ××	0.2~2.0	700~1320	1500	222~252	680~1700	500/250	2×3	2×18.5
QB 160/250-1700 ×/× ××	0.2~2.0	800~1550	1700	222~252	780~1900	500/250	2×3	2×18.5
QB 160/250-1850 ×/× ××	0.2~2.0	800~1680	1850	222~252	780~2050	500/250	2×3	2×18.5
QB 160/250-2150 ×/× ××	0.2~2.0	900~1980	2150	222~252	880~2350	500/250	2×3	2×18.5
QB 200/320-1500 ×/× ××	0.3~3.0	700~1320	1500	270~330	680~1700	400/200	2×4	2×22
QB 200/320-1700 ×/× ××	0.3~3.0	800~1550	1700	270~330	780~1900	400/200	2×4	2×22

型　号	带厚/mm	带宽/mm	展平辊有效辊身长度/mm	两刀轴中心距调整范围/mm	开口度最大、最小值/mm	最高剪切速度/m·min⁻¹	电机功率/kW 被动剪	电机功率/kW 动力剪
QB 200/320-1850 ×/× ××	0.3~3.0	800~1680	1850	270~330	780~2050	400/200	2×4	2×22
QB 200/320-2150 ×/× ××	0.3~3.0	900~1980	2150	270~330	880~2350	400/200	2×4	2×22

注：在设有焊机的生产线中，切边圆盘剪最大开口度按表中最大开口度再增加 1200mm 计。

圆盘剪生产的产品检验项目和精度指标见表 3-5-15。

表 3-5-15　圆盘剪生产的产品检验项目和精度指标（中国重型机械研究院股份公司　www.xaheavy.com）

序号	检验项目	规格/mm	精度等级/mm Ⅰ级	精度等级/mm Ⅱ级	精度等级/mm Ⅲ级	检验方法与条件
1	宽度精度	带宽：≤100	0.10	0.20	0.40	设定值与实际测量值之差
		带宽：101~200	0.20	0.25	0.45	
		带宽：201~400	0.25	0.30	0.50	
		带宽：401~800	0.30	0.40	0.60	
		带宽：801~1000	0.40	0.50	0.80	
		带宽：1001~2000	0.50	0.80	1.50	
2	毛刺高度	带厚：0.3~3.0	0.035	0.04	0.05	刀片处于正常状态下，用千分尺测量母材与其切口处厚度，两者差值为毛刺高度
		带厚：0.30~0.79	2.0%×H	3.0%×H	4.0%×H	刀片处于正常状态下，用千分尺测量母材与其切口处厚度，两者差值为毛刺高度。注：H 为带厚（用去毛刺辊时）
		带厚：0.80~1.59	1.2%×H	1.8%×H	2.2%×H	
		带厚：1.60~2.0	1.0%×H	1.5%×H	1.8%×H	
		带厚：2.1~3.0	0.8%×H	1.0%×H	1.5%×H	
3	边部压痕与边部质量		边部无压痕和新的浪形	边部无压痕和新的浪形	边部允许有轻微压痕和新的浪形	目测

3.5.10　热锯机

3.5.10.1　概述

热锯机是轧钢生产线使用较多的设备之一，一般安装在轧机后面，在高温状态下锯切各种型钢轧件。可用于单根或整束轧件的切头切尾、定尺或取样，是生产线上的关键设备之一。重轨及大型 H 钢的生产更需要高性能的热锯切设备。

锯切进给液压缸采用比例控制，可根据不同品种、不同规格实现不同的锯切速度；锯切设备采用一体化结构设计，设备比较紧凑；工件夹紧液压缸采用比例控制，可以实现不同的夹紧力；设备运行采用 PLC 控制；热锯机主轴支撑采用新型专利技术（一种新型轴承座调整支撑装置）。

采用信息网络控制技术与机电液一体化结构集成，实现与生产线"无缝"连接、与旧锯机"插拔式"更换。同时，研发多品种多规格自动锯切的控制程序软件（软件著作权登记号：2008SR34339），建立良好的人机界面，实时监控运行状态和优化锯切参数，缩短锯切时间和操作响应时间。

采用机电液一体化自动锯切负荷综合控制，减少或避免过负荷停机，稳定锯切过程，改善锯切质量、延长锯片寿命、降低锯切噪声。

3.5.10.2　技术特点

热锯机的技术特点如下：

（1）锯切采用电液控制液压缸直接驱动，实现速度、压力、位置自动控制。

（2）增加轧件夹持机构，减少轧件振动。

（3）锯切采用优化定尺。

（4）监控系统应用 MES（制造执行系统）技术。

3.5.10.3 技术参数

热锯机技术参数见表 3-5-16。

表 3-5-16 热锯机技术参数（北京中冶设备研究设计总院有限公司 www.mcce.com.cn）

项 目		技 术 参 数
锯片直径		1800mm
锯片圆周速度		92m/s
进给速度		13.5~270mm/s
横移速度		32mm/s
锯切行程		1500mm
锯切行程精度		±5mm
夹持行程		500（1000）mm
夹持行程精度		±5mm
冷却水压力		>0.5~3.0MPa
锯切能力	钢材温度≥750℃时	75kg/m 重轨，600mm×600mm H 型钢，600mm×254mm 工字钢
	钢材温度≥850℃时	200mm 方钢，φ200mm 圆钢

3.6 制管设备

3.6.1 轧管机

3.6.1.1 概述

轧管机是热轧无缝钢管生产的主要设备，其作用是使毛管壁厚接近或达到成品管的壁厚，消除毛管在穿孔过程中产生的纵向壁厚不均，提高荒管内外表面质量，控制荒管外径和圆度。主要的轧管方法有皮尔格轧机、自动轧管机、连轧管机、狄舍尔轧机、Assel 轧机、Accu-Roll 轧机、均整机、顶管机、挤压机等。

3.6.1.2 设备结构组成及技术特点

（1）皮尔格周期轧管机。皮尔格周期轧管机是一种最早的轧管工艺，是二辊往复式纵轧工艺。两个轧辊上下布置、反向旋转，其上加工的有变截面的轧槽形成孔型。带芯棒的轧件（毛管）随同芯棒周期地送进，在变截面的轧槽中进行轧制。

皮尔格轧机主要由喂料器、皮尔格主机、主传动、喂送机构、芯棒预穿装置、芯棒循环冷却润滑、轧机后台及出口辊道、毛管横移小车等设备组成。

皮尔格轧管机主机主要由主机架、轧辊装配、压下及平衡装置、入出口导套、锁紧装置、推拉换辊装置组成。

皮尔格轧管机优点是延伸系数大，一般为 8~15，现在可轧制出 φ720mm 的荒管，长度最大可达45000mm，而且该机型轧机投资较少，但是生产力低，仅适合轧制大中直径的厚壁管、合金管。

（2）连轧管机。连轧管机是一种高效率轧管机，主要有二辊全浮芯棒连轧机、限动芯棒二辊连轧机、限动三辊连轧机组。连轧管机是将穿孔后的毛管套在长芯棒上，经过多机架顺次排列且相邻机架辊缝互错一定角度的连续轧管机轧成荒管的一套设备。

最新的连轧管机是三辊限动连轧管机，主要由三辊式空心减径机架、三辊式轧辊机架、隧道机架、芯棒支撑架、轧辊更换装置、主传动装置等设备组成，其功能是完成毛管到荒管的轧制变形。其特点是三个轧辊单独传动，每个轧辊上有液压小舱实现轧辊单独调整；机座为隧道式，形状是一个圆桶体框架结构，每个轧辊机架安装在桶体内，由液压缸锁紧固定。桶体分三段，用大型螺栓连接成为一个刚性很高的机座。所有的液压系统、电气传动装置等都布置在框架上。轧辊机架为圆形，每个机架内装有三个互成120°的轧辊，分别由液压缸进行位置控制、设置孔型。其核心是采用了液压小舱技术，可精确控制辊缝。用液压缸调整没有死区，没有摩擦力影响，反应频率高，准确性高，可实现荒管头尾轧薄功能。桶式结构刚度好，芯棒对中性好，轧制时噪音小。

（3）Assel 轧管机。Assel 轧机属于长芯棒三辊斜轧机，是将毛管套在长芯棒上，在三个轧辊间进行轧制。Assel 轧机主要由轧管机入口台、轧管机主机座、主传动装置、轧管机出口台一段、轧管机出口台二段等设备组成。

三辊轧管机由三个主动轧辊和一根芯棒组成环形封闭孔型，三个轧辊"120°"布置在以轧制线为中心的等边三角形的顶点。轧辊压下采用机械压下，同时采用轧辊快开机构，消除薄壁荒管"尾三角"现象。轧辊为单独传动，每个轧辊均有1组电机减速机通过万向接轴来传动。换辊采用位于轧机牌坊上盖的液压缸打开。该结构形式的优点是设备的结构先进，功能齐全，调整方便，自动化程度较高，机架为固定开式结构，强度、刚度高，可以方便地实现轧辊的快速打开，也可方便地实现轧辊的快速更换，灵活性强，不需要做备用机架。

三辊轧管机的优点是无导板，减小了摩擦，三个辊拽入力大，有利于咬入，能精确对中，导入毛管受三向压应力有利于变形，可轧制合金管，改变轧辊间距和芯棒直径可灵活改变产品规格；产品内外表面质量好，壁厚均匀，尺寸精度高，可快速更换规格，不必换辊。

（4）Accu-Roll 轧管机。Accu-Roll 轧机属于二辊斜轧机组，主要用于将来自穿孔机的毛管在完成穿棒后将毛管咬入轧管机主机座进行轧制，从而轧出合格的荒管。根据轧制工艺的不同，轧管机主机座需承受轧制力。

Accu-Roll 轧管机主要由入口台、主机座、主传动、出口台等设备组成。

该机型的优点是轧出荒管表面质量好，尺寸精度高，可生产的品种多，如油井管、锅炉管、轴承管等；其缺点是斜轧速度低，产量低，对导盘环的材质要求高。

（5）顶管机。顶管机是用顶推的方法通过环模、芯棒、连续延伸毛管，属纵轧机型。其特点是将带杯底的空心管坯套在一根长芯棒上，顶入一系列孔型直径逐渐减小的辊模内进行延伸轧制，主要是减壁变形。

顶管机主要由芯棒台架及拨料装置、前台及推杆装置、传动系统等组成。辊模有14~20个，大多数是三辊式，一台顶管机上有固定模和更换模（变规格），辊模安装在床身上，类似张减机。

顶管机的优点是设备结构简单，产品质量高、电控系统简单，工艺成熟，能生产小直径的薄壁管。顶管机组属于纵轧机型，相比于斜轧机组来说变形更加均匀，钢管表面更光滑、平整。

顶管方法的特点决定产品质量，即用一根传动的芯棒通过不传动的辊模进行顶管延伸可以得到较好的钢管质量，因为此时不可能出现不连续的金属流动，因而不会引起表面缺陷。

3.6.1.3　选型原则

皮尔格轧管机投资较少，但是生产力低，仅适合轧制大中直径的厚壁管、合金管，其产品主要是核电用管、高压锅炉管、能源用管。

连轧管机属纵轧机组，采用连续的三辊液压压下轧辊机架，配以芯棒循环限动系统，可以高效、高质量地生产精密钢管，适用于大规模、高精度的钢管生产，是当今最高水平的轧管机组。

Assel 轧管机属斜轧机组，适于生产中、厚壁高精度钢管，可生产各种合金管、轴承钢及碳管，产品结构合理。现代 Assel 机组配备全新液压快开装置，有效解决了尾三角问题，提高产品成材率。对 Assel 机组设备结构的多项改进，大大节约了更换规格时间，便于用户组织生产小批量多规格订单。结合限动芯棒技术，产品质量可得到进一步提高。

A-R 轧管机机组属斜轧机组，Accu-Roll 轧管机增大了轧辊的辗轧角，加长了辊身长度，采用上下导盘，提高了钢管的壁厚精度以及轧制速度和生产能力。适合中薄壁钢管小批量、多规格的钢管生产，广泛地应用于油井管和精密钢管生产。

昆山永得利机械有限公司（TYHI）机型选择要根据生产钢管的产品规格及产量、资金运作情况等等诸多因素。

3.6.1.4 技术参数

轧管机技术参数见表 3-6-1。

表 3-6-1 轧管机技术参数（昆山永得利机械有限公司 www.yongdeli.net）

序 号	项 目		单位	参 数
1	管坯	外径	mm	φ76~142
		壁厚	mm	3~15
		长度	mm	≤6000
2	成品管	外径	mm	φ45~114
		壁厚	mm	2~12
3	机架行程长度		mm	1003.4
4	机架行程次数		次/min	65~85
5	回转角度		(°)	26~31（双回转）
6	送进量		mm	2~12（单送进）
7	加料方式			侧部加料、非连续上料
8	轧辊直径		mm	φ450/φ180/φ250
9	功率		kW	200
	转速		r/min	1000
	电源			
10	外形尺寸（长×宽×高）		mm×mm×mm	2800×5150×2370

3.6.1.5 典型应用实例

典型项目应用情况见表 3-6-2。

表 3-6-2 典型项目应用情况（昆山永得利机械有限公司 www.yongdeli.net）

序号	规格名称	荒管外径×壁厚×长度/mm×mm×mm	使 用 单 位
1	φ720 皮尔格轧管机	φ(250~735)×(15~120)×9500(max)	扬州龙川钢管有限公司
2	φ720 皮尔格轧管机	φ(333~816)×(10000~20000)	南通特种钢厂
3	φ180 三辊连轧管	φ142/φ192×(4.46~24.68)×(11238~29000)	印度拉西米
4	φ180 三辊连轧管	φ142/φ192×(4.46~24.68)×(11238~29000)	韩国日进制钢公司
5	φ180 三辊连轧管	φ142/φ192×(4.46~24.68)×(11238~29000)	林州凤宝管业有限公司
6	φ180 三辊连轧管	φ142/φ192×(4.46~24.68)×(11238~29000)	山东墨龙石油机械股份有限公司
7	φ180 连轧管机组	φ150×21×(7.3~26)	南通特种钢厂
8	φ273Assel 轧管机组	φ(93~282)×(5~30)×13000(max)	山东海鑫达石油机械有限公司
9	φ325Assel 机组	φ(175~350)×(5.8~35)×13500(max)	印尼 ARTAS 能源油气有限公司
10	φ273Assel 轧管机组	φ(93~282)×(5~30)×13000(max)	湖北新冶钢
11	φ325Assel 轧管机组	φ(93~282)×(5~30)×13000(max)	山东聊城中钢联特种钢管制造有限公司
12	φ219Assel 轧管机组	φ(80~228)×(6~50)×13000(max)	衡阳华菱钢管有限公司
13	φ159Assel 轧管机组	φ(80~167)×(8~30)×13000(max)	安徽天大企业集团无缝钢管厂
14	φ108Assel 轧管机组	φ(73~133)×(9~25)×(4500~10000)	衡阳钢管厂
15	φ159Assel 轧管机组	φ91×(2.5~3.5)×7000	大冶钢厂
16	φ273Accu-Roll 轧管机组成套设备	φ(186~292)×(5.7~28)×13000(max)	黑龙江建龙钢铁有限公司
17	φ50A-R 轧管机组	φ(35~45)×(2~4)×(800~1700)	衡阳钢管厂

3.6.2 高频焊管机组

3.6.2.1 概述

本机组是以带钢为原料，经开卷、成型、高频焊接、消除焊瘤、定径、矫直、切断等一系列工序制造出圆钢管或各种异形钢管的成套设备。

3.6.2.2 技术参数

高频焊管机组技术参数见表3-6-3。

表 3-6-3 高频焊管机组技术参数（廊坊北方冶金机械有限公司　www.lfyjjt.com）

机组代号		φ42	φ50	φ63	φ76	φ114	φ165	φ219
机组规格	直径/英寸	1/2~1（1/4）	1/4~1（1/4）	1/2~2	1/2~2（1/2）	1（1/2）~4	2~6	2~8
	壁厚/mm	2.75~3.25	0.7~2	0.8~3	2.75~4.5	1.5~5	2.5~6.5	2.5~6.5
焊接最大速度/m·min⁻¹		20~60	20~60	20~60	20~60	20~60	20~60	20~60
高频发生器功率/kW		200	100	200	200	400	600	600

3.6.3 管端加厚生产线

3.6.3.1 概述

管端加厚生产线适用于石油油管、石油套管和特殊螺纹油套管的管端加厚，产品执行 API SPEC 5CT—2005、API SPEC 5B—2008 标准，也可用于非开挖钻杆的管端加厚。本生产线采用液压泵直接驱动，运用了插装阀技术。其适用管径通过更换模具、调整中频感应加热炉及纵向送料辊道来进行调整，钢管长度可根据用户要求进行调整，设备的元器件根据用户要求进行选型。主机的结构形式为垂直夹紧、水平加厚。整条生产线实现控制自动化，并采用网络通讯技术和现场总线方式实现生产工艺控制和生产数据管理功能。

生产线的布置方式有单体主机布置和两台主机对面布置两种，典型布置为两台主机对面布置。

3.6.3.2 设备组成

设备组成包括加厚主机、上料系统、对齐装置、步进运输机、中频感应加热炉及大车、模具、模具自动润滑冷却系统、模具冷却水收集系统、出料系统、润滑系统、液压控制系统、气动控制系统和电气控制系统等。

3.6.3.3 工艺流程

（1）XPS-500t/250t 管端加厚生产线（如图 3-6-1 所示）。两台加厚主机分别布置在被加厚油管的两侧，一端经一次（或二次）加厚至成品尺寸，即天车上料—一端对齐—1 号液压步进运输—中频炉加热钢管端部—加厚成型—1 号输出检验—上料—另一端对齐—2 号液压步进运输—中频炉加热钢管端部—加厚成型—2 号输出检验—完成钢管两端的加厚—收集。

（2）XPS-800t/400t 管端加厚生产线（如图 3-6-2 所示）。两台主机同侧平行布置在被加厚钢管的一端，经二次（或三次）加厚至成品尺寸，即天车上料—一端对齐—液压步进运输—中频炉加热钢管端部—第一道次加厚成型—中频炉加热钢管端部—第二道次加厚成型—输出检验—收集。经过与上述相同的工艺过程，完成钢管的另一端加厚。

（3）XPS-1000t/500t 管端加厚生产线（如图 3-6-3 所示）。两台主机同侧平行布置在被加厚钢管的一端，经一到三次加厚至成品尺寸，即天车上料—一端对齐—液压步进运输—中频炉加热钢管端部—第一道次加厚成型—中频炉加热钢管端部—第二道次加厚成型—中频炉加热钢管端部—第三道次加厚成型—输出检验—收集。经过与上述相同的工艺过程，完成钢管的另一端加厚。

3.6.3.4 设备性能参数

主要性能参数汇总见表3-6-4。

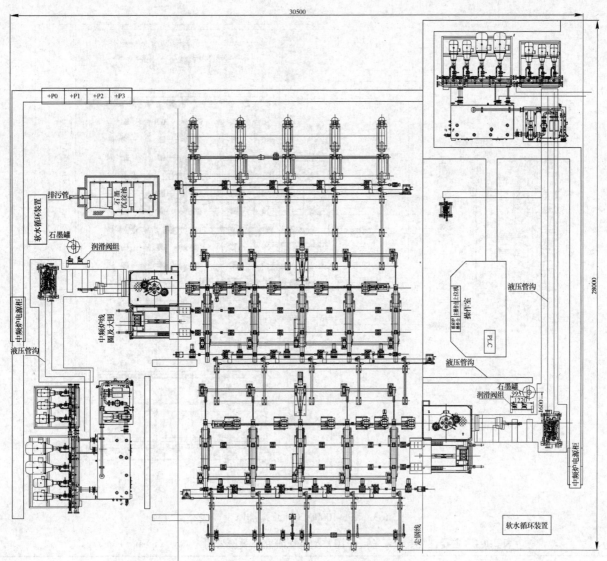

图 3-6-1 XPS-500t/250t 管端加厚生产线

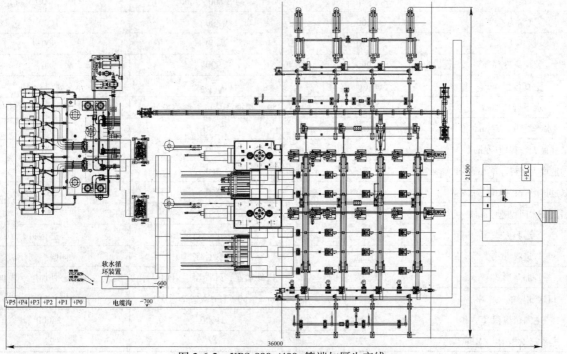

图 3-6-2 XPS-800t/400t 管端加厚生产线

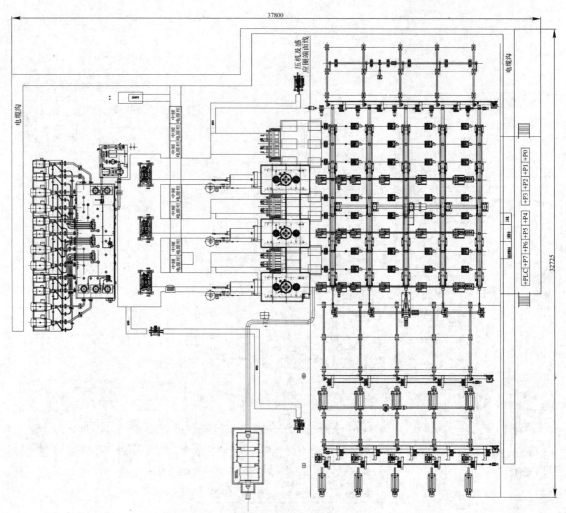

图 3-6-3　XPS-1000t/500t 管端加厚生产线

表 3-6-4　主要性能参数汇总（中国重型机械研究院股份公司　www.xaheavy.com）

项　目	各 机 组 参 数		
	XPS-500t/250t	XPS-800t/400t	XPS-1000t/500t
夹紧力/kN	500	800	1000
镦粗力/kN	250	400	500
装模高度/mm	990	990	990
垂直行程/mm	500（max）	500（max）	500（max）
水平行程/mm	650	850（根据产品可以调整设计）	850（根据产品可以调整设计）
水平缸中心高/mm	1000	1000	1000
水平缸最大行程速度/mm·s^{-1}	200	200	200
水平缸最大回程速度/mm·s^{-1}	250	250	250
锁紧缸最大行程速度/mm·s^{-1}	250	250	250
锁紧缸最大回程速度/mm·s^{-1}	250	250	250
运料方式	步进运料	步进运料	步进运料
进料方式	伺服控制	伺服控制	伺服控制
加厚形式	外加厚、内外加厚	内外加厚、外加厚、内加厚	内外加厚、外加厚、内加厚
一道次加厚的生产率 p/h	max：110	max：50（1 道次或 2 道次）	max：40（1~3 道次）
主油箱容积/L	2×6000	21000	24000
主系统工作压力/MPa	27	27	27

项　目	各　机　组　参　数		
	XPS-500t/250t	XPS-800t/400t	XPS-1000t/500t
主系统试验压力/MPa	31.5	31.5	31.5
辅助系统工作压力/MPa	16	16	16
辅助系统试验压力/MPa	20	20	20
总装机功率/kW	约1800（两台主机）	约2300（两台加厚主机）	约3600（两台主机）
加厚主机单重/t	35	48	58

	加厚钢管直径/mm	60.3~114.3	60.3~39.7	60.3~178
适用钢 管规格	加厚钢管长度/mm	6000~12500	6000~12500	6000~12500
	壁厚/mm	4.83~9.52	4.83~12.7	4.83~13.6
	钢管钢级	J55、N80、L80、 C90、T95、P110	E75、X95、G105、S135、H40、 J55、N80、L80、C95、P110、Q125	E75、X95、G105、S135、 J55、N80、C90、P110、Q125
	钢管最大米重/kg·m^{-1}	19.5	39.8	42.8
	钢管最大单重/kg	245	497	535

3.7　冷床技术

3.7.1　中小型长材冷床

3.7.1.1　概述

中小型长材冷床主要由输入装置、冷床本体及输出装置三部分组成。

输入装置位于倍尺飞剪后，用来将倍尺后的轧件送上冷床，主要有带角度的圆柱辊道和卸料裙板组合，分钢器和落料溜槽组合，以及分钢器、落料溜槽和加速辊道、卸料拨料机的组合等几种方式。

步进式冷床本体主要由稳定矫直板，动、静台面组成。动台面的传动一般分为交流电机传动和直流电机传动两种。交流传动部件有电机、皮带、离合器、制动器、减速器和长轴；直流传动部件有电机、制动器、减速器和长轴。

输出装置由设在静齿条尾部的编组链条、移钢机和输出辊道组成。编组链条的宽度由后部定尺冷剪的能力决定。被动齿条移动到编组链条上的轧件集聚到一定的数量时，移钢机的托料架升起，将成组的轧件送到输出辊道上再输送到定尺冷剪处。

3.7.1.2　技术优势

落料槽采用无动力设计，克服了小规格轧件在高速轨道上发飘的输送难题。

分钢器和落料溜槽组合，使得设备易维护、减轻了1/3重量使造价降低2/3。

分钢器、落料溜槽和加速辊道、卸料拨料机的组合，满足了末架精轧机的轧制速度的要求。

冷床本体的减速器采用平面二次包络蜗轮副，结构尺寸减小；台架结构多采用热轧H型钢作横梁或立柱，强度和刚性好且自重小。

移钢机多采用液压驱动升降、电机驱动移钢的结构形式，在冷剪的产量较小时也采用气缸驱动的结构，前者结构紧凑、移动行程大、承载较大；后者驱动气缸较多、移动行程小、承载较小但设备投资和运行费用低。

3.7.1.3　技术参数

主要技术参数见表3-7-1。

表3-7-1　主要技术参数（北京中冶设备研究设计总院有限公司　www.mcce.com.cn）

规　格	轧件速度	冷床尺寸
棒材　φ10~50mm	<20m/s	12m×10.5m
型钢　25~160mm	<12m/s	5m×5.4m

3.7.1.4　应用情况

已应用于山东日照钢铁公司、攀枝花钢铁公司等。

3.7.2　大棒材冷床

3.7.2.1　概述

热轧大棒材冷床位于热轧、小型车间主轧线上，用于棒材经精轧机轧制后，由倍尺飞剪进行分段，通过横移台架输送到热剪辊道上，经定尺热锯锯切，之后再通过辊道输送到冷床上，对轧件进行冷却处理。该冷床为电动步进启停式结构，间断工作制，也可连续工作制。

冷床共分三部分，冷床输入装置、冷床本体和冷床输出装置。冷床输入装置为升降横移小车焊接结构，有横移小车、输入辊道、拔钢机组成；冷床本体为焊接框架结构，由横梁、纵梁、冷床主传动、平衡重、齿条等组成；冷床输出装置由编组链、横移小车、冷床输出辊道等组成。步进式冷床起到运送、冷却棒材的作用，分大冷床（主冷床）和小冷床（副冷床）。

3.7.2.2　技术优势

用于热轧、小型车间主轧线上对轧材进行冷却处理，冷却棒材效率高，并起到一定的矫直作用。

全自动化操作，不会出现任何人为的失控。

可以采用启停间断工作制，也可连续工作制；平时停下等待移钢指令，只有当需要步进时才启动。

冷床输入装置的横移小车，其驱动电机固定在活动架上，通过链条传动，使结构更加紧凑，减轻了重量。

冷却钢材可连续在冷床1和冷床2中交替或并列进行，避免了冷却钢材运行时间不够的问题。

3.7.2.3　技术参数

主要技术参数见表3-7-2。

表3-7-2　主要技术参数（北京中冶设备研究设计总院有限公司　www.mcce.com.cn）

规　格	轧件速度	冷床尺寸
棒材 ϕ50~120mm	<20m/s	12m×34.3m

3.7.2.4　应用情况

已应用于唐山国丰钢铁公司、承德盛丰钢铁公司等。

3.8　表面处理及热处理设备

3.8.1　退火、酸洗机组

退火、酸洗机组主要性能参数和特点见表3-8-1。

表3-8-1　主要性能参数和特点（上海重型机器厂有限公司　www.shmp-sh.com）

序号	项目名称	用户名称	供货日期	产品性能	机组参数	结构特点	设计	备注
1	1300特钢连续退火机组	宝钢	2010年	原料为热轧或冷轧钢卷（无油脂），钢种为镍、钛合金耐热钢、不锈钢； 原料钢卷直径800~1900mm； 成品钢卷直径800~1800mm； 原料/成品宽度600~1300mm； 原料/成品厚度0.9~7.1mm； 原料屈服强度≤1400MPa； 原料抗拉强度≤1650MPa； 成品屈服强度≤600MPa； 成品抗拉强度≤1000MPa	年产能约15.6万吨（热轧卷、冷轧卷共计）； 主线全长约270m，宽约25m； 入口段速度(max)75m/min； 工艺速度(max)50m/min； 出口段速度(max)75m/min； 穿带速度30m/min； 甩尾速度50m/min； 入口活套存储量（max）280m； 出口活套存储量（max）140m	机组为连续式退火生产线； 入口段为上、下层开卷，配有MIG电弧焊机； 入口、出口活套均为卧式结构； 退火炉为卧式结构； 出口段为一台卷取机卷取钢卷； 钢卷车装卸、输送钢卷； 机组主要设备组成有卷取机、开卷机、直头机、横切剪、MIG电弧焊机、入口活套、卧式退火炉、出口活套、拉弯矫直破鳞机、卷取机，以及多台张力辊、纠偏辊等	上重转化设计	机组立体图见附图3-8-1

序号	项目名称	用户名称	供货日期	产品性能	机组参数	结构特点	设计	备注
2	1300特钢连续酸洗机组	宝钢	2010年	原料为热轧或冷轧钢卷（无油脂），钢种为镍、钛合金耐热钢、不锈钢； 原料钢卷直径 800~1900mm； 成品钢卷直径 800~1800mm； 原料/成品宽度 600~1300mm； 原料/成品厚度 0.9~7.1mm； 原料/成品屈服强度≤600MPa； 原料/成品抗拉强度≤1000MPa	年产能约 15.6 万吨（热轧卷、冷轧卷共计）； 主线全长约 260m，宽约 25m； 入口段速度（max）75m/min； 工艺段速度（max）50m/min； 出口段速度（max）75m/min； 穿带速度 30m/min； 甩尾速度 50m/min； 入口活套存储量（max）280m； 出口活套存储量（max）240m	机组为连续式（组合酸洗）紊流酸洗生产线； 入口段为上、下层开卷，配有MIG电弧焊机； 入口、出口活套均为卧式结构； 酸洗段为卧式结构，分为酸洗槽、漂洗槽、烘干机； 出口段为一台卷取机取钢卷；钢卷车装卸、输送钢卷； 机组主要设备组成有卷取机、开卷机、直头机、横切剪、MIG电弧焊机、入口活套、喷丸机、卧式酸洗段、出口活套、衬纸机、卷取机，以及多台张力辊、纠偏辊等	上重转化设计	机组立体图见附图3-8-2
3	1700推拉式酸洗机组	邯钢	2002年	原料为热轧钢卷，钢种为碳素结构钢、优质碳素钢、低合金钢； 原料/成品钢卷直径1000~2050mm； 原料宽度 900~1680mm； 成品宽度 850~1650mm； 原料/成品厚度 0.8~6mm； 原料/成品屈服强度≤500MPa； 原料/成品抗拉强度≤650MPa	年产能约 55 万吨； 主线全长约 160m，宽约 20m； 酸洗段速度（max）180m/min； 穿带速度 10~30m/min； 甩尾速度 10~180m/min	机组为推拉式盐酸紊流酸洗生产线； 入口段为上、下层开卷，对于薄带厚度小于 2mm 时，可以通过入口段的缝合将两卷带钢的头尾连接，形成连续式生产，无需后续的穿带；对于厚带钢可在下层进行开卷处理； 入口段配有开卷机、两种大小辊径的矫直机、横切剪、切角剪、测厚仪、缝合机； 工艺段为卧式结构，主要工序有预清洗、6 段酸洗、5 级漂、烘干； 出口段设有纠偏夹送辊、圆盘剪、碎边剪、静电涂油机、1 台卷取机及皮带助卷器等； 入口、出口均设有坑式活套，带钢存储量均为22m	上重转化设计	机组立体图见附图3-8-3
4	1680热轧钢卷连续酸洗机组	唐钢	2005年	原料为热轧钢卷，钢种为碳素结构钢、优质碳素钢、低合金钢； 原料钢卷直径 1000~2025mm； 成品钢卷直径 1000~1950mm； 原料宽度 850~1680mm； 成品宽度 820~1680mm； 原料/成品厚度 0.8~4mm； 原料/成品屈服强度≤350MPa； 原料/成品抗拉强度≤610MPa	年产能约 142 万吨； 主线全长约 300m，宽约 25m； 入口段速度（max）600m/min； 酸洗段速度（max）306m/min； 出口段速度（max）500m/min； 穿带/甩尾速度 60m/min； 入口活套存储量（max）646m； 中间活套存储量（max）330m； 出口活套存储量（max）270m； 拉弯矫破鳞机延伸率（max）3%； 破鳞机处带钢张力 450kN； 平整轧制力（max）10000kN； 弯辊力（单侧）（max）450kN； 平整延伸率（max）3%	机组为连续式盐酸紊流酸洗生产线； 入口段为上、下层开卷，配有开卷机、矫直机、横切剪、闪光焊机； 拉弯矫破鳞机为两弯一矫结构； 入口、中间、出口活套均为卧式结构； 工艺段为卧式结构，主要工序有预清洗、3 段酸洗、5 级漂、烘干； 平整机为四辊干式平整，上下支承辊传动，配有液压压上缸、正负弯辊缸、防皱辊、防颤辊、张力测量辊等； 出口段配有圆盘剪、碎边剪、静电涂油机、一台卷取机及皮带助卷器等	上重转化设计	机组立体图见附图3-8-4

序号	项目名称	用户名称	供货日期	产品性能	机组参数	结构特点	设计	备注
5	1870冷轧带钢连续退火机组	JSW印度公司	2012年	原料为冷轧钢卷，成品为再结晶退火钢卷，钢种为低碳钢、超低碳钢（IF）、高强度低合金钢、双向钢等； 原料钢卷直径700~2600mm； 成品钢卷直径700~2200mm； 原料/成品宽度800~1870mm； 原料/成品厚度0.35~2.3mm； 原料屈服强度≤900MPa； 原料抗拉强度≤1000MPa； 成品屈服强度≤750MPa； 成品抗拉强度≤980MPa	年产能约95万吨； 主线全长约400m，宽约25m； 入口段速度（max）580m/min； 退火工艺段速度（max）430m/min； 出口段速度（max）630m/min； 穿带/甩尾速度50m/min； 入口活套存储量（max）1420m； 中间活套存储量（max）1540m； 出口活套存储量（max）260m； 六辊平整机：轧制力（max）12700kN； 工作辊弯辊力（单侧）（max）+490kN，（max）-245kN； 中间辊弯辊力（单侧）（max）+490kN，（max）-245kN； 中间辊窜辊±100mm； 延伸率（max）3%	机组为连续式美钢联法退火生产线； 入口段为上、下层开卷，配有开卷机、矫直机、测厚仪、飞剪、搭接电阻焊机等； 清洗段为立式深槽结构，主要工序为碱液浸洗、碱液刷洗、电解清洗、热水刷洗、热水漂洗、烘干； 入口、出口、检查活套均为立式结构； 退火工艺段为立式退火炉结构，主要工序为预热、加热、均热、缓冷、急冷、过时效、快冷、水冷； 平整机为六辊湿平整，下支承辊传动，配有液压压上缸、中间辊和工作辊正负弯辊缸、中间辊窜辊、湿平整系统、烟雾处理、防皱辊、防颤辊、张力测量辊等； 出口段配有圆盘剪、废边卷取机、静电涂油机、飞剪、两台卷取机及皮带助卷器等	分级设计（SPCO公司基本设计，上重详细设计）	机组立体图见附图3-8-5
6	1300冷轧电工钢退火和涂层机组	中钢住友越南股份公司（CSVC）	2012年	原料为冷轧无取向硅钢（Si≤2%）钢卷； 成品为退火、双面涂绝缘材料的无取向硅钢（Si≤2%），涂层厚度（双面）0.5~1.5μm； 原料钢卷直径850~2000mm； 成品钢卷直径800~2000mm； 原料/成品宽度700~1300mm； 原料/成品厚度0.3~0.7mm； 原料屈服强度≤1100MPa； 原料抗拉强度≤1200MPa	年产能约20万吨； 主线全长约350m，宽约20m； 入口段速度（max）160m/min； 退火及涂层段速度（max）120m/min； 出口段速度（max）190m/min； 穿带/甩尾速度30m/min； 入口活套存储量（max）240m； 出口活套存储量（max）385m	机组为连续式退火、涂层生产线； 入口段为上、下层开卷，配有开卷机、矫直机、测厚仪、横切剪、搭接电阻焊机等； 清洗段为卧式结构，主要工序为碱液浸洗、碱液刷洗、电解清洗、热水刷洗、热水漂洗、烘干； 入口、出口活套均为卧式结构； 退火段为卧式退火炉结构，主要工序为加热、均热、缓冷、终冷； 涂层段由两台辊涂机及涂料配送系统组成； 烘干、冷却段为卧式结构，其出口配有涂层测厚仪； 出口段配有圆盘剪、飞边卷球机、测厚仪、测宽仪、铁损计、两台卷取机	分级设计（SPCO公司基本设计，上重详细设计）	机组立体图见附图3-8-6

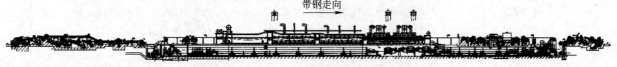

带钢走向

附图 3-8-1 宝钢 1300 特钢连续退火机组立体图

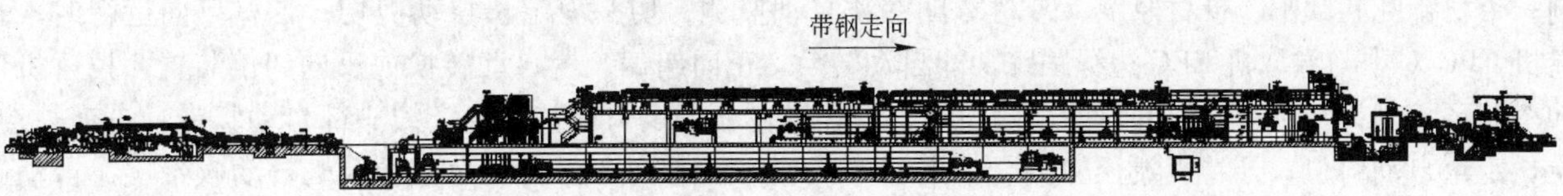

带钢走向 →

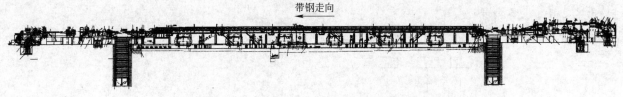

附图 3-8-2 宝钢 1300 特钢连续酸洗机组立体图

← 带钢走向

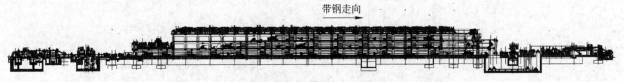

附图 3-8-3 邯钢 1700 推拉式酸洗机组立体图

带钢走向 →

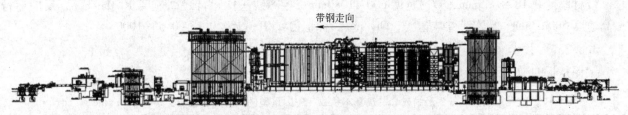

附图 3-8-4 唐钢 1680 热轧钢卷连续酸洗机组立体图

← 带钢走向

附图 3-8-5 JSW 印度 1870 冷轧带钢连续退火机组立体图

带钢走向 →

附图 3-8-6 中钢 CSVC 1300 冷轧电工钢退火和涂层机组立体图

3.8.2 镀锡基板准备生产线成套装备

3.8.2.1 概述

该生产线成套装备适用于开卷、厚度与针孔状缺陷在线检查、分选、废次品卷取、自动焊接、拉矫、切边、宽度检查、表面质量检查、涂油、卷取抗拉强度≤1000MPa 的带材生产，特别适合处理退火平整和退火未平整的镀锡基板，也可以处理轧硬卷材，是典型的镀锡板带生产车间的准备生产线。

3.8.2.2 设备组成

镀锡基板准备生产线成套装备包括入口钢卷存放台、卸套筒装置、上卷小车、开卷机、CPC 对中系统、开卷机轴头支承、开头机、测厚仪、针孔仪、切头剪、摆动导板台、废料小车、稳定夹送辊、1 号立导辊、焊机、2 号立导辊、分流带头及带材储存装置、废次品卷取机、废次品钢卷卸卷小车、月牙剪、入口张力辊、矫直机、出口张力辊、三辊纠偏装置、切边圆盘剪、废边卷取机、测宽仪、立式检查台、夹送转向辊、涂油机、分切取样剪、EPC 边缘跟踪系统、出口转向辊、卷取机、卷取机轴头支承、下压辊、助卷器、卸卷小车、上套筒装置、称重台、出口钢卷存放台等机械设备和仪器仪表设备，还包括液压传动与控制系统、气动系统、润滑系统、电气传动与控制系统、二级计算机管理与控制系统，是机电一体化的生产准备成套装备。

3.8.2.3 主要功能

自动上卷，开卷机、卷取机张力自动设定与控制，开卷机 CPC 对中，卷取机 EPC 边缘跟踪自动控制；带材针孔状缺陷、带材厚度、带材宽度在线自动监测，切头剪定长自动剪切；带材反向运行时，开卷机 CPC 对中与卷取机 EPC 边缘跟踪功能自动转换，正向纠偏装置自动转换成反向纠偏装置；拉矫机延伸率闭环控制，切边圆盘剪开口度、侧间隙、重叠量自动设定与调整；生产线头部自动穿带，自动焊接，定长定重自动停机，开卷机卷径检测、带尾自动减速，立式检查正反表面；卷取机自动收带尾，自动卸卷；产线故障自动检测、报警和分级处理，生产线工艺过程和设备连锁及设备动作逻辑化、顺序化自动控制，生产线工作流程、调整数据窗口、数据表格等显示。

3.8.2.4 设备型号

镀锡基板准备生产线成套装备的型号如图 3-8-1 所示。

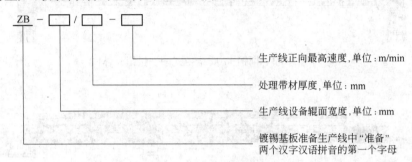

图 3-8-1 设备型号标记

带材厚度 0.18~0.55mm，带材宽度 600~1080mm，生产线正向运行最高速度 1000m/min，反向运行最高速度 500m/min，废次带卷取速度 300m/min，标记为：ZB-1250/0.18~0.55-1000。

3.8.2.5 技术参数

镀锡基板的准备生产线成套装备基本参数见表 3-8-2。

表 3-8-2 镀锡基板的准备生产线成套装备基本参数（中国重型机械研究院股份公司 www.xaheavy.com）

型 号	带材厚度/mm	带材宽度/mm	设备辊面宽度/mm	全线正向速度/m·min⁻¹	全线反向速度/m·min⁻¹	废次带卷取速度/m·min⁻¹
ZB-1250/0.18~0.55-300	0.18~0.55	600~1080	1250	300	200	150
ZB-1250/0.18~0.55-600	0.18~0.55	600~1080	1250	600	300	200
ZB-1250/0.18~0.55-1000	0.18~0.55	600~1080	1250	1000	500	300

3.8.3 板带连续镀锌机组

3.8.3.1 北京中冶设备研究设计总院制造

北京中冶设备研究设计总院有限公司自主开发了以新型电镀槽为核心的连续电镀锌机组。

（1）技术特点。连续电镀锌机组的技术特点：

1）新型电镀槽解决了电镀槽经常发生带钢与阳极的短路烧伤问题，运行可靠性提高。

2）采用自主知识产权的新型电镀锌槽，镀槽内建立了以镀槽中部静压腔为核心的静压夹持带钢系统和抗带钢歪斜静压系统，因而当带钢进入镀槽时可以消除带钢下垂度，显著减少带钢歪斜度并消除部分板型偏差，减少了镀槽内带钢对中偏差和带钢运行空间高度。工作电压与电流波动极小，镀液流场稳定，有利于提高镀层质量，电耗水平具有国际先进水平。

3）在带钢上下表面镀层重量设定值相等时，新型槽的上下表面镀层重量差小，镀层横向均匀。

4）新型槽增加位置传感器实现边缘罩对带钢的准确自动跟踪，减少边缘增厚，提高电镀质量。

5）新型槽的设备结构槽简单，操作更加方便。

6）新型电镀槽采用训练样本数据采集，建立神经网络、网络程序仿真方法。

7）采用了镀液集中加热和冷却、末端镀槽出口处采用喷淋保湿技术，提高了镀层质量。

8）研制了高性能导电辊及其精确定位技术和阳极板制造新技术。

电镀锌机组的技术特点：

1）镀槽中部实现了镀液的双向水平喷射，提高了排气能力。

2）创新的电解清洗槽和酸洗槽具有效率高、设备紧凑的特点。

3）采用自主研发的导电辊和阳极板，确保镀锌质量。

4）特殊的工艺技术与措施。在吸取我国引进电镀锌生产线生产经验的基础上，在生产线设计中采取了镀液集中加热和集中冷却、末端镀槽电流为前部镀槽的一半、取消末端镀槽出口端导电辊等主要措施。采用了末端镀槽出口处的喷淋保湿技术，创立了导电辊精确定位技术和一项阳极板制造新技术。

（2）技术参数。连续电镀锌机组技术参数见表3-8-3。

表 3-8-3　连续电镀锌机组技术参数（北京中冶设备研究设计总院有限公司　www.mcce.com.cn）

项　目		技 术 参 数
年产量		15~18 万吨/年
产品种类		磷化板、耐指纹板、无处理板、钝化板
产品规格	钢板厚度	0.25~1.5mm
	钢板宽度	900~1300mm
	钢卷外径	φ2000mm（max）
	钢卷内径	φ508/φ610mm
	产品卷重	4000~15000kg
原　料		冷轧带钢
镀锌层质量		双面镀，每面20~50g/m²（产品满足 Q/BQB 430—2003（宝钢）标准要求）
后处理方式		磷化，钝化，涂油，耐指纹
电镀锌电流总容量		189kA
机组速度	工艺段	最大 100m/min
	入口段和出口段	最大 140m/min
穿带速度		30m/min
入口和出口活套存储量		最大有效存储量 200m

（3）应用情况。该机组已应用于山东平度电镀锌生产线和邯钢彩涂线改电镀锌生产线，如图 3-8-2 所示。

图 3-8-2　连续电镀锌机组

3.8.3.2　上海重型机器厂有限公司制造

热镀锌机组主要性能参数和特点见表3-8-4。

表 3-8-4 热镀锌机组主要性能参数和特点（上海重型机器厂有限公司 www.shmp-sh.com）

序号	项目名称	用户名称	供货日期	产品性能	机组参数	结构特点	设计	备注
1	1550 No.45 冷轧带钢连续热镀锌机组	鞍钢	2005 年	原料冷轧钢卷，成品为双面热浸镀，镀层为 GI 钢卷，钢种为低碳钢、超低碳钢（IF）、高强度钢等；原料钢卷直径 1000~2100mm；成品钢卷直径 800~2100mm；原料/成品宽度 750~1550mm；原料/成品厚度 0.3~2.5mm；原料/成品屈服强度 ≤550MPa；原料/成品抗拉强度 ≤780MPa	年产能约 40 万吨；主线全长约 260m，宽约 24m；入口段速度：（max）240m/min；工艺段速度：（max）180m/min；出口段速度：（max）240m/min；穿带速度：（max）30m/min；入口段甩尾速度：90m/min；出口段甩尾速度：60m/min；入口活套存储量（max）422m；出口活套存储量（max）390m；平整轧制力(max)8000kN；弯辊力（单侧）（max）500kN；平整延伸率（max）3%	机组为连续式美钢联法退火、热浸镀锌生产线；入口段为上、下层开卷，配有开卷机、矫直机、测厚仪、横切剪、搭接电阻焊机等；入口、出口活套均为立式结构；清洗段为立式深槽结构，主要工序为碱液浸洗、碱液刷洗、电解清洗、热水刷洗、热水漂洗、烘干；退火热镀锌工艺段为立式退火炉结构，主要工序为预热、加热、均热、急冷、导入锌锅、热镀、气刀镀层厚度控制、冷却、水淬、烘干；光整机为四辊湿光整，上下支承辊传动，两种大小不同的工作辊辊径，配有液压压上缸、工作辊正负弯辊缸、湿光整系统、轧辊高压清洗系统、烟雾处理、防皱防颤辊、张力测量辊等；拉弯矫直机为两弯一矫式结构；化学处理段配有一台立式辊涂机、烘箱、冷却风机，主要对带钢表面钝化处理；出口段配有静电涂油机、横切剪、一台卷取机及皮带助卷器等	分工设计；除清洗段、退火段、热镀锌段、化学处理段外的机械设备，由上重自主设计	机组立体图见附图 3-8-7
2	1380 冷轧带钢连续热镀锌机组	鞍钢（莆田）	2012 年	原料冷轧钢卷，成品为双面热浸镀，镀层为 GI 钢卷，钢种为低碳钢、超低碳钢（IF）、高强度钢等；原料钢卷直径 1000~2100mm；成品钢卷直径 800~2100mm；原料/成品宽度 700~1380mm；原料/成品厚度 0.25~2.0mm；原料/成品屈服强度 ≤550MPa；原料/成品抗拉强度 ≤780MPa	年产能约 30 万吨；主线全长约 315m，宽约 23m（不含钢卷输送设备）；入口段速度：（max）240m/min；工艺段速度：（max）180m/min；出口段速度：（max）240m/min；穿带速度：（max）30m/min；入口段甩尾速度：90m/min；出口段甩尾速度：60m/min；入口活套存储量（max）422m；出口活套存储量（max）390m	机组为连续式美钢联法退火、热浸镀锌生产线；入口段为上、下层开卷，配有开卷机、矫直机、测厚仪、横切剪、搭接电阻焊机等；入口、出口活套均为立式结构；清洗段为立式深槽结构，主要工序为碱液浸洗、碱液刷洗、电解清洗、热水刷洗、热水漂洗、烘干；退火和热镀锌工艺段为立式退火炉结构，主要工序为预热、加热、均热、急冷、导入锌锅、热镀、气刀镀层厚度控制、冷却、水淬、烘干；光整机为四辊湿光整，上下支承辊传动，两种大小不同的工作辊辊径，配有液压压上缸、工作辊正负弯辊缸、湿光整系统、轧辊高压清洗系统、烟雾处理、防皱防颤辊、张力测量辊等；拉弯矫直机为两弯一矫式结构；化学处理段配有一台立式辊涂机、烘箱、冷却风机，主要对带钢表面钝化处理；出口段配有静电涂油机、横切剪、一台卷取机及皮带助卷器等	分工设计；除清洗段、退火段、热镀锌段、化学处理段外的机械设备，由上重自主设计	机组立体图见附图 3-8-8

序号	项目名称	用户名称	供货日期	产品性能	机组参数	结构特点	设计	备注
3	1870带钢连续热镀锌机组	JSW印度公司	2012年	原料为冷轧钢卷、热轧钢卷（预留产品），成品为双面热浸镀，镀层为GI、GA的钢卷，钢种为低碳钢、超低碳钢（IF）、高强度低合金钢、双向钢、热轧镀锌板（预留产品）等；原料钢卷直径700~2600mm；成品钢卷直径700~2200mm；原料/成品宽度800~1870mm；原料/成品厚度0.35~2.3mm；热轧卷原料/成品/（预留产品）厚度：1.6~2.6mm；原料屈服强度≤900MPa；原料抗拉强度≤1000MPa；成品屈服强度≤750MPa；成品抗拉强度≤590（预设计980）MPa	年产能约40万吨；主线全长约370m，宽约25m；入口段速度280m/min（max）；退火和镀锌段速度180m/min（max）；光整机速度200m/min（max）；出口段速度280m/min（max）；穿带/甩尾速度50m/min（max）；入口活套存储量670m（max）；中间活套存储量390m（max）；出口活套存储量450m（max）；四辊光整机：轧制力9800kN（max），工作辊弯辊力（单侧）：+1100kN（max），−1100kN（max），延伸率3%（max）；拉弯矫直机：带钢张力196kN，延伸率2%（max）	机组为连续式美钢联法退火、热浸镀锌生产线；入口段为上、下层开卷，配有开卷机、矫直机、测厚仪、横切剪、搭接电阻焊机等；入口、出口、检查活套均为立式结构；清洗段为立式深槽结构，主要工序为碱液浸洗、碱液刷洗、电解清洗、热水刷洗、热水漂洗、酸洗（预留）、烘干；退火和热镀锌工艺段为立式退火炉结构，两台锌锅分别用于生产GA、GI镀层的产品，主要工序为预热、加热、均热、急冷、导入锌锅、热镀、气刀镀层厚度控制、Zn-Feh合金化处理、冷却、水淬、烘干；光整机为四辊湿光整，上下支承辊传动，两种大小不同的工作辊辊径，配有液压压上缸、工作辊正负弯辊缸、湿光整系统、轧辊高压清洗系统、烟雾处理、防皱防颤辊、张力测量辊等；拉弯矫直机为两弯一矫式结构，带湿拉矫工作方式；化学处理段配有两台立式辊涂机、烘箱、冷却风机，主要对带钢表面钝化、防指纹处理；出口段配有圆盘剪、废边卷取机、静电涂油机、飞剪、两台卷取机及皮带助卷器等	分级设计（SPCO公司基本设计，上重详细设计）	机组立体图见附图3-8-9

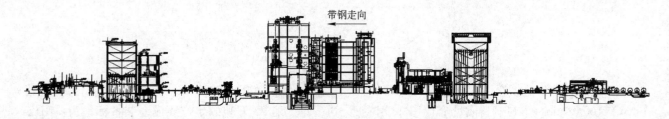

附图3-8-7 鞍钢1550 No.4和5冷轧带钢连续热镀锌机组立体图

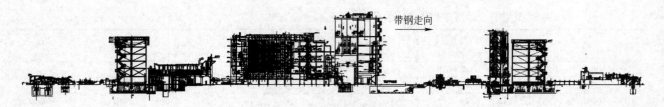

附图3-8-8 鞍钢莆田1380冷轧带钢连续热镀锌机组立体图

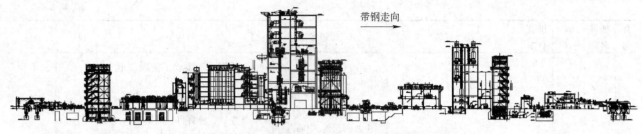

带钢走向 →

附图 3-8-9 JSW 印度 1870 带钢连续热镀锌机组立体图

3.8.3.3 中国重型机械研究院股份公司制造

热镀锌生产线成套装备适用于冷轧或热轧带钢开卷、焊接、电解脱脂、碱液刷洗、热风干燥、双面热镀锌、表面光整、拉伸矫直、钝化处理、张力卷取的连续生产，其产品适用于汽车板、家电板和建筑行业用板。

（1）设备组成。热镀锌生产线成套装备包括钢卷存放台、上卷小车、开卷机、开卷机轴头支承、开卷机 CPC 对中系统、开头夹送辊、切头剪、导板台、汇合夹送辊、焊机、张力辊、纠偏辊、入口活套、预脱脂清洗槽、电解脱脂槽、碱刷洗槽、纯水漂洗槽、清洗循环系统、热风干燥装置、托辊、测张辊、退火炉及热张辊、光整机、入口张力辊、两弯两矫矫直机、出口张力辊、钝化机、出口活套、剪前夹送辊、分切剪、夹送转向辊、EPC 边缘跟踪系统、卷取机、助卷器、卸卷小车、成品存放台等机械设备和装置，还包括液压传动与控制系统、气动系统、润滑系统、仪器仪表系统、电气传动与控制系统、两级计算机管理与控制系统等，是机电一体化带钢处理与深加工成套装备。

（2）主要功能。两台开卷机可以实现"张力开卷"和"上卷准备"的状态互换，开卷张力、卷取张力的自动设定自动控制，活套张力自动设定闭环控制，活套储量实时监测、自动控制，炉内张力闭环控制，焊缝在线检测，相关设备自动避让或卷取段定点自动停机，卷取机定长或定重自动停机，拉矫延伸率闭环控制。光整机采用液压 AGC 系统，所有炉温闭环控制，生产线故障自动监测、报警和分级处理，生产线工艺、设备连锁逻辑化、顺序化自动控制，生产线工艺流程、调整数据窗口、数据表格显示等。

（3）设备型号。热镀锌生产线成套装备的型号如图 3-8-3 所示。

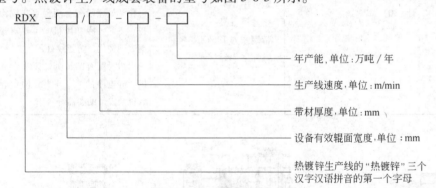

RDX － □/□ － □ － □

年产能，单位：万吨/年

生产线速度，单位：m/min

带材厚度，单位：mm

设备有效辊面宽度，单位：mm

热镀锌生产线的"热镀锌"三个汉字汉语拼音的第一个字母

图 3-8-3 设备型号标记

用于热镀锌带钢生产，带材厚度 0.16～1.2mm，带材宽度 800～1280mm，生产线工艺段最大速度（max）160m/min，入口钢卷质量 25t，出口钢卷重 10t，年产能 25 万吨的生产线成套装备标记为：RDX-1500/0.16～1.2-160-25。

（4）技术参数。热镀锌生产线成套装备技术参数见表 3-8-5。

表 3-8-5 热镀锌生产线成套装备技术参数（中国重型机械研究院股份公司 www.xaheavy.com）

型 号	带材厚度/mm	带材宽度/mm	设备辊面宽度/mm	生产线速度/m·min⁻¹	入/出口卷重/t	年产能/万吨
RDX-1500/0.16~0.8-160-20	0.16~0.8	800~1280	1500	160	25/10	20
RDX-1500/0.16~1.2-160-25	0.16~1.2	800~1280	1500	160	25/10	25
RDX-1500/0.16~1.5-160-25	0.16~1.5	800~1280	1500	160	25/10	25
RDX-2050/0.2~1.2-120-35	0.2~1.2	900~1850	2050	120	30/10	35
RDX-1500/1.0~3.0-180-40	1.0~3.0	800~1280	1500	180	30/10	40

3.8.4 彩色涂层（彩色印花、贴膜）生产线成套装备

本成套装备适用于热镀锌带钢或铝带表面脱脂处理、涂底漆、面漆、张力卷取的连续生产。彩涂产品用于家电板、建筑用板。

3.8.4.1 设备组成

彩色涂层生产线成套装备包括带卷存放台（两台）、上卷小车（两台）、开卷机（两台）、开卷机轴头支承（两台）、开头夹送辊（两台）、切头剪、焊机或缝合机、去毛刺辊、张力辊、立式活套、转向辊、纠偏辊、脱脂段设备、热风干燥装置、化涂机、烘干炉、风冷装置、底涂机、底涂烘干炉、水淬装置、热风烘干装置、托辊、面涂机、面涂烘干炉、水淬装置、连续印花机、布膜、贴膜机、废气焚烧装置、出口活套、水平检查台、张力辊、剪前夹送辊、分切剪、出口转向辊、卷取机、助卷器、卸卷小车、成品卷存放台等机械设备和装置，还包括液压传动与控制系统、气动系统、润滑系统、仪器仪表系统、电气传动与控制系统、两级计算机管理与控制系统等，是机电一体化的带钢处理与深加工成套装备。

3.8.4.2 主要功能

两台开卷机可实现"张力开卷"和"上卷准备"的状态互换，开卷张力、卷取张力自动设定自动控制，炉内带钢垂度闭环控制，活套张力闭环控制，活套储量实时检测、自动控制，焊缝或缝合头在线实时监测、涂机自动避让、卷取段定点自动停机，涂头压力实时检测、显示。根据生产工艺辊速比在线调整，固化炉温度闭环控制，连续四色印花，布膜机采用 EPC 边缘跟踪系统，焚烧炉"焚烧"和生产线"生产"互锁控制，生产线故障自动监测、报警和分级处理，生产线工艺流程、调整数据窗口、数据表格显示等。

3.8.4.3 设备型号

彩色涂层生产线成套装备的型号如图 3-8-4 所示。

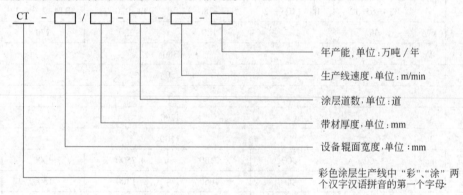

图 3-8-4 设备型号标记

用冷轧带钢彩色涂层生产，带材厚度 0.16～1.2mm，带材宽度 800～1280mm，双面分别涂底漆和面漆，具备四色印花和贴膜功能，生产线工艺段速度 120m/min，年产量 15 万吨的生产线成套装备标记为：CT-1500/0.16～1.2-2-120-15。

3.8.4.4 基本参数

彩色涂层生产线成套装备的基本参数见表 3-8-6。

表 3-8-6 彩色涂层生产线成套装备的基本参数（中国重型机械研究院股份公司 www.xaheavy.com）

型 号	带材厚度 /mm	带材宽度 /mm	设备辊面宽度 /mm	涂层道数 /道	生产线速度 /m·min⁻¹	年产能 /万吨
CT-1500/0.16～0.5-2-120-12	0.16～0.5	800～1280	1500	2	120	12
CT-1500/0.16～0.8-2-120-15	0.16～0.8	800～1280	1500	2	120	15
CT-1500/0.16～1.2-2-120-15	0.16～1.2	800～1280	1500	2	120	15
CT-1500/0.16～1.6-2-120-20	0.16～1.6	800～1280	1500	2	120	20

3.8.5 热处理设备

3.8.5.1 高温台车炉

高温台车式电阻炉主要用于高铬和高锰钢铸件、汽车零部件、金属结构件、碳钢、焊接件、合金钢零件的淬火、退火、正火等热处理，也可用于钻头烧结、催化剂焙烧、精密模壳焙烧等。

（1）结构简介。

1）炉体：高温台车炉外壳由钢板和型钢焊成型，台车轨道用地脚螺栓固定。

2）炉衬：炉膛采用全高纯陶瓷纤维高压模块，专业高压方式砌筑，使用专用锚固，确保了台车炉炉衬制造上的最高密封性，是专利超节能炉衬。具有高保温性、高绝热性、低热容量，极大减少了耗电量。

3）装料台车：台车采用重载结构，密封槽为自动提升式沙封机构减少台车炉的热损失，台车上安装有铬锰氮耐热钢炉底板或1200℃碳化硅炉底板承载工件。

4）炉门：高温台车炉采用电动升降双导轨自动密封炉门，全纤维保温结构加密封圈，绝不损伤砌体。

5）加热元件：加热元件材料为0Cr27Al7Mo2高温合金电阻带，按均温设计合理布置于炉内五面，使高温台车炉温度均匀性达到±5~8℃。

6）控温方式：高温台车炉控温系统采用专利技术的微电脑程序自动控温，能够极大节约电能，并使理想的热处理工艺曲线在实际应用中达到高精度执行，控温精度±1℃。

（2）技术参数。RT4系列高温台车炉为汉口电炉公司专利产品，专利号：ZL200520096582.4。其技术参数见表3-8-7。

表3-8-7 RT4系列高温台车炉技术参数（武汉市汉口电炉有限责任公司　www.hkfurnace.cn）

参数名称		单位	型号					
			RT4-65-12	RT4-105-12	RT4-180-12	RT4-220-12	RT4-270-12	RT4-320-12
额定功率		kW	65	105	180	220	270	320
额定电压		V	380					
频率		Hz	50					
相数		相	3					
最高温度		℃	1200					
工作温度		℃	1100					
炉膛尺寸	长	mm	1200	1800	2100	2500	3000	3000/3000
	宽	mm	600	900	1050	1300	1500	1500/1850
	高	mm	450	650	750	900	1000	1500/1000
加热元件接法			Y					
空炉升温时间		h	3~3.5					
控温精度		℃	±1					
炉温均匀性		℃	±3~5 / ±5~8					
最大装载量		kg	1000	3000	5000	7000	9000	12000
质量		kg	2800	4300	5800	8700	9000	9500

可为用户设计制造各种炉膛尺寸，不同规格的高温台车炉。

3.8.5.2 全纤维台车炉

全纤维台车炉采用最高标准高纯陶瓷纤维高压模块全纤维炉衬结构，保温效果极为显著、升温快，是超级节能型周期作业台车炉。主要用于高铬高锰钢铸件、球墨铸铁件、轧辊、耐磨衬板淬火、汽车配件等淬火、退火、回火、时效以及各种机械零件热处理之用。全纤维台车炉系列产品高温、中温、低温均可使用，并达到高精度控温。

（1）全纤维台车炉结构。

1）炉体与炉衬：全纤维台车炉外壳由钢板和型钢焊接而成，炉体底部与台车轻轨连为一体，用户不需要基础安装，只需放于平整的水泥地面即可使用，全纤维台车炉炉衬是采用全陶瓷纤维波浪叠法高压捆扎，采用最先进制造工艺技术，实现最高的保温性能和节能性。

2）台车：台车炉口采用重质防撞砖、台车面层重质高铝防压砖。炉体与台车之间采用迷宫式耐火材料砌筑外，还用通过自行动作的砂封密封机构来减少台车炉的热辐射及对流损失，并可改善炉温均匀性。

发热元件：全纤维台车炉加热元件为带状发热元件，用陶瓷螺钉挂装在炉侧，底部搁置在台车砌体槽内。台车上安装有铬锰氮耐热钢炉底板。

3）炉门：炉门的升降是通过滚动轮在导轨上，上下滚动而实现的。这样既保证了关闭炉门时炉门砌体与炉体砌体之间的吻合密封，又保证了在开启的过程中不会摩擦损伤砌体，台车炉门及台车运动均是由电动机通过蜗轮蜗杆减速机减速，链条传动来提供的，并装有电磁制动器进行适当的调整。

（2）全纤维台车炉的特点。全纤维台车炉采用多区加热，大大提高了炉温均匀性。如果用于低温用途，可以在炉顶安装不锈钢热循环风机，热空气高速循环，达到温度均匀目的。

（3）全纤维台车炉技术参数。RT4系列全纤维台车炉技术参数见表3-8-8。

表 3-8-8　RT4 系列全纤维台车炉技术参数（武汉市汉口电炉有限责任公司　www.hkfurnace.cn）

参 数 名 称		单位	型　　号				
			RT4-90-9	RT4-180-9	RT4-270-9	RT4-150-12	RT4-180-12
额定功率		kW	90	180	270	150	180
额定电压		V	380				
频率		Hz	50				
相数		相	3				
最高温度		℃	950			1200	
工作温度		℃	950			1100	
炉膛尺寸	长	mm	1800	2100	3000	2000	2200
	宽	mm	900	1050	1500	1000	1100
	高	mm	600	750	1000	750	750
加热元件接法			Y				
空炉升温时间		h	2.5				
控温精度		℃	±1				
炉温均匀性		℃	±5~8				
最大装载量		kg	2500	5000	9000	4500	5500
质量		kg	4800	9000	14500	8700	9300

可为用户设计制造各种炉膛尺寸、不同温区、不同功率的全纤维台车炉。

3.8.5.3　全纤维退火台车炉

全纤维退火台车炉可将钢铸件、焊接件、轴类等工件在空气或保护气氛中加热，并用于残余应力退火、完全退火、球化退火、软化退火热处理等。

全纤维退火台车炉由于炉衬结构与砖混纤维不同，材质制造工艺相比耐火砖结构更加保温、更加节能，是近些年被广大用户用来进行退火热处理的台车炉炉型。也可用于化工、粉末冶金行业产品的烘干和焙烧。

（1）结构特点。

1）全纤维炉衬部分采用高品质新型陶瓷纤维，在施工前，使用制造炉衬的专用压缩设备，将长条状陶瓷纤维毯按照波浪叠发高压压缩成300×300×300规格的模块。安装全纤维模块时的施工工艺是将模块之间留有一定的压缩量，在该台车炉升温使用时，陶瓷纤维模块受热后向不同方向膨胀，使整个全纤维炉衬形成无间隙的整体，以达到良好隔热、保温效果。节电效果较传统耐火砖炉型节约15%~30%，使用寿命长达 5~8 年。

2) 加热元件采用 0Cr25Al5 材质的高温电阻合金带绕制成波纹状，用高铝瓷钉固定挂装在台车炉的四个方向，台车上的加热元件直接安装在炉底搁丝砖上，使用寿命可达 3~5 年。

3) 台车由重载钢结构设计，装载量大大提高。台车和炉门分别配置有独立运行的动力机构，电动牵引炉门的进出。台车和炉门升降操作系统有一套完整的安全锁定装置，防止误操作损坏设备。

4) 全纤维退火台车炉的温控部分由微电脑智能程序控温系统控制，控制精度可达±1℃，全自动执行退火工艺温度曲线。

(2) 技术参数。RT4 系列全纤维退火台车炉技术参数见表 3-8-9。

表 3-8-9　RT4 系列全纤维退火台车炉技术参数（武汉市汉口电炉有限责任公司　www.hkfurnace.cn）

参 数 名 称		单位	型 号				
			RT4-90-10	RT4-150-10	RT4-220-10	RT4-270-10	RT4-500-10
额定功率		kW	90	150	220	270	500
额定电压		V	380				
频率		Hz	50				
相数		相	3				
最高温度		℃	950				
工作温度		℃	0~950				
炉膛尺寸	长	mm	1800	2000	2500	3000	4000
	宽	mm	900	1000	1300	1500	2500
	高	mm	600	700	900	1000	1700
加热元件接法			Y				
空炉升温时间		h	2.5	3	3.5	3.5	3.5
控温精度		℃	±1				
炉温均匀性		℃	±5~8				
最大装载量		kg	2500	4500	7000	9000	18000
质量		kg	2800	4300	8000	8200	13500

可为用户设计制造各种炉膛尺寸，不同规格的全纤维退火台车炉。

3.8.5.4　台车式淬火炉

台车式淬火炉主要用于金属工件、汽车配件、机械零部件、铸钢件等的淬火热处理，属于节能型周期作业淬火炉。

台车式淬火炉采用微电脑程序高精度自动控温技术，陶瓷纤维高压模块炉衬，能够实现快速升温和高精度控温。通过炉体与台车自行密封机构减少了台车炉的热对流损失，台车炉具有高效保温性能。淬火用台车炉采用多区加热，高均温技术实现淬火加热工件的均匀透热，使淬火热处理的质量更加良好。

RT4 系列台车式淬火炉技术参数见表 3-8-10。

表 3-8-10　RT4 系列台车式淬火炉技术参数（武汉市汉口电炉有限责任公司　www.hkfurnace.cn）

参 数 名 称		单位	型 号			
			RT4-105-12	RT4-180-12	RT4-220-12	RT4-320-12
额定功率		kW	105	150	180	220
额定电压		V	380			
最高温度		℃	1200			
工作温度		℃	850~1200			
炉膛尺寸	长	mm	3000	4000	6000	9000
	宽	mm	1000	1000	1200	1500
	高	mm	1000	1000	1200	1500

参 数 名 称	单位	型 号			
		RT4-105-12	RT4-180-12	RT4-220-12	RT4-320-12
加热元件接法		YY			
空炉升温时间	h	2.5	3	3	3
控温精度	℃	±1			
炉温均匀性	℃	±8			
最大装载量	kg	8000	15000	20000	60000
质量	kg	9600	13800	18600	39000

可为用户设计制造各种规格参数不同的台车式淬火炉。

3.8.5.5 台车式退火炉

台车式退火炉主要用于模具退火高铬高锰钢铸件、灰口铸铁件、轧辊、钢球、耐磨衬板等工件退火热处理。

RT4系列台车式退火炉是可快速升温的热处理先进设备。台车式退火炉采用超节能炉衬结构，使用行业内高纯陶瓷纤维保温，节能节电效果同比节约30%~50%。加热元件采用国际通用OCr25Al5电阻带，最高极限温度1250℃。采用高精度温控系统，实现退火工艺曲线全自动化，控温精度±1℃。

RT4系列台车式退火炉技术参数见表3-8-11。

表3-8-11 RT4系列台车式退火炉技术参数（武汉市汉口电炉有限责任公司 www.hkfurnace.cn）

参 数 名 称		单位	型 号					
			RT4-75-9	RT4-105-9	RT4-150-9	RT4-180-9	RT4-220-9	RT4-300-9
额定功率		kW	75	105	150	180	220	300
额定电压		V	380					
频率		Hz	50					
相数		相	3					
最高温度		℃	950					
工作温度		℃	950					
炉膛尺寸	长	mm	1500	1800	2000/2800	2100	2500	3000
	宽	mm	750	900	1000/900	1050	1300	1500
	高	mm	600	650	700/600	750	900	1200
加热元件接法			Y					
空炉升温时间		h	2.5	2.5	3	3	3.5	4
控温精度		℃	±1					
炉温均匀性		℃	±5~8					
最大装载量		kg	1500	3000	4500	5000	7000	11000
质量		kg	3100	4000	4800	5600	8500	9200

可为用户设计制造各种炉膛尺寸，不同规格的台车式退火炉。

3.8.5.6 台车式回火炉

台车式回火炉，主要用于高铬铸钢轧辊回火、轧辊表面焊接修复后消除焊接应力回火及其他用途回火。

台车式回火炉采用复合炉衬或全纤维保温，炉体与台车通过自行密封机构来减少台车炉的热对流损失，实现台车炉高效保温性能。回火用台车炉采用多区加热，并在炉顶安装不锈钢热循环风机，热空气高速循环，内部安装有独特设计的热风内循环不锈钢导风系统，温度均匀性非常高。采用微电脑程序工艺曲线自动控制，高精度执行最佳回火工艺曲线，属于节能型周期作业回火炉。

RT4 系列台车式回火炉技术参数见表 3-8-12。

表 3-8-12 RT4 系列台车式回火炉技术参数（武汉市汉口电炉有限责任公司　www.hkfurnace.cn）

参数名称		单位	型 号			
			RT4-105-6	RT4-180-6	RT4-220-6	RT4-320-6
额定功率		kW	105	150	180	220
额定电压		V	380			
最高温度		℃	650			
工作温度		℃	600			
炉膛尺寸	长	mm	3000	4000	6000	9000
	宽	mm	1000	1000	1200	1500
	高	mm	1000	1000	1200	1500
加热元件接法			YY			
空炉升温时间		h	2.5	3	3	3
控温精度		℃	±1			
炉温均匀性		℃	±8			
最大装载量		kg	8000	15000	20000	60000
质量		kg	9600	13800	18600	39000

可为用户设计制造各种炉膛尺寸，不同规格的台车式回火炉。

3.8.5.7 台车式铝合金淬火炉

台车式铝合金淬火炉主要用于铝合金铸件、工业铝合金型材淬火固熔处理。采用微电脑程序自动控温，高精度执行最优铝合金淬火工艺曲线，是具有先进水平的节能型周期作业铝合金淬火炉。

台车式铝合金淬火炉采用双风道高均温螺旋热风循环系统，风压、流量、正负压交换均与传统老式国产淬火炉有根本性的技术突破。小型铝合金淬火炉为矩形双层风道结构，工件人工进出，中大型铝合金淬火炉为全自动台车式结构，全自动进出料，用户不需要基础安装，只需放于平整的水泥地面即可使用。电炉炉衬材料采用节能型超轻质耐火保温砖与高纯纤维复合保温，实现铝合金淬火炉的高效与节能。所有风道均采用不锈钢材料，风机采用大功率热风内循环风机，不锈钢轴和耐热不锈钢精铸风叶。

ZRT3 系列台车式铝合金淬火炉技术参数见表 3-8-13。

表 3-8-13 ZRT3 系列台车式铝合金淬火炉技术参数（武汉市汉口电炉有限责任公司　www.hkfurnace.cn）

参 数 名 称		单位	型 号				
			ZRT3-45-6	ZRT3-75-6	ZRT3-105-6	ZRT3-220-6	ZRT3-450-6
额定功率		kW	45	75	105	220	450
额定电压		V	380				
最高温度		℃	650				
工作温度		℃	600				
炉膛尺寸	长	mm	1200	1800	2100	3000	6500
	宽	mm	750	1000	1300	1800	2200
	高	mm	600	1000	1000	1600	2000
加热元件接法			Y				
空炉升温时间		h	1.5				
控温精度		℃	±1				
炉温均匀性		℃	±5				
最大装载量		kg	400	1000	2000	4500	9000
质量		kg	3400	4500	5500	7800	18000

可为用户设计制造各种炉膛尺寸，不同规格的台车式铝合金淬火炉。

3.8.5.8 台车式铝合金时效炉

台车式铝合金时效炉是与台车式铝合金淬火炉配套的系列产品，主要用于铝合金铸件、铝合金压铸件、工业铝合金型材时效处理。采用微电脑程序自动控温，高精度执行最优铝合金时效工艺曲线。

本系列台车式铝合金时效炉采用最新高均温技术和新型炉型结构，炉内热风内循环系统采用双风道高均温技术，风机全部采用专用热风内循环风机和不锈钢同轴精铸风叶。风压、流量、正负压交换，比其他铝合金热处理炉有根本性的技术突破。铝合金淬火炉采用硅酸铝氧化锆纤维保温层，进出料为全自动台车。用户不需要基础安装，只需放于平整的水泥地面即可使用。

ZRT3系列台车式铝合金时效炉技术参数见表3-8-14。

表 3-8-14　ZRT3系列台车式铝合金时效炉技术参数（武汉市汉口电炉有限责任公司　www.hkfurnace.cn）

参 数 名 称		单位	型　号				
			ZRT3-27-3	ZRT3-42-3	ZRT3-54-3	ZRT3-90-3	ZRT3-225-3
额定功率		kW	27	42	54	90	450
额定电压		V	380				
最高温度		℃	300				
工作温度		℃	250				
炉膛尺寸	长	mm	1200	1800	2100	2500	6500
	宽	mm	750	1000	1300	1600	2200
	高	mm	600	1000	1000	1400	2000
加热元件接法			Y				
空炉升温时间		h	1				
控温精度		℃	±1				
炉温均匀性		℃	±3				
最大装载量		kg	400	1000	2000	3500	9000
质量		kg	3000	4000	5000	6800	16000

可为用户设计制造各种炉膛尺寸，不同规格的台车式铝合金时效炉。

3.8.5.9 大型台车式电阻炉

大型台车式电阻炉采用多台微电脑程序自动控温，为炉内多区独立热处理工艺曲线提供高精度自动温度控制，保证了热处理大型工件的炉温均匀性。由于升温斜率可任意设定，特别适用于高锰钢铸件超低速率升温的特殊工艺要求，达到最佳热处理工艺效果。主要用于大型工件、高铬、高锰钢铸件淬火、退火、回火、时效等热处理，以及灰口铸铁、球墨铸铁、轧辊、钢球、破碎机锤头、耐磨衬板淬火、正火、回火、退火、时效以及各种机械零件热处理。目前现有投入使用的大型台车式电阻炉长度达21m，宽度8m，高8m。

RT3系列台车式电阻炉技术参数见表3-8-15。

表 3-8-15　RT3系列台车式电阻炉技术参数（武汉市汉口电炉有限责任公司　www.hkfurnace.cn）

参 数 名 称		单位	型　号				
			RT3-1020-6	RT3-2100-6	RT3-850-9	RT3-2880-9	RT3-880-12	RT3-1860-12
额定功率		kW	1350	2100	850	2880	880	1860
额定电压		V	380					
频率		Hz	50					
相数		相	3					
最高温度		℃	650		950		1200	
工作温度		℃	650		950		1100	
炉膛尺寸	长	mm	4700	10500	6000	13000	6000	16000
	宽	mm	4500	4000	3000	3000	3000	2500
	高	mm	2500	3200	2500	3600	2000	2500

参 数 名 称	单位	型 号					
		RT3-1020-6	RT3-2100-6	RT3-850-9	RT3-2880-9	RT3-880-12	RT3-1860-12
加热元件接法		YYYYYY	YYYYYYYY	YYYYYY	YYYYYYYY	YYYYYY	YYYYYYY
空炉升温时间	h	4.5	4.5	4	4.5	4	4.5
控温精度	℃	±1~2					
炉温均匀性	℃	±10					
最大装载量	kg	32000	90000	28000	100000	28000	80000
质量	kg	26000	39000	25000	45000	25000	35000

可为用户设计制造各种炉膛尺寸,高温、中温、低温各类大型台车式电阻炉。

3.8.5.10 高精度高温台车炉

高精度高温台车炉结构紧凑,采用复合纤维或全纤维保温,节能节电效果良好;采用多区多段发热元件,多区控温,多台微电脑分区分段高均温、高精度程序控温,控温精度±1℃,能自动高精度执行各种热处理工艺曲线。主要用于对炉温均匀性和温度精度要求极高的铸钢件和铸铁件,以及精密机械零件的热处理。

为提高炉温均匀性,台车炉采用三区加热,并按均温布丝法布置发热元件,在升温及保温过程中保持三区均温一致。炉温均温性可达±3~5℃。

RT4高精度高温台车炉技术参数见表3-8-16。

表3-8-16 RT4高精度高温台车炉技术参数(武汉市汉口电炉有限责任公司 www.hkfurnace.cn)

参 数 名 称		单位	型 号		
			RT4-105-12	RT4-150-12	RT4-180-12
额定功率		kW	105	150	180
额定电压		V	380		
频率		Hz	50		
相数		相	3相4线		
最高温度		℃	1200		
工作温度		℃	1100		
炉膛尺寸	长	mm	1800	2000	2100
	宽	mm	900	1000	1050
	高	mm	650	700	750
加热元件接法			Y		
空炉升温时间		h	3		
控温精度		℃	±1		
炉温均匀性		℃	±3~5		
最大装载量		kg	3000	4500	5000
质量		kg	5500	8600	9000

可为用户设计制造各种炉膛尺寸,不同规格参数的高精度高温台车炉。

3.8.5.11 预抽真空台车炉

预抽真空台车炉是节能型周期作业真空台车炉,主要用于航天、航空飞机制造行业,精密零件光亮无氧化退火热处理,以及汽车制造行业,精密机械制造业,精密机件或锻件光亮无氧化不脱碳加热、淬火、退火、回火等热处理和保护气氛球化退火之用以及铜板、铜带、铜管光亮无氧化退火。

(1)设备特点。预抽真空台车炉相比井式真空炉有不同的生产方式,具有自动进出的台车放置真空罐,全自动执行无氧化退火热处理工艺后,可一键电动运行台车进出装卸工件。车间内只要有相应的空间，安装使用上比井式真空炉更方便，地面不需要挖基础，只要放在水平地面即可投产使用，在后期维护保养方面也更有优势。

（2）技术参数。ZRT4系列预抽真空台车炉技术参数见表3-8-17。

表3-8-17 ZRT4系列预抽真空台车炉技术参数（武汉市汉口电炉有限责任公司 www.hkfurnace.cn）

参数名称		单位	型号		
			ZRT4-105-9	ZRT4-300-9	ZRT4-400-9
额定功率		kW	105	300	400
额定电压		V	380		
相数		相	3		
频率		Hz	50		
最高温度		℃	950		
额定温度		℃	930		
不锈钢真空罐尺寸	直径	mm	φ800	φ800	φ1100
	深度	mm	1800	6100	6100
加热元件接法			YY	YYY	YYY
空炉升温时间		h	2.5		
控温精度		℃	±1		
炉温均匀性		℃	±5~8		
真空罐装载量		kg	500	2000	4000
台车装载量		kg	2500	5000	8000
质量		kg	6500	18000	24000

可为用户设计制造各种真空工作区尺寸，不同规格的预抽真空台车炉。

3.8.5.12 双门台车炉

双门台车炉是节能型半连续作业台车炉，主要用于高锰钢铸件、钢球等淬火、退火、回火等，前后双门可电动开闭连续作业。双门台车炉不但有前后炉门开闭，并且配置有双台车先后进出，协同工作，更加提高了生产效率，同时节能节电，大大提高效益。

双门台车炉炉衬是采用陶瓷纤维高压捆扎，采用最先进制造工艺技术，实现双门台车炉良好的密封、保温、均温和节能性能。外壳由钢板和型钢焊接而成，炉体底部与台车轻轨连为一体，用户不需要基础安装，只需放于平整的水泥地面即可使用。

ZRT4系列双门台车炉技术参数见表3-8-18。

表3-8-18 ZRT4系列双门台车炉技术参数（武汉市汉口电炉有限责任公司 www.hkfurnace.cn）

参数名称		单位	型号		
			ZRT4-105-9	ZRT4-220-9	ZRT4-300-9
额定功率		kW	105	220	300
额定电压		V	380		
最高温度		℃	950		
工作温度		℃	950		
炉膛尺寸	长	mm	1800	2500	2400
	宽	mm	900	1300	2000
	高	mm	650	900	1700
加热元件接法			Y		
空炉升温时间		h	2.5	3	3.5
控温精度		℃	±1		
炉温均匀性		℃	±8		
最大装载量		kg	3000	7000	11000
质量		kg	5200	12500	19200

可为用户设计制造不同尺寸，不同规格的双门台车炉。

3.8.5.13 翻转台车炉

翻转台车炉是节能型周期作业台车炉，主要用于高铬、高锰钢铸件、轧辊、钢球、破碎机锤头、球磨机耐磨衬板、铁路耐磨材料快速淬火，也可用于退火、时效以及各种机械零件热处理。

翻转台车炉由于装料台车可以倾斜又称为可倾台车炉，该类型台车炉的主要优点是可以使工件在高温出炉时，通过装料台车的自动翻转，将其及时迅速的翻入淬火槽内，以便迅速淬火，有效减少了人工操作行吊等转移工件时速度慢、效率低，以及人工误操作带来的不安全性。同时翻转台车炉可用于中温950℃或高温1200℃的各种正火、退火热处理。

RT4 系列翻转台车炉技术参数见表 3-8-19。

表 3-8-19　RT4 系列翻转台车炉技术参数（武汉市汉口电炉有限责任公司　www.hkfurnace.cn）

参 数 名 称		单位	型 号			
			RT4-105-12	RT4-150-12	RT4-180-12	RT4-220-12
额定功率		kW	105	150	180	220
额定电压		V	380			
最高温度		℃	1200			
工作温度		℃	1100			
炉膛尺寸	长	mm	1800	2000	2100	2500
	宽	mm	900	1000	1050	1300
	高	mm	650	700	750	900
加热元件接法			Y			
空炉升温时间		h	3	3	3	3.5
控温精度		℃	±1			
炉温均匀性		℃	±8			
最大装载量		kg	3000	4500	5000	7000
质量		kg	5500	8600	9800	13400

可为用户定做各种炉膛尺寸，不同规格的翻转台车炉。

3.8.5.14 台车式催化剂焙烧炉

台车式催化剂焙烧炉可用于多种非金属材料焙烧，如石油化工行业催化剂焙烧，也可用于稀土焙烧，或焊剂、矾土矿等各种矿产品烘干和焙烧。台车式焙烧炉配置有进气分配预热均喷系统，废气排气管及阀门，专用非金属焙烧匣钵，焙烧工艺过程采用微电脑程序工艺曲线全自动控制完成。

RT4 系列台车式催化剂焙烧炉技术参数见表 3-8-20。

表 3-8-20　RT4 系列台车式催化剂焙烧炉技术参数（武汉市汉口电炉有限责任公司　www.hkfurnace.cn）

参 数 名 称		单位	型 号			
			RT4-105-9	RT4-180-9	RT4-240-9	RT4-320-9
额定功率		kW	105	180	240	320
额定电压		V	380			
频率		Hz	50			
相数		相	3			
最高温度		℃	950			
工作温度		℃	0~950			
炉膛尺寸	长	mm	1800	2100	3000	4500
	宽	mm	900	1050	1500	1500
	高	mm	650	750	1000	1000

参数名称	单位	型号			
		RT4-105-9	RT4-180-9	RT4-240-9	RT4-320-9
加热元件接法		Y			
空炉升温时间	h	3.5~4			
控温精度	℃	±1			
催化剂装载量	kg	250	350	500	1200
质量（参考）	kg	4300	5800	9000	9500

可为用户设计制造各种炉膛尺寸，不同规格的台车式催化剂焙烧炉。

3.8.5.15 台车式水口烘干烧结炉

台车式水口烘干烧结炉是节能型周期作业烘干烧结炉，主要用于石墨碳化硅水口低温烘干烧结，也可用于回火、消除应力时效以及各种机械零件热处理。采用微电脑程序自动控温，高精度执行最优工艺曲线。

台车式水口烧结烘干炉技术参数见表 3-8-21。

表 3-8-21 台车式水口烧结烘干炉技术参数（武汉市汉口电炉有限责任公司 www.hkfurnace.cn）

参 数 名 称		单位	型 号
			RT4-400-6
额定功率		kW	400
额定电压		V	380
最高温度		℃	650
工作温度		℃	600
相数		相	3
炉膛尺寸	长	mm	5000
	宽	mm	3000
	高	mm	1300
加热元件接法			YYY
加热区段			3 区
空炉升温时间		h	4.5
控温精度		℃	±1~2
炉温均匀性		℃	±10
最大装载量		kg	10000
质量		kg	22000

可为用户设计制造各种不同规格参数的台车式水口烘干烧结炉。

3.8.5.16 台车式模具预热炉

台车式模具预热炉是节能型周期作业台车式预热炉，主要用于铝合金行业，铝合金压铸模具预热，最适合铝合金轮毂压铸前模具预热，也可用于各种机械零件回火。采用微电脑程序自动控温，高精度执行最优工艺曲线。

台车式模具预热炉技术参数见表 3-8-22。

表 3-8-22 台车式模具预热炉技术参数（武汉市汉口电炉有限责任公司 www.hkfurnace.cn）

参 数 名 称	单位	型 号
		RT4-180-5
额定功率	kW.	180
额定电压	V	380
最高温度	℃	500

参 数 名 称		单位	型 号
			RT4-180-5
工作温度		℃	400
相数		相	3
炉膛尺寸	长	mm	2800
	宽	mm	1400
	高	mm	1200
加热区段			2 区
加热元件接法			Y
空炉升温时间		h	2.5
控温精度		℃	±1~2
炉温均匀性		℃	±5~8
最大装载量		kg	6000
质量		kg	14000

另有不同规格尺寸的台车式模具预热炉可供选择。

3.8.5.17 台车式模壳焙烧炉

台车式模壳焙烧炉是节能型周期作业焙烧炉，专用于精密铸造行业、砂型模壳高温焙烧、石膏蜡模烧结，焙烧温度 1050℃。为防止烧结模壳自由升温开裂，采用微电脑程序控温，自动高精度执行最佳焙烧温度工艺曲线。

台车式模壳焙烧炉技术参数见表 3-8-23。

表 3-8-23 台车式模壳焙烧炉技术参数（武汉市汉口电炉有限责任公司 www.hkfurnace.cn）

参 数 名 称		单位	型 号			
			RT2-30-12	RT2-50-12	RT2-55-12	RT2-75-12
额定功率		kW	30	50	55	75
额定电压		V	380			
最高温度		℃	1200			
工作温度		℃	1100			
炉膛尺寸	长	mm	950	800	800	1100
	宽	mm	500	600	750	800
	高	mm	450	600	600	600
加热元件接法			Y			
空炉升温时间		h	2.5	3	3.5	3.5
控温精度		℃	±1~2			
炉温均匀性		℃	±5~8			
最大装载量		kg	500	800	800	1200
质量		kg	3000	4000	4200	4600

可为用户设计制造各种炉膛尺寸，不同规格的台车式模壳焙烧炉。

3.8.5.18 台车式钻头烧结炉

台车式钻头烧结炉是标准节能型周期作业台车式烧结炉，主要用于矿山、石油合金钻头烧结，采用微电脑自动控温柜高精度控温，全自动执行烧结工艺曲线，是合金烧结行业使用最广泛的热处理设备。

台车式钻头烧结炉技术参数见表 3-8-24。

表 3-8-24 台车式钻头烧结炉技术参数（武汉市汉口电炉有限责任公司　www.hkfurnace.cn）

参 数 名 称		单位	型　号		
			RT4-50-12	RT4-105-12	RT4-150-12
额定功率		kW	50	105	150
额定电压		V	380		
最高温度		℃	1200		
工作温度		℃	1180		
相数		相	3		
炉膛尺寸	长	mm	800	1800	2000
	宽	mm	600	900	1000
	高	mm	600	650	700
加热元件接法			Y		
空炉升温时间		h	3.5		
控温精度		℃	±1~2		
最大装载量		kg	800	3000	4500
质量		kg	3000	4600	5100

可为用户设计制造各种尺寸，不同规格的台车式钻头烧结炉。

3.8.5.19　热套热装台车炉

热套热装台车炉是节能型周期作业台车炉，主要用于水泵泵体热装，也可用于电机转子热套、热装加热工序。

RT4 系列热套热装台车炉技术参数见表 3-8-25。

表 3-8-25 RT4 系列热套热装台车炉技术参数（武汉市汉口电炉有限责任公司　www.hkfurnace.cn）

参 数 名 称		单位	型　号		
			RT4-75-4	RT4-90-4	RT4-105-4
额定功率		kW	75	90	105
节能功率		kW	45	54	75
额定电压		V	380		
最高温度		℃	400		
工作温度		℃	300		
炉膛尺寸	长	mm	1500	1800	2000
	宽	mm	750	900	1000
	高	mm	700	900	1000
加热元件接法			Y		
空炉升温时间		h	1		
控温精度		℃	±1~2		
炉温均匀性		℃	±5~8		
最大装载量		kg	1000	2000	3000
质量		kg	4000	4400	4800

可为用户设计制造各种规格尺寸的热套热装台车炉。

3.8.5.20　中温台车炉

系列中温台车炉是节能型周期作业台车炉，主要用于高锰钢铸件、球墨铸铁件、汽车机械部件等淬火、退火热处理工序。

RT4 系列中温台车炉技术参数见表 3-8-26。

表 3-8-26 RT4 系列中温台车炉技术参数（武汉市汉口电炉有限责任公司 www.hkfurnace.cn）

参 数 名 称		单位	型 号					
			RT4-65-9	RT4-90-9	RT4-150-9	RT4-180-9	RT4-220-9	RT4-250-9
额定功率		kW	65	90	150	180	220	250
额定电压		V	380					
最高温度		℃	1000					
工作温度		℃	950					
相数		相	3					
炉膛尺寸	长	mm	1200	1800	2000/2800	2100	2500	2400/3400
	宽	mm	600	900	1000/900	1050	1300	1500/1050
	高	mm	450	600	700/600	750	900	800/1000
加热元件接法			Y					
空炉升温时间		h	2.5	2.5	3	3	3.5	4
控温精度		℃	±1					
炉温均匀性		℃	±8					
最大装载量		kg	1000	2500	4500	5000	7000	8000
质量		kg	2600	3800	4800	5600	8500	8600

可为用户设计制造各种规格、尺寸、功率的中温台车炉。

3.8.5.21 低温台车炉

低温台车炉主要用于铸件退火和时效热处理以及 750℃ 之内的各种机械零件热处理工序，系节能型周期式台车炉。

炉衬材料采用超轻质 0.6g/cm³ 节能耐火保温砖砌筑，夹层置硅酸铝纤维保温棉，炉壳与炉衬硅铝纤夹层之间填充膨胀保温粉。炉口采用重质防撞砖、台车面层重质高铝防压砖。台车炉炉体与台车之间除采用迷宫式耐火材料砌筑外，还用通过自行动作的密封机构来减少台车炉的热辐射及对流损失，改善炉温均匀性。加热元件均为螺旋状或带状发热元件，搁置在炉侧搁丝砖及台车砌体上。台车上安装有铬锰氮耐热钢炉底板。炉门的升降是通过滚动轮在导轨上，上下滚动而实现的，这样既保证了关闭时炉门与炉体砌体之间的吻合密封，又保证了在开启的过程中不会摩擦损伤砌体；炉体底部与台车轻轨连为一体，台车炉门及台车运动均由电动机通过蜗轮蜗杆减速机和链条传动来实现，并装有电磁制动器进行适当的调整。为提高炉温均匀性，台车炉采用多区加热，并在炉顶安装不锈钢热循环风机，热空气高速循环，达到温度均匀目的。用户不需要基础安装，只需放于平整的水泥地面即可使用。

RT4 系列低温台车炉技术参数见表 3-8-27。

表 3-8-27 RT4 系列低温台车炉技术参数（武汉市汉口电炉有限责任公司 www.hkfurnace.cn）

参 数 名 称		单位	型 号					
			RT4-65-7	RT4-90-7	RT4-150-7	RT4-220-7	RT4-270-7	RT4-500-7
额定功率		kW	65	90	150	220	270	500
额定电压		V	380					
频率		Hz	50					
相数		相	3					
最高温度		℃	750					
工作温度		℃	0~750					
炉膛尺寸	长	mm	1200	1800	2000	2500	3000	4000
	宽	mm	600	900	1000	1300	1500	2500
	高	mm	450	600	700	900	1000	1700

参 数 名 称	单位	型　　号					
		RT4-65-7	RT4-90-7	RT4-150-7	RT4-220-7	RT4-270-7	RT4-500-7
加热元件接法		Y					
空炉升温时间	h	2.5	2.5	3	3.5	3.5	3.5
控温精度	℃	±1					
炉温均匀性	℃	±8					
最大装载量	kg	1000	2500	4500	7000	9000	18000
质量	kg	2500	2900	4700	8300	8700	14000

可为用户设计制造各种炉膛尺寸,不同规格的低温台车炉。

3.9 轧材精整设备

3.9.1 平整机组

3.9.1.1 中国重型机械研究院股份公司制造

平整机系列机组主要由机械设备、液压设备、电气设备组成。其中:

机械设备由准备站、上卷小车、开卷机、机前装置、950~1700四辊冷平整机、机后装置、机后卷取机、助卷器、上套筒装置等单机设备组成。

液压设备由APC液压控制系统、液压弯辊控制系统、CPC开卷对中控制系统、液压传动控制系统、设备润滑系统、湿平整系统、油气润滑系统及气动控制系统组成。

电气设备主要由电气传动系统、计算机延伸率控制系统、基础自动化系统、操作/管理计算机系统以及电气辅助设施等部分组成。

(1)机组设备装机水平。平整机组设备装机水平如下:

1)平整机、开卷机、卷取机的出入口张力辊均采用直流传动。

2)平整机采用液压压上,具有压力和位置闭环的APC系统。

3)延伸率由压下和张力调整,并由计算机自动控制。

4)设置液压弯辊和单侧调偏来调整板型。

5)全线采用PLC可编程控制,可实现上卸卷自动化、穿带自动化的全线自动操作。

6)支承辊采用四列短圆柱滚子轴承,辊系轴承采用油气润滑。

7)开卷机、卷取机采用涨缩式四棱锥卷筒。

8)可实现快速自动换辊功能。

9)开卷机采用CPC自动对中。

10)具有主要技术参数显示,故障诊断及报警等功能。

(2)技术参数。平整机系列主要技术参数见表3-9-1。

表3-9-1　平整机系列主要技术参数 (中国重型机械研究院股份公司　www.xaheavy.com)

项　目		平整机型号						
		950平整机	1050平整机	1150平整机	1250平整机	1450平整机	1700平整机	1200双机架平整机
平整材料		普碳钢	普碳钢	普碳钢	普碳钢	普碳钢	普碳钢	普碳钢
来料/mm	厚度	0.25~2.5	0.2~0.35	0.15~1.5	0.1~1.2	0.2~1.2	0.2~2.0	0.18~0.6
	宽度	450~800	700~950	700~1050	800~1100	800~1250	900~1550	700~1050
成品/mm	厚度	0.25~2.5	0.2~0.35	0.15~1.5	0.1~1.2	0.2~1.2	0.2~2.0	0.18~0.6
	宽度	450~800	700~950	700~1050	800~1050	800~1250	900~1550	700~1050
最大卷重/t		8.0	18	18	20	25	30	20

项 目	平整机型号						
	950 平整机	1050 平整机	1150 平整机	1250 平整机	1450 平整机	1700 平整机	1200 双机架平整机
钢卷最大直径/mm	1640	1800	1900	1800	2000	2150	2000
钢卷最小直径/mm	900	900	900	900	1000	1000	900
钢卷内径/mm	610	508	508	508	610	610	508
工作辊规格/mm	ϕ380/360×950	ϕ430/380×1100	ϕ430/380×1150	ϕ430/380×1250	ϕ450/400×1450	ϕ520/470×1700	ϕ400/355×1200, ϕ560/515×1200
支撑辊规格/mm	ϕ890/840×900	ϕ950/890×1050	ϕ950/890×1100	ϕ950/890×1200	ϕ1100/1000 ×1400	ϕ1300/1220 ×1650	ϕ950/890×1150, ϕ950/890×1150
最大平整力/kN	5000	7000	8000	6000	9000	13000	11000
最大平整速度/m·min^{-1}	480	750	500	600	600	1000	900
延伸率/%	0~3	0~3	0~3	0~3	0~5	0~3	0.5~5
开卷张力/kN	2.5~25	2.0~20	4.0~40	3.0~18	4.0~40	8~80	2.5~25
卷取张力/kN	3.0~35	4.0~25	5.0~50	3.0~22	5.0~50	10~300	2.5~25
工作辊弯辊力（单边）/kN	300/300	400/400	400/400	350/350	450/450	660/700	
开卷机电机功率/kW	225	284	408	180	450	1250	515
卷取机电机功率/kW	320	362	639	284	550	1250	515
主电机电机功率/kW	500	750	757	620	850	1250	1#1500×2, 2#1500×1
平整模式	干湿平整	干湿平整	干湿平整	干湿平整	干湿平整	干湿平整	干湿平整

3.9.1.2 北京中冶设备研究设计总院有限公司制造

三重辊式矫平机是带有中间辊的辊式薄钢板矫平机，主要用于钢厂精整线横剪机组、纵切机组冷轧普碳钢薄板的板形矫平。该设备将原有二重辊系结构改为三重辊系结构，优化了精整线横剪、纵切机组生产工艺，消除板面压痕和钢板表面擦伤，保证 05 板和高级家电板的开发成功。三重辊式矫平机除了主机系列外，还有稀油润滑系统、干油润滑系统、夹送给料装置、电气控制系统。

（1）技术特点。矫平机倾斜装置是通过齿轮电机带动一个在本体安装的偏心装置，从而带动横辊前后摆动，横辊的支承点通过一个连接杆安装在机架上，这样上矫平辊就可以根据需要进行倾斜调整，通过电机后的数码盘进行记数，就可以在操作屏幕上读出倾斜角度。

三重辊替代二重辊。为增大工作辊的支承刚度，在支承辊和工作辊中间增加了一些中间辊。考虑到工作辊上会粘上钢板表面的污物，在中间辊上车出对称的左右旋螺纹，以利于污物排出。中间辊的增加使得在矫直辊的头尾必须安装偏心支承辊，偏心支承辊可以在一定偏心量下调节，以适应工作辊、中间辊和支承辊的磨损和磨削。

采用压下数码显示使调整压下快速、精确；采用球笼含油传动轴、低噪音减速分配齿轮箱。

矫平机采用大变形矫平方法，带材在矫平机内经过几次剧烈的反弯，消除原始曲率的不平度，形成单值曲率，然后，按照单值曲率进行矫平。

矫平机的支承辊两边进行了圆弧倒角，以免对工作辊造成损伤；在支承辊内有轴向推力轴承和滚针轴承，使支承辊可以不受轴向力和压力。

工作辊 60GrMoV 材质具有良好的工艺性能，其淬透性好，过热敏感性小，回火稳定性高，经过适当的热处理后，有良好的综合力学性能，静强度和疲劳强度都相当好；工作辊、中间辊、支承辊、表面进行镀铬，提高了使用寿命。

能够快速更换辊盒，大大节约了换辊时间，提高了机组作业率。

（2）技术参数。三重辊式矫平机技术参数见表 3-9-2。

表 3-9-2 三重辊式矫平机技术参数（北京中冶设备研究设计总院有限公司 www.mcce.com.cn）

项 目	技 术 参 数
矫平线速度	0~110m/min
工作辊数量	上辊 10 个，下辊 11 个；直径 $\phi38mm$，长度 1200mm
中间辊数量	上辊 11 个，下辊 12 个；直径 $\phi27mm$，长度 1120mm
支承辊数量	上支承辊 5 排 50+10 个，下支承辊 5 排 55+10 个
主电动机参数	交流变频电动机 $N=75kW$（带测速电机及编码器）；直径 $\phi39mm$，长度 80mm
压下调整电机	交流电机 $N=2.2kW$
摆动调整电机	交流电机 $N=1.5kW$
下支承辊调整电机	交流电机 $N=0.37kW$
夹送辊驱动电机交流变频电动机	$N=30kW$（带测速电机及编码器）
夹送辊压下电机	交流电机 $N=0.55kW$
润滑油泵电机	交流电机 $N=1.5kW$，$N=2.2kW$

3.9.1.3 廊坊北方冶金机械有限公司制造

（1）主要特点。拉伸弯曲矫直机组适用幅面宽度：300~1450mm，机组最高速度可达 300m/min，产品精度高，达到 GB/T 708—1988 标准。

（2）技术参数。拉伸弯曲矫直机组技术参数见表 3-9-3。

表 3-9-3 拉伸弯曲矫直机组技术参数（廊坊北方冶金机械有限公司 www.lfyjjt.com）

机组型号	材料宽度/mm	材料厚度/mm	卷重/t	拉矫形式	拉矫速度/m·min⁻¹	拉矫精度
LW500	≤400	0.15~0.8	3	单拉单矫	≤180	≤5A
LW650	≤500	0.15~0.8	5	单拉单矫	≤180	≤5A
LW750	≤600	0.1~0.8	8	单拉单矫	≤200	≤5A
LW900	≤750	0.1~1.0	12	双拉双矫	≤240	≤5A
LW1200	≤1050	0.25~1.2	20	双拉双矫	≤200	≤5A
LW1450	≤1250	0.2~0.8	25	双拉双矫	≤240	≤5A

3.9.1.4 上海重型机器厂有限公司制造

主要性能参数和特点见表 3-9-4。

表 3-9-4 主要性能参数和特点（上海重型机器厂有限公司 www.shmp-sh.com）

序号	项目名称	用户名称	供货日期	产品性能	机组参数	结构特点	设计	备注
1	1780 热轧钢卷平整和分卷机组	鞍钢	2003年	原料为热轧钢卷，钢种为碳素结构钢、低合金结构钢、集装箱用钢、压力容器及锅炉用钢、管线钢、DP、MP、TRIP 等；原料/成品钢卷直径 800~2100mm；原料/成品宽度 700~1630mm；原料/成品厚度 1.2~12.7mm；原料/成品屈服强度 ≤680MPa；原料/成品抗拉强度 ≤800MPa	年产能约 70 万吨，（平整、分卷共计）；主线全长约 25m，宽约 23m（不含钢卷输送设备）；分卷速度 400m/min（max）；平整速度 300m/min（max）；穿带速度 30m/min；平整轧制力 14000kN（max）；弯辊力（单侧）500kN（max）；平整延伸率 4%（max）	机组为单机架四辊干式平整、分卷、检查生产线，主要处理热轧钢卷；半自动穿带；大张力开卷、卷取；机组主要设备组成有入口步进梁、上卷小车、预开卷站、自动上卷装置、开卷机（带 CPC 带钢对中装置）、矫直机、四辊平整机、横切剪、三辊张力装置、卷取机、卸卷小车、出口步进梁、称重仪、打捆机、喷印机等；平整机为四辊干式平整，配有液压压上缸、工作辊正负弯辊缸、延伸率闭环控制等	上重自主设计	

序号	项目名称	用户名称	供货日期	产品性能	机组参数	结构特点	设计	备注
2	1580热轧钢卷平整和分卷机组	鞍钢	2008年	原料为热轧钢卷，钢种为碳素结构钢、低合金结构钢、集装箱用钢、压力容器及锅炉用钢、管线钢、DP、MP、TRIP等； 原料/成品钢卷直径800~2100mm； 原料/成品宽度700~1430mm； 原料/成品厚度1.2~12.7mm； 原料/成品屈服强度≤680MPa； 原料/成品抗拉强度≤800MPa	年产能约60万吨（平整、分卷共计）； 主线全长约25m，宽约22m （不含钢卷输送设备）； 分卷速度400m/min（max）； 平整速度300m/min（max）； 穿带速度30m/min； 平整轧制力13000kN（max）； 弯辊力（单侧）500kN（max）； 平整延伸率4%（max）	机组为单机架四辊干式平整、分卷、检查生产线，主要处理热轧钢卷； 半自动穿带；大张力开卷、卷取； 机组主要设备组成有入口步进梁、上卷小车、预开卷站、自动上卷装置、开卷机（带CPC带钢对中装置）、矫直机、四辊平整机、横切剪、三辊张力装置、卷取机、卸卷小车、出口步进梁、称重仪、打捆机、喷印机等； 平整机为四辊干式平整，配有液压压上缸、工作辊正负弯辊缸、轧辊油气润滑系统、延伸率闭环控制等	上重自主设计	机组立体图见附图3-9-1
3	1700单机架带钢平整机组	济钢	2005年	原料为冷轧罩式退火后钢卷及热轧酸洗卷，材料为普通碳素结构钢、低碳钢、高强度低合金钢等； 原料/成品钢卷直径1100~2200mm； 原料/成品宽度900~1650mm； 退火原料/成品厚度0.3~2.3mm； 热轧酸洗卷原料/成品厚度0.6~3.5mm； 成品屈服强度≤470MPa； 成品抗拉强度≤630MPa	年产能约48.5万吨，其中热轧酸洗卷6万吨，冷轧退火卷42.5万吨； 主线全长约25m，宽约25m； 平整速度800m/min（max）； 穿带/甩尾速度30m/min； 平整轧制力12000kN（max）； 工作辊弯辊力（单侧）：+500kN（max），-350kN（max）； 延伸率2%（max）	机组为单机架四辊湿平整生产线，主要处理经罩式退火后的冷轧钢卷，以及热轧酸洗钢卷； 入口配有S形张力辊实现张力分段控制，大张力卷取； 机组主要设备组成有入口步进梁、翻卷台、预开卷站、上卷小车、自动上卷装置、双卷筒开卷机（带CPC带钢对中装置）、S形张力辊、侧导辊、四辊平整机、横切剪、静电涂油机、卷取机、皮带助卷器、卸卷小车、出口步进梁、打捆机、称重仪等； 平整机为四辊湿式平整，下工作辊传动，配有液压压上缸、工作辊正负弯辊缸、防皱辊、防颤辊、烟雾排放系统、延伸率闭环控制等	上重转化设计	机组立体图见附图3-9-2
4	1600单机架冷轧带钢平整机	重庆万达	2011年	原料为连续退火后的带钢，材料为普通碳素结构钢、低碳钢、超低碳钢（IF）、高强度低合金钢等； 退火前的原料规格： 钢卷直径900~2100mm，宽度1000~1600mm，厚度0.35~2.0mm，屈服强度≤1000MPa，抗拉强度≤1100MPa； 退火、平整后成品规格：钢卷直径1000~1900mm，宽度1000~1600mm，厚度0.35~2.0mm，屈服强度≤550MPa，抗拉强度≤680MPa	年产能约60万吨； 平整机全长约5m，宽约25m（含换辊装置）；平整速度400m/min（max）；平整轧制力8000kN（max）； 工作辊弯辊力（单侧）：+50kN（max），-50kN（max）； 延伸率2%（max）	该平整机用于连续退火机组中处理退火后带钢； 四辊湿平整，上下支承辊传动，配有液压压上缸、电动压下螺丝式轧制线调整、工作辊正负弯辊缸、防皱辊、防颤辊、张力测量辊、烟雾排放系统、延伸率闭环控制等	上重自主设计	机组立体图见附图3-9-3

续表 3-9-4

序号	项目名称	用户名称	供货日期	产品性能	机组参数	结构特点	设计	备注
5	1600单机架冷轧带钢光整机	重庆万达	2011年	原料为退火 & 镀锌后的带钢，材料为普通碳素结构钢、低碳钢、超低碳钢（IF）、高强度低合金钢等； 退火前的原料规格：钢卷直径800~2100mm，宽度800~1600mm，厚度 0.25 ~ 2.0mm，屈服强度 ≤1000MPa，抗拉强度 ≤1100MPa； 光整后成品规格：钢卷直径 1000~1900mm，宽度800~1600mm，厚度 0.25 ~ 2.0mm，屈服强度 ≤550MPa，抗拉强度 ≤680MPa	年产能约35万吨；光整机全长约5m，宽约25m（含换辊装置）； 光整速度 180m/min（max）； 光整轧制力 8000kN（max）； 工作辊弯辊力（单侧）：+50kN（max），-50kN（max）；延伸率2%（max）	该光整机用于连续热镀锌机组中处理退火、镀锌后带钢； 四辊湿光整，上下支承辊传动，配有液压压上缸、电动压下螺丝式轧制线调整、工作辊正负弯辊缸、防皱辊、防颤辊、张力测量辊、轧辊高压清洗系统、烟雾排放系统、延伸率闭环控制等	上重自主设计	机组立体图与附图3-9-3基本相同

带钢走向 ←

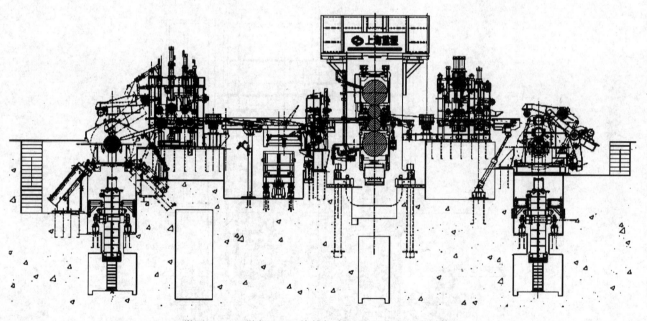

附图 3-9-1　鞍钢 1580 热轧钢卷平整和分卷机组立体图

3.9.2　冷轧板带重卷生产线成套装备

3.9.2.1　概述

冷轧板带重卷生产线成套装备是集机械设备、液压传动与控制、电气传动与控制、二级计算机管理与控制、仪器仪表于一体的精整剪切成套装备。

适用于重卷、切边、检查、分卷厚度 0.18~3.0mm，抗拉强度 ≤1200MPa 的冷轧带材生产。按照Ⅰ级精度标准制造、成套的冷轧重卷生产线成套装备适用于生产汽车外板、高档家电板、航空器用板、装饰用不锈钢光亮板等，同时也适用于大型钢铁、大型有色企业的大规模生产。

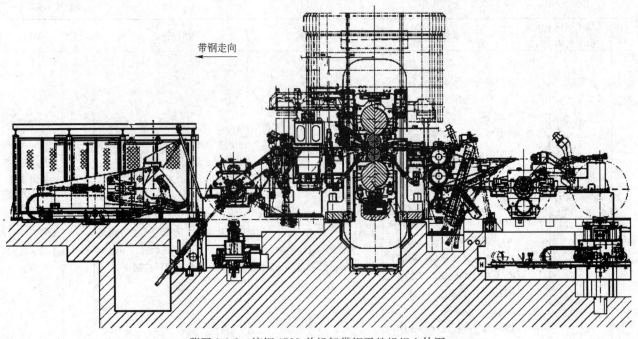

带钢走向

附图 3-9-2　济钢 1700 单机架带钢平整机组立体图

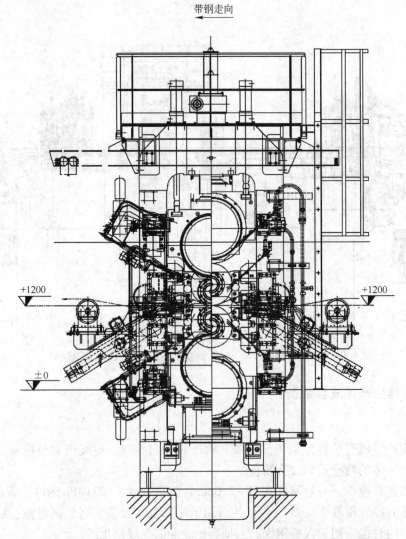

带钢走向

+1200

+1200

±0

附图 3-9-3　重庆万达 1600 单机架冷轧带钢平整机立体图

3.9.2.2 型号表示

冷轧板带重卷生产线成套装备型号表示如图3-9-1所示。

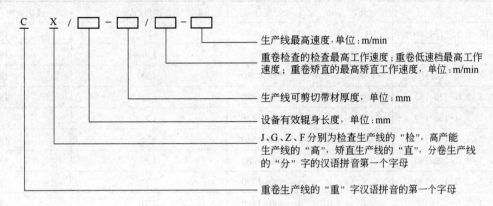

图3-9-1 装备型号标记

3.9.2.3 标记示例

用于检查、切边的重卷生产线，设备有效辊身长度1700mm，可剪切厚度0.2~2.0mm，生产线的检查速度为80m/min，最高速度为250m/min，标记为：C J 1700 /0.2~2.0-80/250 JB/T 11591—2013。

用于矫直生产的重卷生产线，设备有效辊身长度1500mm，可剪切厚度0.3~3.0mm，生产线的矫直速度为120m/min，最高速度为180m/min，标记为：C Z 1500 /0.3~3.0-120/180 JB/T 11591—2013。

3.9.2.4 技术参数

重卷检查生产线基本参数见表3-9-5。

表3-9-5 重卷检查生产线基本参数（中国重型机械研究院股份公司 www.xaheavy.com）

型 号	带厚/mm	带宽/mm	最高检查速度/m·min⁻¹	最高速度/m·min⁻¹
CJ 1500/0.2~2.0-80/250	0.2~2.0	700~1320	80	250
CJ 1700/0.2~2.0-80/250	0.2~2.0	800~1550	80	250
CJ 1850/0.2~2.0-80/250	0.2~2.0	800~1680	80	250
CJ 2150/0.2~2.0-80/250	0.2~2.0	900~1980	80	250
CJ 1500/0.3~3.0-80/250	0.3~3.0	700~1320	80	250
CJ 1700/0.3~3.0-80/250	0.3~3.0	800~1550	80	250
CJ 1850/0.3~3.0-80/250	0.3~3.0	800~1680	80	250
CJ 2150/0.3~3.0-80/250	0.3~3.0	900~1980	80	250

高产能重卷生产线基本参数见表3-9-6。

表3-9-6 高产能重卷生产线基本参数（中国重型机械研究院股份公司 www.xaheavy.com）

型 号	带厚/mm	带宽/mm	低速档最高速度/m·min⁻¹	最高速度/m·min⁻¹
CG 1500/0.2~2.0-250/500	0.2~2.0	700~1320	250	500
CG 1700/0.2~2.0-250/500	0.2~2.0	800~1550	250	500
CG 1850/0.2~2.0-250/500	0.2~2.0	800~1680	250	500
CG 2150/0.2~2.0-250/500	0.2~2.0	900~1980	250	500
CG 1500/0.3~3.0-200/400	0.3~3.0	700~1320	200	400
CG 1700/0.3~3.0-200/400	0.3~3.0	800~1550	200	400
CG 1850/0.3~3.0-200/400	0.3~3.0	800~1680	200	400
CG 2150/0.3~3.0-200/400	0.3~3.0	900~1980	200	400

重卷矫直生产线基本参数见表3-9-7。

表 3-9-7 重卷矫直生产线基本参数（中国重型机械研究院股份公司 www.xaheavy.com）

型 号	带厚/mm	带宽/mm	最高矫直速度/m·min⁻¹	最高速度/m·min⁻¹
CZ 1250/0.18~0.55-120/180	0.18~0.55	650~1080	120	180
CZ 1250/0.18~1.0-120/180	0.18~1.0	650~1080	120	180
CZ 1500/0.2~2.0-120/180	0.2~2.0	700~1320	120	180
CZ 2150/0.2~2.0-120/180	0.2~2.0	900~1980	120	180
CZ 1500/0.3~3.0-120/180	0.3~3.0	700~1320	120	180
CZ 1700/0.2~2.0-120/180	0.2~2.0	800~1550	120	180
CZ 1850/0.2~2.0-120/180	0.2~2.0	800~1680	120	180
CZ 1700/0.3~3.0-120/180	0.3~3.0	800~1550	120	180
CZ 1850/0.3~3.0-120/180	0.3~3.0	800~1680	120	180
CZ 2150/0.3~3.0-120/180	0.3~3.0	900~1980	120	180

注：矫直机不带主传动时，生产线速度最大可达到300m/min。

重卷分卷生产线基本参数见表3-9-8。

表 3-9-8 重卷分卷生产线基本参数（中国重型机械研究院股份公司 www.xaheavy.com）

型 号	带厚/mm	带宽/mm	低速档最高速度/m·min⁻¹	最高速度/m·min⁻¹
CF 1000/0.18~0.55-400	0.18~0.55	450~800		400
CF 1250/0.18~0.55-400	0.18~0.55	650~1080		400
CF 1000/0.18~1.0-400	0.18~0.55	450~800		400
CF 1250/0.18~1.0-400	0.18~1.0	650~1080		400
CF 1250/0.2~2.0-200/400	0.2~2.0	650~1080	200	400
CF 1500/0.2~2.0-200/400	0.2~2.0	700~1320	200	400
CF 1700/0.2~2.0-200/400	0.2~2.0	800~1550	200	400
CF 1850/0.2~2.0-200/400	0.2~2.0	800~1680	200	400
CF 2150/0.2~2.0-200/400	0.2~2.0	900~1980	200	400
CF 1250/0.3~3.0-200/400	0.3~3.0	650~1080	200	400
CF 1500/0.3~3.0-200/400	0.3~3.0	700~1320	200	400
CF 1700/0.3~3.0-200/400	0.3~3.0	800~1550	200	400
CF 1850/0.3~3.0-200/400	0.3~3.0	800~1680	200	400
CF 2150/0.3~3.0-200/400	0.3~3.0	900~1980	200	400

3.9.2.5 重卷生产线设备配置

根据生产线用途和功能确定其必备配置、功能必备形式可选配置、可选配置，详见表3-9-9。

表 3-9-9 重卷生产线设备配置（中国重型机械研究院股份公司 www.xaheavy.com）

配 置 设 备	重卷生产线类型			
	重卷检查	高产能重卷分卷	重卷矫直	重卷分卷
上卷小车及存料台	√	√	√	√
纸卷取机	○	×	×	○
开卷机	√	√	√	√
开卷机下压辊	○	○	○	○
卷筒轴头支撑	○	○	○	○
开头机	√	√	√	√

配 置 设 备	重卷生产线类型			
	重卷检查	高产能重卷分卷	重卷矫直	重卷分卷
CPC 对中	√	√	√	√
直头机	√	√	√	√
测厚仪	√	○	○	○
切头剪	√	√	√	√
废料小车	√	√	√	○
摆动导板	√	√	√	○
焊机前夹送辊	√	×	×	×
立导辊	√	√	√	√
窄搭接自动缝焊机	√	×	×	×
月牙剪	√	×	×	×
纠偏辊	√	○	○	○
圆盘剪前稳定辊	√	√	√	√
切边圆盘剪	√	√	√	√
去毛刺辊	√	√	√	√
废边卷取机	△	√	△	△
碎边剪	△	×	△	△
圆盘剪后稳定辊	√	√	√	×
六重辊式板材矫直机	×	×	√	×
立式或卧式检查站	√	×	×	×
水平检查站	×	√	√	×
夹送稳定辊	√	√	×	√
张力辊	×	×	√	×
静电涂油机	○	○	○	○
分切剪	√	√	○	√
垛板装置	√	×	×	×
废料小车/试样小车	×	×	○	○
摆动导板	√	√	○	√
转向辊	√	√	√	√
EPC 边缘跟踪装置	√	√	√	√
1 号下压辊	√	○	○	○
卷取机	√	√	√	√
纸开卷机	○	×	×	○
2 号下压辊	√	○	○	○
皮带助卷器	√	√	○	○
卷取机轴头支撑	○	○	○	○
卸卷小车	√	√	√	√
打捆机	○	○	○	○
带卷秤	○	○	○	○
橡胶套筒	√	○	√	○
清辊器	√	○	○	○
液压传动与控制	√	√	√	√

配 置 设 备	重卷生产线类型			
	重卷检查	高产能重卷分卷	重卷矫直	重卷分卷
气动系统	√	√	√	○
润滑系统	√	√	√	√
电气与传动控制系统	√	√	√	√
信息与计算机系统	√	√	○	○
仪器仪表	√	√	○	○

注：表中√为必备配置，△为功能必备形式可选配置，○为可选配置，×为不要配置。

3.9.2.6 重卷生产线功能配置

根据重卷生产线的不同用途确定其必备功能和可选功能，详见表 3-9-10。

表 3-9-10 重卷生产线功能配置（中国重型机械研究院股份公司 www.xaheavy.com）

功 能 配 置	重卷生产线类型			
	重卷检查	高产能重卷分卷	重卷矫直	重卷分卷
手动上卷	√	√	√	√
半自动上卷	○	○	○	○
自动上卷	√	√	√	○
上开卷	○	○	○	○
下开卷	○	○	○	○
上/下开卷	○	○	○	○
上卷取	○	○	○	○
下卷取	○	○	○	○
上/下卷取	√	○	○	○
CPC 对中	√	√	√	√
圆盘剪前自动纠偏功能	√	○	○	○
开卷、卷取张力自动设定控制	√	√	√	○
切头剪定长自动剪切	○	○		
自动焊接	√			
切边圆盘剪开口度自动调整	√	√	√	○
刀片侧隙自动调整	√	√	○	○
重叠量自动调整	√	√	○	○
切边圆盘剪开口度手动操作	√	√	√	√
刀片侧隙手动操作	√	√	√	√
重叠量手动操作	√	√	√	√
生产线自动穿带	√	√	○	○
废边最大卷径检测	√	√	√	○
定重定长自动停机	√	√	√	√
自动收带尾	√	√	√	○
自动卸卷	√	√	√	○
自动再穿带	√	√	○	○
生产线进度数字化操作	√	√	√	√
开卷卷径检测带尾自动减速	√	√	√	√
胶套软钳口生产	√	○	○	○

功 能 配 置	重卷生产线类型			
	重卷检查	高产能重卷分卷	重卷矫直	重卷分卷
立式或卧式上、下表面检查	√			
水平检查站上表面检查		√	√	√
采用清辊器	√	○	○	○
涂油量可控可调	○	○	○	○
自动设定工作辊缝			√	
自动调整辊形			√	
硬质合金刀片		○		○
EPC	√	√	√	√
故障自动检测、报警及分级处理	√	√	√	○
生产线工艺、设备连锁控制	√	√	√	√
工作流程画面显示	√	√	√	√
调整数据窗口显示	√	√	√	√
数据表格显示	√	√	√	○

注：表中√为必备功能，○为可选功能，×为不必要功能。

3.9.2.7 重卷生产线成套装备生产的产品检验项目、精度指标

重卷生产线成套装备生产的产品检验项目及精度指标见表 3-9-11。

表 3-9-11 重卷生产线成套装备生产的产品检验项目及精度指标（中国重型机械研究院股份公司 www.xaheavy.com）

序号	检验项目	规格/mm	精度等级/mm			检验方法与条件
			Ⅰ级	Ⅱ级	Ⅲ级	
1	宽度精度	带宽：≤800	0.3	0.4	0.5	设定值与实际测量值之差
		带宽：801~1000	0.4	0.5	0.8	
		带宽：1001~2000	0.5	0.8	1.5	
2	毛刺高度	带厚：0.3~3.0	0.035	0.04	0.05	刀片处于正常状态下，用千分尺测量；母材与其切口处厚度，两者差值为毛刺高度
		带厚：0.30~0.79	2.0%×H	3.0%×H	4.0%×H	刀片处于正常状态下，用千分尺测量母材与其切口处厚度，两者差值为毛刺高度 注：H 为带厚（用去毛刺辊时）
		带厚：0.80~1.59	1.2%×H	1.8%×H	2.2%×H	
		带厚：1.60~2.0	1.0%×H	1.5%×H	1.8%×H	
		带厚：2.1~3.0	0.8%×H	1.0%×H	1.5%×H	
3	边部压痕与边部质量		边部无压痕和新的浪形	边部无压痕和新的浪形	边部允许有轻微压痕和新的浪形	眼睛目测
4	带头印	带厚≤1.0	10m 长	15m 长		油石打磨检查
5	卷取机 EPC 自动对边精度（错层量）		≤0.5mm	≤1.0mm	≤1.5mm	条件：考核成品卷错层量时，带材涂油量 2000mg/m²/面（max）。测量方法：用深度探测仪测量
6	成品卷塔形量		≤2.0mm	≤3.0mm	≤3.0mm	条件：考核成品卷错层量时，带材涂油量 2000mg/m²/面（max）。测量方法：用平尺和深度探测仪结合测量

序号	检验项目		精度指标/mm					检验方法
		板带厚度	矫直前浪高					
			3	5	10	15	20	
			矫直后浪高					
7	矫直板材平整度	0.3	1.2 (1.4)	1.8 (2.0)	2.5 (3.0)	3.0 (3.3)	3.3 (3.8)	取 1000mm×1000mm 样板，水平放置于测量平台上，用塞尺或钢板尺实测浪高；条件：头尾 10m 除外，板厚差≤10%
		0.5	1.0 (1.2)	1.5 (1.8)	2.3 (2.5)	2.8 (3.0)	3.0 (3.3)	
		0.8	0.8 (1.0)	1.2 (1.5)	2.0 (2.3)	2.4 (2.8)	2.8 (3.0)	
		1.0	0.6 (0.7)	1.0 (1.2)	1.8 (2.0)	2.2 (2.4)	2.6 (2.8)	
		1.2	0.5 (0.6)	0.8 (1.0)	1.5 (1.6)	2.0 (2.1)	2.5 (2.6)	
		1.5	0.35 (0.4)	0.7 (0.8)	1.3 (1.5)	1.8 (2.0)	2.3 (2.5)	
		2.0	0.25 (0.3)	0.6 (0.7)	1.2 (1.4)	1.7 (1.8)	2.1 (2.3)	
		3.0	0.2 (0.25)	0.5 (0.6)	1.1 (1.2)	1.5 (1.6)	1.8 (2.0)	

注：表格中矫直后不带括号的浪高数值为Ⅰ级产品，带括号的浪高数值为Ⅱ级产品。

3.9.3 拉矫重卷检查生产线成套装备

3.9.3.1 概述

该生产线成套装备适用于开卷、焊接、切边、检查、分卷0.3~2.6mm、抗拉强度≤1000MPa的带材生产，并对板形超差的带材具备修复功能。本生产线成套装备特别适用于汽车外板、高档家电板的生产。

3.9.3.2 设备组成

本套装备包括钢卷存放台、上卷小车、开卷机、开卷机轴头支承、CPC对中系统、开头矫直机、切头剪、废料小车、摆动导板台、1号夹送辊、焊机、2号夹送辊、月牙剪、入口张力辊、矫直机、换辊小车、出口张力辊、转向辊、1号纠偏辊及其系统、活套、活套出口张力辊、2号纠偏及其系统、切边圆盘剪、废边卷取机、导板台、水平检查台、打磨平台、3号夹送辊、静电涂油机、EPC边缘跟踪系统、分切剪与转向辊、卷取机、助卷器、卷取机轴头支承、卸卷小车、成品存料台、称重装置、打捆机等机械设备，还包括液压传动与控制系统，润滑系统、电气传动与控制系统、仪器仪表系统、二级计算机管理与控制系统等，是机电一体化精整成套装备。

3.9.3.3 设备特点

开卷机、卷取机、拉矫机张力自动控制，拉矫机延伸率闭环控制，切头剪定长自动剪切，开卷机CPC对中与圆盘剪前、活套出入口自动纠偏，切边圆盘剪开口度、侧间隙、重叠量自动设定与调整；生产线头部自动穿带，自动上卷，自动卸卷，焊缝在线监测、焊缝定点自动停机；卷取机定重或定长自动停机，开卷机卷径检测带尾自动减速；立式或卧式检查台检查上下表面；生产线故障自动检测、报警和分级处理，生产线工艺设备连锁逻辑化、顺序化自动控制，生产线工作流程、调整数据窗口、数据表格显示等。

3.9.3.4 设备型号

拉矫重卷检查生产线成套装备的型号如图3-9-2所示。

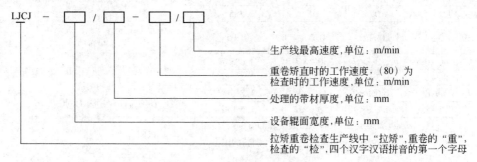

图 3-9-2 设备型号标记

3.9.3.5 技术参数

拉矫重卷检查生产线成套装备的技术参数见表3-9-12。

表 3-9-12 拉矫重卷检查生产线成套装备技术参数（中国重型机械研究院股份公司 www.xaheavy.com）

型 号	带材强度/MPa	带材厚度/mm	带材宽度/mm	设备辊面宽度/mm	生产线速度/m·min⁻¹
LJCJ-1500/ 0.2~1.0-300/500	≤1000	0.2~1.0	700~1320	1500	300/500
LJCJ-1500/ 0.2~1.5-300/300	≤1000	0.2~1.5	700~1320	1500	300/300
LJCJ-1500/ 0.2~2.0-300/300	≤1000	0.2~2.0	700~1320	1500	300/300
LJCJ-1650/ 0.3~2.0-300/300	≤1000	0.3~2.0	800~1450	1650	300/300
LJCJ-1850/ 0.3~2.5-300(80)/400	≤1000	0.3~2.5	800~1700	1850	300(80)/400
LJCJ-2030/ 0.3~2.5-300(80)/400	≤1000	0.3~2.5	800~1850	2030	300(80)/400
LJCJ-2150/ 0.3~2.6-300(80)/400	≤1000	0.3~2.6	800~1980	2150	300(80)/400

用于拉矫、切边、重卷检查、分卷的生产线，处理带材的厚度0.3~2.5mm，宽度800~1700mm，设

备辊身长度 1850mm，最高生产线速度 400m/min，重卷矫直时最高速度 300m/min，高档汽车板检查速度 80m/min，标记为：LJCJ-1850/0.3~2.5-300（80）/400。

3.9.4 拼卷焊接生产线成套装备

3.9.4.1 概述

该生产线适用于将高牌号硅钢轧制断带形成的小卷开卷、切头、自动焊接、卷取，形成可以继续轧制的大卷的生产。

3.9.4.2 设备组成及主要功能

本套装备包括原料钢卷存放台、上卷小车、开卷机、开卷机 CPC 自动对中系统、开卷机轴头支承、开头矫直机、切头剪、废料小车、摆动导板台、夹送辊、焊机、立导辊、纠偏辊、稳定辊、切边圆盘剪、碎边剪、碎边皮带运输机、分切剪、出口转向辊、EPC 边缘跟踪系统、卷取机、助卷器、卸卷小车、钢卷存放台等机械设备，还包括液压传动与控制系统、润滑系统、电气传动与控制系统、仪器仪表系统、二级计算机管理与控制系统等，是机电一体化生产准备成套装备。

拼焊生产线成套装备具有以下功能：自动上卷，自动卸卷，开卷张力、卷取张力自动设定自动控制，两处检测、比例积分计算控制的开卷机 CPC 对中与圆盘剪前纠偏系统，切头剪定长剪切，自动电阻焊接，切边圆盘剪开口度、侧间隙、重叠量自动设定与自动调整；焊机前自动穿带，开卷机卷径自动检测带尾自动减速，卷取机定重或定长自动停机；生产线故障自动监测、报警和分级处理，生产线工艺、设备连锁动作逻辑化、顺序化自动控制，生产线工作流程、调整数据窗口、数据表格屏幕显示等。

3.9.4.3 设备型号

拼卷焊接生产线成套装备的型号如图 3-9-3 所示。

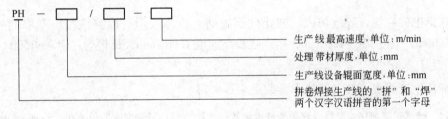

图 3-9-3 设备型号标记

用于将高牌号无取向硅钢、取向硅钢轧制断带形成的小钢卷拼焊成便于轧制的大钢卷，带材厚度 0.2~0.85mm，带材宽度 700~1080mm，生产线速度不大于 400m/min，标记为：PH-1250/0.2~0.85-400。

3.9.4.4 基本参数

拼卷焊接生产线成套装备的基本参数见表 3-9-13。

表 3-9-13 拼卷焊接生产线成套装备的基本参数（中国重型机械研究院股份公司 www.xaheavy.com）

型 号	材 料	带材厚度/mm	带材宽度/mm	钢卷最大外径/mm	设备辊面宽度/mm	钢卷内径/mm	生产线速度/m·min⁻¹
PH-1250/0.2~0.85-400	无取向硅钢、取向硅钢	0.2~0.85	700~1080	2000	1250	510	400
PH-1500/0.2~1.2-300	无取向硅钢、取向硅钢	0.2~1.2	700~1280	2000	1500	510	300

3.9.5 硅钢磁畴细化生产线成套装备

3.9.5.1 概述

本套装备适用于连续切边、检测板形、检测铁损、连续细化磁畴、卷取高性能取向硅钢生产，以提高硅钢的电磁性能。

3.9.5.2 设备组成

硅钢磁畴细化生产线成套装备包括钢卷存放台、上卷小车、开卷机、开卷机轴头支承、开头夹送辊、开卷机CPC对中系统、切头剪、摆动导板台、废料小车、焊机、立导辊、纠偏辊及其控制系统、稳定辊、切边圆盘剪、碎边机、碎边皮带运输机、1号张力辊、定位机、磁畴细化装置、2号张力辊、测厚仪、铁损仪、夹送辊、分切剪、EPC边缘跟踪系统、转向辊、卷取机、卷取机轴头支承、助卷器、卸卷小车、成品存放台等机械设备和仪器装置，还包括液压传动与控制系统、气动系统、润滑系统、电气传动与控制系统、计算机管理与控制系统等，是机电一体化的硅钢处理与深加工成套装备。

3.9.5.3 主要功能

上开卷与下开卷，开卷机、卷取机恒张力自动控制，切头剪定长自动剪切，开卷机CPC自动对中，卷取机EPC边缘自动跟踪，在线连续自动测厚，在线连续自动测量铁损，生产线工艺、设备连锁逻辑化、顺序化自动控制，采用橡胶套卷取生产、三位缸涨径控制，生产线故障自动监测、报警和分级处理，生产线工作流程、调整数据窗口、数据表格屏幕显示等。

3.9.5.4 设备型号

硅钢磁畴细化生产线成套装备的型号如图3-9-4所示。

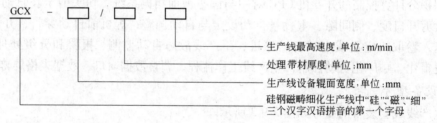

图3-9-4 设备型号标记

用于提高硅钢电磁性能，连续切边、细化硅钢磁畴、检测板形、检测铁损、卷取的生产线，处理带材厚度0.15~0.3mm，宽度850~1280mm，生产线最高速度120m/min，标记为：GCX-1500/0.15~0.3-120。

3.9.5.5 技术参数

硅钢磁畴细化生产线成套装备的技术参数见表3-9-14。

表3-9-14 硅钢磁畴细化生产线成套装备技术参数（中国重型机械研究院股份公司 www.xaheavy.com）

型 号	材料	带材厚度/mm	带材宽度/mm	设备辊面宽度/mm	生产线最高速度/m·min⁻¹
GCX-1500/0.15~0.3-120	取向硅钢	0.15~0.3	850~1280	1500	120
GCX-1250/0.15~0.3-150	取向硅钢	0.15~0.3	800~1080	1250	150

3.9.6 冷轧金属板带纵切生产线成套装备

3.9.6.1 中国重型机械研究院股份公司制造

冷轧纵切生产线成套装备是集机械设备、液压传动与控制、电气传动与控制、二级计算机管理与控制、仪器仪表于一体的精整剪切成套装备。

适用于纵切分条、检查、卷取厚度0.18~3.0mm，抗拉强度≤1200MPa的冷轧带材生产。按照Ⅰ级精度标准制造，成套的冷轧纵切生产线成套装备适用于生产高档家电板、航空器用板、装饰用不锈钢光亮板等，同时也适用于大型钢铁、大型有色企业的大规模生产。

（1）设备型号。冷轧金属板带纵切生产线成套装备设备型号如图3-9-5所示。

（2）标记示例。用于精密薄带纵切、卷取的精密薄带纵切生产线，其设备有效辊身长度1700mm，可剪切厚度0.2~2.0mm，生产线速度100~200m/min的纵切生产线标记为：ZJ 1700/0.2~2.0-200JB/T 11592—2013。

用于普通带材纵切、卷取的普通纵切生产线，其设备有效辊身长度1500mm，可剪切厚度0.3~3.0mm，生产线速度75~150m/min的普通纵切生产线标记为：ZP 1500/0.3~3.0-150 JB/T 11592—2013。

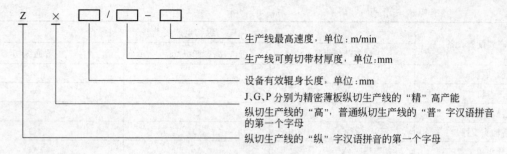

图 3-9-5 设备型号标记

（3）技术参数。

精密薄板纵切生产线技术参数见表 3-9-15。

表 3-9-15 精密薄板纵切生产线技术参数（中国重型机械研究院股份公司 www.xaheavy.com）

型 号	带厚/mm	带宽/mm	生产线速度/m·min⁻¹	成品卷质量/t
ZJ 1500/0.2~2.0-200	0.2~2.0	700~1320	100~200	3~6
ZJ 1700/0.2~2.0-200	0.2~2.0	800~1550	100~200	3~6
ZJ 1500/0.3~3.0-200	0.3~3.0	700~1320	100~200	3~6
ZJ 1700/0.3~3.0-200	0.3~3.0	800~1550	100~200	3~8

高产能纵切生产线技术参数见表 3-9-16。

表 3-9-16 高产能纵切生产线技术参数（中国重型机械研究院股份公司 www.xaheavy.com）

型 号	带厚/mm	带宽/mm	生产线速度/m·min⁻¹	成品卷质量/t
ZG 1250/0.18~0.55-300	0.18~0.55	700~1320	150~300	3~6
ZG 1500/0.2~2.0-300	0.2~2.0	700~1320	150~300	3~6
ZG 1700/0.2~2.0-300	0.2~2.0	800~1550	150~300	3~8
ZG 1500/0.3~3.0-300	0.3~3.0	700~1320	150~300	3~6
ZG 1700/0.3~3.0-300	0.3~3.0	800~1550	150~300	3~8

普通纵切生产线技术参数见表 3-9-17。

表 3-9-17 普通纵切生产线技术参数（中国重型机械研究院股份公司 www.xaheavy.com）

型 号	带厚/mm	带宽/mm	生产线速度/m·min⁻¹	成品卷质量/t
ZP 1000/0.18~0.55-150	0.18~0.55	450~800	75~150	2~5
ZP 1250/0.18~0.55-150	0.18~0.55	650~1080	75~150	2~5
ZP 1000/0.18~1.0-150	0.18~1.0	450~800	75~150	2~5
ZP 1250/0.18~1.0-150	0.18~1.0	650~1080	75~150	2~5
ZP 1250/0.2~2.0-150	0.2~2.0	650~1080	75~150	2~5
ZP 1500/0.2~2.0-150	0.2~2.0	700~1320	75~150	3~6
ZP 1700/0.2~2.0-150	0.2~2.0	800~1550	75~150	3~8
ZP 1250/0.3~3.0-150	0.3~3.0	650~1080	75~150	2~5
ZP 1500/0.3~3.0-150	0.3~3.0	700~1320	75~150	3~6
ZP 1700/0.3~3.0-150	0.3~3.0	800~1550	75~150	3~8

（4）纵切生产线设备配置。根据生产线用途和功能确定其必备配置、功能必备形式可选配置、可选配置，详见表 3-9-18。

表 3-9-18 纵切生产线设备配置（中国重型机械研究院股份公司 www.xaheavy.com）

纵切生产线配置设备	纵切生产线类型		
	精密薄板纵切	高产能纵切	普通纵切
上卷小车及存料台	√	√	√

纵切生产线配置设备	纵切生产线类型		
	精密薄板纵切	高产能纵切	普通纵切
纸卷取机	○	×	×
开卷机	√	√	√
开卷机下压辊	○	○	○
卷筒轴头支撑	○	○	○
开头机	√	√	√
CPC 对中	√	√	√
直头机	√	√	√
测厚仪	○	○	×
切头剪	√	√	√
废料小车	√	√	√
摆动导板	√	√	√
立导辊	√	√	√
圆盘剪前张力辊	√	√	√
纵切圆盘剪	√	×	√
自动换刀圆盘剪	×	√	×
废边卷取机	△	√	△
碎边剪	△	×	△
圆盘剪更换小车	√	×	√
十字臂式换刀台	×	√	×
检查台	√	×	√
活套	√	√	√
张力压板	△	×	√
张力辊（稳定辊）	△	×	√
皮带式张力机	△	×	×
分切剪	√	×	√
静电涂油机	○	×	√
多条送头装置	○	×	×
整体移动式张力小车	×	√	×
转向辊	√	×	√
卷取机	√	√	√
纸开卷机	○	×	×
下压辊	√	○	○
卷取机轴头支撑	○	○	○
卸卷小车	√	√	√
打捆机	○	○	○
四臂存料转塔	√	√	√
液压传动与控制	√	√	√
气动系统	√	√	√
润滑系统	√	√	√
电气与传动控制系统	√	√	√
信息与计算机系统	√	√	○
仪器仪表	√	√	○

注：表中√为必备配置，△为功能必备形式可选配置，○为可选配置，×为不要配置。

（5）纵切生产线功能配置。根据纵切生产线的不同用途确定其必备功能和可选功能，详见表3-9-19。

表 3-9-19　纵切生产线功能配置（中国重型机械研究院股份公司　www.xaheavy.com）

纵切生产线功能配置	纵切生产线类型		
	精密带材纵切	高产能纵切	普通纵切
手动上卷	√	√	√
自动上卷	√	√	√
上开卷	○	○	○
下开卷	○	○	○
上卷取	○	○	○
下卷取	○	○	○
CPC 对中	√	√	√
开卷、卷取张力自动设定控制	√	√	√
切头剪定长自动剪切	○	○	○
采用回转或横移小车更换圆盘剪机座	√	×	×
采用计算机配刀软件	×	√	×
重叠量自动调整	√	√	×
采用十字臂式换刀台	×	√	√
重叠量手动操作	√	√	√
废边最大卷径检测	○	√	○
采用整体移动式张力小车	×	√	×
采用皮带式张力机	√	×	×
定重定长自动停机	√	√	√
自动卸卷	√	√	○
生产线速度数字化操作	√	√	○
开卷卷径检测生产线自动减速	√	√	√
静电涂油机	√	×	√
故障自检测、报警及分级处理	√	√	√
生产线工艺、设备连锁控制	√	√	√
工作流程画面显示	√	√	√
数据表格显示	√	√	√

注：表中√为必备功能，×为可选功能，○为不必要功能。

（6）纵切生产线成套设备生产的产品检验项目、精度指标。纵切生产线成套设备生产的产品检验项目及要求精度指标见表 3-9-20。

表 3-9-20　纵切生产线成套设备生产的产品检验项目及要求精度指标

（中国重型机械研究院股份公司　www.xaheavy.com）

序号	检验项目	规格/mm	精 度 等 级/mm			检验方法与条件
			Ⅰ级	Ⅱ级	Ⅲ级	
1	宽度精度	带宽：≤100	0.1	0.2	0.4	设定值与实际测量值之差
		带宽：101～200	0.2	0.25	0.45	
		带宽：201～400	0.25	0.3	0.5	
		带宽：401～800	0.3	0.4	0.5	
		带宽：801～1000	0.4	0.5	0.8	
		带宽：1001～2000	0.5	0.8	1.5	
2	毛刺高度	带厚：0.3～3.0	0.035	0.04	0.05	刀片处于正常状态下，用千分尺测量母材与其切口处厚度，两者差值为毛刺高度

序号	检验项目	规格/mm	精度 等级/mm			检验方法与条件
			Ⅰ级	Ⅱ级	Ⅲ级	
3	边部压痕与边部质量		边部无压痕和新的浪形	边部无压痕和新的浪形	边部允许有轻微压痕和新的浪形	眼睛目测
4	卷取机 EPC 自动对边精度（错层量）		≤0.5mm	≤1.0mm	≤1.5mm	条件：考核成品卷错层量时，带材涂油量 2000mg/m² /面（max），测量方法：用深度探测仪测量
5	成品卷塔形量		≤2.0mm	≤3.0mm	≤3.0mm	条件：考核成品卷错层量时，带材涂油量 2000mg/m² /面（max），测量方法：用平尺和深度探测仪结合测量

3.9.6.2 北京中冶设备研究设计总院有限公司制造

板带纵切机组主要用于将成卷的钢带分切成用户需要宽度的钢带条。该机组主要由备料台、上料小车、开卷机、导板台、卷料开卷直头夹送装置、液压切头剪及废料箱、入口活套、分条机和废边卷取机、出口活套与升降式传送平台、卷带分隔盘、张力装置、液压尾剪、成品卷取机、成品小车和卸料十字臂等设备组成。

板带纵切机组技术参数见表 3-9-21。

表 3-9-21 板带纵切机组技术参数（北京中冶设备研究设计总院有限公司 www.mcce.com.cn）

项 目			技 术 参 数
原料规格		机组生产能力	50000t/a
		材料品种	冷轧、电镀锌、热镀锌、热轧酸洗
		卷料厚度	最小 0.5mm，最大 3.5mm
		卷料宽度	最小 200mm，最大 1650mm
		卷料质量	最大 22000kg
		卷料内径	$\phi508/\phi610$mm
		卷料外径	$\phi2000$mm max，$\phi800$mm（min）
		抗拉强度	板厚≤2mm：最大 780MPa； 板厚>2mm：最大 590MPa
		屈服强度	板厚≤2mm：最大 590MPa； 板厚>2mm：最大 480MPa
成品规格		成品宽度	最小 25mm，最大 1650mm
		加工条数	28 条（max）（板厚为 0.8mm，材料抗拉强度 780MPa，屈服强度 590MPa）； 5 条（max）（板厚 3.5mm，材料抗拉强度 590MPa，屈服强度 420MPa）
		最小切边量	能满足板厚 0.5mm 时单边边丝 2mm 正常生产
		成品最大卷重	22000kg
	剪切速度	机组速度	最大 200m/min，可以分段设计
		穿带速度	0~20m/min，速度可调
剪切精度		宽度公差	±0.05mm（厚度 1.2mm 以下，成品宽度 300mm 以下）
		镰刀弯	≤1mm/2m
		边部毛刺	≤0.04mm（板厚 1.0mm 以下），其他≤0.06mm
		卷取错层	
		卷取塔形	≤±2mm（开始 5 层不算，最大外径时）
	板材表面质量		要求加工后的成品不增加任何加工缺陷；要求表面清洁、无颗粒污物；达到 DIN 标准汽车用 O5 板的板面要求；要求有上下表面检查工位，能检出原料和成品双面缺陷

3.9.6.3 廊坊北方冶金机械有限公司制造

（1）JZ 系列纵剪分条机组。JZ 系列纵剪分条机组有两大类（原料纵剪和成品纵剪）、二十余种规格，剪切厚度 0.2～10mm，剪切宽度 300～2000mm。适用于普通碳素钢、冷轧板、热轧板、不锈钢板等黑色金属，铜板、铝铂、硅钢片等有色金属的生产。

JZ 系列纵剪分条机组的主要特点：速度高，每分钟最高剪切速度达 200m；科技含量高，全线采用 PLC 控制，机组主电机采用变频技术，实现了大功率、低能耗；精度高，剪切直线度公差 ≤±0.05mm/m，宽度公差 ≤±0.02mm。

JZ 系列纵剪机组已达到国内外同类设备先进水平，曾获得"省部级科技进步二等奖"。其技术参数见表 3-9-22。

表 3-9-22　JZ 系列纵剪机组技术参数（廊坊北方冶金机械有限公司　www.lfyjjt.com）

类别	型号及名称	原材料规格				机组性能	
		材质	厚度/mm	宽度/mm	卷重/t	速度/m·min⁻¹	占地面积/m²
原料剪	JZ4×300 纵剪机组	普碳钢	0.8～4	300	≤3	20～60	15×3
	JZ4×600 纵剪机组	普碳钢	0.8～4	600	≤8	60	17×7
	JZ4Ⅲ×1300 液压纵剪机组	普碳钢、不锈钢	0.8～4、0.5～2	600～1300	≤20	120	20×8.5
	JZ4×1600 纵剪机组	普碳钢	0.8～4	900～1600	≤26	60	17×8
	JZ4Ⅱ×1600 液压纵剪机组	普碳钢	0.8～4	900～1600	≤26	180	21×8
	JZ6×1600 液压纵剪机组	普碳钢	1.5～6	900～1600	≤26	60	25×11
	JZ8×1600 液压纵剪机组	普碳钢	2～8	900～1600	≤26	45	27×11
	JZ8×2000 纵剪机组	普碳钢	2～8	900～2000	≤30	45	29×11.3
成品剪	JZ1.2×400 纵剪机组	Q235	0.2～1.2	≤40	≤3	≤100	11×5.5
	JZ1.2×600 纵剪机组	Q235	0.2～1.2	180～600	≤6	≤120	13×6
	JZ1.2×900 纵剪机组	Q235	0.2～1.2	400～750	≤10	≤200	22×9
	JZ1.2×1250 纵剪机组	Q235	0.2～1.2	700～1100	≤20	≤180	25×9
	JZ1.2×1300 纵剪机组	Q235	0.2～1.5	300～1300	≤20	≤150	21×9
	JZ1.2×1600 纵剪机组	Q235	0.2～1.5	300～1600	≤26	≤100	28×8

（2）不锈钢纵剪分条机组。不锈钢纵剪机组主要用于薄板软带加工业，适用于不锈钢板、铜板、铝板、马口铁、硅钢及冷热轧碳素钢，是将成卷的薄板切成条形，并重新收成卷料的专用设备。

不锈钢纵剪分条机组的主要技术参数见表 3-9-23。

表 3-9-23　主要技术参数（廊坊北方冶金机械有限公司　www.lfyjjt.com）

型号及规格	原材料规格				机组性能	
	材质	厚度/mm	宽度/mm	卷重/t	机组速度/m·min⁻¹	占地面积/m²
JZ1.5×300	不锈钢	0.3～1.5	100～300	3	120	3×12
JZ2×600	不锈钢	0.2～2.0	200～600	6	120	3.5×14
JZ2×1300	不锈钢	0.2～2.0	300～1300	20	150	6×20
JZ2.5×1600	不锈钢	0.2～2.5	900～1600	26	180	8×25

3.9.7 横切机组

3.9.7.1 中国重型机械研究院股份公司制造

冷轧板带横切生产线是集机械设备、液压传动与控制、电气传动与控制、二级计算机管理与控制、仪器仪表于一体的精整剪切成套装备。

适用于厚度 0.18～3.0mm，抗拉强度≤1200MPa 的冷轧板带经横切、切边、检查、分选和堆垛等工序的处理。按照Ⅰ级精度标准制造，冷轧横切生产线成套装备适用于生产汽车外板、高档家电板、航空器用板、装饰用不锈钢光亮板等，同时也适用于大型钢铁、大型有色企业的大规模生产。

（1）设备型号。横切机组设备型号如图 3-9-6 所示。

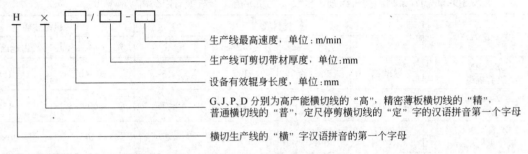

图 3-9-6 设备型号标记

（2）标记示例。用于精密薄板切边、横切、堆垛的横切生产线，其设备有效辊身长度 1700mm，可剪切厚度 0.2～2.0mm，生产线速度为 75～100m/min，标记为：HJ 1700 /0.2～2.0-100JB/T 11590—2013。

用于普通切边、矫直、横切、堆垛的普通横切生产线，其设备有效辊身长度 1500mm，可剪切厚度 0.3～3.0mm，生产线速度 100～120m/min，标记为：HP 1500 /0.3～3.0-120JB/T 11590—2013。

（3）技术参数。高产能横切生产线技术参数见表 3-9-24。

表 3-9-24 高产能横切生产线技术参数（中国重型机械研究院股份公司 www.xaheavy.com）

型　号	带厚/mm	带宽/mm	生产线速度/m·min⁻¹	来料卷质量/t	板垛尺寸（宽×长×高）/mm×mm×mm
HG 1000/0.18～0.55-120	0.18～0.55	450～800	100～120	10～15	(450～800)×(500～2000)×(200～600)
HG 1250/0.18～0.55-120	0.18～0.55	650～1080	100～120	10～20	(650～1080)×(500～3000)×(200～600)
HG 1250/0.18～0.55-300	0.18～0.55	650～1080	0～300	10～20	(650～1080)×(400～1200)×(200～600)
HG 1000/0.2～2.0-120	0.2～2.0	450～800	100～120	10～15	(450～800)×(500～2000)×(200～600)
HG 1250/0.2～2.0-120	0.2～2.0	650～1080	100～120	10～20	(650～1080)×(500～3000)×(200～600)
HG 1500/0.2～2.0-120	0.2～2.0	700～1320	100～120	15～25	(700～1320)×(500～3000)×(200～600)
HG 1700/0.2～2.0-120	0.2～2.0	800～1550	100～120	20～30	(800～1550)×(500～3000)×(200～600)
HG 1850/0.2～2.0-120	0.2～2.0	800～1680	100～120	25～40	(800～1680)×(500～4000)×(200～600)
HG 2150/0.2～2.0-120	0.2～2.0	900～1980	100～120	25～40	(900～1980)×(500～4000)×(200～600)
HG 1000/0.3～3.0-120	0.3～3.0	450～800	100～120	10～15	(450～800)×(500～2000)×(200～600)
HG 1250/0.3～3.0-120	0.3～3.0	650～1080	100～120	10～20	(650～1080)×(500～3000)×(200～600)
HG 1500/0.3～3.0-120	0.3～3.0	700～1320	100～120	15～25	(700～1320)×(500～3000)×(200～600)
HG 1700/0.3～3.0-120	0.3～3.0	800～1550	100～120	20～30	(800～1550)×(500～3000)×(200～600)
HG 1850/0.3～3.0-120	0.3～3.0	800～1680	100～120	25～40	(800～1680)×(500～4000)×(200～600)
HG 2150/0.3～3.0-120	0.3～3.0	900～1980	100～120	25～40	(900～1980)×(500～4000)×(200～600)

精密薄板横切生产线技术参数见表 3-9-25。

表 3-9-25 精密薄板横切生产线技术参数（中国重型机械研究院股份公司 www.xaheavy.com）

型　号	带厚/mm	带宽/mm	生产线速度/m·min⁻¹	来料卷质量/t	板垛尺寸（宽×长×高）/mm×mm×mm
HJ 1000/0.18～0.55-100	0.18～0.55	450～800	75～100	10～15	(450～800)×(500～2000)×(200～600)

型　号	带厚/mm	带宽/mm	生产线速度/m·min⁻¹	来料卷质量/t	板垛尺寸（宽×长×高）/mm×mm×mm
HJ 1250/0.18~0.55-100	0.18~0.55	650~1080	75~100	10~20	(650~1080) × (500~3000) × (200~600)
HJ 1000/0.2~2.0-100	0.2~2.0	450~800	75~100	10~15	(450~800) × (500~2000) × (200~600)
HJ 1250/0.2~2.0-100	0.2~2.0	650~1080	75~100	10~20	(650~1080) × (500~3000) × (200~600)
HJ 1500/0.2~2.0-100	0.2~2.0	700~1320	75~100	15~25	(700~1320) × (500~3000) × (200~600)
HJ 1700/0.2~2.0-100	0.2~2.0	800~1550	75~100	20~30	(800~1550) × (500~3000) × (200~600)
HJ 1850/0.2~2.0-100	0.2~2.0	800~1680	75~100	25~40	(800~1680) × (500~4000) × (200~600)
HJ 2150/0.2~2.0-100	0.2~2.0	900~1980	75~100	25~40	(900~1980) × (500~4000) × (200~600)
HJ 1000/0.3~3.0-100	0.3~3.0	450~800	75~100	10~15	(450~800) × (500~2000) × (200~600)
HJ 1250/0.3~3.0-100	0.3~3.0	650~1080	75~100	10~20	(650~1080) × (500~3000) × (200~600)
HJ 1500/0.3~3.0-100	0.3~3.0	700~1320	75~100	15~25	(700~1320) × (500~3000) × (200~600)
HJ 1700/0.3~3.0-100	0.3~3.0	800~1550	75~100	20~30	(800~1550) × (500~3000) × (200~600)
HJ 1850/0.3~3.0-100	0.3~3.0	800~1680	75~100	25~40	(800~1680) × (500~4000) × (200~600)
HJ 2150/0.3~3.0-100	0.3~3.0	900~1980	75~100	25~40	(900~1980) × (500~4000) × (200~600)

普通横切生产线技术参数见表 3-9-26。

表 3-9-26　普通横切生产线技术参数（中国重型机械研究院股份公司　www.xaheavy.com）

型　号	带厚/mm	带宽/mm	生产线速度/m·min⁻¹	来料卷质量/t	板垛尺寸（宽×长×高）/mm×mm×mm
HP 1000/0.18~0.55-100	0.18~0.55	450~800	75~100	10~15	(450~800) × (500~2000) × (200~600)
HP 1250/0.18~0.55-100	0.18~0.55	650~1080	75~100	10~20	(650~1080) × (500~3000) × (200~600)
HP 1000/0.2~2.0-100	0.2~2.0	450~800	75~100	10~15	(450~800) × (500~2000) × (200~600)
HP 1250/0.2~2.0-100	0.2~2.0	650~1080	75~100	10~20	(650~1080) × (500~3000) × (200~600)
HP 1500/0.2~2.0-100	0.2~2.0	700~1320	75~100	15~25	(700~1320) × (500~3000) × (200~600)
HP 1700/0.2~2.0-120	0.2~2.0	800~1550	100~120	20~30	(800~1550) × (500~3000) × (200~600)
HP 1850/0.2~2.0-120	0.2~2.0	800~1680	100~120	25~40	(800~1680) × (500~4000) × (200~600)
HP 2150/0.2~2.0-120	0.2~2.0	900~1980	100~120	25~40	(900~1980) × (500~4000) × (200~600)
HP 1000/0.3~3.0-100	0.3~3.0	450~800	75~100	10~15	(450~800) × (500~2000) × (200~600)
HP 1250/0.3~3.0-100	0.3~3.0	650~1080	75~100	10~20	(650~1080) × (500~3000) × (200~600)
HP 1500/0.3~3.0-100	0.3~3.0	700~1320	75~100	15~25	(700~1320) × (500~3000) × (200~600)
HP 1700/0.3~3.0-120	0.3~3.0	800~1550	100~120	20~30	(800~1550) × (500~3000) × (200~600)
HP 1850/0.3~3.0-120	0.3~3.0	800~1680	100~120	25~40	(800~1680) × (500~4000) × (200~600)
HP 2150/0.3~3.0-120	0.3~3.0	900~1980	100~120	25~40	(900~1980) × (500~4000) × (200~600)

定尺横剪生产线技术参数见表 3-9-27。

表 3-9-27　定尺横剪生产线技术参数（中国重型机械研究院股份公司　www.xaheavy.com）

型　号	带厚/mm	带宽/mm	生产线速度/m·min⁻¹	来料卷质量/t	板垛尺寸（宽×长×高）/mm×mm×mm
HD 1000/0.18~0.55-60	0.18~0.55	450~800	30~60	10~15	(450~800) × (500~2000) × (200~600)
HD 1250/0.18~0.55-75	0.18~0.55	650~1080	35~75	10~20	(650~1080) × (500~3000) × (200~600)
HD 1000/0.2~2.0-60	0.2~2.0	450~800	30~60	10~15	(450~800) × (500~2000) × (200~600)
HD 1250/0.2~2.0-75	0.2~2.0	650~1080	35~75	10~20	(650~1080) × (500~3000) × (200~600)
HD 1500/0.2~2.0-75	0.2~2.0	700~1320	35~75	15~25	(700~1320) × (500~3000) × (200~600)
HD 1700/0.2~2.0-75	0.2~2.0	800~1550	35~75	20~30	(800~1550) × (500~3000) × (200~600)
HD 1850/0.2~2.0-80	0.2~2.0	800~1680	35~80	25~40	(800~1680) × (500~4000) × (200~600)
HD 2150/0.2~2.0-80	0.2~2.0	900~1980	35~80	25~40	(900~1980) × (500~4000) × (200~600)

型　号	带厚/mm	带宽/mm	生产线速度/m·min⁻¹	来料卷质量/t	板垛尺寸(宽×长×高)/mm×mm×mm
HD 1000/0.3~3.0-60	0.3~3.0	450~800	30~60	10~15	(450~800)×(500~2000)×(200~600)
HD 1250/0.3~3.0-75	0.3~3.0	650~1080	35~75	10~20	(650~1080)×(500~3000)×(200~600)
HD 1500/0.3~3.0-75	0.3~3.0	700~1320	35~75	15~25	(700~1320)×(500~3000)×(200~600)
HD 1700/0.3~3.0-75	0.3~3.0	800~1550	35~75	20~30	(800~1550)×(500~3000)×(200~600)
HD 1850/0.3~3.0-80	0.3~3.0	800~1680	35~80	25~40	(800~1680)×(500~4000)×(200~600)
HD 2150/0.3~3.0-80	0.3~3.0	900~1980	35~80	25~40	(900~1980)×(500~4000)×(200~600)

(4) 设备配置。根据生产线用途和功能确定其必备配置、功能必备形式可选配置、可选配置，详见表 3-9-28。

表 3-9-28　横切生产线设备配置（中国重型机械研究院股份公司　www.xaheavy.com）

配置设备	横切生产线类型			
	高产能横切生产线	精密薄板横切生产线	普通横切生产线	定尺停剪生产线
上卷小车及存料台	√	√	√	√
纸展平辊及卷纸机	×	○	○	×
开卷机	√	√	√	√
开卷机下压辊	×	○	×	×
卷筒轴头支撑	○	√	○	○
开头机	√	√	√	√
CPC 对中	√	√	√	√
直头机	√	√	√	√
测厚仪	○	○	○	○
切头剪	√	√	√	○
废料小车	√	√	√	√
摆动导板	√	√	√	○
立导辊	√	√	√	√
稳定辊	√	√	√	√
切边圆盘剪	√	√	√	√
去毛刺辊	√	√	√	√
张力辊	○	○	○	○
废边卷取机	△	△	△	△
碎边剪	△	△	△	△
碎边运输链	○	○	○	○
六重辊式板材矫直机	√	√	△	△
四重辊式板材矫直机	×	×	△	△
纸开卷机或布纸布膜机	×	○	×	×
双曲柄飞剪机	△	√	√	×
双滚筒式飞剪机	△	×	×	×
活套	×	×	×	√
定尺停剪机	×	×	×	√
检查台	√	√	√	√
皮带运输机	√	√	√	○
静电涂油机	√	○	○	○

配置设备	横切生产线类型			
	高产能横切生产线	精密薄板横切生产线	普通横切生产线	定尺停剪生产线
废板分选装置	√	√	○	×
废板垛板台	√	√	○	×
真空垛板机	△	△	×	×
电磁垛板机	△	△	×	×
垛板夹送辊	×	×	√	√
气垫垛板机	×	×	√	√
升降装置	√	√	√	√
板垛移出装置	√	√	√	√
升降辊道	√	√	○	×
称重辊道	√	√	○	×
输送辊道	√	√	○	×
橡胶套筒	√	○	○	○
清辊器	√	√	○	○
液压传动与控制	√	√	○	○
气动系统	√	√	√	○
润滑系统	√	√	√	√
电气与传动控制系统	√	√	√	√
信息与计算机系统	√	√	○	○
仪器仪表	√	√	○	○

注：表中√为必备配置，△为功能必备形式可选配置，○为可选配置，×为不要配置。

（5）功能配置。根据横切生产线的不同用途确定其必备功能和可选功能，详见表3-9-29。

表 3-9-29 横切生产线功能配置（中国重型机械研究院股份公司 www.xaheavy.com）

横切生产线功能配置	横切生产线类型			
	高产能横切生产线	精密薄板横切生产线	普通横切生产线	定尺停剪生产线
手动上卷	√	√	√	√
半自动上卷	○	○	○	○
自动上卷	√	√	√	√
上开卷	○	○	○	○
下开卷	○	○	○	○
上/下开卷	○	○	○	○
CPC 对中	√	√	√	√
开卷张力自动设定控制	√	√	√	√
切头剪定长自动剪切	○	○	○	○
切边圆盘剪开口度自动调整	√	√	√	√
刀片侧隙自动调整	√	√	√	○
重叠量自动调整	√	√	√	○
切边圆盘剪开口度手动调整	√	√	√	√
刀片侧隙手动调整	√	√	√	√
重叠量手动调整	√	√	√	√
生产线自动穿带	√	√	○	○

横切生产线功能配置	横切生产线类型			
	高产能横切生产线	精密薄板横切生产线	普通横切生产线	定尺停剪生产线
废边最大卷径检测	√	√	√	○
带尾自动减速	√	√	√	○
生产线速度数字化操作	√	√	○	○
矫直机压下量自动设定、调整	√	√	○	○
支撑辊位置自动设定、调整	√	√	○	○
矫直机故障自诊断、显示功能	√	√	○	○
调整参数的存储功能	√	√	○	○
飞剪机剪刀间隙自动调整	√	√	○	○
飞剪机剪刀间隙手动调整	√	√	√	√
定长、定张数剪切	√	√	√	√
长度、张数修改功能	√	√	√	√
硬质合金刀片	○	○	○	○
采用清辊器	○	√	○	○
喷印功能	○	√	○	○
静电涂油机涂油量可控	○	○	○	○
垛板仓长度自动调整	√	√	○	○
垛板仓宽度自动调整	√	√	○	○
垛板仓长度电动调整	○	○	○	○
垛板仓宽度电动调整	○	○	○	○
自动步降功能	√	√	√	√
定重、定张数自动换垛	√	√	○	○
衬纸在线烘干功能	○	○	○	×
贴膜和修膜边功能	○	○	○	○
故障自动检测、报警、分级处理	√	√	√	√
工艺、设备连锁控制	√	√	√	√
工艺流程画面显示	√	√	√	○
调整数据窗口显示	√	√	√	○
数据表格显示	√	√	√	○
板垛自动整理	√	√	○	○
分选废板功能	√	√	○	×

注：表中 √为必备功能，×为可选功能，○为不必要功能。

（6）产品检验项目、精度指标。横切生产线成套设备生产的产品检验项目及要求精度指标见表3-9-30。

表 3-9-30 横切生产线成套设备生产的产品检验项目及要求精度指标

（中国重型机械研究院股份公司 www.xaheavy.com）

序号	检验项目	规格/mm	精度等级/mm			检验方法与条件
			Ⅰ级	Ⅱ级	Ⅲ级	
1	宽度精度	带宽：≤800	0.3	0.4	0.5	设定值与实际测量值之差
		带宽：801~1000	0.4	0.5	0.8	
		带宽：1001~2000	0.5	0.8	1.5	

序号	检验项目	规格/mm	精度等级/mm			检验方法与条件
			Ⅰ级	Ⅱ级	Ⅲ级	
2	纵切毛刺高度	带厚：0.3~3.0	0.035	0.04	0.05	刀片处于正常状态下，用千分尺测量母材与其切口处厚度，两者差值为毛刺高度
		带厚：0.30~0.79	2.0%×H	3.0%×H	4.0%×H	刀片处于正常状态下，用千分尺测量母材与其切口处厚度，两者差值为毛刺高度
		带厚：0.80~1.59	1.2%×H	1.8%×H	2.2%×H	
		带厚：1.60~2.0	1.0%×H	1.5%×H	1.8%×H	注：H 为带厚（用去毛刺辊时）
		带厚：2.1~3.0	0.8%×H	1.0%×H	1.5%×H	
3	长度精度	长度：1000~1500	0.4	0.5	1.0	设定值与用直尺实测值之差
		长度：1501~2500	0.5	0.6	1.0	
		长度：2501~3000	0.6	0.7	1.2	
		长度：3001~4000	0.8	1.0	1.5	
4	对角线长度差	板长：1000~1500	0.5	0.6	1.0	用直尺测量两对角线实际尺寸，取其差值作为对角线长度差
		板长：1501~2500	0.6	0.7	1.2	
		板长：2501~3000	0.8	1.0	1.5	
		板长：3001~4000	1.0	1.2	1.8	
5	横切毛刺高度	带厚：0.30~0.79	4.0%×H	4.5%×H	5.0%×H	抽样检验时刀片处于正常状态下，用千分尺测量母材与其切口处厚度，两者差值为毛刺高度
		带厚：0.80~1.39	3.0%×H	3.5%×H	4.0%×H	
		带厚：1.40~2.0	2.0%×H	2.5%×H	3.0%×H	
		带厚：2.1~3.0	1.2%×H	1.6%×H	2.0%×H	注：H 为带厚。
6	表面质量		不产生新的损伤	不产生新的损伤	可出现轻微划伤	目测
7	板垛侧面平坦度	高度：≤200	1.0	1.5	2.0	用平尺和深度探测仪配合测量
		高度：≤450	2.0	2.5	3.0	
8	板垛侧面最大错层量		0.3	0.5	0.8	用深度探测仪测量
9	板垛端面平坦度	高度：≤200	1.5	2.0	3.0	用平尺和深度探测仪配合测量
		高度：≤450	2.5	3.0	3.5	
10	板垛端面最大错层量		0.4	0.6	1.0	用深度探测仪测量

序号	检验项目	精度指标/mm					检验方法
11	矫直板材平整度	带钢厚度	矫直前浪高				取 1000mm×1000mm 样板，水平放置于测量平台上，用塞尺或钢板尺实测浪高；条件：头尾 10m 除外，板厚差≤10%
			3	5	10	15	20	
			矫直后浪高					
		0.3	1.2 (1.4)	1.8 (2.0)	2.5 (3.0)	3.0 (3.3)	3.3 (3.8)	
		0.5	1.0 (1.2)	1.5 (1.8)	2.3 (2.5)	2.8 (3.0)	3.0 (3.3)	
		0.8	0.8 (1.0)	1.2 (1.5)	2.0 (2.3)	2.4 (2.8)	2.8 (3.0)	
		1.0	0.6 (0.7)	1.0 (1.2)	1.8 (2.0)	2.2 (2.4)	2.6 (2.8)	
		1.2	0.5 (0.6)	0.8 (1.0)	1.5 (1.6)	2.0 (2.1)	2.5 (2.6)	
		1.5	0.35 (0.4)	0.7 (0.8)	1.3 (1.5)	1.8 (2.0)	2.3 (2.5)	
		2.0	0.25 (0.3)	0.6 (0.7)	1.2 (1.4)	1.7 (1.8)	2.1 (2.3)	
		3.0	0.2 (0.25)	0.5 (0.6)	1.1 (1.2)	1.5 (1.6)	1.8 (2.0)	

注：表格中矫直后浪高数值为 Ⅰ级产品，括号内数值为 Ⅱ级产品。

3.9.7.2 北京中冶设备研究设计总院有限公司制造

横切机组是将带钢通过矫直后定尺横剪的方式，把带钢加工成客户需要长度尺寸的专用剪切设备。主要设备由开卷机、夹送与矫直机、定尺装置、飞剪、集料等构成。中间辅以运料、缓冲、引导、输送、出料等装置组成。整个生产线自动送料，自动开卷，自动穿带，自动剪切，自动堆垛。

（1）技术优势。本横切机组生产线在设计及制作上都注意到对板面的保护，镀铬辊、聚氨酯辊、集料气垫等都会对带钢表面起到很好的保护作用。

本机组的送料、矫直、剪切、集料等在工作时是自动协调的，不会对带钢产生拉伸动作。

本横切机组生产线采用触摸屏控制技术，通过人工输入所开带钢的尺寸、张数可自动计算。此外，触摸屏还具有进料速度设定，自动与手动互换设定，进料值设定，进料数设定，自动启动按钮，自动停止按钮，计数器清零，进料按钮，退料按钮，剪刀升起，剪刀下降，异常报警等功能。

（2）技术参数。横切机组技术参数见表3-9-31。

表3-9-31　横切机组技术参数（北京中冶设备研究设计总院有限公司　www.mcce.com.cn）

项　目		技术参数		
机组产能		21.69万吨/a		
生产线速度		穿带速度20m/min、工作速度70m/min、加减速时间10s		
剪切长度与线速度	剪切长度	200~300mm	300~400mm	450mm以上
	线速度	16.7~36.1m/min	36.1~65.5m/min	70m/min
材质		冷轧、电镀锌、彩镀、镀锡、不锈钢、铜板、锌铁合金涂镀板、锌镍合金涂镀板、硅钢、耐指纹		
钢卷外径		$\phi700~1600mm$		
钢卷内径		$\phi508mm$ 及 $\phi610mm$（使用橡胶衬套）		
钢卷质量		8000kg		
带钢厚度		0.25~2.5（SUS 0.25~1.5）mm		
带钢宽度		80~800mm		
带钢长度		200~2500mm		
板垛质量		max：4t		
板垛高度		max：650mm		
成品对角线偏差		<0.3mm		
平直度		矫平效果改善50%		
垛板精度				
层间偏差		宽向<0.2mm，长度<0.5mm		
整垛偏差		当垛高300mm时，允许偏差1.0mm		

带钢定尺长度偏差≤±0.2mm（加减速时，公差≤±0.3mm，但在每个加减速度过程不超过5张长度公差>±0.2mm，公差≤±0.3mm，其余公差≤±0.2mm）。

带钢剪切毛刺向上，小于带钢厚度的5%。

3.9.7.3 廊坊北方冶金机械有限公司制造

（1）液压全自动矫平横剪机组。液压全自动矫平横剪机组将成卷的金属卷板安装在开卷机上，经引料进入矫平机矫平。金属板矫平后，由横剪机定尺剪切，成品的金属平板经输送辊道由夹送机输送到集钢架上重叠打捆，为后道工序制作坯料。

本机组增加圆盘剪、边料卷取机等设备后即又成为横、纵剪切联合机组。

液压全自动矫平横剪机组技术参数见表3-9-32。

表 3-9-32　液压全自动矫平横剪机组技术参数（廊坊北方冶金机械有限公司　www.lfyjjt.com）

型号及规格	原材料规格					成品规格		机组性能	
	材质	厚度/mm	宽度/mm	钢卷内径/mm	卷重/t	定尺/m	长度公差/mm	矫平辊根数	机组速度/m·min⁻¹
JP2×1000	普碳钢	0.5~2.0	max1000	φ508	15	2~3	≤±1.0	21	≤25
JP4×1350	普碳钢	1.0~4.0	max1350	φ550~650	18	2~3	≤±1.5	19	≤18
JP6×1600	普碳钢	1.5~6.0	max1600	φ550~650	25	2~4	≤±2.0	13	≤15
JP8×1600	普碳钢	2.0~8.0	max1600	φ550~650	25	2~4	≤±2.0	13	≤15
JP12×2000	普碳钢	3.0~12	max2000	φ550~650	30	2~4	≤±2.5	11	≤12
JP18×2000	普碳钢	4.0~18	max2000	φ550~650	30	2~4	≤±3.0	11	≤10
JP25×2000	普碳钢	6.0~25	max2000	φ550~650	35	2~4	≤±3.0	9	≤8

（2）横纵剪联合机组。横纵剪联合机组是使一定规格的钢带卷经开卷、粗矫平、纵向分条、精矫平、剪切成为一定规格的平直带钢条或钢板块，为其他工序制备坯料的专用设备。

横纵剪联合机组技术参数见表3-9-33。

表 3-9-33　横纵剪联合机组技术参数（廊坊北方冶金机械有限公司　www.lfyjjt.com）

型号及规格	原材料规格					成品规格		机组性能	
	材质	厚度/mm	宽度/mm	钢卷内径/mm	卷重/t	定尺/m	长度公差/mm	矫平辊根数	机组速度/m·min⁻¹
JZP4×400	普碳钢	1.0~4.0	max300	φ450	3	≤6	≤±1.5	15	≤40
JZP3×1700	普碳钢	1.0~3.0	max1600	φ550~650	20	≤6	≤±1.5	15	≤30
JZP6×650	普碳钢	2.0~6.0	max500	φ508	5	≤6	≤±1.0	17	≤40
JZP10×800	普碳钢	3.0~10.0	max700	φ550~650	15	≤12	≤±5.0	11	≤15
JZP12×900	普碳钢	4.0~12.0	max800	φ550~650	15	≤12	≤±5.0	11	≤15
JZP12×1300	普碳钢	4.0~12.0	max1200	φ550~650	20	≤12	≤±5.0	11	≤12
JZP16×1600	普碳钢	6.0~16.0	max1500	φ550~650	25	≤12	≤±5.0	9	≤10

3.10　输送和捆包设备

3.10.1　热连轧机组辊道式钢卷运输线

3.10.1.1　概述

辊道式钢卷运输线是热连轧机组重要的辅助设备，其作用是将卷取机卸下的成品钢卷运输至成品库存放，或运至冷轧厂区原料库，运输期间完成钢卷打捆、称重以及喷印等工作。辊道式钢卷运输线运用现代仓储物流理念，实现灵活高效的连续运输，大幅度提高了运输效率。

3.10.1.2　工作原理和性能特点

运输线的基本单元为辊道组，齿轮马达通过链传动驱动辊道组中辊子旋转，装有钢卷的鞍座底部滑轨放置在辊子的辊面上，辊子转动带动鞍座沿辊子轴线的垂直方向平移，实现对钢卷的运输。鞍座是钢卷的载体，当钢卷运输至指定位置取走后，鞍座应再通过辊道运至起点的卷取机处，等待运送下一卷钢卷，因此辊道式钢卷运输线为"复线"布置，双线并行。运送钢卷的一线为重载线，而只运输空鞍座的一线为轻载线。辊道式钢卷运输线布置简图如图3-10-1所示。

3.10.1.3　主要结构组成

主要结构组成如下：

（1）鞍座：钢卷的载体，放置在辊道组辊子的辊面上。电机驱动辊道旋转，实现鞍座的水平移动。

（2）辊道组：运输线的基本单元，多由7根辊子组成，支撑每根辊子的轴承座安装在焊接的辊道架上，采用两两辊子间使用套筒滚子链条相连、由一台电动机同时驱动7根辊子转动的集体传动方式。有重载辊道组和轻载辊道组之分。

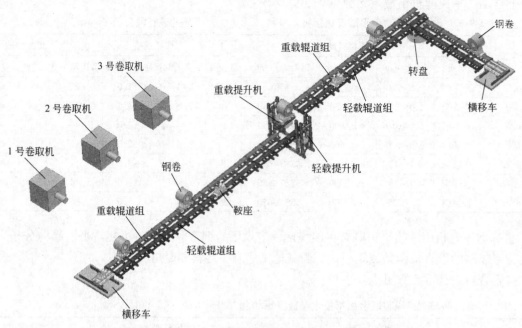

图 3-10-1 辊道式钢卷运输线布置简图

（3）转盘：改变运输方向，可将钢卷运输方向转 90°。转盘上布置有重载辊道组和轻载辊道组。

（4）横移车：可将装有钢卷的鞍座或空鞍座在重载辊道间或重载和轻载辊道间横移。有重载横移车和轻载横移车之分。

（5）升降机：可将装有钢卷的鞍座或空鞍座升起或落下，实现钢卷或鞍座在不同高度的运输，同样有重载升降机和轻载升降机之分。

3.10.1.4 技术特点

技术特点如下：

（1）实现连续运输，加快运输节奏，提高运输效率。

（2）运输线布置灵活多样，真正实现了模块化配置。

（3）设备种类少，设计制造效率高，成本低。

（4）设备重量轻，节省投资成本。

（5）设备备件种类少，节约备品备件的库存。

（6）设备维护维修便利。

（7）电力拖动点较多，控制复杂，电气投资成本较高。

3.10.1.5 主要技术参数

辊道式钢卷运输线主要设备参数见表 3-10-1。

表 3-10-1 辊道式钢卷运输线主要设备参数（中国第一重型机械集团公司 www.cfhi.com）

名称参数	运输质量/kg	速度/m·s⁻¹	电机功率/kW	辊子间距/mm	每台设备质量[1]/kg
重载辊道组	42450	运输速度 0.4~0.6	5.5~7.5	514	6620
轻载辊道组	2450	运输速度 0.4~0.6	1.1	523	3950
重载提升机	42450	提升速度 0.3~0.5	(75~90) ×2	514	62510[2]
轻载提升机	2450	提升速度 0.3~0.5	18.5~30	523	6870[2]
转　盘	42450+2450	回转速度 9°~12°/s	7.5	514+523	21380
横　移　车	2450	横移速度 0.4~0.5	4.0~5.5	523	8950

①指辊道组中设置有 7 根辊子，辊道组间距 3600mm 时的质量；

②指升降行程为 3500mm 时的质量。

3.10.2　钢卷包装生产线成套设备

3.10.2.1　概述

本套装备适用于对钢卷称重、PET 打捆、贴内标签、包防锈低、包塑料套和瓦楞纸，包端板和护角、包外钢皮、包内钢皮、包钢端板和钢护角、周向打捆、穿心打捆、贴内标签、入库吊运等按标准按规范实施的包装生产。

3.10.2.2　设备组成

成套装备包括：1 号步进梁、称重装置、PET 打捆机、转运小车、2 号步进梁、自动定长给纸机及其台架、1 号提升机、2 号提升机、3 号提升机、3 号步进梁、周向自动打捆机、穿心自动打捆机、穿心打捆位提升机、4 号步进梁等机械设备，还包括液压传动与控制系统、电气传动与控制系统、二级计算机管理与控制系统、仪器仪表与打印机等，是机电一体化的精整成套装备。包装生产线设 26~30 个工位，工位间距 2.5m 或 3m，全线为半自动包装生产。

包装生产线具有以下自动化和管理功能：全线联动生产设备动作逻辑化、顺序化自动控制，钢卷提升高度自动对中，钢卷宽度自动对中，钢卷标签自动打印，全线钢卷数据信息自动跟踪，全线钢卷数据管理。

包装生产线有以下监控画面：全线流程监控画面，钢卷跟踪数据队列表格显示，钢卷详细信息显示，生产数据管理显示，全线供配电状态显示，全线参数设定画面，液压站系统显示，设备自动化启动条件画面，故障报警信息。

3.10.2.3　设备型号

钢卷包装生产线成套装备的型号如图 3-10-2 所示。

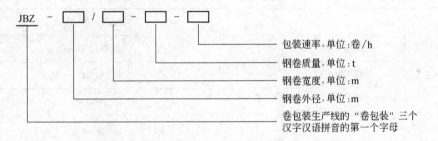

图 3-10-2　设备型号标记

用于按国家 GB/T 247—2008 标准进行钢卷包装的生产线，其钢卷外径为 $\phi0.8~1.6m$，宽度为 0.75~1.3m，钢卷质量为 2~10t，采用半自动包装方式，30 个工位，工位距离 3m，每小时包装钢卷 22 卷，其标记为 JBZ-ϕ0.8~1.6/ 0.75~1.3-2~10-22。

3.10.2.4　技术参数

包装生产线成套装备的技术参数见表 3-10-2。

表 3-10-2　包装生产线成套装备技术参数（中国重型机械研究院股份公司　www.xaheavy.com）

型　号	钢卷外形尺寸/m	钢卷质量/t	包装方式	工位数量/个	工位间距/m	包装速率/卷·h⁻¹
JBZ-ϕ0.8~1.25/ 0.75~1.25-2-6-22	ϕ0.8~1.25/ 0.75~1.25	2~6	半自动	26	2.5	22
JBZ-ϕ0.8~1.6/ 0.75~1.3-2-10-22	ϕ0.8~1.6/ 0.75~1.3	2~10	半自动	30	3	22
JBZ-ϕ0.8~1.6/ 0.8~1.5-2-15-20	ϕ0.8~1.6/ 0.8~1.5	2~15	半自动	30	3	20
JBZ-ϕ0.9~1.6/ 0.9~1.88-3-15-20	ϕ0.8~1.6/ 0.9~1.88	3~20	半自动	30	3	15

3.10.3 棒材自动夹紧成型设备

3.10.3.1 概述

棒材自动夹紧成型设备是为棒材捆扎包装配套的专用设备。其目的是通过该夹紧装置将一捆松散多根棒材夹紧成型（即圆形），然后人工用钢带或自动捆扎机进行捆扎。通过夹紧后捆扎出的棒材，捆型紧、形状圆、不松散。设备主要由成形支架、联接抱臂、主抱臂、限位抱臂、抱臂、联接杆、油缸组成。

将棒材收集在成形支架的梯形槽内：联接抱臂、主抱臂、限位抱臂、抱臂在一台油缸的驱动下，联接抱臂完成梯形槽内 360°的左下方 1/4 角度的夹紧成型；主抱臂完成梯形槽内 360°的左上方 1/4 角度的夹紧成型；限位抱臂完成梯形槽内 360°的右下方 1/4 角度的夹紧成型；抱臂完成梯形槽内 360°的右上方 1/4 角度的夹紧成型。通过这种结构解决了棒材捆形夹不紧、松散的问题。由于棒材在梯形槽内同时受到 360°的四个不同区域（90°为一个区域）内的夹紧力夹紧，非常有效地解决了棒材捆扎包装时夹紧力不够的问题，从而保证了棒材捆形紧、吊装、不散捆的问题。该装置的夹紧成型范围 φ180~500mm 之间均可采用。

3.10.3.2 技术特点

四包臂连杆机构技术，能够保证捆扎的棒材达到捆形紧、形状圆、不松散的目的；夹紧成型装置可在线免维护，降低运行成本。

按年产 60 万~120 万吨棒材计算，能够为用户每年节约捆丝 70~150t。目前已有 40 多条棒材连轧生产线，近 200 多台在线应用；经过用户应用，从性能、结构、夹紧力度、成形圆度都符合技术要求。

3.10.3.3 技术参数

该棒材捆扎自动夹紧成型设备获实用新型专利。其技术参数见表 3-10-3。

表 3-10-3 棒材自动夹紧成型设备技术参数（北京中冶设备研究设计总院有限公司 www.mcce.com.cn）

项　目		技术参数
夹紧直径	BJ-ⅡA 型	φ250~500mm
	BJ-ⅡB 型	φ180~300mm
夹紧力		≥80kN
工作时间		≤10s
工作压力		9MPa

3.10.4 液压棒材捆扎机

3.10.4.1 概述

液压棒材捆扎机在棒材连续生产线后部使用，也可以单机、多机离线使用，还可以同齐头集料装置组成捆扎机组。KYSY-500×6×型液压棒材捆扎机设计先进，结构合理，使用性能满足棒材捆扎需要，是目前棒材捆扎机理想的配套设备。

3.10.4.2 技术特点

KYSY-500×6×型捆扎机的电控系统采用可编程控制机，实现了全过程自动化，也可以手动及远控操作。设有自动检查处理故障功能。为了防止误操作而导致发生机械事故，采用了判断有无料的装置，可保证操作安全。在自动控制程序上增加了反送调整功能使扭结成功率超过了国外同类型捆扎机，性能先进。

本机的特色是由成型臂及导槽同位，一次性地实现了棒材预收紧及捆扎操作，提高了捆扎质量。

3.10.4.3 技术参数

KYSY-500×6×型液压棒材捆扎机技术参数见表 3-10-4。

表 3-10-4 KYSY-500×6×型液压棒材捆扎机技术参数

（北京中冶设备研究设计总院有限公司 www.mcce.com.cn）

项　　　目	技　术　参　数
捆包对象	棒材（或钢管）$\phi 8 \sim 50mm$
捆包直径	$\phi 200 \sim 500mm$
捆包钢丝	$\phi 5.5mm$
捆扎时间	$\leq 30s$／道（根据包大小）
捆扎力	3000N
成型力	25000N
送丝速度	$700mm/s$，纵向速度：$200mm/s$，横向速度：$<350mm/s$
操作方式	手动、自动

3.11 轧材深加工设备

3.11.1 CX500Ⅲ型公路护栏板成型机组

综合Ⅰ、Ⅱ型护栏板成型机组的优点，最新研制开发的 CX500Ⅲ型护栏板成型机组，相对于老型号设备具有如下特点：

（1）在设备运行中实现护栏板产品的不停机定尺、剪切，提高了工作效率；正常生产时每分钟最快可轧制 4.32m 长的护栏板 4.5 块，较老机型生产效率增加了 50%。

（2）采用纯机械定尺，使定尺更加准确；定尺精度可达到 $\pm 1mm/4.32m$。

（3）节省了两块护栏板间 10mm 的剪切条，省下大量原材料；Ⅱ型护栏板成型机采用冲压式剪切，两块板的剪断时留有 10mm 的剪切条成为剪切废料，Ⅲ型护栏成型机采用剪刃式剪切，无须保留 10mm 的剪切条，节省材料约 1/400。

3.11.2 二波、三波公路护栏板成型机

（1）主要特点。实现了开卷、矫平、定尺、剪切、冲孔（含中间加强孔）、成型在线一次完成；全线操作工人仅需 3~5 人；采用数字编码技术，定尺准确精度高，定尺精度 $\leq \pm 2mm$；产品质量靠先进的生产工艺来保证，排除了人为因素的影响；三波护栏板成型机通过更换轧辊、模具可生产二波板，实现一机多用；产品质量完全符合中华人民共和国交通部 JT/T 281—2007 二波护栏板标准和 JT/T 457—2007 三波护栏板标准，是交通部质量检测中心认定的合格产品。

（2）二波、三波高速公路护栏板成型机主要参数。二波、三波高速公路护栏板成型机主要参数见表 3-11-1。

表 3-11-1 二波、三波高速公路护栏板成型机主要参数

（廊坊北方冶金机械有限公司 www.lfyjjt.com）

机组名称	型号	原料规格				机组性能	
		材质	厚度/mm	带宽/mm	卷重/t	生产速度/m·min⁻¹	占地面积/m²
二波护栏板成型机	CX500	Q235	4	482	≤8	≤18	30×3.5
三波护栏板成型机	CX750	Q235	4	750	≤12	≤20	32×3.5

重型锻压及金属挤压成型设备

锻压设备是指在压力加工中用于材料成型的机械设备。锻压设备可以分为体积成型设备和板料成型设备，又称为金属成型机床。锻压设备是通过对金属施加压力使之成型的，基本特点是公称压力大，故多为重型设备，重型锻压设备具有重型机械和锻压机械双重属性，按机械原理可分为锻锤、机械压力机、液压机、旋转成型压力机及锻造操作机五大类。广泛应用于冶金、机械、能源、交通、航空、化工、轻军事工业等领域。

金属挤压机成型设备是实现金属挤压成型工艺的主要设备，属于锻压设备中液压机的一种类型。由于近几年金属挤压设备的进一步大型化和挤压产品的多样化发展，使得金属挤压机成为一种独特的金属成型设备。金属挤压成型是利用金属塑性压力成型的一种重要方法。其主要的特点是将金属坯料一次加工成管、棒、型材，其独特的工艺性几乎没有其他方法可以与之匹敌。漂亮、高雅大厦的装修材料；飞越大洲、大洋的飞机；让人类探索外层空间的宇宙飞船及空间站；铁路、地铁、轻轨、磁悬浮列车车辆、舰船快艇等各个领域所使用的骨干材料，几乎都与挤压成型密切相关。

4.1 锻锤

锻锤是锻压设备中应用最广泛的一种。锻锤是由重锤落下或加工外力使其高速运动产生动能对坯料做功，使之发生塑性变形的机械。锻锤是最常见、历史最悠久的锻压机械，它结构简单、工作灵活、使用面广、易于维修，适用于自由锻和模锻。但振动较大，较难实现自动化生产。

工作原理：利用蒸汽、液压等传动机械使落下部分（活塞、锤杆、上钻、模块）产生运动并积累能量，将此动能施加到锻件上，使锻件获得塑性变形能，以完成各种锻压工艺过程。

特点：锻锤结构简单，工艺适应性好，是现今主要的锻造生产设备；锻锤一般分空气锤（蒸汽锤）、对击锤、电液锤等。由于空气锤存在振动大、噪声高的特点，适用于中、小吨位；大吨位锻锤原则用对击锤、电液锤等设备代替。按照用途锻锤可分为自由锻锤、模锻锤等。

4.1.1 空气锤

4.1.1.1 概述
空气锤适用于锻工车间各种形状零件的自由锻造。如延伸、镦粗、冲孔、热剪、锻接、扭转和弯曲等，使用开式垫（胎膜）模可以进行各种模锻。

4.1.1.2 工作原理
电动机通过减速机构和曲柄，连杆带动压缩气缸的压缩活塞上下运动，产生压缩空气。当压缩缸的上下气道与大气相通时，压缩空气不进入工作缸，电机空转，锤头不工作，通过手柄或脚踏杆操纵上下旋阀，使压缩空气进入工作气缸的上部或下部，推动工作活塞上下运动，从而带动锤头及上砧铁的上升或下降，完成各种打击动作。旋阀与两个气缸之间有四种连通方式，可以产生提锤、连打、下压、空转四种动作。

4.1.1.3 主要结构
空气锤主要由机架、传动机构、压缩缸和工作缸、压缩活塞、落下部分、配气机构和砧座等部分组成。

4.1.1.4 主要特点
主要特点如下：
（1）以压缩空气为动力，满足安全生产的需要，敲击力度与打击频率可通过调节气压控制。
（2）使用机身材质为铸铁，大吨位空气锤砧材质为铸钢。

（3）机构简单，不易损坏。

4.1.1.5　技术参数

空气锤示意图及主要技术参数见图 4-1-1 和表 4-1-1。

图 4-1-1　空气锤示意图

表 4-1-1　空气锤主要技术参数（江苏百协精锻机床有限公司　www.baixie.com）

型号	C41-40	C41-65	C41-75	C41-150	C41-200	C41-250	C41-560B	C41-750B	C41-1000	C41-1750	CZD-2500
落下部分质量/kg	40	65	75	150	200	250	560	750	1000	≥1850	2500
最大打击能量/kJ	0.53	0.9	1.0	2.2	4.0	5.6	13.7	19.0	26.5	54	75
锤头打击次数/次·min^{-1}	245	200	210	180	140	140	115	105	95	85	72
锤杆中心至锤身距离/mm	235	290	280	350	395	420	550	750	800	900	1000
工作区间高度/mm	224	270	300	370	420	450	600	670	820	1050	1200
能锻最大方料断面/mm×mm	52×52	60×60	65×65	130×130	150×150	160×160	270×270	270×270	300×300	400×400	500×500
能锻最大圆料直径/mm	$\phi68$	$\phi75$	$\phi85$	$\phi145$	$\phi170$	$\phi175$	$\phi280$	$\phi300$	$\phi330$	$\phi420$	$\phi520$
电动机功率/kW	4	7.5	7.5	15	18.5	22	37	55	75	110	132
外形尺寸/mm　长	1160	1380	1440	2375	2500	2665	3360	3873	4125	4980	5530
宽	650	846	800	1085	900	1155	1425	1290	1500	2250	2480
高	1140	1783	1800	2150	2300	2540	3082	3175	3405	5300	5890
机身总质量/kg	820	1900	1950	3260	3800	5000	11280	18000	20000	36000	45000
砧座质量/kg	480	1000	1000	1810	2900	5000	5720	9000	13000	24000	31000

4.1.2　电液锤

4.1.2.1　概述

电液锤是一种节能、环保的新型锻造设备，工作原理与电液动力头相同，但机身与原蒸汽锤有所区别，锤头的导向改为"X"导轨，可使导轨间隙调到 0.3mm 以内，大大提高了电液锤的导向精度，提高锻件质量、延长锤杆寿命。

电液锤按技术发展分为第一代单作用电液锤，第二代气液双作用电液锤，第三代双液压作用式电液锤，亦称全液压电液锤。按结构方式分为单臂式、双臂式、桥式三类电液锤。

4.1.2.2　工作原理

气液双作用电液锤是以电为能源，通过液压将锤头提起建立重力势能，同时压缩气体蓄能，打击时在锤头的重力和气体的膨胀推力作用下，将锤头的势能转化为锤头的动能，从而打击锻件，进行做功。

全液压电液锤的原理是：以电为能源，通过液压将锤头提起建立重力势能，打击时在锤头的重力和液体的推力作用下，将锤头的势能转化为锤头的动能，从而打击锻件，进行做功。

4.1.2.3　结构特点

结构特点如下：

(1) 节能、环保。

(2) 操作方便、省力、动作灵活可靠。

(3) 系统工作稳定，设计齐全的安全保险装置。

(4) 特殊的结构、更合理、更安全。

4.1.2.4　技术参数

桥式电液锤主要技术参数见表4-1-2。

表4-1-2　桥式电液锤主要技术参数（安阳市大鑫重机环保设备有限公司　www. firstdzj. com）

型　号	1T	2T	3T	5T	8T	10T	16T
落下部分质量/kg	1500	2500	3500	5700	8600	10900	16900
额定打击能量/kJ	25	50	75	125	200	250	400
锤头最大行程/mm	1200	1200	1250	1300	1350	1450	1500
打击频次/次·min^{-1}	80	70	65	60	50	45	40
系统液压/MPa	12	12	13	14	15	15	15
主缸气压/MPa	2.0~3.0	2.0~3.0	2.5~3.5	2.5~3.5	3.0~4.0	3.0~4.0	3.0~4.0
锻模最小闭合高度（不含燕尾）/m	220	260	350	400	450	450	500
锤头前后方向长度/mm	450	700	800	1000	1200	1200	2000
模座前后方向长度/mm	700	900	1000	1200	1400	1400	2110
冷却器面积/m^2	15	20	25	30	2×30	2×30	3×30
冷却电机功率/kW	4.0	4.0	5.5	5.5	2×5.5	2×5.5	3×5.5
主电机功率/kW	55	2×55	3×55	4×55	5×55	5×55	6×75
柱塞泵总流量/L·min^{-1}	230	2×230	3×230	4×230	5×230	5×230	6×230
砧座质量/t	20.25	40	51.4	112.55	160	235.53	325.85
设备总质量/t	38	62	89	177	263	335	447
液压站占地面积/m^2	1.8×4	2×4	3×4	4×4	5×4	5×4	6×4
主机外形尺寸（长×宽×高）/m×m×m	2.4×1.4×5.4	3.0×1.7×5.8	3.3×1.8×6.4	3.7×2.1×6.9	4.4×2.7×7.8	4.4×2.7×7.9	4.5×2.5×8.7

双臂自由锻电液锤主要技术参数见表4-1-3。

表4-1-3　双臂自由锻电液锤主要技术参数（安阳市大鑫重机环保设备有限公司　www. firstdzj. com）

型　号	双臂锤							
	2T	3T	4T	5T	6T	8T	10T	12T
落下部分质量/kg	3000	4000	5000	6000	7000	8800	10800	12800
额定打击能量/kJ	70	130	156	180	215	280	350	420
锤头最大行程/mm	1260	1450	1600	1800	2000	2200	2350	2500
打击频次/次·min^{-1}	65~120	60~120	55~110	55~100	50~100	50~90	45~90	40~90
系统液压/MPa	12	12	13	14	15	15	15	16
主缸气压/MPa	2.0~3.0	2.5~3.5	2.5~3.5	2.5~3.5	2.5~3.5	3.0~4.0	3.0~4.0	3.0~4.0
立柱间距/mm	2300	2700	3130	3900	3900	4700	4700	5100
下砧面至立柱开口距离/mm	630	720	780	850	1000	1260	1500	1650
下砧面至地面距离/mm	750	740	745	730	730	925	925	975
冷却器面积/m^2	20	30	40	40	2×30	2×30	2×40	2×40
冷却电机功率/kW	4.0	5.5	7.5	7.5	2×5.5	2×5.5	2×7.5	2×7.5
主电机功率/kW	3×55	4×55	5×55	5×75	6×75	7×75	8×75	9×75
柱塞泵配置/L·min^{-1}	3×230	4×230	5×230	5×230	6×230	7×230	8×230	9×230

型　号	双 臂 锤							
	2T	3T	4T	5T	6T	8T	10T	12T
砧座质量/t	30	48	60	75	90	115	150	175
设备总质量/t	69	105	133	175	197	230	265	299
液压站占地面积 （长×宽）/m×m	3×4	4×4	5×4	5×4	6×4	7×4	8×4	9×4
主机外形尺寸 （长×宽×高）/m×m×m	4.6×1.7×6.1	5.1×2.6×6.5	5.7×2.7×6.7	6.8×2.8×7.3	6.8×2.8×7.6	7.9×2.8×8.7	8.2×3.0×9.1	8.4×3.0×9.3

单臂自由锻电液锤主要技术参数见表 4-1-4。

表 4-1-4　单臂自由锻电液锤主要技术参数（安阳市大鑫重机环保设备有限公司　www.firstdzj.com）

型　号	单 臂 锤					
	2T	3T	4T	5T	6T	8T
落下部分质量/kg	2600	3600	4500	5500	6500	8500
额定打击能量/kJ	60	105	135	155	185	240
锤头最大行程/mm	1100	1250	1350	1500	1650	2000
打击频次/次·min⁻¹	65~120	60~120	60~100	50~100	50~90	50~90
系统液压/MPa	12	12	13	13.5	13.5	15
主缸气压/MPa	2.0~3.0	2.5~3.5	2.5~3.5	2.5~3.5	2.5~3.5	3.0~4.0
锤杆中心线至立柱距离/mm	800	950	950	1050	1050	1150
下砧面至地面距离/mm	650	650	730	730	745	800
冷却器面积/m²	20	30	40	40	2×30	2×30
冷却电机功率/kW	4.0	5.5	7.5	7.5	7.5	2×5.5
主电机功率/kW	2×55	3×55	4×55	4×75	5×75	6×75
柱塞泵总流量/L·min⁻¹	2×230	3×230	4×230	4×230	5×230	6×230
砧座质量/t	20	30	42	58	71	85
设备总质量/t	61	79	97	121	151	
液压站占地面积/m²	2×4	3×4	4×4	4×4	5×4	6×4
主机外形尺寸(长×宽×高)/m×m×m	3.9×2.0×5.9	4.9×2.1×6.5	5.1×2.1×6.7	5.5×2.3×6.9	5.6×2.3×7.2	6×2.5×7.7

CHK 系列数控全液压模锻锤如图 4-1-2 所示，其主要技术参数见表 4-1-5。

图 4-1-2　CHK 系列数控全液压模锻锤

表 4-1-5 CHK 系列数控全液压模锻锤主要技术参数（江苏百协精锻机床有限公司 www.baixie.com）

型 号	CHK16	CHK25	CHK31.5	CHK50	CHK63	CHK80	CHK100	CHK125
打击能量/kJ	16	25	31.5	50	63	80	100	125
锤头质量/kg	1100	1750	2250	3400	4200	5400	6800	8400
打击频率/次·min⁻¹	100	90	90	90	80	80	75	70
电机功率/kW	30	55	55	2×55	2×55	2×90	2×90	2×110
机器质量/t	26	40	51	80	100	120	150	195

CTKA 系列数控全液压模锻锤如图 4-1-3 所示，其主要技术参数见表 4-1-6。

图 4-1-3 CTKA 系列数控全液压模锻锤

表 4-1-6 CTKA 系列数控全液压模锻锤主要技术参数（江苏百协精锻机床有限公司 www.baixie.com）

型 号	CTKA160	CTKA200	CTKA250	CTKA320	CTKA400
打击能量/kJ	160	200	250	320	400
锤头质量/kg	9000	10000	11500	13000	17000
打击行程/mm	1000	1050	1100	1200	1300
打击频率/次·min⁻¹	60	55	50	45	45
电机功率/kW	4×75	4×90	4×90	4×110	6×110

CTK 系列数控全液压模锻锤（换头改造）如图 4-1-4 所示，其主要技术参数见表 4-1-7。

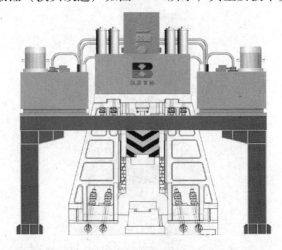

图 4-1-4 CTK 系列数控全液压模锻锤（换头改造）

表 4-1-7　**CTK 系列数控全液压模锻锤（换头改造）主要技术参数**（江苏百协精锻机床有限公司　www.baixie.com）

型　号	CTK25	CTK50	CTK75	CTK125	CTK250	CTK320	CTK400
打击能量/kJ	25	50	75	125	250	320	400
锤头质量/kg	1750	3400	5100	8000	11500	13000	17000
打击行程/mm	720	850	900	1000	1100	1200	1300
打击频率/次·min⁻¹	90	80	70	60	50	45	45
电机功率/kW	55	2×55	2×90	4×55	4×90	4×110	6×110

4.1.3　自由锻锤

4.1.3.1　概述

自由锻锤是自由锻造设备的一种，泛指利用冲击力或压力，使金属在上下钻座间产生塑性变形，金属坯料可朝其他各个方向自由变形流动，不受外部限制的各种锻锤，主要应用于单件、小批量生产。

4.1.3.2　主要特点

主要特点如下：

（1）采用工具简单，通用性强。

（2）锻件的形状与尺寸精度较低，加工余量大。

（3）生产率低。

4.1.3.3　技术参数

（1）冶金重型自由锻锤。冶金重型自由锻锤主要技术参数见表 4-1-8。

表 4-1-8　**冶金重型自由锻锤主要技术参数**（贵阳精腾重机有限公司　www.gyjingteng.com）

型　号	打击能量/kJ	设计行程/mm	落下质量/kg	额定油压/MPa	额定气压/MPa	油泵流量/L·m⁻¹	主电机功率/kW	打击频次/次·min⁻¹	整机质量/t
1.5t 自由锻	50	1000	1600	9-13	2-3	230×2	55×2	65-140	48
2.5t 自由锻	87.5	1200	2800	9-13	2-3.5	230×4	55×4	60-130	76
4t（3+1 型）自由锻	125	1550	4500	11-14	2.5-3.5	230×5	75×5	60-130	125
5t（3+2 型）自由锻	152	1600	5000	11-14	2.5-3.5	230×5	75×5	60-120	145
6t 自由锻（桥式、拱式）	210	1700	6300	12-14.5	2.5-3.5	230×6	75×6	55-110	205
7t 自由锻（桥式、拱式）	260	1900	7600	12-14.5	2.5-4	245×6	75（6极）×6	55-100	236
8t 自由锻（桥式、拱式）	300	2100	8500	12-14.5	2.5-4	245×7	75（6极）×7	50-100	255
10t 自由锻（桥式、拱式）	350	2500	11000	12-14.5	2.5-4	245×8	75（6极）×8	50-90	285
12t 自由锻（桥式、拱式）	420	2500	13000	12-14.5	2.5-4	365×8	90×8	45-90	325

（2）机械通用自由锻锤。机械通用自由锻锤主要技术参数见表 4-1-9。

表 4-1-9　**机械通用自由锻锤主要技术参数**（贵阳精腾重机有限公司　www.gyjingteng.com）

型　号	打击能量/kJ	设计行程/mm	落下质量/kg	额定油压/MPa	额定气压/MPa	油泵流量/L·m⁻¹	主电机功率/kW	打击频次/次·min⁻¹	整机质量/t
1t 自由锻	35	900	1300	9-11	2-3	230	45	65-130	36
2t 自由锻	70	1100	2500	9-12	2-3.5	230×2	55×2	60-120	70
3t 自由锻	125	1450	4500	11-4	2.5-3.5	230×4	75×4	60-110	130
4t 自由锻	152	1600	4800	12-14.5	2.5-3.5	230×5	75×5	60-110	145
5t 自由锻	175	1700	5800	12-14.5	2.5-3.5	230×6	75×6	55-90	205
7t 自由锻	245	1900	7500	12-14.5	2.5-4	245×6	75（6极）×6	55-90	245
8t 自由锻（桥式、拱式）	280	2120	8500	12-14.5	2.5-4	245×7	75（6极）×7	50-90	265
10t 自由锻（桥式、拱式）	280	2120	8500	12-14.5	2.5-4	245×7	75（6极）×7	50-90	265

（3）模锻自由锻锤。模锻电液锤主要技术参数见表 4-1-10。

表 4-1-10 模锻电液锤主要技术参数（贵阳精腾重机有限公司 www.gyjingteng.com）

型号参数	打击能量 /kJ	设计行程 /mm	落下质量 /kg	额定油压 /MPa	额定气压 /MPa	油泵流量 /L·m⁻¹	主电机功率 /kW	打击频次 /次·min⁻¹	整机质量 /t
0.5t 模锻	15	800	750	8-9	2-2.5	200	45	75-140	20
1t 模锻	25	1200	1200	9-10	2-2.5	230	55	65-140	38
2t 模锻	50	1200	2500	9-11	2-3	230×2	55×2	65-120	67
3t 模锻	75	1300	4000	9-11	2.5-3.5	230×3	55×3	60-100	86
5t 模锻	125	1300	6000	11-12	2.5-3.5	230×4	75×4	60-90	165
10t 模锻	250	1400	11500	12-14	2.5-4	245×6	75（6极）×6	50-80	328
16t 模锻	400	1500	17500	12-14	2.5-4	245×7	75（6极）×7	40-70	445

（4）单臂自由锻锤。单臂自由锻锤主要技术参数见表 4-1-11。

表 4-1-11 单臂自由锻锤主要技术参数（贵阳精腾重机有限公司 www.gyjingteng.com）

型号参数	打击能量 /kJ	设计行程 /mm	落下质量 /kg	额定油压 /MPa	额定气压 /MPa	油泵流量 /L·m⁻¹	主电机功率 /kW	打击频次 /次·min⁻¹	整机质量 /t
0.5t 单臂自由锻	15	600	750	9-10	2-2.5	200	45	90-140	18
0.75t 单臂自由锻	25	670	1000	9-11	2-3	200	55	90-140	28
1t 单臂自由锻	35	1000	1200	9-11.5	2-3.5	230	55	80-140	36
2t 单臂自由锻	70	1100	2700	9-11	2-3	230×3	55×3	70-120	65
3t 单臂自由锻	125	1200（1400）	4000	11-12	2.5-3.5	230×4	75×4	65-120	95
4t 单臂自由锻	150	1400（1600）	4500	12-14	2.5-3.5	245×4	75（6极）×4	65-120	130
5t 单臂自由锻	180	1500（1700）	6000	12-14	2.5-4	245×5	75（6极）×5	60-100	180
6t 单臂自由锻	210	1600（1800）	7000	12-14	2.5-4	245×6	75（6极）×6	60-90	205

4.1.4 对击锤

4.1.4.1 概述

对击锤是指上下锤头以相等的能量相对击，实现锻打，亦称无钻座锤，它是为了克服有钻座锤振动大、钻座重、基础大等缺点而发展起来的一种模锻锤，适用于小批量模锻件生产。

4.1.4.2 工作原理

用机械或液压机构将上下锤连接起来，当上锤头在动力驱动下向下运动时，下锤头通过联动机构的传递向上运动，直至两个锤头相互碰撞，完成打击锻件动作。

对击锤有两种形式，一种是液压式，一种是气动式。由于液压系统的限制，液压式对击锤目前最大是 400kJ 规格，气动式对击锤不受此限制，目前世界上最大打击能量 1400kJ，相当于一台 5 万吨的压力机。

4.1.4.3 主要特点

主要特点如下：

（1）高度集成的动力头采用数控全液压驱动原理，真正实现无管化连接，基本无泄漏，高效、节能。

（2）多项安全措施、包括在线检测，确保安全、可靠。

（3）具有一般、数控两种能量控制方式，可任意变换、设定，操作简单。

（4）所用液压件 90% 为标准易购件，生产运行费用低。

4.1.4.4 技术参数

CDKA 系列数控全液压对击锤主要技术参数见表 4-1-12。

表 4-1-12 CDKA 系列数控全液压对击锤主要技术参数（江苏百协精锻机床有限公司 www.baixie.com.cn）

型 号	CDKA160	CDKA200	CDKA250	CDKA320	CDKA400
打击能量/kJ	160	200	250	320	400
上锤头质量/kg	18000	23000	29000	35000	48000
下锤头质量/kg	20000	25000	32000	39000	52000
上锤头打击行程/mm	630	700	700	700	700
下锤头打击行程/mm	630	700	700	700	700
打击频率/次·min^{-1}	50	50	45	45	40
主电机功率/kW	220	264	360	440	528

CDKA 系列数控全液压对击锤主要技术参数见表 4-1-13。

表 4-1-13 CDKA 系列数控全液压对击锤主要技术参数（海安县威仕重型机械有限公司 www.hawszj.com）

规 格	CDKA160	CDKA250	CDKA320	CDKA400
打击能量/kJ	160	250	320	400
当量参数/t	6	10	13	16
打击频率/次·min^{-1}	50	45	40	38
最大打击行程/mm	680	720	710	725
主机质量/t	112	180	240	320
主电机功率/kW	220	320	400	560
电制冷机功率/kW	23	38	46	46

CDK 系列机身微动数控液压对击锤主要技术参数见表 4-1-14。

表 4-1-14 CDK 系列机身微动数控液压对击锤主要技术参数（江苏百协精锻机床有限公司 www.baixie.com.cn）

型 号	CDK40	CDK63	CDK100
打击能量/kJ	40	63	100
锤头质量/kg	2200	3100	4500
打击行程/mm	500	600	640
打击频率/次·min^{-1}	60	60	60
电机功率/kW	75	2×55	2×75

4.2 机械压力机

机械压力机是指进行锻压工作的压力系统由电机带动曲柄-连杆机构、偏心轮、杠杆系统、凸轮、齿轮或其他机械传动装置所构成的压力机。工作平稳、工作精度高、操作条件好、生产效率高，易于实现机械化、自动化，适于在自动线上工作，是生产冲压零件、模锻件、冷挤压件、精密成型零件的主要设备，在数量上居各类锻压机械设备之首。一般可分为闭式单点、闭式双点、闭式四点、开式单点、开式双点、开式多点等类型。

4.2.1 闭式单点机械压力机

4.2.1.1 概述

闭式单点单动机械压力机是各种金属薄板成型零件必要的锻压设备之一，可用于板料零件冲裁、成型、弯曲、校正和浅拉伸等冲压工艺。适用于汽车、轨道车辆、农机、电机、轻工、航空、船舶、兵器、家用电器等工业领域使用。

4.2.1.2 工作原理

快速系列采用两级传动，低速级多数采用双边斜齿轮传动结构，传动平稳、受力均匀、噪声低；其离合器采用小惯量、刚性联锁的铜基粉末冶金摩擦离合器-制动器，无干涉、温升低、寿命长。标准系列压力机均采用三级传动，其中高速级齿轮传动采用人字齿轮，低速级采用直齿轮传动；其离合器采用小惯量的浮动块式摩擦离合器-制动器，优化了参数设计并采用合理的空气联锁控制系统，保证离合器与制动器在最佳的联锁下运行，动作灵敏可靠，温升低，比国内同类结构的离合器寿命大大延长。

过载保护装置采用进口的泵阀一体结构过载系统，动作灵敏可靠。润滑系统采用浓油自动定时定量的润滑系统，大型产品采用稀油自动循环润滑系统。电气控制采用 PLC 系统，工作可靠，各种动作符合标准要求。

4.2.1.3 主要结构

整机主要由机身、主传动、滑块、移动工作台、干式离合器、制动器、拉伸垫、润滑系统、液压空气管路及电气控制系统等组成。

机身采用组合式结构，底座、立柱、横梁为钢板焊接结构，采用方键定位、液压拉拔工艺预紧拉紧螺栓，保证机床有足够的刚度和精度保持性。

移动工作台可选用向前开出、向后开出、左右开出和"T"形移动等形式，用户可根据设备布置、单机或连续等具体状况自行选定。

拉伸垫采用可调式纯气气垫或液压气垫，并带有滞后锁紧机构和行程调节机构，用户可根据实际需要自行选定。

4.2.1.4 主要特点

机床总体结构为框架式，刚性好。滑块采用四面导轨，导向精度好。滑块内设有浓油垫，使机床在超负荷情况下免受损坏。采用机动浓油电控润滑，滑块设有上打料。该系列机床结构先进，设计合理，操作方便。

4.2.1.5 技术参数

闭式单点 E1S 1250-MB 机械压力机如图 4-2-1 所示。闭式单点机械压力机主要技术参数见表 4-2-1。

图 4-2-1 闭式单点 E1S 1250-MB 机械压力机

表 4-2-1 闭式单点机械压力机主要技术参数（JB/T 1647—2012）（中国第一重型机械集团公司 www.cfhi.com）

型　号		E1S				
公称力/t		800	800	1250	1600	2400
公称力行程/mm		13	20	20	20	20
滑块行程/mm		500	500	500	600	600
滑块行程次数 /次·min^{-1}	连续	10	10	10	10	10
	单次	7.5	7.5	7.5	7.5	7.5
	微动	1	1	1	1	1
最大装模高度/mm		700	900	900	950	1000
装模高度调节量/mm		315	500	500	450	500
工作台板尺寸/mm×mm		1900×1600	1900×1600	1800×1600	1900×1400	1900×1600
地面以上高度/mm		≤9200	≤9200	≤9900	≤9500	≤9900
立柱间距离 /mm	左右	2290	2290	2200	2300	2300
	前后	1800	1800	1800	1600	1800
主电机功率/kW		75	75	100	132	200
拉伸垫	能力/t	100	125	132	120	150
	行程/mm	0~250	0~250	0~250	0~250	0~250

江苏启力锻压机床有限公司制造的闭式单点压力机的主要技术参数见表 4-2-2。

表 4-2-2 闭式单点压力机主要技术参数（江苏启力锻压机床有限公司 www.jsqili.com）

项　目	单位	JA31-160C	JC31-250	JA31-400A	JS31-500
公称力	kN	1600	2500	4000	5000
公称力行程	mm	8	10	13	15
滑块行程	mm	160	200	250	250
滑块行程次数	次/min	32	28	25	25
最大装模高度	mm	385	460	530	530
装模高度调节量	mm	140	160	160	165
滑块底面尺寸（前后×左右）	mm	560×510	700×670	810×810	810×810
工作台板尺寸（前后×左右）	mm	790×710	900×850	1060×990	1060×990
工作台板厚度	mm	105	120	150	180
主电动机功率	kW	11	22	30	45
外形尺寸（前后×左右×地面高度）	mm	1625×2350×4210	2660×2740×4763	3100×3120×5948	3750×3160×6080
机床总质量	kg	13000	19200	38000	42500

大连千格科技有限公司制造的闭式单点压力机的主要技术参数见表 4-2-3。

表 4-2-3　闭式单点压力机主要技术参数（大连千格科技有限公司　www.tanjipu.cn.china.cn）

型号	公称压力/t	公称压力行程/mm	滑块行程次数/次·min⁻¹	最大装模高度/mm	工作台板尺寸（左右×前后）/mm×mm	气垫压紧力/t	地面以上高度/mm	滑块底面尺寸（前后×左右）/mm×mm	工作台垫板厚度/mm	电机 主电机	电机 总容量	电机 台数	净重/t	外形尺寸（长×宽×高）/mm×mm×mm	生产厂
J31-100	100	165	35	320	620×620		2780	300×360	125	7.5	7.5	1	4.83	1780×1670×2780	浙江绍兴机床厂
JC31-160B	160	8	32	370	800×800	16	4350	590×755	110	18.5	20	2	16	2380×1950×5045	荣成锻压机床厂
JC31-160	160	8、160	32	370	800×800	16	4350	590×755	110		17	1	16	2380×1950	济南第二机床厂
JA31-160D	160		32	385	710×790	16	4240	560×600		11	13.2		13.5		上海锻压机床厂
JA31-160A	160	11.6	22	375	710×790		4229	560×510	105	11	12.5	2	13.75	1583×2130×4375	北京锻压机床厂
JA31-160C	160		32	385	710×790	16	4210	560×600		11	13.2		12.5		上海锻压机床厂
JD31-250	250	10.4、315	20	490	1000×950	40	5775	850（前后）	140		30	1	31.3	2262×2070	济南第二机床厂
J31-250B	250	10.4、315	20	490	1000×950	6.3	5660	850×980	140		30	1	30.5	2262×2070	
J31-250B	250	10.4	20	490	1000×950		5660	850×980	140		30	1	30.5	2262×2070×5660	西安锻压机床厂
SS-250	250	10	30~40	500	900×1000	20	5082	900×800	160	22	22.12	2	23.4	2365×2899×2142	北京锻压机床厂
JA31-250B	250	11.5	28	560	830×900	20	5220	670×805	115	30	31.5	2	24.3	2343×1835×5625	荣成锻压机床厂
JD31-315	315	10.5、315	20	490	1100×1000	7.6	6620	960（前后）	140		30	1	35.8	2416×2520	
J31-315B	315	10.5、315	20	630	1100×1100	7.6	5820	960（前后）	140		30	1	35	2530×2300	
J31-315B	315	10.5	20	490	1100×1100		5820	960×910	140		30	1	35	2530×2300×5820	济南第二机床厂
JD31-400	400	13.5、400	20	550	1240×1200	7.6	6130	1000×1230	160		45	1	48.5	2530×2400	
J31-400B	400	13.2、400	20	550	1240×1200	7.6	6130	1000×1230	160		45	1	47	2400×2400	
JA31-630B	630	13、400	12	700	1700×1500	100	7294	1400（前后）	200		55	1	84.8	3040×4015	
JD31-630	630	13、400	12	700	1700×1500	100	7396	1400（前后）	200		55	1	96.7	3015×4050	
JA31-630B	630	13	12	700	1700×1500		7294	1400×1680	200	75	55	1	84.8	3040×4015×7294	西安锻压机床厂
JD31-800	800	13、500	10	700	1900×1600	125	8256	1500（前后）	200		75	1	117.5	3250×4330	济南第二机床厂
JS31-800	800	13	10	750	1600×1600	50~160	8.7	1500×9600		75	124				上海锻压机床厂
S1-1250/2	1250	13、500	10	800	1800×1600	150	9888	1500（前后）	250	100	1	1	218	3475×5570	
S1-1250/1	1250	13、500	10	950	1800×1600	150	9888	1500×1600	260	100	1	1	217.5	3475×5570	济南第二机床厂
S1-2000	2000	13、500	9	750	1800×1800	50	9200	1800×1800	300	132	1	1	264	5380×6400	
S1-2000/1	2000	13、500	9	800	1920×1800	50	9650	1800×1800	320	132	1	1	280	5380×6400	

J31 系列闭式单点单动机械压力机主要技术参数见表4-2-4。

表 4-2-4　J31 系列闭式单点单动机械压力机主要技术参数（荣成东源锻压机械有限公司　www.huaduan.com）

型　号	JD31-160	JD31-200	JB31-250A	JD31-315	JD31-315B	JD31-315E	JD31-400	JD31-400D	JD31-400E	JC31-500B	JD31-500B	JC31-500D	JD31-630B	JD31-800	JD31-1000	JD31-1250	JD31-1600	JD31-2000
公称力/kN	1600	2000	2500	3150	3150	3150	4000	4000	4000	5000	5000	5000	6300	8000	1000	12500	16000	20000
公称力行程/mm	8	10	10	10.5	10.5	10.5	13	12	10	10	10	13	13	13	13	13	13	13
滑块行程长度/mm	160	200	240	300	315	300	400	300	300	300	300	400	400	500	500	500	350	500
滑块行程次数/次·min^{-1}	32	32	25	25	20	25	20	25	28	24	25	17	14	10	10	10	12~26	9
最大装模高度/mm	420	450	500	500	500	500	550	550	600	650	680	650	700	850	800	1000	950	1000
装模高度调节量/mm	180	180	180	200	200	200	250	250	250	250	250	250	315	400	315	315	300	300
导轨间距离/mm	670	770		970	1090	970	1185	1064	1415	1600	1200	1234	1500	1680	1680	1910	1910	1800
滑块底面尺寸（前后×左右×厚度）/mm×mm×mm	700×810	800×760	850×980	920×1145	980×1265	920×1145	1000×1100	1100×1000	1100×1400	1100×1200	1100×1350	1210×1100	1400×1430	1500×1860	1500×1860	1500×1860	1600×1800	1800×1800
工作台板尺寸（前后×左右×厚度）/mm×mm×mm	800×800×110	900×900×125	1000×1000×140	1100×1120×150	1120×1250×150	1100×120×150	1100×1250×160	1200×1250×160	1250×1600×170	1200×1350×180	1200×1350×200	1300×1400×180	1500×1700×200	1600×1900×200	1600×1900×240	1600×1900×250	1600×1800	1800×1920×320
气垫 数量/个	1	1	1		1	1	1	1		1	1	1	1	1	1	1	1	1
气垫 压紧力/退出力（单个/kN）	160	200	200		250	250	300	300		300	300	300	1000/150	1250/180	1250/180	2000/250	550	2000/250
气垫 行程/mm	80	100	100		150	150	150	150		150	150	200	200	250	250	250	10~180	250
T形槽尺寸/mm	28	28	28	28	28	28	28	28	28	32	28	36	36	36	36	36	28	36
滑块打料行程/mm	50	70	95		70	150	70	70	70	70	70	100	90	120	120	130	150	150
主电机功率/kW	15	18.5	22		30	30	37	37	37	45	65		55	75	90	110	200	160
压力机底面以上高度/mm	4700	4820	4910		6000	6090	6350	5760	6150	6150	6050	6750	7400	7980	8200	9890	9890	10000
压力机外形尺寸（前后×左右）/mm×mm	2380×1650	2480×2100	2670×3140		3000×3110	2735×3400	3100×3290	2910×3090	2580×3500	3010×3900	2500×2540	3150×3360	3400×4050	3635×4040	3635×4140	3480×5570	5380×6300	5380×6400

闭式单点机械压力机典型应用见表4-2-5。

表 4-2-5　闭式单点机械压力机典型应用（中国第一重型机械集团公司　www.cfhi.com）

型　号　规　格	用　户　企　业
E1S800-MBC	安徽江淮汽车厂
E1S1250-MB	湖北第二汽车厂

4.2.2　闭式双点机械压力机

4.2.2.1　概述

闭式双点单动机械压力机是各种金属薄板成型零件必要的锻压设备之一，可用于板料零件冲裁、成型、弯曲、校正和浅拉伸等冲压工艺。适用于汽车、轨道车辆、农机、电机、轻工、航空、船舶、兵器、家用电器等工业领域使用。

4.2.2.2　工作原理

传动系统采用三级传动，优化设计传动系统，使从动惯量较老产品降低10%以上，从而降低离合器的能量消耗。高速级齿轮传动采用人字齿轮，低速级采用直齿轮传动；离合器采用小惯量的浮动镶块式摩擦离合器-制动器，采用优化参数设计方案以及合理的空气联锁控制系统，保证离合器与制动器在最佳的联锁下运行，动作灵敏可靠，不干涉，温升低，比国内同类结构的离合器寿命大大延长。

过载保护装置采用进口的泵阀一体结构过载系统，动作灵敏可靠。气垫采用单顶冠结构，顶出力大，同步性好，有的还可以带闭锁及行程调节功能。润滑系统采用稀油自动循环润滑系统，各种润滑故障检测报警装置齐全。电气控制采用PLC系统，工作可靠，各种动作符合标准要求。

4.2.2.3　主要结构

整机主要由机身、主传动、滑块、移动工作台、干式离合器、制动器、拉伸垫、润滑系统、液压空气管路及电气控制系统等组成。

机身采用组合式结构，底座、立柱、横梁为钢板焊接结构，采用方键定位、液压拉拔预紧拉紧螺栓，保证机床有足够的刚度和精度保持性。设有导套导柱结构，使传动系统完全封闭在横梁内，噪声低，外形美观；导套导柱还承受连杆工作时产生的侧向分力，对提高滑块的运行精度有良好的作用。

拉伸垫采用可调式纯气气垫或液压气垫，并带有滞后锁紧机构和行程调节机构，用户可根据实际需要自行选定。

4.2.2.4　主要特点

主要特点如下：

机身采用有线元分析；采用通用化、标准化、模块化设计；主要零部件采用通用部件；超刚性的全钢机身；高强度锻造曲柄轴；超长六面直角导轨，确保滑块的高精度和高稳定性；液压过载保护；滑块调整；滑块平衡装置；产品计数器；双手操作按钮站；机械凸轮开关；控制系统，配有PLC连锁，行程监控，制动角监控。

4.2.2.5　技术参数

闭式双点E2S5000-MB机械压力机如图4-2-2所示。闭式双点机械压力机主要技术参数见表4-2-6。

图4-2-2　闭式双点E2S5000-MB机械压力机

表4-2-6　闭式双点机械压力机主要技术参数（JB/T 1647—2012）（中国第一重型机械集团公司　www.cfhi.com）

型　号	E2S										
公称力/t	400		500	800	1000		1250	1600	4000	5000	
公称力行程/mm	13	20	13	25	13	13	20	20	20	25	25
滑块行程/mm	500	600	600	700	500	600	500	650	650	650	560（650）

型 号		E2S									
滑块行程次数 /次·min⁻¹	连续	7~14	7~15	8~16	8~16	10~16	10~16	10~16	10~16	10	7.5
	单次	10	10	10	10	5~10	5~10	5~10	5~10	6	5
	微动	1	1	1	1	3~6	3~6	1	1	3~5	1
最大装模高度/mm		1000	1200	1300	1200	1200	900	1200	1200	1200	1200
装模高度调节/mm		500	600	700	500	700	550	700	700	700	450	500
工作台板尺寸/mm×mm		2800×1600	3200×1800	2750×1500	4000×1600	4000×1600	4000×1600	4000×1600	4000×1600	4000×1600	10000×1800	12000×1800
地面以上高度/mm		≤8500	≤8500	≤8100	≤9010	≤9010	≤8290	≤7980	≤8440	≤9300	≤12860	≤11240
立柱间距离 /mm	左右	2890	3490	3050	4390	4400	4100	4400	4400	4400	9680	11300
	前后	1800	2000	1700	1850	2000	1800	2000	2000	2000	2500	2500
主电机功率/kW		45	75	75	110	132	110	160	200	250	315	315
拉伸垫	能力/t	80	80	120	150	150	200	150	150	150	800	800
	行程/mm	0~250	0~250	0~250	0~250	0~250	0~280	0~250	0~250	0~250	0~250	0~250

J35 系列半闭式双点机械压力机主要技术参数见表 4-2-7。

表 4-2-7 J35 系列半闭式双点机械压力机主要技术参数（荣成东源锻压机械有限公司 www.huaduan.com）

型 号	J35-200	J35-250	J35-300Z	J36-350	JA36-400
公称力/kN	2000	2500	3000	3500	4000
公称力行程/mm	7	7	6	10	11
滑块行程长度/mm	160	170	200	170	170
滑块行程次数/次·min⁻¹	35~60	25~55	50~70	15~33	15~33
最大装模高度/mm	425	450	570	500	500
装模高度调节量/mm	100	120	100	150	150
滑块底面尺寸（前后×左右）/mm×mm	2520×800	2100×700	1300×1065	1800×1000	2800×800
工作台板尺寸（前后×左右）/mm×mm	2520×800	2400×920	1400×1065	3300×1250	3400×1000
两侧面开口尺寸（宽×高）/mm×mm	700×620	940×630	1000×940	1280×780	1030×780
底面到工作台高度/mm	1000	1100	950	1000	1000
主电机功率/kW	37	30	37	55	55
外形尺寸（前后×左右×地面高度）/mm×mm×mm	3866×2343×4384	3040×2393×4559	2300×2870×4351	3900×3600×4500	3300×2950×4550
气源压力/MPa	0.55	0.55	0.55	0.55	0.55

J36 系列闭式双点单动机械压力机技术参数（固定台）见表 4-2-8。

表 4-2-8 J36 系列闭式双点单动机械压力机技术参数（固定台）（荣成东源锻压机械有限公司 www.huaduan.com）

型 号	JD36-160C	JH36-250F	JH36-250G	JD36-315	JC36-400B	JC36-400C	JH36-400D	JH36-400F	JH36-400G	JH36-500	JH36-630
公称力/kN	1600	2500	2500	3150	4000	4000	4000	4000	4000	5000	6300
公称力行程/mm	11	11	11	12	13	13	13	13	13	13	13
滑块行程长度/mm	315	400	400	400	400	400	400	400	400	500	500
滑块行程次数/次·min⁻¹	25	17	17	16	16	16	16	16	16	14	12
最大装模高度/mm	670	700	700	700	750	750 (900)	900	900	1000	900	1000
装模高度调节量/mm	250	250	350	250	350	350	400	400	400	400	400
导轨间距离/mm	1820	2560	2840	2600	2620	2850	2620	3050	3300	3320	3320
滑块底面尺寸（前后×左右）/mm×mm	1050×1940	1250×2710	1300×2960	1300×2600	1400×2780	1400×2980	1400×2750	1800×3180	1600×3430	1500×3520	1500×3520

型 号		JD36-160C	JH36-250F	JH36-250G	JD36-315	JC36-400B	JC36-400C	JH36-400D	JH36-400F	JH36-400G	JH36-500	JH36-630
工作台板尺寸（前后×左右×厚度）/mm×mm×mm		1250×2000×140	1290×2770×160	1500×3000×170	1500×2780×180	1600×2780×170	1600×3000×200	1600×2780×200	1800×3200×200	1700×3450×200	1700×3450×200	1700×3450×210
气垫	数量/个	单顶冠	单顶冠	单顶冠	单顶冠	单顶冠	单顶冠	单顶冠	单顶冠	单顶冠	单顶冠	单顶冠
	压紧力/退出力（单个/kN）	250	400	400	400		730	600	800	800	800	1000
	行程/mm	150	200	200	200		200	200	200	200	200	240
T形槽尺寸/mm		28	28	28	28	28	28	32	28	28	36	36
主电机功率/kW		18.5	30	30	37	45	45	45	45	45	55	75
压力机底面以上高度/mm		5000	5530（5735）	5735	5800	6145	6010	6755	6615	6720	7300	7600
压力机外形尺寸（前后×左右）/mm×mm		2105×2970	2200×4640	2400×5110	2400×4700	2460×4556	2630×4780	2630×4900	2830×5320	2700×5680	3500×6000	3500×6000

注：以上产品随机提供的气垫均为纯气式气垫，不带闭锁，行程不可调。

闭式双点机械压力机典型应用见表 4-2-9。

表 4-2-9 闭式双点机械压力机典型应用（中国第一重型机械集团公司 www.cfhi.com）

型号规格	用户企业
E2S400-MBC	安徽江淮汽车厂
E2S1000-MBC	安徽江淮汽车厂
E2S1250-MBC	江铃汽车股份有限公司
E2S1600-MBC	江铃汽车股份有限公司
E2S1000-MBC	江铃汽车股份有限公司
E2S800-MBC	江铃汽车股份有限公司
E2S5000-MB	江铃汽车股份有限公司
E2S5000-MB	江铃汽车股份有限公司
E2S4000-MB	一汽哈尔滨轻型汽车有限公司
E2S5000-MB	庆铃汽车股份有限公司
E2S800-MB	山东诸城市恒信基汽车部件有限公司
E2S400-MB	山东诸城市恒信基汽车部件有限公司

4.2.3 闭式四点机械压力机

4.2.3.1 概述

闭式四点单动机械压力机是各种金属薄板成型零件必要的锻压设备之一，可用于板料零件冲裁、成型、弯曲、校正和浅拉伸等冲压工艺。适用于汽车、轨道车辆、农机、电机、轻工、航空、船舶、兵器、家用电器等工业领域使用。

4.2.3.2 工作原理

机械压力机工作时，由电动机通过三角皮带驱动大皮带轮（通常兼作飞轮），经过齿轮副和离合器带动曲柄滑块机构，使滑块和凸模直线下行。锻压工作完成后滑块回程上行，离合器自动脱开，同时曲柄轴上的制动器接通，使滑块停止在上止点附近。

每个曲柄滑块机构称为一个"点"。最简单的机械压力机采用单点式，即只有一个曲柄滑块机构。有的大工作面机械压力机，为使滑块底面受力均匀和运动平稳而采用双点或四点的。

机械压力机的载荷是冲击性的，即在一个工作周期内锻压工作的时间很短。短时的最大功率比平均功率大十几倍以上，因此在传动系统中都设置有飞轮。按平均功率选用的电动机启动后，飞轮运转至额定转速，积蓄动能。凸模接触坯料开始锻压工作后，电动机的驱动功率小于载荷，转速降低，飞轮释放出积蓄的动能进行补偿。锻压工作完成后，飞轮再次加速积蓄动能，以备下次使用。

机械压力机上的离合器与制动器之间设有机械或电气联锁，以保证离合器接合前制动器一定松开，制动器制动前离合器一定脱开。机械压力机的操作分为连续、单次行程和寸动（微动），大多数是通过控制离合器和制动器来实现的。滑块的行程长度不变，但其底面与工作台面之间的距离（称为封密高度），可以通过螺杆调节。

生产中，有可能发生超过压力机公称工作力的现象。为保证设备安全，常在压力机上装设过载保护装置。为了保证操作者人身安全，压力机上面装有光电式或双手操作式人身保护装置。

4.2.3.3 主要结构

整机主要由机身、主传动、滑块、移动工作台、干式离合器、制动器、拉伸垫、润滑系统、液压空气管路及电气控制系统等组成。

移动工作台可选用向前开出、向后开出、左右开出和"T"形移动等形式，用户可根据设备布置、单机或连续等具体状况自行选定。

拉伸垫采用可调式纯气式气垫或液压气垫，并带有滞后锁紧机构和行程调节机构，用户可根据实际需要自行选定。

4.2.3.4 主要特点

主要特点如下：

d-FMAE 分析；采用通用化、标准化、模块化设计；主要零部件采用通用部件；多连杆传动（八杆或六杆）；杆系统经 CAD 优化设计；大件采用有限元分析；大件采用全钢焊接结构；具有高刚性、高精度、高稳定性；高速级传动采用人字齿轮；八面直角超长导轨导向；采用专用的离合器制动器。

4.2.3.5 技术参数

闭式四点 L4S2500-MBC 机械压力机三维模型如图 4-2-3 所示。闭式四点机械压力机基本参数（JB/T 1647—2012）见表 4-2-10。

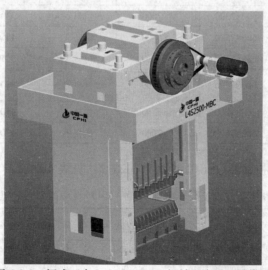

图 4-2-3　闭式四点 L4S2500-MBC 机械压力机三维模型

表 4-2-10　闭式四点机械压力机基本参数（JB/T 1647—2012）（中国第一重型机械集团公司　www.cfhi.com）

型　号		E4S						L4S					
公称力/t		500	630	800	1000	1300	2400	1000	1300	1600	2000	2250	2400	2500
公称力行程/mm		13	13	13	20	13	13	13	13	13	13	13	13	13
滑块行程/mm		750	1000	1100	700	1200	900	1000	800	1000	1200	1200	1100	1300	1350
滑块行程次数 /次·min^{-1}	连续	10~16	8~18	8~20	7~15	7~22	10~18	10~18	7~16	8~18	8~20	8~18	8~18	10~20	12~18
	单次	10	12	14	10	8~14	9	9	10	12	14	12	8~12	8~12	8~12
	微动	3~6	3~5	3~7	1	3~6	1	1	3~6	3~6	3~6	3~7	3~6	3~5	1

型 号		E4S								L4S					
最大装模高度/mm		1300	1400	1450	1300	1600	1600	1800	1300	1300	1450	1500	1400	1400	1650
装模高度调节量/mm		500	700	750	600	800	800	800	600	600	700	800	750	600	700
工作台板尺寸 /mm×mm		3600× 2000	4000× 2200	4600× 2500	4500× 2500	4600× 2500	4600× 2500	5000× 2500	3800× 2000	4000× 2200	4600× 2500	5000× 2600	4600× 2600	4600× 2500	5000× 2500
地面以上高度/mm		9290	8260	9930	8590	11710	9380	11190	9090	10500	11040	11250	10970	11770	11850
立柱间距 /mm	左右	4000	4400	5100	5000	5100	5000	5500	4200	4400	4500	5500	5100	5100	5500
	前后	2200	2400	2900	2700	2900	2700	2700	2200	2400	2400	2800	2800	2900	2900
主电机功率/kW		75	90	160	132	200	180	321	160	200	355	400	400	400	500
拉伸垫	能力/t	150	150	200	250	250	250	400	250	300	320	400	420	420	500
	行程/mm	0~250	0~250	0~300	0~300	0~300	0~300	0~350	0~300	0~300	0~300	0~350	0~350	0~350	0~350

闭式四点机械压力机主要技术参数（JB/T 1647—2012）见表 4-2-11。

表 4-2-11 闭式四点机械压力机主要技术参数（JB/T 1647—2012）（中国第一重型机械集团公司 www.cfhi.com）

压力机生产线	工作台台面 /mm×mm	压力机间距/mm	联线形式	整线长/mm	整线宽/mm	用户企业
L4S2400+4×E4S1000 自动生产线 带全线封闭降噪	4600×2500	4×6500	机器人	48000	25000	江铃汽车
L4S2500-MBC 试模落料自动生产线	5000×2500		机器人	20500	13000	江铃汽车
L4S2000+2×E4S1000+2×E4S800	4600×2500	4×6500	机械手	48000	27000	安徽江淮汽车厂
E2S5000-MB 纵梁生产线	12000×1800		机器人	41030	13000	江铃汽车
L4S1600+1×E4S1000+2×E4S800 带全线封闭降噪	4000×2200	3×6600	倒挂机器人	47000	18900	湖南吉利汽车
L4S2250+2×E4S1000+1×E4S800	4600×2600	3×6500	机械手	47000	25100	四川汽车
L4S2000+1×E4S1000+2×E4S800	4600×2500	3×7000	预留机器人	33000	21000	重庆银翔汽车
L4S2000+2×E4S1000+2×E4S800	4600×2500	4×6500	机器人	48500	20800	东风柳州汽车
L4S2250+4×E4S1000	4600×2600	4×7000	机械手	50500	26600	辽宁曙光汽车
PS4S2500（伺服）+3×E4S1000 带全线封闭降噪	5000×2600	3×6600	倒挂机器人	48000	27000	安徽江淮汽车厂
L4S1600+3×E4S800	4200×2200	3×6500	机器人	45000	25000	湖南吉利汽车
L4S2000 +1×E4S1000+2×E4S800	4600×2600	3×7000	机械手	47000	20000	合肥昌河汽车

闭式四点机械压力机主要技术参数（JB/T 1647—2012）见表 4-2-12。

表 4-2-12 闭式四点机械压力机主要技术参数（JB/T 1647—2012）（中国第一重型机械集团公司 www.cfhi.com）

压力机生产线	工作台台面 /mm×mm	压力机间距/mm	联线形式	整线长/mm	整线宽/mm	用户企业
L4S1300+4×E4S630 带全线封闭	3400×2000	3×6500	机器人	60000	23400	保定长城汽车
L4S2000+1×E4S1000+2×E4S800	4600×2500	3×7000	机器人	50000	20000	北汽株洲汽车
4×E4S1000-MB	4500×2130	3×7000	机器人	36000	25000	武汉神龙汽车
L4S2400+4×E4S1000	4600×2500	8000+3×7500	机器人	52000	20000	安徽江淮汽车厂
L4S2000+2×E4S1000+2×E4S800	4600×2500	10000+3×9500	机器人	50000	16000	安徽江淮汽车厂
L4S1000+E4S630+2×E4S500	3600×2000	3×6500	手工	35000	17000	合肥昌河汽车
E2S1250+E2S1600+E2S1000+2×E2S800	4000×1600	3×8500+9500	手工	47000	16300	江铃汽车
L4S2000+E4S1000+3×E4S800	4600×2500	4×7500	手工	42500	22000	山东时风汽车
L4S1600+E4S800+2×E4S630	4000×2000	3×7500	手工	35000	21000	山东时风汽车
L4S1300+3×E4S630	4000×2200	3×7000	机械手	31500	20000	天津夏利汽车
E4S2400+E4S1300+2×E4S1000	5000×2500	8000+2×7500	机器人	45500	21000	天津汽车模具厂
L4S1600+E4S1000+2×E4S800	4000×2000	3×6600	机器人	47000	23500	安徽江淮汽车厂

闭式四点单动（多连杆）机械压力机主要技术参数见表 4-2-13。

表 4-2-13　闭式四点单动（多连杆）机械压力机主要技术参数（荣成东源锻压机械有限公司　www.huaduan.com）

型　号	LS4-500	LS4-600A	LS4-800F	LS4-1000
公称力/kN	5000	6000	8000	10000
公称力行程/mm	13	25	13	13
滑块行程长度/mm	750	850	800	800
滑块行程次数/次·min⁻¹	10~15	12	16	16
最大装模高度/mm	1220	1200	1400	1400
装模高度调节量/mm	660	500	500	500
工作台板尺寸（前后×左右）/mm×mm	1900×3100	1900×3100	2200×4000	2500×4600
滑块底面尺寸（前后×左右）/mm×mm	1900×3100	1900×3100	2200×4000	2400×4600
导轨间距离/mm	3180	3178	4010	4560
压紧力/退出力（单个/kN）	1200	1500/750	2000	2000
气垫数量/个	单顶冠	单顶冠	2（单顶冠）	单顶冠
行程/mm	0~300	0~250	0~300	0~300
滑块形式	气动			
打料杆行程/mm	220			
主电机功率/kW	110	160	180	160
压力机地面以上高度/mm	8936	10035	11000	9760
压力机外形尺寸（前后×左右）/mm×mm	5700×6100	5490×7465	6360×7625	6400×7795

闭式四点单动（多连杆）机械压力机主要技术参数见表 4-2-14。

表 4-2-14　闭式四点单动（多连杆）机械压力机主要技术参数（荣成东源锻压机械有限公司　www.huaduan.com）

型　号	LS4-1200D	LS4-1300	LS4-1500A	LS4-1600A	LS4-1800	LS4-25/250
公称力/kN	12000	13000	15000	16000	18000	22500
公称力行程/mm	13	13	13	13	13	13
滑块行程长度/mm	800	800	1000	1000	1000	1000
滑块行程次数/次·min⁻¹	8~14	10~15	7~18	8~16	10~20	8~18
最大装模高度/mm	1300	1220	1450	1400	1500	1550
装模高度调节量/mm	660	660	660	600	500	750
工作台板尺寸（前后×左右）/mm×mm	2400×4000	2200×4000	2500×4600	2400×4600	2500×4500	2400×4600
滑块底面尺寸（前后×左右）/mm×mm	2400×4000	2200×4000	2500×4600	2400×4600	2500×4500	2400×4600
导轨间距离/mm	4110	4080	4730	4730	4590	2600
压紧力/退出力（单个/kN）	2800	2400	3500	3000	3000	900~4500
气垫数量/个	2（单顶冠）	2（单顶冠）	2（单顶冠）	单顶冠	单顶冠	单顶冠
行程/mm	0~300	0~350	0~300	0~300	0~250	0~300
滑块形式	气动		上气垫			
打料杆行程/mm	120		160			
主电机功率/kW	220	250	280	280	350	400

型 号	LS4-1200D	LS4-1300	LS4-1500A	LS4-1600A	LS4-1800	LS4-25/250
压力机地面以上高度/mm	11000	10500	12000	10880	11000	10500
压力机外形尺寸（前后×左右）/mm×mm	6700×7725	6600×7725	7000×8195	7000×8200	8850×7400	8720×8790

闭式四点机械压力机典型应用见表 4-2-15。

表 4-2-15 闭式四点机械压力机典型应用（中国第一重型机械集团公司 www.cfhi.com）

型 号 规 格	用 户 企 业	型 号 规 格	用 户 企 业
L4S2400-MB	安徽江淮汽车厂	E4S800-MB	安徽江淮汽车厂
L4S1000-MBC	安徽江淮汽车厂	E4S1000-MB	武汉神龙汽车
L4S1600-MB	安徽江淮汽车厂	E4S1000-MB	北京汽车
L4S2000-MB	北京汽车	E4S800-MB	北京汽车
L4S1300-MB	保定长城汽车	E4S600-MB	保定长城汽车
L4S2000-MB	湖南吉利汽车	E4S1000-MB	湖南吉利汽车
L4S1600-MB	宁波吉利汽车	E4S800-MB	湖南吉利汽车
L4S1300-MB	天津夏利汽车	E4S800-MB	山东诸城汽车
L4S1600-MB	山东时风汽车	E4S630-MB	天津夏利汽车
L4S2250-MBC	辽宁曙光汽车	E4S1000-MB	合肥昌河汽车
L4S2000-MB	合肥昌河汽车	E4S800-MB	合肥昌河汽车
L4S1000-MB	合肥昌河汽车	E4S630-MB	合肥昌河汽车
L4S2000-MB	重庆银翔汽车	E4S500-MB	合肥昌河汽车
L4S2250-MB	四川汽车	E4S1000-MB	重庆银翔汽车
L4S1200-MB	四川汽车	E4S800-MB	重庆银翔汽车
L4S1600-MF	吉利汽车	E4S2400-MB	天津汽车模具厂
L4S2000-MB	东风柳汽	E4S1300-MB	天津汽车模具厂
L4S2500-MB	江铃汽车	E4S1000-MB	天津汽车模具厂
E4S600—MBC	安徽江淮汽车厂	E4S500-MB	四川汽车
E4S1000-MB	安徽江淮汽车厂		

4.2.4 开式单点机械压力机

4.2.4.1 概述

开式压力机也称冲床，应用最为广泛。开式压力机多为立式，机身呈 C 形，前、左、右三面敞开。

4.2.4.2 工作原理

开式压力机一般指曲柄压力机，是采用机械传动的锻压机械，通过传动系统把电动机的运动和能量传给工作机构，从而使坯料获得确定的形状。

4.2.4.3 结构特点

结构简单、操作方便、机身可倾斜某一角度，以便冲好的工件滑下落入料斗，易于实现自动化。但开式机身刚性较差，影响制件精度和模具寿命，仅适用于 40~4000kN 的中小型压力机。

4.2.4.4 技术参数

开式单点压力机主要技术参数见表 4-2-16。

表 4-2-16　开式单点压力机主要技术参数（大连千格科技有限公司　www. tanjipu. cn. china. cn）

产品名称	型号	公称压力/t	公称压力行程/mm	滑块行程次数/次·min⁻¹	最大装模高度/mm	工作台板尺寸（左右×前后）/mm×mm	地面以上高度/mm	滑块底面尺寸（前后×左右）/mm×mm	电机 主电机	电机 总容量	电机 台数	净重/t
开式单点压力机	J21-160M	160	6	40~80	350	1170×600	3100	580×700		11	1	16
	J21-200M	200	6	35~70	410	1400×680	3620	650×880		15	1	21

4.2.5　开式双点机械压力机

4.2.5.1　概述

开式双点压力机是用于大型坯料冲压及浅拉伸的压力机，亦可用于级进模式或其他多工位模具对复杂零件进行成型加工。

4.2.5.2　主要特点

主要特点如下：

（1）全钢机身、刚性好。

（2）超长六面直角导轨，确保滑块的高精度和高稳定性。

（3）液压过载保护，能实现紧急停车，保护模具及防止压力机损坏。

（4）设有滑块平衡装置。

（5）控制系统，配有 PLC 联锁，行程监控，制动角监控。

4.2.5.3　技术参数

J25 系列开式双点压力机主要技术参数见表 4-2-17。

表 4-2-17　J25 系列开式双点压力机主要技术参数（荣成东源锻压机械有限公司　www. huaduan. com）

型　号	J25-80	J25-110	J25-160	J25-200	J25-250	J25-315	J25-400
公称力/kN	800	1100	1600	2000	2500	3150	4000
公称力行程/mm	4.5/2.5	5/3	6/3	7/4	7/4	7/4	8
滑块行程长度/mm	160/90	180/110	200/130	230/150	250/180	250/180	250
滑块行程次数/次·min⁻¹	40~75/50~90	35~65/45/90	30~50/35~65	25~45/30~55	20~40/30~50	20~40/30~50	20~30
最大装模高度/mm	380/415	400/435	450/485	500/540	550/585	550/585	550
装模高度调节量/mm	80	90	100	110	120	120	120
喉口深度/mm	310	350	390	430	470	470	470
立柱间距离/mm	1350	1470	1610	1960	2310	2130	2330
滑块底面尺寸（前后×左右）/mm×mm	1200×460	1360×520	1500×580	1850×650	2100×700	2100×700	2300×850
工作台板尺寸（前后×左右）/mm×mm	1650×600	1880×680	2040×760	2420×840	2700×920	2700×700	2900×920
外形尺寸（前后×左右）/mm×mm	1850×2080×2990	2050×2220×3150	2250×2460×3360	2670×2610×4200	2950×2840×4700	2930×2960×4810	3100×3400×4800
主电机功率/kW	11	15	22	22	30	37	45

4.2.6　平锻机

平锻机从运动原理上属于曲柄压力机，但其做功部分是水平往复运动，是水平方向镦锻长棒料和长管料的端部的锻压机械。平锻机由 3 种运动机构组成：（1）在水平方向做往复运动的凸模（冲头）；（2）用以夹持棒料，可上下方向或横向开合的活动凹槽；（3）用以将锻件从长棒料上分离的切断机构。根据凹槽的分模面位置，平锻机可分为垂直分模和水平分模两类。

4.2.6.1　垂直分模平锻机

垂直分模平锻机是成批或大量生产带杆盘类件的锻造设备，采用垂直分模，具有较高的生产率和材料利用率，可在几个模腔内进行连续的镦粗、卡锻、穿孔、冲孔、切边、切断、弯曲、压扁等工序，亦可镦粗棒料、管材的头部。其机械图如图 4-2-4 和图 4-2-5 所示。

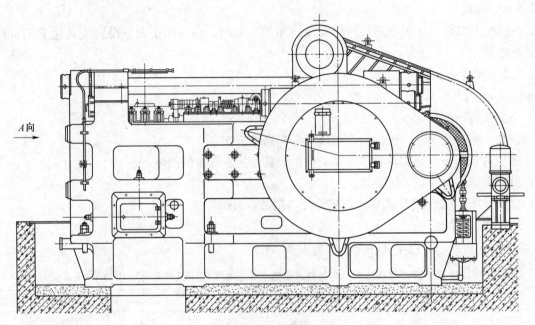

A 向

图 4-2-4　垂直分模平锻机主视图

A 向

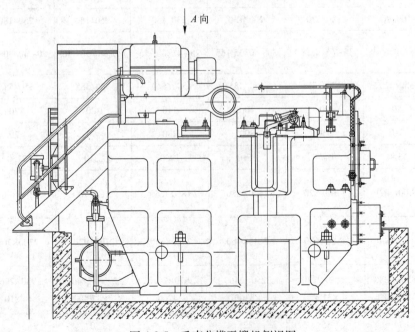

图 4-2-5　垂直分模平锻机侧视图

（1）主要结构。平锻机主要由机座、主滑块、夹紧机构、挡料机构、曲轴连杆工作机构、传动机构、离合器与制动器控制系统、气动装置、润滑系统、电气部分组成。

平锻机的操纵系统采用电气和压缩空气联合控制的方式，电气控制采用继电器、接触器形式，完成平锻机的单次和调整功能。

（2）主要特点。

1）设备刚度大；

2）行程固定；

3）锻件在长度方向尺寸稳定性好；

4）振动小，不需要庞大的基础；

5）操作性差，不易实现自动化。

（3）技术参数。CD系列垂直分模平锻机主要技术参数见表4-2-18。

表4-2-18　CD系列垂直分模平锻机主要技术参数（中国第一重型机械集团公司　www.cfhi.com）

型　　号		CD500	CD800	CD1250	CD2000
公称压力/t		500	800	1250	2000
主滑块行程/mm		280	380	460	610
夹紧滑块行程/mm		125	160	220	312
夹紧模闭合后主滑块有效行程/mm		190	250	310	340
夹紧模开启前主滑块返回行程/mm		30	130	170	140
滑块每分钟行程次数		45	33	27	25
电机功率/kW		30	55	115	155
所需空气压力/MPa		3.5	3.5	3.5	3.5
凹模尺寸/mm	长	450	550	700	850
	宽	180	210	260	320
	高	435	660	820	1030
主滑块在最前位时，前边缘与夹紧模间距离/mm		110	175	180	230
送料窗口尺寸/mm	高	410	610	780	980
	宽	150	190	265	330
机器外形尺寸/mm	长	4845	5215	6345	8620
	宽	3015	3931	3930	5185
	高	2350	3041	3680	4140
机器地面上高度/mm		1985	2296	3000	3140
机器总质量/t		41	82	132	257

CD系列垂直分模平锻机的典型应用见表4-2-19。

表4-2-19　CD系列垂直分模平锻机的典型应用（中国第一重型机械集团公司　www.cfhi.com）

型　　号	用　　户
CD500	出口国家：朝鲜、巴基斯坦 国内：洛阳轴承厂、北京轴承厂、长冶轴承厂、包头第一机械厂、甘肃物资局等数十家单位
CD800	出口国家：朝鲜、罗马尼亚 国内：洛阳轴承厂、长冶轴承厂、长春汽车厂、青海农机厂、洛阳431厂、包头第一机械厂等
CD1250	洛阳拖拉机厂、长冶轴承厂、哈拖配件厂
CD2000	长春汽车厂、成都无缝钢管厂

4.2.6.2　水平分模平锻机

水平分模平锻机同垂直分模平锻机一样是成批或大量生产带杆盘类件的锻造设备，可将棒料用局部镦锻的方法锻造成形状复杂、尺寸精确的锻件，节约金属，生产率高。由于采用在水平面分模，易于实现机械化和自动化。

（1）主要结构。平锻机主要由机架、滑块、夹紧机构、挡料机构、曲轴连杆工作机构、齿轮传动机构、离合器与制动器控制系统、润滑装置、电机装置、电气部分组成。其机械图如图4-2-6和图4-2-7所示。

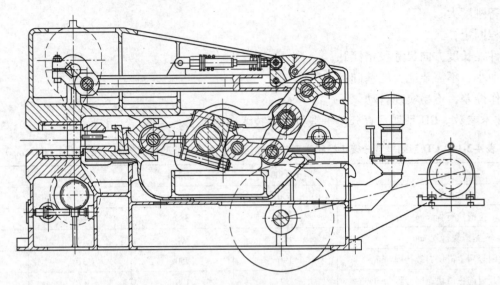

图 4-2-6　水平分模平锻机主视图

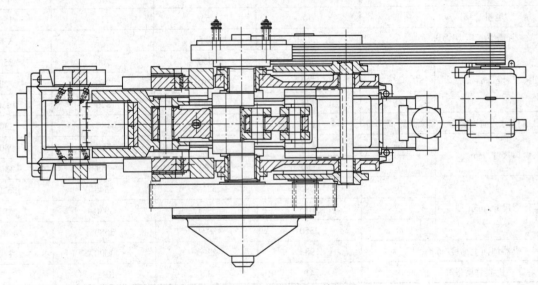

图 4-2-7　水平分模平锻机俯视图

（2）主要特点。

1）设备刚度大；

2）行程固定；

3）锻件在长度方向尺寸稳定性好；

4）振动小，不需要庞大的基础；

5）操作性好，可采用PLC可编程控制，实现自动化。

（3）技术参数。水平分模平锻机主要技术参数见表4-2-20。

表 4-2-20　水平分模平锻机主要技术参数（中国第一重型机械集团公司　www.cfhi.com）

型　　号	SH315	SH450	SH630	SH900	SH1250	SH1600
公称压力/t	315	450	630	900	1250	1600
夹模开口度/mm	120	135	146	184	205	235

型　号		SH315	SH450	SH630	SH900	SH1250	SH1600
主滑块行程/mm		290	330	360	420	480	540
夹紧模闭合后主滑块的有效行程/mm		150	170	190	215	245	280
夹紧模开启前主滑块返回行程/mm		80	95	100	108	130	127
模具尺寸/mm	长	330	400	450	530	600	670
	宽	380	450	530	600	680	760
	高	290	340	380	440	500	560
主滑块在最前位置时其前边缘与夹紧模间距离/mm		110	25	120	180	210	125
主滑块行程次数/次·min⁻¹		55	45	35	32	28	25
主电机	功率/kW	17	45	55	70	90	110
	转速/r·min⁻¹	1365	1480	720	725	1450	1484
机器外形尺寸/mm	长	4791	5276	6120	5460	6550	8400
	宽	2166	2500	3076	3290	3900	4450
	高	2142	2786	3088	4000	4200	4520
地面以上高度/mm		2067	2214	2600	2680	3100	3250
压缩空气工作压力/MPa		0.55	0.55	0.55	0.55	0.55	0.55
机器总质量/t		22	36	52	83	124	158

水平分模平锻机的典型应用见表 4-2-21。

表 4-2-21　水平分模平锻机的典型应用（中国第一重型机械集团公司　www.cfhi.com）

设备型号	用　户
SH315	二汽、哈尔滨车辆厂、石家庄车辆厂、大庆油田机械总厂、西安车辆厂、宁波汽车拖拉机工业公司、山东龙口工具厂、乌兹别克斯坦（出口）等
SH450	二汽、大庆油田抽油杆有限公司、哈尔滨东安发动机厂、辽河油田、铁岭中油、延安嘉盛、包头一机等
SH630	二汽、东北输油管理局、昂昂溪电机厂、大庆油田采油厂、杭州万向、北京北方车辆集团、山东九环石油机械有限公司等
SH900	二汽、长春一汽、山西翼城5439厂等
SH1250	西安航空发动机公司、湖北链源锻造厂、柳州汽车厂等
SH1600	许昌中兴锻造有限公司

4.2.7　开式可倾压力机

4.2.7.1　概述

开式可倾压力机属于薄板冲压的通用压力机，压力机机身可以倾斜以便于冲压成品或废料从模具上滑下，配备自动上料机构后，可进行半自动冲压工作。适用于各种冷冲压工艺，如剪切、冲孔、落料、弯曲和浅拉伸等用途。

4.2.7.2　工作原理

将曲柄摇杆机构演化为往复移动的滑夹，替代了摇杆，属于曲柄滑块工作机构。滑块每分钟移动的次数及运动曲线是固定不变的。

4.2.7.3　主要特点

主要特点如下：

(1) 通用性强。

(2) 精度高。

(3) 便于操作。

(4) 易实现半自动化冲压作业。

4.2.7.4　技术参数

J23 系列开式可倾压力机技术参数见表 4-2-22。

表 4-2-22　J23 系列开式可倾压力机技术参数（北京市巨星锻压机床厂　www.jxdyjc.com）

型　号	J23-10	J23-16	J23-25	J23-40	J23-63	J23-80	J23-100	J23-125	J23-160	J23-200	J23-250
公称力/kN	100	160	250	400	630	800	1000	1250	1600	2000	2500
公称力行程/mm	4	5	5	6	8	9	10	10	6		
滑块行程/mm	60	55	80	120	120	130	140	140	160	145	145
行程次数/次·min^{-1}	145	125	60	55	50	45	38	38	40	38	38
最大装模高度/mm	130	160	180	220	270	290	320	320	350	420	410
装模高度调节器/mm	35	45	70	80	80	100	100	100	110	100	100
滑块中心线至机身距离/mm	130	160	210	260	260	270	380	380	380	400	400
工作台板尺寸（前后×左右）/mm×mm	24×360	300×450	400×600	480×710	480×710	520×860	710×1100	720×1200	740×1300	780×1250	780×1300
工作台板落料孔尺寸（上孔直径×深度×下孔直径）/mm×mm×mm	ϕ120×20×ϕ100			ϕ220×25×ϕ180	ϕ200×45×ϕ180	ϕ200×45×ϕ180	ϕ260×50×ϕ220	ϕ260×50×ϕ220	ϕ300×50×ϕ260	ϕ300×50×ϕ260	ϕ300×50×ϕ260

4.2.8　深喉颈压力机

深喉颈压力机是加大喉颈深度的开式固定台压力机，冲压工件时，板料不用掉头即可一次冲压成型，广泛适用于大板料的冲压加工，机身强度和刚度都很高，工作台分固定式和移动式。

固定工作台式深喉口压力机采用斜齿轮传动，传动平稳，噪声小，离合器采用刚性转键式离合器，操作灵活，使用可靠。

移动工作台的压力机，主要是前移式，它的控制系统更加先进，利用 PLC 及触摸屏传感器等，可实现装模高度和气垫行程的数字化自动调整，也可实现气垫力、平衡器的平衡力大小的数控化自动调整等多种先进技术。

J21S 系列固定台式压力机主要技术参数见表 4-2-23。

表 4-2-23　J21S 系列固定台式压力机主要技术参数（北京市巨星锻压机床厂　www.jxdyjc.com）

型　号	J21S-10	J21S-16	J21S-25	J21S-40	J21S-63	J21S-80	J23-100	J23-125
公称力/kN	100	160	250	400	630	800	1000	1250
公称力行程/mm	2	2	2.5	4	4	5	6	6
滑块行程/mm	60	70	80	120	120	130	140	140
行程次数/次·min^{-1}	145	125	60	55	50	45	38	38
最大装模高度/mm	130	170	180	220	270	290	320	320

型　号	J21S-10	J21S-16	J21S-25	J21S-40	J21S-63	J21S-80	J23-100	J23-125
装模高度调节器/mm	35	45	70	80	80	100	100	100
滑块中心线至机身距离/mm	500	500	450/700	450/700	500/800	500/800	450/760	450/760
工作台板尺寸 （前后×左右）/mm×mm	240×360	320×480	400×600	480×700	480×710	580×860	710×1100	720×1200
工作台板落料孔尺寸 （上孔直径×深度×下孔直径） /mm×mm×mm	ϕ120× 20×ϕ100				ϕ220× 25×ϕ180	ϕ200× 45×ϕ180	ϕ200× 45×ϕ180	ϕ260× 50×ϕ220	ϕ260× 50×ϕ220
工作台板厚度/mm	50	60	70	80	90	100	120	120

JH 系列移动工作台式压力机主要技术参数见表 4-2-24。

表 4-2-24　JH 系列移动工作台式压力机主要技术参数（荣成东源锻压机械有限公司　www.huaduan.com）

型　号	JH36-250H	JH36-400H	JH36-400K	JH36-500C	JH36-500L	JH36-630C	JH36-630D	JH36-630F	JH36-630G	JH36-800	JH36-1000	JH36-1250	JH36-1600
公称力/kN	2500	4000	4000	5000	5000	6300	6300	6300	6300	8000	10000	12500	1600
公称力行程/mm	11	13	13	13	10	13	13	13	13	13	13	13	13
滑块行程长度/mm	400	400	400	500	350	500	500	500	500	500	500	500	630
滑块行程次数 /次·min^{-1}	11~18	16	12~17	14	17	12	12	12	8~13	10	10	10	10
最大装模高度/mm	800	1000	1000	900	750	1000	1000	1200	1100	990	1200	1200	1200
装模高度调节量/mm	350	400	400	400	300	400	400	400	500	500	500	500	600
导轨间距离/mm	2630	3050	3050	3320	3700	3320	3820	3510	3910	3860	3820	3820	3820
滑块底面尺寸 （前后×左右） /mm×mm	1300×2800	1800×3180	1600×3180	1500×3520	1600×3800	1500×3520	1550×4000	1800×3650	1800×4050	1800×3990	1800×4000	1800×4050	1800×4500
工作台板尺寸 （前后×左右×厚度） /mm×mm×mm	1300×2800×170	1800×3200×200	1600×3200×190	1710×3450×200	1800×3800×200	1710×3450×210	1800×4000×220	1800×3600×210	1800×4000×210	1800×4000×210	2000×4000×280	2000×4000×300	2000×4500×320
工作台形式	前移动	前移动	前移动	前移动	前移动	前移动	前移动	前移动	前移动	前移动	前移动	前移动	前移动
气垫｜数量/个	单顶冠		单顶冠	单顶冠		单顶冠	单顶冠	单顶冠	单顶冠	单顶冠	单顶冠	单顶冠	单顶冠
气垫｜压紧力/退出力（单个/kN）	400		750	800		800	1000	1000	1000	1200	1500	2000	2400
气垫｜行程/mm	200		200	240		240	240	240	240	240	240	15~240	15~240
T形槽尺寸/mm	28	28	28	36	36	36	36	28	36	36	36	36	36
主电机功率/kW	37	45	45	55	45	75	75	75	75	90	110	132	132

型 号	JH36-250H	JH36-400H	JH36-400K	JH36-500C	JH36-500L	JH36-630C	JH36-630D	JH36-630F	JH36-630G	JH36-800	JH36-1000	JH36-1250	JH36-1600
压力机底面以上高度/mm	5735	6515	6600	7300	7200	7580	7580	7620	7520	7720	9050	9570	10200
压力机外形尺寸（前后×左右）/mm×mm	2145×5140	2830×5320	2635×5500	3500×6000	3900×6300	3500×6000	3550×6550	2830×6150	2845×6670	3010×6459	4500×6800	4500×6800	5550×8000

注：以上产品随机提供的气垫均为纯气式气垫，不带闭锁，行程不可调。

4.2.9 热模锻压力机

4.2.9.1 概述

热模锻压力机（又称曲柄压力机）是位置限定性设备，比较适合生产精密锻件，广泛应用于汽车、拖拉机、内燃机、船舶、航空、矿山机械、石油机械、五金工具等制造业中，进行成批大量的黑色和有色金属的模锻和精整锻件，锻造出的锻件精度高，材料的利用率高，生产率高，易于实现自动化，对工人的操作技术要求低，具有噪声和振动小等优点，在现代锻压生产中的应用日趋广泛，是现代锻造生产不可缺少的高精锻设备。

4.2.9.2 结构特点

热模锻压力机示意图如图 4-2-8 所示，其结构特点如下：

（1）生产效率高、操作简单、维修方便、适合自动化锻造流水线。

（2）打击速度快，模具热接触时间短，模具使用寿命长。

（3）采用上、下顶料设计，拔模斜度减小，节约锻材。

（4）抗倾斜率高，导轨精度高，锻件质量好。

（5）采用 PLC 控制、多重安全操作回路系统，确保操作者安全。

（6）机体左右两侧设有作业窗口，锻件传递方便。特殊的卡模解放装置，使解模迅速，且操作简单。

（7）可靠的集中润滑系统和手动补充润滑系统，有效降低摩擦损失。

（8）安装有国际先进的吨位仪，直观显示锻造力，并设置超负荷报警。

图 4-2-8 热模锻压力机示意图

4.2.9.3 技术参数及应用

DRF 系列热模锻压力机主要技术参数见表 4-2-25。

表 4-2-25 DRF 系列热模锻压力机主要技术参数（北方重工集团有限公司 www.nhi.com.cn）

型 号	DRF1000	DRF2000	DRF4000
公称力/kN	10000	20000	40000
滑块行程/mm	250	300	380
行程次数/次·min⁻¹	100	82	50
封闭高度/mm	650	764.2	1000
封闭高度调整量/mm	14	21.8	21.8
滑块底面尺寸/mm×mm	800×950	930×1000	1190×1360
工作台尺寸/mm×mm	900×1080	1035×1100	1250×1450

JDR31 系列热模锻压力机主要技术参数见表 4-2-26。

表 4-2-26 JDR31 系列热模锻压力机主要技术参数（荣成东源锻压机械有限公司 www.huaduan.com）

型 号	JRD31-125	JRD31-160B	JRD31-160	JRD31-200	JRD31-200B	JRD31-250	JRD31-250B	JRD31-315	JRD31-315B	JRD31-400B	JRD31-400	JRD31-500B	JRD31-500	JRD31-630B	JRD31-630	JRD31-800B	JRD31-800	JRD31-1000	JRD31-1250	JRD31-1600	JRD31-2000
公称力/kN	1250	1600	1800	2000	2000	2500	2500	3150	3150	4000	4000	5000	5000	6300	6300	8000	8000	10000	12500	16000	2000
公称力行程/mm	8	10	10	10	10	10	10	10	10	10	10	10	10	10	10	12	12	12	12	12	12
滑块行程长度/mm	210	160	250	160	250	250	300	250	300	250	315	250	315	300	400	300	400	400	400	400	400
滑块行程次数/次·min⁻¹	35	35	35	32	32	30	30	30	30	26	26	25	25	24	24	22	22	22	22	20	20
最大装模高度/mm	320	350	350	380	380	420	420	500	500	550	550	550	550	650	600	700	700	700	800	850	900
装模高度调节量/mm	90	90	90	90	90	120	120	120	120	120	120	120	120	120	120	120	120	120	120	120	120
导轨间距离/mm	415	490	490	560	560	610	610	635	635	710	710	820	820	965	965	995	995	1065	1100	1150	1250
滑块底面尺寸（前后×左右）/mm×mm	420×540	500×630	500×630	550×700	550×700	580×750	580×760	660×800	660×800	700×900	700×900	800×1000	800×1000	900×1110	950×1150	950×1150	950×1150	1000×1270	1060×1300	1150×1400	1250×1500
工作台板尺寸（前后×左右）/mm×mm	500×550	650×650	650×650	700×700	700×700	720×760	720×760	800×800	800×800	850×900	850×900	850×1050	850×1050	1000×1150	1000×1150	1000×1200	1000×1200	1100×1270	1100×1300	1200×1400	1300×1500
模柄孔尺寸/mm 直径	50	65	65	65	65	65	65	80	80	80	80	80	80	90	90	90	90	90	100	110	120
模柄孔尺寸/mm 深度	80	90	90	90	90	100	100	110	110	120	120	140	140	150	150	160	160	170	190	210	230
主电机功率/kW	11	15	15	18.5	18.5	30	30	37	37	45	45	45	45	55	55	75	75	90	110	132	160
压力机底面以上高度/mm	3285	3700	3750	3900	4005	4765	4800	5130	5200	5200	5350	5500	5500	5800	5800	6300	6350	6560	7000	7200	7450
压力机外形尺寸（前后×左右）/mm×mm	1900×2000	2050×2195	2050×2195	2330×2325	2330×2325	2640×3010	2640×3010	2880×3300	2880×3300	2940×3450	2940×3450	3050×3650	3050×3650	3175×3885	3175×3885	3855×4240	3855×4240	4100×4700	4300×4900	4500×5200	4600×5300

注：以上产品随机提供的气垫均为纯气式气垫，不带闭锁，行程不可调。

MPA 系列热模锻压力机主要技术参数见表 4-2-27。

表 4-2-27　MPA 系列热模锻压力机主要技术参数（荣成东源锻压机械有限公司　www. huaduan. com）

型　号		MPA630	MPA1000	MPA1600	MPA2000	MPA2500	MPA3150	MPA4000
公称力/kN		6300	10000	16000	20000	25000	31500	40000
滑块行程长度/mm		220	250	280	300	320	340	360
滑块行程次数/次·min⁻¹		110	100	90	85	80	60	55
最大装模高度/mm		630	700	875	950	1000	1050	1100
装模高度调节量/mm		11	14	18	20	22.5	25	28
工作台板尺寸 /mm	左右	690	850	1050	1210	1300	1400	1500
	前后	920	1120	1400	1530	1700	1860	2050
滑块底面尺寸 /mm	左右	670	820	1030	1180	1260	1360	1460
	前后	700	930	1140	1260	1380	1540	1710
电机功率/kW		55	75	110	132	160	200	250
设备外形尺寸 /mm	左右	3700	4100	4800	4900	5250	5800	6100
	前后	2700	3050	3300	3450	3700	4100	4450
地面以上高度/mm		4800	5100	6100	6400	6850	7400	7800

热模锻压力机的典型应用案例见表 4-2-28。

表 4-2-28　热模锻压力机的典型应用案例（北方重工集团有限公司　www. nhi. com. cn）

设　备　名　称	用　户　企　业
DRF2000-S20000 热模锻压力机	大连日本第一锻造有限公司
DRF2500 热模锻压力机	嘉兴八字锻造厂
DRF3150 热模锻压力机	山东潍柴动力
DRF4000 热模锻压力机	山东巨力
DRF4000 热模锻压力机	济南吉隆锻造有限公司

4.3　液压机

　　液压机是以高压液体（油、乳化液、水等）传送工作压力的锻压机械。液压机的行程是可变的，能够在任意位置产生最大的工作力。液压机工作平稳，没有振动，容易达到较大的锻造深度，最适合于大锻件的锻造和大规格锻件的锻造拉伸。液压机主要包括水压机和油压机。

　　按照液压机用途不同，可以大致分为由锻造液压机、模锻液压机、挤压液压机、冲压液压机和其他液压机。

4.3.1　锻造液压机

4.3.1.1　概述

　　锻造压机主要用于大型钢铁加工企业，提供一些高性能的锻件。该产品机械结构坚实，液压系统稳定精度高，电气系统反应灵敏。其具体性能取决于用户对该产品的需求，例如：毛坯的大小、锻件产品的性能要求、厂房的条件等。自由锻造压机主要适用于大型钢锭的开坯和各种轴类、饼类、环类等锻件的镦粗、拔长、滚圆、冲孔、扩孔等锻造工艺。

4.3.1.2　工作原理

　　锻造液压机是一种以液体为工作介质，用以传递能量实现各种锻造工艺的机器。

4.3.1.3　主要结构

　　主机包括：上横梁、下横梁、活动横梁、主缸、侧缸、立柱、拉杆、移动工作台，另外根据需求的不同外加一些辅助部件，如砧座、砧库、移砧等。由这些构成一台压机的机械主体部分，另配合液压系统提供动力、电气系统提供反馈机制。从主机结构上分类，自由锻造压机可分为四柱式和两柱式。

4.3.1.4 主要特点

锻造所用工具和设备简单，通用性好，成本低。同铸造毛坯相比，自由锻消除了缩孔、缩松、气孔等缺陷，使毛坯具有更高的力学性能。锻件形状简单，操作灵活。因此，它在重型机器及重要零件的制造上有特别重要的意义。

4.3.1.5 主要技术参数

自由锻造压机主要技术参数见表4-3-1。

表4-3-1 自由锻造压机主要技术参数（上海重型机器厂有限公司　www.shmp-sh.com）

型　号	165MN	120MN	66MN
公称压力/MN	165	120	66
压力分级/MN	55/110/165		20/40/60/66
工作介质	液压油	水	液压油
系统设计压力/MPa	35	35	35
常用工作压力/MPa	31.5		31.5
传动形式	油泵直接传动		油泵直接传动
柱塞行程/mm	3500	3000	2600
净空距/mm	8000	6500	6000
开档/mm	7500	5000	1662×3848
最大偏心距/mm	250		250
工作台面尺寸/mm×mm	5000×12000	4000×12000	2600×7000
工作台行程/mm	2×4500	2×6000	2×3000
回程力/MN	2×11		2×4
工作台移动力/MN	8		2
锻件精度/mm	±2.5		±1
总高度/mm	25600	22730	17270
地面以上高度/mm	18000	16760	12640
地面以下深度/mm	7600	5970	4630
平面尺寸/mm×mm	11520×36640	11000×50000	28000×24000
最大单件质量/t	≤360	≤366	≤211
主机总质量/t	≤3600	≤2442	≤1295
压机形式			双柱上传动

4.3.1.6 应用案例

（1）上海重型机器厂165MN自由锻造油压机，建造于2008年。

（2）上海重型机器厂120MN自由锻造水压机，建造于1961年（2009年改造）。

（3）苏南重工66MN自由锻造油压机，建造于2011年。

4.3.2 挤压液压机（又称金属挤压机）

金属挤压加工是利用金属塑性成型原理进行压力加工的一种重要方法，通过挤压将金属锭坯一次加工成管、棒、"T"形、"L"形等型材。金属挤压机是实现金属挤压加工的最主要设备。

金属挤压机的分类，有几种不同的方法。如果按照加工材料分类，可分为黑色金属挤压机、有色金属挤压机，如不锈钢挤压机、铜挤压机、铝挤压机、合金挤压机等。按照加工工艺分类，可分为冷挤压机和热挤压机。按照挤压力分类，可分为轻型挤压机和重型挤压机。按照机器模式分类，可分为立式挤压机（垂直挤压机）和卧式挤压机。

4.3.2.1 立式挤压机

立式挤压机又称垂直挤压机，主要由上梁、下梁、活动梁、组合框架，主缸、副缸、挤压轴、挤压头、模具等组成。适用于黑色金属在热态下挤压对中要求精度高的普通碳素钢，低合金钢、不锈钢、高温合金等难变形的金属管材、棒材和型材的加工。由于挤压制品的精度高、金相组织精密和很高的力学性能，其产品适用于核电站，石油化工、航空、航天、交通等高端领域。我国已建成360MN、500MN，大型厚壁无缝管生产的立式挤压机组。

4.3.2.2 卧式挤压机

卧式挤压机主机分为前梁、后梁、动梁、主缸、侧缸、立柱、拉杆、挤压筒、挤压轴、模具等，另外根据需求的不同外加一些辅助机械。卧式挤压机主要有单向、双向、反向挤压结构等，由这些构成一台压机的机械主体部分；另配合液压系统提供动力、电气系统提供反馈机制。大型金属挤压机一般在结构上采用全预应力框架。

（1）工作原理。金属挤压加工就其本质而言，是用施加外力的方法，使处于耐压容器中承受三向压应力的金属产生塑性变形，并从特设的孔型或间隙中被挤出，而得到一定截面形状及尺寸挤压制品的压力成型过程。如图4-3-1所示，挤压轴6经挤压垫片8，使在挤压筒7中的金属坯料1处于三向压应力状态。挤压轴在挤压机主柱塞的推动下压向坯料，当使坯料所受到的应力达到一定值时，坯料便从模具4的孔中被挤出，形成挤压制品5。

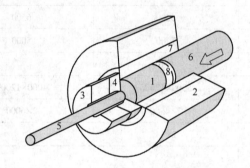

图 4-3-1　金属挤压原理示意图

1—坯料；2—挤压筒；3—模座（模支撑）；4—模具；5—挤压制品；

6—挤压轴；7—挤压筒（内衬）；8—挤压垫片

（2）主要结构。如图4-3-2所示的黑色金属挤压机为卧式双动四柱预应力框架结构，采用外置滑块穿孔装置。主机由前梁装置、挤压筒装置、预应力机架、挤压穿孔梁装置、支座、后梁装置等部分组成。

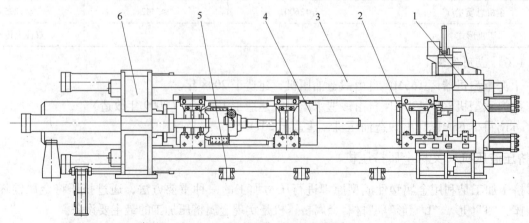

图 4-3-2　本体结构

1—前梁装置；2—挤压筒装置；3—预应力机架；4—挤压穿孔梁装置；5—支座；6—后梁装置

（3）主要技术参数。上海重型机器厂有限公司制造的卧式挤压机主要技术参数见表4-3-2。

表4-3-2 卧式挤压机主要技术参数（上海重型机器厂有限公司　www.shmp-sh.com）

型　　号	90MN	125MN
挤压力/MN	90	125
回程力/MN	5.8	8.3
挤压筒锁紧力/MN	10	12
挤压筒松开力/MN	9	8
残料分离剪切力/MN	4.15	5
模内剪分离力/MN	2.2	3.6
模架移动横剪力/MN	2	3
挤压杆行程/mm	3700	3900
横架横向移动行程/mm	3500	3600
分离剪行程/mm	1650	1800
挤压速度/mm·s⁻¹	0.2~20	0.2~20
空程速度（差动）/mm·s⁻¹	260	260
回程速度/mm·s⁻¹	260	260
挤压筒闭合速度/mm·s⁻¹	220	220
挤压筒松开速度/mm·s⁻¹	220	220
主剪下降速度/mm·s⁻¹	350	350
主剪回程速度/mm·s⁻¹	400	400
横架移动速度/mm·s⁻¹	250	250
挤压筒加热功率/kW	200	280
挤压筒加热温度/℃	≤520	≤520
挤压机中心高/mm	1000	1050
挤压筒长度/mm		1900

太原通泽重工有限公司制造的卧式挤压机主要技术参数见表4-3-3。

表4-3-3 卧式挤压机主要技术参数（太原通泽重工有限公司　www.tzce.cn）

参数名称	单位	规　格　和　参　数									
公称挤压力	MN	8	12.5	16.3	25	36（38）	45	63	125	165	200
工作介质（油）压力	MPa	28	28	28	28	28~30	28~30	28~30	28~30	31.5	31.5
压力分级	MN	2	2	2	4	4	4	6	4	5	4
主缸力	MN	7	10.8	14.7	17.8	24.5	30.6	38.6	110	105	140
侧缸力	MN	1	1.75	1.57	3.96	6.72	7.5	11.8	20	30	30
穿孔力	MN	1.8	2.3	2.8	4	6.72	7.5	11.8	25	30	35+50
主回程力	MN	0.65	1.07	0.95	2.2	3	3.8	5.7	10	15	15
穿孔回程力	MN	1	1.8	1.9	2.2	3	3.8	5.7	15	15	15
挤压筒锁紧力	MN	1.25	1	1.2	2.1	3.6	4.5	6	15	15.8	21
挤压筒松开力	MN	0.88	1.4	1.5	3.2	5.5	6.8	8.46	20	24.7	30
主柱塞行程	mm	1240	1450	1700	2300	2850	3050	3150	4200	4780	5700
穿孔行程	mm	600	850	950	1150	1400	1500	1600	1950	2350	2900
挤压筒行程	mm	720	450	450	1500	1700	1750	1800	2300	2800	3200

参数名称	单位	规　格　和　参　数									
挤压筒内径	mm	φ80 φ95 φ105	φ125 φ150	φ125 φ160 φ180	φ160 φ180 φ210 φ235	φ170 φ210 φ270 φ345	φ195 φ255 φ315 φ365	φ230 φ290 φ350 φ400 φ450	φ290 φ350 φ450 φ550 φ600	φ290 φ350 φ450 φ550 φ600 φ650	φ400 φ520 φ600 φ660 φ720 φ820
挤压筒长度	mm	560	800	900	1100	1400	1450	1500	1900	2300	2800
挤压速度	mm/s	250~300	250~300	250~300	250~300	250~300	250~300	250~300	200~250	200~250	200~250
传动方式		油泵-蓄势器	油泵-蓄势器	油泵-蓄势器	油泵-蓄势器	油泵-蓄势器	油泵-蓄势器	油泵-蓄势器	油泵-蓄势器	油泵-蓄势器	油泵-蓄势器
配套的冲（扩）孔机公称力	MN	—	6	8	12.5	16	20	25	—	—	—
异型材		支持	支持	支持	支持	支持	支持	支持	支持	支持	支持
单、双动		单、双动	单、双动	单、双动	单、双动	双动	双动	双动	双动	双动	双动

（4）应用案例。

1）辽宁忠旺 90MN 铝挤压机，建造于 2009 年。

2）山东兖矿 100MN 铝挤压机，建造于 2008 年。

3）南南铝业 110MN 铝挤压机，建造于 2010 年。

4）辽宁忠旺 125MN 铝挤压机，建造于 2010 年。

4.3.3 冲压、拉伸液压机

4.3.3.1 冲孔拉伸液压机

冲孔拉伸液压机是用于将加热好的钢坯，通过冲孔和多道次拔伸，生产出一端带底且具有一定壁厚的筒形工件，如高压气瓶、弹体等各种容器锻坯的专用设备。

该机组具有生产节奏快，产品精度高的特点，该工艺方法生产筒形工件质量和合格率都远高于其他工艺方法，是生产筒形工件的首选方法。同时采用该工艺生产的机组具有产品规格广，更换规格快，节省时间，模具简单等特点，不仅适用于大批量生产，也适合中小批量生产，可以针对市场需求做出快速响应，给企业带来显著经济效益。

（1）工作原理。冲孔液压机的冲头在液压缸驱动下，将加热好的实心的方坯、多边形坯或圆坯在模筒中冲制成带底的杯形空心坯料。

拔伸液压机是将冲好的空心坯料套在拔伸液压机的芯轴（拔伸杆）上，在液压缸的推动下通过多道模圈，达到减薄壁厚，延伸长度的目的，从而得到要求的制品毛坯。在拔伸液压机上还可通过不同的模具完成扩内外径和缩内外径等工艺。

（2）主要结构。冲孔液压机的结构如图 4-3-3 所示，主要由机架、主缸、活动横梁、浮动梁、回程缸、伸缩缸、工作台、顶出器等部分组成。拔伸液压机的结构如图 4-3-4 所示。

（3）主要技术参数。冲孔液压机主要技术参数见表 4-3-4。拔伸液压机主要技术参数见表 4-3-5。

（4）部分应用案例。

1）沧州市渤海重工管道有限公司 45/20MN 冲孔-拔伸液压机。

2）沈阳市辽沈工业集团有限公司 12.5/3.5MN 组合油压机。

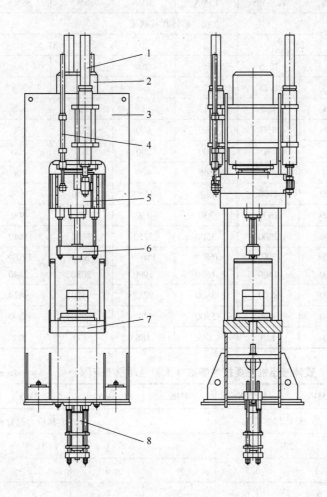

图 4-3-3 冲孔液压机结构

1—回程缸；2—主缸；3—机架；4—伸缩机；5—活动横梁；6—浮动梁；7—工作台；8—顶出器

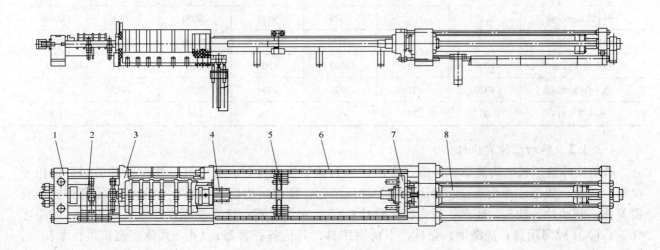

图 4-3-4 拔伸液压机结构

1—底模梁；2—下料机械手；3—机架；4—升降料台；5—托梁；6—回程缸；7—动梁；8—主缸

表4-3-4 冲孔液压机主要技术参数（太原通泽重工有限公司 www.tzce.cn）

型 号	8MN	12.5MN	15MN	20MN	25MN	36MN	45MN	60MN
结构形式	立式、整体焊接机架						预应力组合机架	
介质压力/MPa	28		31.5					
冲孔力/MN	8	12.5	15	20	25	36	45	60
回程力/MN	1	1.25	2	2.5	3	3.5	5	8
顶出力/MN	1.6	1.6	1	1	1	1.5	3.2	4
空程速度/mm·s^{-1}	450	450	500	500	500	400	300	300
工作速度/mm·s^{-1}	170	170	200	200	200	200	200	150
回程速度/mm·s^{-1}	450	450	500	500	500	400	300	300
工作行程/mm	1700	1700	1500	1650	1650	1650	3500	3400
顶出器行程/mm	1000	1000	730	730	775	800	2000	2000
压机开档/mm	3000	3000	3500	3750	3750	3840	8500	8300
工作台尺寸/mm×mm	1200×1400	1200×1400	1680×1680	1580×1900	1810×2080	1700×2440	2500×3500	3200×4500
地上高度/mm	8200	8200	8800	9215	9350	9620	13280	12310
地下深度/mm	3150	3450	5500	4795	6500	6500	9370	10255
本体质量/t	125	130	135	188	200	320	750	1200

表4-3-5 拔伸液压机主要技术参数（太原通泽重工有限公司 www.tzce.cn）

型 号	3.15MN	3.5MN	4MN	5MN	7.5MN	20MN	30MN
结构形式	立式、整体焊接机架		卧式、预应力组合机架				
介质压力/MPa	28		31.5				
拔伸力/MN	3.15	3.5	4	5	7.5	20	30
回程力/MN	1.6	1.6	2	2	3	10	12
工作行程/mm	4000	4000	7100	7300	8150	13500	13000
空程速度/mm·s^{-1}	450	450	300	300	300	500	400
工作速度/mm·s^{-1}	350	350	1000	1000	800	300	300
回程速度/mm·s^{-1}	450	450	1000	1000	800	500	400
前后梁间距/mm			9470	9470	10050	17300	16500
设备长度/mm			27150	27850	30200	54320	53400
地上高度/mm	7000	7000	1200	1200	1300	1645	1700
地下深度/mm	4070	4070	2350	2350	2650	4015	4400
本体质量/t	60	70	105	115	185	850	1000

4.3.3.2 单动拉伸液压机

单动拉伸液压机结构简单，经济、实用；框架式结构刚性好，精度高，抗偏载能力强。适用于拉伸、弯曲、成型、冲裁落料、翻边等各种冲压工艺，特别适用以下领域：（1）汽车零部件：车身覆盖件，制动片，油箱，底盘，桥壳，保险杆；（2）家用电器：洗衣机零件，电饭锅零件，冰箱零件等；（3）厨房用具：洗涤槽，壶具，不锈钢用具，其他各种容器；（4）其他：拖拉机，摩托车，航天，航空。

（1）工作原理。单动拉伸液压机采用插装式基础系统，动作可靠，使用寿命长，液压冲击小，减少了连接管路与泄漏点。单动拉伸液压机采用进口PLC控制的电气系统，结构紧凑，工作灵敏可靠，柔性好；继电器控制系统工作可靠，动作直观，维修方便。具有调整双手单次循环等操作方式。

（2）结构特点。

1）计算机优化结构设计，四柱式结构简单、经济、实用；框架式结构刚性好、精度高、抗偏载能力强。

2）液压控制采用插装式集成系统，动作可靠，使用寿命长，液压冲击小，减少了连接管路与泄漏点。

3）采用 PLC 控制的电气系统，结构紧凑、工作灵敏、可靠、柔性好。

4）通过操作面板选择，不仅可实现定程、定压两种成型工艺，而且可实现有垫、无垫、顶出三种工艺工作循环。

（3）技术参数。YJH27 系列单动拉伸液压机主要技术参数见表 4-3-6。

表 4-3-6　YJH27 系列单动拉伸液压机主要技术参数（南通建华锻压机械制造有限公司　www.ntjhdyjx.cn.china.cn）

型　号		YJH27-63	YJH27-100	YJH27-200	YJH27-315	YJH27-500	YJH27-630	YJH27-1000
公称力/kN		630	1000	2000	3150	5000	6300	10000
回程力/kN		180	260	480	630	1000	1250	1250
液压垫力/kN		200	500	800	1250	1000	2500	3000
液体最大工作压力/MPa			25	25	25	25	25	25
行程/mm	滑块	450	700	710	800	900	1000	1400
	液压垫	180	300	250	300	350	400	350
最大开口高度/mm		900	1000	1120	1250	1500	1600	2300
滑块速度/mm·s⁻¹	空程下行	120	150	100	100	140	100	100
	工作	11~15	20	6~15	6~12	5~15	6~14	13
	回程	130	80	80	60	70	65	60
工作台面尺寸/mm	左右	560	720	1000	1250	1400	2600	2500
	前后	500	580	900	1120	1400	1750	2000
液压垫尺寸/mm	左右	310	470	800	900	1100	1950	2000
	前后	300	430	630	800	1100	1200	1500
工作台上平面距地面高度/mm		750	750	500	600	500	500	0
电机总功率/kW		11	11	22	22	45	45	90
全机质量/kg		4200	6500	14200	18000	29500	77000	102000
外形尺寸/mm	左右	1420	1960	2698	3018	4120	5222	5800
	前后	1265	1620	2530	2530	3600	3785	6050
	地上高	2698	3250	4110	4560	5545	5970	8098
	底下深		300	800	1000	1200	1400	2400
机架形式		四柱	四柱	四柱	四柱	四柱	四柱	四柱

4.3.3.3　双动拉伸液压机

双动拉伸液压机低能耗、高效率、款式新颖，主要用于薄板拉伸、弯曲、成型等工艺，也可用于塑料压制、冷挤弯曲、成型校正及压装等工作。双动拉伸液压机的压边缸可作缓冲装置使用，还可用于落料与冲孔，在系统调定的压力下可以分别调整各腔的工作压力。为了保证拉伸和压边质量，双动液压机的工作压力、压制速度、行程均可根据需要在规定的范围内调整。

（1）工作原理。双动拉伸液压机具有独立的动力机构和电气系统，并采用按钮集中控制，可实现手动、半自动、自动三种操作方式。在半自动与自动操作方式中，可分为顶出缸不顶出、正拉伸及反拉伸三种工作状态，可实现定压及定程两种压制方式。

（2）结构特点。设有安全保护装置，自动记数功能，活动横梁二段速度控制：空载快速、工进慢速靠模、拉伸。主缸、压边缸具有下限位保护、上下限行程位置设定简单、方便、快捷。

（3）技术参数。YJH28 系列双动薄板拉伸液压机主要技术参数见表 4-3-7。

表 4-3-7 YJH28 系列双动薄板拉伸液压机主要技术参数（南通建华锻压机械制造有限公司 www.ntjhdyjx.cn.china.cn）

型号		YJH28-63/100	YJH28-100/150	YJH28-150/200	YJH28-200/300	YJH28-220/315	YJH28-400/650	YJH28-400/600
公称力/kN		1000	1500	2000	3000	3150	6500	6000
拉伸力/kN		630	1000	150	2000	2200	4000	4000
顶出力/kN		190	190	400	400	400	1000	630
压边力/kN		300	500	630	800	1000	2300	2000
液体最大压力/MPa		25	25	25	25	25	25	25
拉伸滑块行程/mm		600	600	700	800	800	1100	800
压边滑块行程/mm		250	250	250	400	350	1000	720
顶出行程/mm		200	250	250	350	350	300	400
拉伸滑块开口高度/mm		1000	1200	1300	1400	1560	1600	2190
压边滑块开口高度/mm		600	750	900	720	820	1600	1300
工作台面面积/mm×mm		720×580	800×800	1000×900	980×900	1120×1120	2600×1800	1250×1250
速度/mm·s⁻¹	空载快下行	100	100	100	100	100	200	100
	空载慢下行	20	20	20	20	20	30	16
	拉伸（压制）	10~20	10~20	10~20	10~20	10~20	20	10~16
	回程	100	100	100	135	100	200	100
	顶出	95	95	60	60	90	100	100
	退回	220	220	180	180	200	200	200
主机轮廓尺寸/mm	左右	2500	2300	3800	3800	3800	5400	4300
	前后	1500	900	1800	1800	1800	3600	2315
	距地面高度	3200	3600	4400	4600	4400	9300	5240
电机功率/kW		11	15	22	37	37	90	37
全机质量/kg		6000	8500	14000	17000	19000	101000	31000

4.3.3.4 单、双动薄板拉伸液压机

YR27/YR28 系列快速单、双动薄板拉伸液压机，主要用于各种金属薄板零件的拉伸成型、翻边、弯曲等工艺，对于各种高强度合金板料的拉伸也适用。该系列液压机具有拉伸和压边两个滑块，工作台中装有液压垫或顶出缸，可供拉伸工艺使用。拉伸和压边滑块均用 45°导向，精度高，便于调整。该系列液压机内外滑块还可固定在一起，变为一个滑块，以作为单动拉伸液压机使用。

液压机采用先进的插装阀集成控制系统和 PC 电气控制系统，以及先进的格来圈特密封机构，从而提高了整机的传动效率和可靠性，减少了液压系统渗透的发生，采用集中按钮控制，可实现寸动、单次、半自动三种操作方式。

液压机的工作压力、压制和拉伸速度、行程范围均可调，并能根据拉伸件、压制件的不同工艺要求，实现内外滑块顶出缸的动作顺序的调整以及定压、保压、延时和定程的工作方式。

单、双动薄板拉伸液压机主要技术参数见表 4-3-8。

表 4-3-8 单、双动薄板拉伸液压机主要技术参数（荣成东源锻压机械有限公司　www.huaduan.com）

型　号		YR28-100/200	YR28-200/315
公称力/kN		2000	3150
拉伸力/kN		1000	2150
压边力/kN		1000	1000
液压垫力/kN		200	300
拉伸行程/mm		700	800
压边行程/mm		350	400
液压边行程/mm		250	300
拉伸滑块开口高度/mm		1180	1300
压边滑块开口高度/mm		830	900
拉伸滑块尺寸（左右×前后）/mm×mm		700×600	840×840
压边滑块尺寸（左右×前后）/mm×mm		1100×900	1200×1200
工作室尺寸（前后×左右）/mm×mm		1100×900	1200×1200
拉伸滑块速度 /mm·s⁻¹	空程下行	400	400
	工作速度	38.5~77	15~40
	回程速度	400	250
电机功率/kW		30	45
压力机外形尺寸（长×宽×高）/mm×mm×mm		3525×1300×4400	4325×1600×5050

4.3.4　其他液压机

4.3.4.1　四柱式液压机

四柱式液压机适用于金属材料的拉伸、弯曲、翻边、冷挤、冲裁等工艺，还适用于校正、压装、粉末制品、磨料制品、压制成型以及塑料制品，绝缘材料的压制成型工艺。

该系列液压机具有独立的动力机构和电气系统，采用按钮集中控制，便于操作，空载下行，回程及工作时的速度快，效率高，工作压力，压制速度，行程范围均可根据需要进行调整，并能完成定压及定程成型工艺方式，压制后具有保压延时自动回程的动作。

（1）结构特点。三梁四柱式结构，结构简单。液压控制系统采用插装阀集成系统，动作可靠，使用寿命长，液压冲击小，减小了连接管路与泄漏点。独立的电气控制系统，工作可靠，动作直观，维修方便。采用按钮集中控制，设调整（点动），单次（半自动）两种操作方式。可实现定程、定压两种成型工艺，并具有保压延时等性能。

（2）性能特点。

1）液压系统上置，占地面积小，工作场地较宽敞，操作方便。

2）液压控制采用插装阀集成系统、冲击小动作可靠，使用寿命长，泄漏少。

3）导轨自动润滑装置。

4）可实现定压、定程两种成型工艺，具保压延时功能，延时时间可调。

5）电器系统采用进口 PLC 控制。

6）按钮集中控制，具有调节、手动及半自动三种操作方式。

（3）技术参数。四柱式液压机主要技术参数见表 4-3-9。

表 4-3-9 四柱式液压机主要技术参数 （郑州鑫和机器制造有限公司 www.tdshsf.cn.china.cn）

型 号		XP-E-160	XP-E-160A	XP-E-200	YX52-200	YX52-200A
公称力/kN		1600	1600	2000	2000	2000
液体最大工作压力/MPa		23	23	25	12.5	12.5
回程力/kN		260	260	300	470	470
柱塞行程/mm		1200	1200	950	600	600
开口高度/mm		1600	1600	1750	1620	1300
滑块速度 /mm·s⁻¹	空程	150/75	150/75	150	100	100
	工作	3~12	4~20	6~15	0~12	0~12
	回程	75/100	60/90	90	60/80	60/80
工作台尺寸 /mm	左右	2400	2400	2500	2880	2880
	前后	1980	1900	2200	1900	1900
滑块下平面尺寸 /mm	左右	2400	2400	2500	2200	2200
	前后	1980	1900	2000	1900	1900
移动工作台载重/t		10	—	15	—	16
移动工作台距离/mm		3000	—	3300	—	3400
外形尺寸 /mm	左右	3250	3250	10000	2920	2920
	前后	2500	2500	3100	2580	2580
	地上高	5200	6300	5150	5320	5320
电机功率/kW		25	20	36	44	47

YM 系列四柱二梁液压机主要技术参数见表 4-3-10。

表 4-3-10 YM 系列四柱二梁液压机主要技术参数 （郑州鑫和机器制造有限公司 www.tdshsf.cn.china.cn）

型 号	YM-60T	YM-100T	YM-125T	YM-150T
公称压力/kN	600	1000	1250	1500
液压工作压力/MPa	31.5	31.5	31.5	31.5
行程/mm	240	240	240	240
压力头至工作台最大距离/mm	560	710	710	710
压力头至工作台最小距离/mm	320	470	470	470
压力头下降速度/mm·min⁻¹	600	380	300	240
压力头上升速度/mm·min⁻¹	830	510	540	380
工作台有效尺寸/mm×mm	520×500	550×620	550×620	550×620
电机功率/kW	3.0	5.5	5.5	5.5
机器外形尺寸 /mm×mm×mm	860× 780×1950	860× 780×2100	860× 780×2100	860× 780×2100
机器净重（约）/kg	900	950	950	1200

YJH32 四柱万能液压机主要技术参数见表 4-3-11。

表 4-3-11 YJH32 四柱万能液压机主要技术参数 （南通建华锻压机械制造有限公司 www.ntjhdyjx.cn.china.cn）

参 数 名 称	单位	YJH32-4000
公称力	kN	40000
顶出力	kN	4000
液体最大工作压力	MPa	25
滑块行程	mm	900

参 数 名 称		单位	YJH32-4000
顶出行程		mm	360
开口高度		mm	1500
滑块速度	空程下行	mm/s	100
	工作	mm/s	6~8
	回程	mm/s	60
工作台尺寸	左右	mm	12000
	前后	mm	1600
机器外形尺寸	左右	mm	12100
	前后	mm	3700
	地面上高度	mm	7850
电机功率		kW	350

YJH32 系列四柱液压机主要技术参数见表 4-3-12。

表 4-3-12 YJH32 系列四柱液压机主要技术参数（郑州军安机械制造有限公司 www.zzjajx.com）

型　号		YJH32-40/40A	YJH32-63	YJH32-100	YJH32-200/200A	YJH32-315	YJH32-500/500C	YJH32-630/630A	YJH32-800	YJH32-1250	YJH32-2000
公称力/kN		400	630	1000	2000	3150	5000	6300	8000	12500	20000
回程力/kN		180/60	190	260	400	630	1000	1200	1200	2000	4000
顶出力/kN		100	190	190	350	630	1000	1000	1000	2000	2500
液体最大工作压力/MPa		25	25	25	25	25	25	25	25	25	25
拉伸滑块行程/mm		450	500	600	700	800	900	1000	900	700	800
顶出活塞最大行程/mm		150	150	200	250	300	350	350	350	300	400
滑块距工作台最大距离/mm		700	800	900	1100/1000	1250	1500	1800	1500	1400	1400
滑块行程速度/mm·s⁻¹	快下	36/130	80	100	100	100	100	100	80	80	60
	工作	18	10	14	18	12	10	6	8	6~10	2~6
	回程	75/130	60	80	80	60	80	60	60	45	50
顶出行程速度/mm·s⁻¹	顶出	95	50	70	90	55	80	80	120	75	70
	退回	120	100	140	120	110	160	160	120	100	100
工作台尺寸/mm	左右	460	570	720	1000/2000	1250	1400/2200	1600/1400	1500	2200	4000
	前后	460	490	580	900/1500	1120	1400	1600/1200	1400	1800	3000
外形尺寸/mm	左右	1385	2000	2160	2825	3200	4060	4200	4800	5250	6000
	前后	920	1500	1504	2060	2500	3525	4200	2200	3800	4800
	地面以上	2254	2550	3150	3791	4250	4995/5165	5615	6000	6000	7550
电机功率/kW		7.5	7.5	7.5/11	15	22	37	37	45	74	90
整机质量/kg		2500	3200	4500	13000/22000	17000	30000/47000	45000/40000	55000	73000	93000

YZH46 系列四柱粉末冶金液压机主要技术参数见表 4-3-13。

表 4-3-13 YZH46 系列四柱粉末冶金液压机主要技术参数（郑州军安机械制造有限公司 www.zzjajx.com）

型　号	YZH46-25	YZH46-40	YZH46-63	YZH46-80	YZH46-100	YZH46-160	YZH46-200	YZH46-250	YZH46-315
公称力/kN	200	400	630	800	1000	1600	2000	2500	3150
最大压制力/kN	200	400	630	800	1000	1600	2000	2500	3150
最大回程力/kN	120	140	190	200	160	300	450	500	630

续表 4-3-13

型　号	YZH46-25	YZH46-40	YZH46-63	YZH46-80	YZH46-100	YZH46-160	YZH46-200	YZH46-250	YZH46-315
最大工作压力/MPa	25	25	25	25	25	25	25	25	25
滑块最大行程/mm	300	350	350	400	500	600	700	700	700
最大顶出力/kN	140	250	250	250	630	630	1000	1000	1000
最大拉下力/kN	120	250	250	250	630	630	600	600	850
顶缸最大行程/mm	100	150	200	200	200	200	250	250	300
最大加料高度/mm	70	120	180	180	180	180	220	220	270
最大开口高度/mm	700	900	900	1000	1100	1100	1500	1500	1750
工作台尺寸 /mm　左右	430	460	520	520	720	1000	930	1000	1120
前后	400	460	490	490	580	700	875	900	1120
电机总功率/kW	5.5	7.5	7.5	7.5	11	11	18.5	22	22
工作频率/次·min⁻¹	8~12	6~10	5~10	4~8	4~10	3~7	3~6	3~6	3~6
主机外形尺寸/mm　左右	1250	2500	2530	2600	2930	3200	3500	3650	3900
前后	900	1400	1400	1400	1400	1400	1400	1400	1400
高度	2000	2800	2980	2980	3320	3500	3580	3800	4200
整机质量/kg	1000	2400	2800	3000	4500	7000	12000	14000	18000

Y28 系列四柱双动薄板拉伸液压机主要技术参数见表 4-3-14。

表 4-3-14　Y28 系列四柱双动薄板拉伸液压机主要技术参数（北京市巨星锻压机床厂　www.jxdyjc.com ）

型　号	Y28-100/150	Y28-160/250	Y28-200/315	Y28-400/650	Y28-500/820	Y28-630/1030
公称力/kN	1500	2500	3150	6300	8200	10300
拉伸滑块拉伸力/kN	1000	1600	2000	4000	5000	6300
压边滑块压边力/kN	125×4=500	225×4=900	288×4=1152	630×4=2560	800×4=3200	1000×4=4000
顶出缸顶出力/kN	190	280	400	630	1000	1250
拉伸滑块回程力/kN	165	210	240	500	900	850
压边滑块回程力/kN	29×4=116	41×4=164	66×4=264	134×4=536	150×4=600	240×4=960
液体最大工作压力/MPa	25	25	25	25	25	25
压边滑块中心孔尺寸/mm	φ350	φ450	φ550	800×800	1400×800	1600×1000
拉伸滑块最大开启高度/mm	900	1100	1250	1500	1600	1800
压边滑块最大开启高度/mm	650	800	900	1050	1100	1250
拉伸滑块最大行程/mm	500	560	710	800	800	900
压边滑块最大行程/mm	500	560	710	800	800	900
顶出缸行程/mm	200	200	250	350	350	400
拉伸滑块尺寸/mm　左右	800	1120	1200	1600	2200	2500
前后	800	1000	1200	1600	1600	1800
压边滑块尺寸/mm　左右	800	1120	1200	1600	2200	2500
前后	800	1000	1200	1600	1600	1800

四柱式万能快速液压机主要技术参数见表 4-3-15。

表 4-3-15　四柱式万能快速液压机主要技术参数（荣成东源锻压机械有限公司　www.huaduan.com）

型　号	YD32-200	YD32-315	YD32-500	YD32-500A	YD32-630	YD32-800	YD32-1000
公称力/kN	2000	3150	5000	5000	6300	8000	10000
回程力/kN	450	460	580	580	660	750	1400

型号	YD32-200	YD32-315	YD32-500	YD32-500A	YD32-630	YD32-800	YD32-1000
活动量最大行程/mm	700	800	900	900	1000	1000	1000
活动量距工作表面最大距离/mm	1100	1250	1400	1500	1600	1600	1600
空载下行最大速度/mm·s⁻¹	90	300	300	300	300	300	300
工作时最大速度/mm·s⁻¹	12	10~20	10~20	10~20	10~20	10~20	10~20
液压垫 液压垫力/kN			1000	1600	1600	2000	2500
液压垫面积（左右×前后）/mm×mm		800×800	900×900	1420×1120	1000×1000	1200×1200	900×900
液压垫行程/mm		300	350	350	400	420	400
顶出缸 顶出力/kN			350	350	1000	1000	1000
最大行程/mm			250	250		350	350
工作台有效尺寸（左右×前后）/mm×mm	930×875	1260×1260	1400×1400	2000×1600	1600×1600	2200×1600	1500×1500
主电机功率/kW	22	45	30×2	30×2	37×2		
外形尺寸（左右×前后）/mm×mm	1250×875	1250	2230×2100	2820×2000			
压力机地面以上高度/mm	3750		4620	4795		6000	6000

4.3.4.2 全自动粉末成型机

粉末成型用于对坯块的形状、尺寸和密度等方面有特殊要求的场合。相继出现的有粉末冷等静压成型、粉末轧制成型、粉末挤压成型、粉浆浇注和粉末爆炸成型以及粉末喷射成型，20 世纪 80 年代出现金属粉末注射成型，粉末注射成型在美国、日本发展非常迅速，它可以生产高精度、不规则形状制品和薄壁零件。

全自动粉末成型机主要技术参数见表 4-3-16。

表 4-3-16 全自动粉末成型机主要技术参数（宁波国兴粉末冶金设备制造有限公司 www.gxfmyj.com.cn）

型号	GX260型	GX100A(座圈)型	GX60A(座圈)型	GX60型	GX50型	GX70型	GX100型	GX160型	GX220型	GX300型	GX400型	GX500型
最大压制压力/kN	2600	1000	600	600	500	700	1000	1600	2200	3000	4000	5000
最大出模力/kN	1300	500	300	300	250	350	500	1000	1100	1500	2000	2500
第一次装粉高度/mm		0~40	0~38									
第二次装粉高度/mm		0~20	0~12									
最大装粉高度/mm	150			110	110	110	115	135	145	160	165	170
最大出模行程/mm	80	50	50	70	75	78	78	90	98	108	112	135
最大加压行程/mm	50	45	40	40	40	45	45	50	50	55	55	55
上滑块行程/mm	190	160	160	160	160	170	160	195	212	232	240	248
上滑块调整范围/mm	90	80	85	85	80	80	80	85	85	85	85	85
气压复位行程/mm		91	91		92	95	95	108	115	126	135	135
阴模座承受压力/kN	1300	500	300	300	250	350	500	800	1100	1500	350	2500
成型次数/spm	5~15	6~16	6~18	6~18	6~18	6~18	6~16	6~16	6~16	6~15	6~12	6~12
少充填、多充填行程/mm	5			3	3	3	3	3	3	3	3	3
主电机功率/kW	30	15	7.5	7.5	7.5	11	11	22	30	37	45	55

续表4-3-16

型　号	GX260型	GX100A（座圈）型	GX60A（座圈）型	GX60型	GX50型	GX70型	GX100型	GX160型	GX220型	GX300型	GX400型	GX500型
最终压力（预压）行程/mm	0~40	0~25	0~25	0~25	0~10	0~12	0~12	0~15	0~15	0~15	0~15	0~15
上冲气压复位压力/kN		15	10		10	12	15	15	18	20	20	20
阴模面调整量/mm	±12	±5	±5	±5	±5	±5	±5	±5	±5	±5	±5	±5
电源					380V,3相,50Hz	380V,3相,50Hz	380V,3相,50Hz	380V,3相,50Hz	380V,3相,50Hz	380V,3相,50Hz	380V,3相,50Hz	380V,3相,50Hz
压缩空气消耗/L·min⁻¹					70	90	120	180	220	250	300	360
双上冲内冲顶出力/kN					10	10	12	18	20	22	25	30
双上冲外冲顶出力/kN					12	12	15	1000	25	25	30	35
双上冲内冲承受力/kN						350	500	1600	1100	1500	2000	2500
双上冲外冲行程/mm	0~18			0~16	0~16	0~16	0~16	0~16	2200	3000	4000	5000
双上冲内冲行程/mm	30			25	25	26	28	28	0~16	0~16	0~16	0~16
双上冲外冲调整量/mm				0~16			0~16	0~16	28	30	30	30
双上冲内冲调整量/mm					±2	±2	±2	±2	0~16	0~16	0~16	0~16
阴模行程/mm					110	110	115	135	±2	±2	±2	±2
双上冲外冲承受力/kN						700	1000		145	160	165	170
第一下冲板受压力/kN	2600			600	500	700	1000	1600	2200	3000	4000	5000
第二下冲板受压力/kN	1300			300	250	350	500	1000	1500	2000	3000	3500
第一下冲调整量/mm	0~85			0~80	0~80	0~80	0~80	0~85	0~96	0~106	0~110	0~110
第二下冲调整量/mm	0~85			0~80	0~80	0~80	0~80	0~85	0~96	0~106	0~110	0~110
芯棒受压力/kN		50	60		150	180	180	200	250	300	400	500
芯棒顶出力/kN		7	60		5	6	7	10	15	18	18	20
芯棒拉出力/kN					4	5	6	8	10	15	15	18
固定冲头座承受力/kN					500	700	1000	1600	2200	3000	4000	5000
第一下冲挡块调整量/mm					0~18	0~18	18	0~30	0~30	0~30	0~30	0~30
第二下冲挡块调整量/mm					0~30	0~30	21	0~30	0~30	0~30	0~30	0~30
整机质量/t					7	11	11	21	30	38	49	55
双上冲外冲受压力/kN	2600			600	500							
双上冲内冲受压力/kN	1000			300	250							
阴模板受压力/kN	1300	500	300	300								
固定冲板受压力/kN	2600	1000	600	600								
第一下冲板浮动/mm	85			80								
第二下冲板浮动/mm	85			80								

4.3.4.3　快锻液压机

快速锻造液压机是实现自由锻造生产精密化和快速化的压力加工设备。快速锻造液压机具有控制系统可靠，打击次数多，精度高、振动小等特点。它具有锻造范围广、锻造能力强、操作方便、使用可靠，可进行拔长、镦粗、精整、扩孔等锻造工艺。快锻液压机示意图如图4-3-5所示。

图 4-3-5 快锻液压机示意图

快速锻造液压机主要技术参数见表 4-3-17。

表 4-3-17 快速锻造液压机主要技术参数（北方重工集团有限公司 www.nhi.com.cn）

型 号	12.5MN	25MN	45MN	72/80MN
公称力/MN	12.5	25	45	72/80
最大行程/mm	1200	1650	2200	2600
净空距/mm	2500	3500	4500	6000
立柱间净距/mm×mm	1800×960	2170×1130	2750×1450	5500×2500
工作台尺寸/mm×mm	4000×1500	4000×1800	6000×2500	6000×3600
工作台行程/mm	2×1200	2×1500	2×2500	2×3000
常锻 行程/mm	200	150	200	250
常锻 次数	45	45	30	25
精锻 行程/mm	25	35	25	25
精锻 次数	85	75	70	65
传动形式	油泵直接传动			

快速锻造液压机典型应用案例见表 4-3-18。

表 4-3-18 快速锻造液压机典型应用案例（北方重工集团有限公司 www.nhi.com.cn）

设 备 名 称	产品规格	用 户
下拉式液压机	30MN	齐齐哈尔钢厂
锻造液压机	60MN	无锡锻压厂
快锻液压机	25MN	常熟市钢铁公司
锻造液压机	80MN	江苏德润重工
快锻液压机	20MN	缅甸

4.3.4.4 液压拉拔机

液压拉拔机主要用于铜直排、盘排、棒材等型材拉拔、定尺，拉拔过程使挤压后的型材通过拉拔模具进行强制变形，提高型材表面硬度、弹性、抗拉强度及表面质量。液压拉拔机示意图如图 4-3-6 所示。

（1）工艺流程。其工艺流程如下：中心移动式放排 → 中心定位 → 牵引、矫直 → 中心导向 → 穿模 → 液压拉拔 → 拉拔切断 → 夹持移料 → 自动传输 → 定长切割 → 自动卸料 → 成品堆料。

（2）工艺特点。经液压自动拉拔机拉拔后，可以使挤压后的铜铝型材最终成型和定尺，增加了材料的利用率，极大地改善了铜排的表面质量。液压自动拉拔机自动化程度高、能耗低，一改传统链条拉车劳动强度大、能耗高、噪声超标、环境污染严重，拉拔后的型材易变形、擦伤，汗渍油污等缺点。

（3）技术参数。HAD50 系列主要技术参数见表 4-3-19。

图 4-3-6 液压拉拔机示意图

表 4-3-19 HAD50 系列主要技术参数（上海亚爵电工成套设备制造有限公司 www.shyjdg.com）

拉拔力/t	拉拔速度/m·min⁻¹	回程速度/m·min⁻¹	液压站压力/MPa	主电机功率/kW	拉拔宽度/mm	拉拔厚度/mm	最大拉拔长度/m
50	3~15	48	21	75	30~170	3~30	12

HAD100 系列主要技术参数见表 4-3-20。

表 4-3-20 HAD100 系列主要技术参数（上海亚爵电工成套设备制造有限公司 www.shyjdg.com）

拉拔力/t	拉拔速度/m·min⁻¹	回程速度/m·min⁻¹	液压站压力/MPa	主电机功率/kW	拉拔宽度/mm	拉拔厚度/mm	最大拉拔长度/m
100	3~10	40	21	75×2	30~320	3~30	12

4.4 辅机设备

4.4.1 装、出料机

4.4.1.1 概述

装、出料机适用于锻造、轧机及热处理行业，与加热炉和各种锻锤、压机配套，可实现坯料出炉、拾料、发料、翻料等工序，供多品种小批量生产，可取代笨重的人工操作，极大地改善了行业工人的劳动条件，提高生产率。同时，充分利用加热炉或热处理炉的有效面积并提高装取效率 3 倍以上，提高热效率 50% 以上，从而达到节能的目的。

4.4.1.2 结构特点

装、出料机由皮带轮通过支架安装在桥梁上，皮带轮与变速箱安装在一起，变速箱输出轴上安装有链轮，安装在轴上的链轮上有链条，齿轮箱内的轴上有齿轮，齿轮与齿轮啮合在一起，齿轮安装在轴上，轴上安装有旋耕刀片，安装有齿轮的轴上还安装有链轮和支架，支架的上部通过轴安装有链轮，链轮和链轮上安装有链条，链条上安装有料斗，与链轮同轴的链轮及安装在轴上的链轮上有链条，在轴上安装有伞形齿轮，伞形齿轮与在轴垂直方向上安装有传送带轮的伞形齿轮啮合在一起，传送带轮和安装在托架上的传送带轮上安装有传送带。

4.4.1.3 技术参数

DQ 系列锻造装、出料机主要技术参数见表 4-4-1。

表 4-4-1 DQ 系列锻造装、出料机主要技术参数（海安县威仕重型机械有限公司 www.hawszj.com）

型 号	DQ3	DQ6	DQ10	DQ15	DQ20	DQ30	DQ50	DQ80	DQ100
公称载重量/t	0.3	0.6	1	1.5	2	3	5	8	10
夹料范围/mm	0~460	0~650	0~700	0~750	0~880	0~1150	0~1300	100~1500	100~1500
伸缩行程/mm	1200	1200	1200	1600	2000	2500	3000	3500	3500
大车速度/m·min⁻¹	42	42	40	40	36	38	38	25	25
小车速度/m·min⁻¹	18~25	18~25	18~25	16~22	16~22	11~18	11~16	8~15	8~15

型　号	DQ3	DQ6	DQ10	DQ15	DQ20	DQ30	DQ50	DQ80	DQ100
夹料高度/mm	−500~1300	−500~1300	−500~1500	−500~1600	−500~1800	−500~1800	−500~1800	0~2000	0~2000
工作油压/MPa	6	6	6	6	8	8	8	10	10
电机容量/kW	11	13	23	23	30	38	46	58	68
机器质量/t	8	10	14	16	20	28	38	50	55
机器外形尺寸（长×宽×高）/mm×mm×mm	4000×2100×1500	4200×2200×1550	4800×2300×1650	5000×2800×1800	5000×2600×1900	6000×3000×2000	8060×4050×2040	8100×4230×2340	10000×6500×2500

4.4.2　剪切机

剪切机适用于锻造行业不同形状的型钢及各种金属材料进行冷态剪断，分机械传动和液压传动，按传动方式不同分为机械剪切机和液压剪切机。剪切机示意图如图4-4-1所示。

图4-4-1　剪切机示意图

Q11系列剪切机主要技术参数见表4-4-2。

表4-4-2　Q11系列剪切机主要技术参数（佛山市顺德区精锻机械制造实业有限公司　www.jing-duan.com）

型　号	Q11-3×1300	Q11-3×1500	Q11-4×2000	Q11-4×2500
剪切厚度	0.6~3mm	3mm	4mm	4mm
剪切宽度	1300mm	1500mm	2000mm	2500mm
剪切角度	2°25′	2°	1°30′	1°30′
行程次数	56	56	60	60
后档料范围	0~350mm	0~350mm	0~680mm	0~800mm
电机功率	2.2kW	2.2kW	4kW	5.5kW
外形尺寸	2080mm×1505mm×1245mm	2080mm×1505mm×1245mm	3100mm×1590mm×1440mm	3510mm×1600mm×1465mm
整机质量	1380kg	1850kg	3000kg	4000kg

4.4.3　锻造操作机

4.4.3.1　概述

铸造操作机是缩短锻压生产时间和辅助时间，提高锻压生产率的关键设备，一般分为有轨和无轨锻造操作机两种。无轨操作机一般为1~5t锻和小吨位液压机配套；有轨操作机配套大型锻造液压机目前可实现遥控和与液压机进行联动。锻造操作机示意图如图4-4-2所示。

4.4.3.2　主要特点

主要特点如下：

（1）减轻锻压劳动强度。

（2）提高生产率。

（3）提高锻件质量。

（4）节能减耗。

（5）可作装、出料机使用。

图 4-4-2　锻造操作机示意图

4.4.3.3　主要技术参数

DCG 系列主要技术参数见表 4-4-3。

表 4-4-3　DCG 系列主要技术参数（北方重工集团有限公司　www. nhi. com. cn）

型　号	DCG25	DCG50	DCG80	DCG200
公称载重量/kN	250	500	800	2000
最大夹持力矩/kN·m	500	1250	2000	7500
夹料范围/mm	200~1460	180~1700	380~2000	700~3000
夹钳中心高度/mm	900~2700	1100~2800	1300~3300	1700~4500
配套压机吨位/t	2500	4000~5000	8000	

DCH 系列主要技术参数见表 4-4-4。

表 4-4-4　DCH 系列主要技术参数（江苏百协精锻机床有限公司　www. baixie. com）

型号		DCH20A	DCH30A	DCH50A	DCH100	DCH160	DCH200	DCH300	DCH400	DCH500	DCH500A	DCH1000
载重量/kN		20	30	50	100	160	200	300	400	500	500	1000
夹紧力矩/kN·m		40	80	120	220	320	400	600	1000	1250	1250	2500
夹持坯料直径/mm	最小	100	130	280	200	220	400	400	400	400	400	600
	最大	450	510	700	200	1250	1300	1500	1600	1700	2000	2200
钳杆中心线距轨面高度/mm	最小	760	750	750	900	900	1000	1100	1100	1100	1100	1300
	最大	1360	1350	1350	2700	2700	3500	3100	3100	3100	3100	3800
轨道中心距/mm		2000	2000	2000	3500	3500	3500	3500	3500	4500	4500	5000
钳头转速/r·min⁻¹		28	20	20	12	12	10	11	10	10	9	7
钳杆伸出量/mm		1740	1360	1430	1800	2000	2600	2800	3000	3200	4200	5000

型号	DCH20A	DCH30A	DCH50A	DCH100	DCH160	DCH200	DCH300	DCH400	DCH500	DCH500A	DCH1000
大车前进速度/m·min^{-1}	28	32	32	17.5	17.5	15	15	13.5	20	20	10.5
前/后提升速度/m·min^{-1}	6.9	7.4	7.4	4.5/5.5	4.5/5.5	4.5	4.8	4.5	4.5	4.5	3.3/4.1
钳杆上倾角/(°)	10	10	10	10	10	10	10	10	15	10	10
钳杆下倾角/(°)	10	地面	地面	地面	地面	10	地面	地面	地面	地面	地面
油压/MPa	10	10	10	10	10	10	10	10	10~12	10~12	10~12
装机总功率/kW	48.5	67	89	182	219	275	330	370	410	430	835
机器外形尺寸/mm 长	5600	7630	7700	10000	11000	12000	1300	13500	14800	16800	19800
机器外形尺寸/mm 宽	2860	2630		4200	4200	4500	4600	5200	5280	5280	8300
机器外形尺寸/mm 高	3170	3450	2770	3540	5800	66000	6480	6600	6600	6600	6880
机器总质量/t	18	29	35	90	110	150	170	190	210	250	900

DCY 系列主要技术参数见表 4-4-5。

表 4-4-5　DCY 系列主要技术参数（江苏百协精锻机床有限公司　www.baixie.com）

型　号		DCY10	DCY20	DCY30	DCY50
载重量/kN		10	20	30	50
夹紧力矩/kN·m		20	40	60	120
夹持坯料直径/mm	最小	140	100	100	280
	最大	345	450	450	700
钳杆中心线距轨面高度/mm	最小	700	740	740	800
	最大	1100	1340	1340	1600
轨道中心距/mm		1600	1600	2000	2400
钳头转速/r·min^{-1}		26	27	31	20
钳杆伸出量/mm		1600	1750	1770	1860
大车前进速度/m·min^{-1}		32	32	28	30
前/后提升速度/m·min^{-1}		3.2	3.3	4.1	4.1
钳杆上倾角/(°)		8	8	14	14
钳杆下倾角/(°)		10	10	6	14
油压/MPa		10	10	10	10
装机总功率/kW		18.5	22.5	27	66
机器外形尺寸/mm	长	4950	5120	5600	7080
	宽	2368	2400	2710	3000
	高	2530	2560	2980	2910
机器总质量/t		9.1	13.2	18.1	32

锻造操作机的典型应用案例见表 4-4-6。

表 4-4-6　锻造操作机的典型应用案例（北方重工集团有限公司　www.nhi.com.cn）

设 备 名 称	产品规格	用 户 企 业
锻造操作机	DCG80	江苏德润重工
锻造操作机	DCG50	烟台台海玛努尔